PROYECTOS ELÉCTRICOS RESIDENCIALES

TOMO I

Principios básicos
Conductores eléctricos
Canalizaciones eléctricas
Cajas eléctricas
Tomacorrientes
Interruptores
Ubicación de tomacorrientes
y luminarias

Júpiter Figuera   **Juan Guerrero**

Proyectos Eléctricos Residenciales
Júpiter Figuera
Juan Guerrero

Revisión y corrección:
Prof. Carlos Lezama
Prof. Ernesto Leal

Maquetación, dibujos e ilustraciones:
Prof. Júpiter Figuera

Derechos reservados conforme a la ley
Prof. Júpiter Figuera
Ing. Juan Guerrero

Los dibujos, ilustraciones, presentación y maquetación
de esta obra pertenecen al Prof. Júpiter Figuera.
Queda prohibido la reproducción y el uso total o parcial del
texto, las ilustraciones y los dibujos sin el permiso
escrito de los autores.

ISBN-13 Tomo I: 978-1544222219
ISBN-10 Tomo I: 1544222211
Depósito legal: SU2017000004

Dedicatorias

A mi bella esposa Isabel
A Celeste, Brisa, Karlene, Karla y Katherine
(Júpiter Figuera)

A mi querida esposa, Alba
A mis amados hijos Ninel, Juan, Libia y Miriam
(Juan Guerrero)

Agradecimientos

Agradecemos la revisión exhaustiva que de los originales de esta obra hizo el Prof. Carlos Lezama; aunque inconclusa por el azar del destino, su laboriosa tarea siempre nos acompañará. Asimismo reconocemos la cuidadosa revisión llevada a cabo por el escritor Ernesto Leal para perfeccionar su estilo final.

INTRODUCCIÓN

A QUIÉN ESTÁ DIRIGIDO ESTE LIBRO

Este libro, compuesto por dos tomos, es el resultado de una laboriosa investigación sobre el conocimiento en el área de las instalaciones eléctricas. Aunque trata, fundamentalmente, de los sistemas eléctricos residenciales, su contenido describe una serie de elementos y conceptos que se extienden a diversas áreas de la ingeniería eléctrica y sirven de base para posteriores y diversos estudios en este importante sector. Su objetivo fundamental es dotar al ingeniero de proyectos eléctricos residenciales, así como al estudiante de ingeniería eléctrica, o de las carreras técnicas en el área de la electricidad, con las herramientas fundamentales para garantizar la realización de un diseño esencialmente seguro y apegado a las normas que rigen la especialidad.

CONOCIMIENTOS REQUERIDOS

Para abordar el estudio del presente libro se requieren los elementos básicos de la electricidad y de las operaciones aritméticas fundamentales. Solo en muy pocos casos es necesario conocer operaciones más complejas, como la función exponencial y la representación fasorial de las variables eléctricas (voltaje, corriente e impedancia).

NORMAS EN LAS CUALES SE BASA ESTE LIBRO

A lo largo del texto se menciona el apego del contenido a las normas que rigen el cálculo de las instalaciones eléctricas residenciales. Para ello se consultaron regulaciones de los países latinoamericanos y del **National Electrical Code** (**NEC**) de los Estados Unidos. Este último ha servido de base para la redacción de los códigos de varios países de Latinoamérica. En el caso de Venezuela, el **National Electrical Code** ha sido traducido al idioma español. Este código fue adaptado a las características venezolanas y designado como **Código Eléctrico Nacional** (**CEN**), por cuanto «los procedimientos de construcción y los materiales que se utilizan en Venezuela son los mismos en ambos países».

ILUSTRACIONES

En el desarrollo del contenido se hace un uso abundante de las figuras relacionadas con los conceptos teóricos. De esta manera se busca lograr una mayor comprensión del material de estudio. La transformación de las ideas expuestas en hermosas ilustraciones, muy cercanas a lo que la realidad presenta, hace más atractiva la lectura del texto y complementa la aprehensión del conocimiento.

ORGANIZACIÓN

El libro consta de 14 capítulos divididos en dos tomos. En este primer tomo se tratan los capítulos 1, 2, 3, 4, 5, 6 y 7. Los capítulos, a la vez, están divididos en secciones, y estas, en algunos casos, se dividen en subsecciones. Todos ellos están enumerados en orden correlativo. En cada capítulo se presenta un número apreciable de ejemplos y al final del mismo se proponen preguntas teóricas y problemas en relación con el tema estudiado. Numerosas ilustraciones, referidas a los temas descritos, refuerzan, como ya se dijo, los planteamientos teóricos. Las tablas incluidas en los distintos capítulos aportan datos y particularidades de los elementos que caracterizan a las instalaciones eléctricas y que son útiles para seleccionarlos. Dichas tablas fueron adaptadas, en su mayoría, de los códigos eléctricos que rigen el diseño de las instalaciones. Al final del libro se incluyen apéndices que contienen las tablas mencionadas en el contenido y otros datos de importancia en el estudio y la selección de los componentes eléctricos. A continuación se describe el contenido de los capítulos de los dos tomos.

TOMO I

Capítulo 1: Principios básicos

Se estudian los aspectos generales y los constituyentes básicos de una instalación eléctrica, sea aérea o subterránea. Asimismo se presentan los requisitos necesarios para obtener un buen diseño y un sistema eléctrico seguro y confiable. Finalmente se describen los sistemas eléctricos más comunes, tanto monofásicos como trifásicos, y se desarrollan las fórmulas que establecen las caídas de voltaje en los mismos.

Capítulo 2: Conductores eléctricos

Se refiere al estudio de los conductores usados en las instalaciones eléctricas. Se definen lo que son un conductor, un alambre y un cable, y se describen los distintos sistemas (AWG, kcmil, métrico y SWG) para establecer su calibre en *mils*, *circular mils*, *square mil*, pulgadas y mm. Se presentan los distintos tipos de aislantes de los conductores y sus características físicas. La definición de ampacidad, un concepto básico en la caracterización de los conductores, y su dependencia de la temperatura ambiente y del número de conductores en un ducto, son analizadas en todos sus detalles. Se responde a las preguntas relativas a cuándo un conductor neutro es portador de corriente y cuál es el calibre adecuado para el mismo. Se analiza con precisión cómo influye el régimen de temperatura de los distintos componentes de la instalación sobre la selección del conductor. Se deducen fórmulas para determinar la caída de voltaje en los distintos sistemas eléctricos, tanto en corriente continua como en corriente alterna. Teniendo en cuenta esas relaciones, se elaboran tablas que permiten seleccionar el tipo y calibre del conductor a partir de una caída de voltaje determinada, así como determinar la longitud máxima del conductor para esa caída de voltaje. Los distintos tipos de cables utilizados en las instalaciones eléctricas también son objeto de estudio.

Capítulo 3: Canalizaciones eléctricas

Se estudian los diferentes tipos de ductos usados comúnmente (PVC, EMT, RMC, FMC) en las instalaciones eléctricas y se describen: *a*) los usos permitidos y no permitidos; *b*) los tamaños mínimo y máximo de los tubos; *c*) el número máximo de conductores permitidos en un tubo; *d*) la forma de doblar los tubos y el número máximo de curvas en su recorrido; *e*) la fijación de los tubos mediante soportes; *f*) la conexión a cajas y uniones, y *g*) la puesta a tierra de los tubos.

Capítulo 4: Cajas eléctricas

Se describen las cajas eléctricas, metálicas y no metálicas, de las instalaciones, así como sus tapas y cómo se realiza la conexión a los tubos. Se estudian las conduletas, las cajas de paso o de conexiones y las cajas a prueba de agua. Se explican las normas y el procedimiento para determinar el número máximo de conductores en una caja.

Capítulo 5: Tomacorrientes

Este capítulo trata sobre los tomacorrientes, sus características, su capacidad y cableado, así como la relación de los distintos tipos de tomacorrientes con las normas de seguridad eléctrica. Se estudia el interruptor de corriente por fallas a tierra (GFCI), así como su funcionamiento y cableado, sus limitaciones y tipos. Los circuitos multiconductores son un tema de este capítulo. Se menciona el interruptor contra fallas de arco.

Capítulo 6: Interruptores

A partir de conceptos básicos se presentan los distintos tipos de interruptores (SPST, SPDT), describiendo su funcionamiento y su uso en las instalaciones eléctricas. Se muestran diagramas pictóricos de los cableados utilizados para encender luminarias, desde distintos sitios de una residencia o edificación, mediante el uso de interruptores sencillos (unipolares), de tres vías y de cuatro vías.

Capítulo 7: Ubicación de tomacorrientes y luminarias

Este capítulo se propone establecer cómo se colocarán los tomacorrientes y luminarias en los ambientes de una residencia. Se mencionan los equipos y artefactos eléctricos más comunes en una unidad residencial y se dan indicaciones sobre las distancias que deben mantener los tomacorrientes entre sí y con respecto a los muebles que se encuentran en los distintos espacios de una vivienda. El estudio tiene en cuenta tanto tomacorrientes interiores como exteriores a la residencia.

TOMO II

Capítulo 8: Protección contra sobrecorriente

Está dedicado a la protección contra sobrecorriente en los sistemas eléctricos residenciales. Se definen conceptos como sobrecarga y cortocircuito, y se hace una descripción de los fusibles e interruptores automáticos encontrados en una instalación eléctrica. Asimismo se estudia cómo operan estos componentes. En este capítulo se mencionan las normas eléctricas más relevantes, en relación con los interruptores, que establece el **Código Eléctrico Nacional** de los Estados Unidos, ilustrando con ejemplos y figuras la aplicación de dichas normas. También, varios ejemplos indican el procedimiento para calcular las protecciones.

Capítulo 9: Circuitos ramales residenciales

Se definen los diferentes circuitos ramales de 15, 20, 30, 40 y 50 amperios, así como los circuitos individuales típicos de una unidad residencial, y se describe cómo calcular el número de circuitos ramales para tomacorrientes e iluminación. Se estudian los circuitos ramales para pequeños artefactos de la cocina y la manera de calcular el número de los mismos. Se presenta la tabla correspondiente a los factores de demanda para cargas de iluminación. Asimismo se describen los circuitos ramales que las normas eléctricas especifican para el lavadero y la sala de baño. Se mencionan detalladamente los circuitos individuales de: las cocinas eléctricas, los calentadores de agua, las secadoras de ropa, las compactadoras de basura, los trituradores de desperdicios, los hornos de microondas y los acondicionadores de aire.

Capítulo 10: Cálculo de acometidad/alimentadores

El procedimiento para calcular los alimentadores y las acometidas de una unidad de vivienda es el objetivo principal de este capítulo. Se mencionan las normas más relevantes que se aplican en estos cálculos. Los métodos estándar y opcional de cálculo se utilizan para determinar los calibres de los conductores de fase y del neutro. Se especifica cuándo un conductor neutro es portador de corriente y cómo la corriente en el neutro se relaciona con el valor de la corrientes de las fases. Varios ejemplos contribuyen a esclarecer los procedimientos de cálculo.

Capítulo 11: Características de la acometida

Se comienza con la definición de la acometida y de los distintos elementos que la conforman. Se considera el número de acometidas y las separaciones verticales y horizontales que deben tener con respecto a una edificación y con respecto al suelo. Se estudian las características de los conductores de la acometida, los elementos de soporte de esta, los medios de desconexión y la protección contra sobrecorriente del equipo de acometida. El capítulo finaliza con el estudio de algunas características de los tableros eléctricos.

Capítulo 12: Puesta a tierra y conexión equipotencial

Los importantes tópicos de la puesta a tierra y de la fusión conductiva (conexión equipotencial o *bonding*) se tratan en forma detallada. Se dan las definiciones más relevantes en relación con ambos conceptos. Se explica cómo se han de conectar los elementos de una instalación eléctrica para garantizar una buena fusión conductiva. Se describe detalladamente el camino de una corriente de falla a tierra y cómo evitar que la misma constituya una amenaza para los usuarios de la instalación eléctrica. Se dice qué son las corrientes indeseables en un sistema eléctrico. Se da a conocer el concepto de un sistema eléctrico derivado separadamente. Se mencionan los electrodos de puesta a tierra más comúnmente utilizados.

Capítulo 13: El proyecto eléctrico residencial

Tomando como ejemplo una residencia familiar, se desarrolla paso a paso el procedimiento a seguir para el cálculo de una instalación eléctrica.

Capítulo 14: Instalaciones telefónicas

Se establecen las características de las instalaciones telefónicas en residencias unifamiliares y edificios, y se describen la clasificación y las características de cada tipo de instalación.

CONTENIDO DEL TOMO I

Dedicatorias y agradecimientos	iii
Introducción	iv

1 Principios básicos

1.1	Aspectos generales	1
1.2	Elementos básicos de una instalación eléctrica	2
1.3	Requisitos de una buena instalación eléctrica	4
	1.3.1 Seguridad	4
	1.3.2 Capacidad	5
	1.3.3 Accesibilidad	5
	1.3.4 Flexibilidad	5
	1.3.5 Economía	6
1.4	Sistemas eléctricos más comunes	6
	1.4.1 Sistema monofásico de 120 voltios y dos conductores	6
	1.4.2 Sistema monofásico de 120/208 voltios y tres conductores	7
	1.4.3 Sistema monofásico de 120/240 voltios y tres conductores	8
	1.4.4 Sistema trifásico de 120/208 voltios y tres conductores	9

2 Conductores eléctricos

2.1	Definiciones básicas	14
2.2	Conductores de cobre vs conductores de aluminio	15
2.3	Protección del conductor de cobre terminado	16
2.4	Conductor sólido (alambre) vs conductor multifilar (cable)	17
2.5	Calibre de los conductores	18
	2.5.1 *American Wire Gauge* (AWG)	18
	2.5.2 *Kilo Circular Mil* (kcmil)	22
	2.5.3 Sistema métrico de calibres	22
	2.5.4 *British Imperial Standard* (SWG)	22
2.6	Aislantes de los conductores	22
2.7	Ampacidad de un conductor	28
2.8	Limitaciones térmicas adicionales de los conductores	35
2.9	Protección de los conductores	41
2.10	Calibres típicos residenciales	43
2.11	Limitaciones de carga en conductores	44
2.12	Calibre del conductor neutro	46
2.13	Caída de voltaje en conductores	52
2.14	Resistencia en corriente alterna. Efecto pelicular.	62
2.15	Caída de voltaje cuando se tiene en cuenta la reactancia de línea y el ángulo de fase en la carga	64
2.16	Longitudes permisibles de conductores para una caída específica de voltaje	69
2.17	Diagrama de flujo para calcular el calibre de un conductor	72

2.18	Identificación de los conductores en una instalación eléctrica	75
2.19	Cables con cubiertas no metálicas	76
2.20	Cables con cubiertas metálicas	78
2.21	Cordones y cables flexibles	82
2.22	Cables de acometida	83

3 Canalizaciones eléctricas

3.1	Generalidades	101
3.2	Tubería rígida de PVC	102
	3.2.1 Usos permitidos	102
	3.2.2 Usos no permitidos	103
	3.2.3 Tamaños mínimo y máximo	103
	3.2.4 Máximo número de conductores	103
	3.2.5 Doblado de los tubos. Número de curvas.	110
	3.2.6 Escariado. Fijación y soportes.	111
	3.2.7 Conexión a cajas. Uniones.	112
	3.2.8 Empalmes. Puesta a tierra.	113
3.3	Tubería eléctrica metálica tipo EMT	114
	3.3.1 Usos permitidos	114
	3.3.2 Usos no permitidos	114
	3.3.3 Tamaños mínimo y máximo	115
	3.3.4 Máximo número de conductores	115
	3.3.5 Doblado de los tubos. Número de curvas.	120
	3.3.6 Escariado y roscado. Fijación y soportes.	120
	3.3.7 Acoples, empalmes y puesta a tierra	120
3.4	Tubería metálica rígida (RMC)	121
	3.4.1 Usos permitidos y no permitidos	121
	3.4.2 Tamaños mínimo y máximo	122
	3.4.3 Máximo número de conductores	122
	3.4.4 Doblado de los tubos. Número de curvas.	123
	3.4.5 Escariado y roscado. Fijación y soportes.	123
	3.4.6 Acoples. Empalmes y puesta a tierra.	123
3.5	Tubería metálica intermedia (IMC)	123
3.6	Tubería metálica flexible (FMC)	124
	3.6.1 Usos permitidos y no permitidos	125
	3.6.2 Tamaños mínimo y máximo. Número de curvas.	125
	3.6.3 Escariado. Fijación y soportes. Acoples y conectores. Puesta a tierra.	125

4 Cajas eléctricas

4.1	Función de las cajas eléctricas	130
4.2	Cajas no metálicas	131
4.3	Cajas metálicas	133
4.4	Montaje de las cajas	135
4.5	Tapas para cajas eléctricas	135
4.6	Conexión de tubos a cajas	138

4.7	Conduletas (*conduits bodies*)	140
4.8	Cajas de halado y/o de empalmes	141
4.9	Cajas a prueba de intemperie	142
4.10	Referencias adicionales relacionadas con las cajas	144
4.11	Determinación del número de conductores en una caja	145
4.12	Cálculo de las cajas cuando los conductores son de calibre igual o mayor que 4 AWG	155

5 Tomacorrientes

5.1	Características de los tomacorrientes	168
5.2	Tomacorrientes y seguridad eléctrica	171
5.3	Interruptor de falla a tierra (GFCI)	176
5.4	Circuito básico de un GFCI	180
5.5	¿Dónde se deben usar los GFCI?	181
5.6	Limitaciones en el uso de los GFCI	182
5.7	Tipos de GFCI	183
5.8	Altura y posición de tomacorrientes	184
5.9	Circuitos ramales multiconductores	186
5.10	Cableado de tomacorrientes	190
5.11	Interruptor para fallas de arco	192
5.12	Protectores contra sobretensiones	194
5.13	Capacidad de tomacorrientes	194
5.14	Símbolos utilizados para representar a los tomacorrientes	196

6 Interruptores

6.1	Aspectos generales	202
6.2	Tipos de interruptores	203
6.3	Cableado de interruptores. Diagramas pictóricos.	207
6.4	Especificaciones de interruptores	212
6.5	Otras consideraciones en relación con los interruptores	213
6.6	Símbolos eléctricos de interruptores	217

7 Ubicación de tomacorrientes y luminarias

7.1	El proyecto eléctrico. Generalidades.	224
7.2	Generalidades sobre la ubicación de tomacorrientes, lámparas e interruptores en los diferentes ambientes de una residencia	227
7.3	Salidas en la cocina y el comedor	229
7.4	Salidas eléctricas en la sala de baño	237
7.5	Salidas eléctricas en dormitorios	240
7.6	Salidas eléctricas en la sala	248
7.7	Salidas eléctricas en el lavadero	249
7.8	Salidas eléctricas en pasillos	250
7.9	Salidas eléctricas en el garaje	250
7.10	Salidas eléctricas en el porche	253
7.11	Salidas externas a una residencia	253

7.12 Salidas eléctricas en escaleras 260
7.13 Salidas alrededor de cuerpos de agua 260

Apéndices 275
Índice alfabético 297

CAPÍTULO 1

PRINCIPIOS BÁSICOS

1.1 ASPECTOS GENERALES

Históricamente el hombre utilizó primero los derivados vegetales para satisfacer sus necesidades mínimas de energía. Así, mediante la combustión de la madera, fue capaz de preparar sus alimentos y llevar a cabo manufacturas de tipo artesanal. Posteriormente, utilizó la energía proveniente de combustibles fósiles, como el carbón y el aceite, para sus necesidades cotidianas e industriales. La energía así obtenida fue usada directamente para producir calor y luz, o convertida, mediante las maquinarias adecuadas, en movimiento.

A comienzos del siglo XIX el calor, proveniente de la quema de combustibles fósiles, fue utilizado para generar otra forma de energía: la electricidad. El uso de saltos de agua permitió igualmente la obtención de energía eléctrica mediante el movimiento de grandes turbinas. Las urbes modernas hacen uso extensivo de la energía termoeléctrica generada mediante vapor, gas o diesel y de la hidroeléctrica generada en grandes represas. En ambos casos, la energía eléctrica es transportada y distribuida hacia las subestaciones de los centros poblados y, de allí, a cada una de las edificaciones de una ciudad. El cálculo asociado con las variables que intervienen en esa transferencia de energía es el objeto principal del estudio que ahora iniciamos, ya que de él depende la selección de los componentes que integran las redes eléctricas de viviendas y de edificios comerciales e industriales.

El diseño de instalaciones eléctricas debe partir del conocimiento que se tenga sobre la operación de los distintos elementos que conforman el sistema, así como también de las características eléctricas y físicas de los mismos. De allí la necesidad de establecer los conceptos básicos que rigen la relación voltaje-corriente entre los componentes que integran la instalación, conceptos que abordamos en el presente capítulo. También es necesario conocer la potencia que consumen los artefactos a conectar y su distribución espacial en el ámbito donde serán utilizados.

De fundamental importancia es asimismo la seguridad en las instalaciones eléctricas. La falta de apego a las normas de seguridad y a las regulaciones que rigen el sector eléctrico puede originar consecuencias graves, con posibles pérdidas de bienes y de vidas humanas. Un buen diseño debe tener en cuenta la protección de los circuitos que alimentan a los distintos artefactos conectados al sistema, a fin de evitar incendios causados por la generación de chispas o por el excesivo calor en las partes integrantes de la instalación. También es vital asegurarse de que los usuarios de la red eléctrica estén protegidos en el caso de producirse fallas en la instalación. Para ello existen normas de estricto cumplimiento cuando se diseña y construye una obra eléctrica.

En una instalación eléctrica, sea esta residencial, comercial o industrial, se puede seleccionar al medidor de energía como punto de referencia. A partir de allí se observa que hay unos conductores que proceden de líneas externas de suministro de electricidad, mientras que otros salen del medidor hacia el interior de la edificación a alimentar.

1.2 ELEMENTOS BÁSICOS DE UNA INSTALACIÓN ELÉCTRICA

La energía eléctrica se obtiene a partir de los cables de alto voltaje que provienen de subestaciones ubicadas en diferentes sitios de una ciudad. De allí se distribuyen de acuerdo con los requerimientos de energía de la población. Los tres conductores primarios que salen de estas subestaciones, típicamente a un voltaje de 13.800 voltios, llegan a transformadores de distribución, los cuales reducen el voltaje en su secundario a los valores de utilización en las instalaciones. Esos valores son, comúnmente, 120/240 V monofásicos o 120/208 V monofásicos/trifásicos, según los artefactos y equipos que se utilicen. Los voltajes monofásicos de 120, 208 y 240 V corresponden a sectores de baja demanda de potencia. Cuando la demanda es suficientemente alta, se usa un transformador trifásico o bancos trifásicos de transformadores integrados por tres transformadores monofásicos, conectados en una configuración delta-estrella. En la **Fig. 1.1**, de los cuatro conductores que salen del transformador, dos fases y el neutro se dirigen hacia la edificación. Al conjunto de los conductores* se le denomina *acometida*, y como el tendido de ellos es por el aire, a la misma se le llama *acometida aérea*.

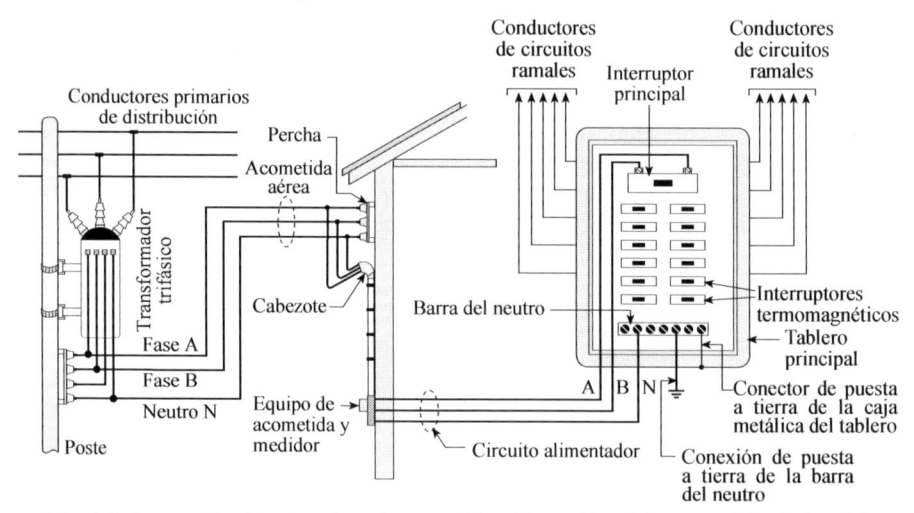

Fig. 1.1 Acometida eléctrica aérea de una edificación residencial, comercial o industrial.

Del transformador, los conductores se dirigen hacia el medidor de energía eléctrica, en forma aérea, hasta la percha en la pared y, luego, a través de un ducto. De allí pasan al tablero principal de la edificación. Este elemento de la instalación, el medidor, marca el límite entre la responsabilidad del proveedor de servicio eléctrico y el usuario del mismo. Lo que está después del medidor es competencia del ocupante

---
* El circuito que conecta al medidor con el tablero principal se denomina *circuito alimentador*.

CAPÍTULO 1: PRINCIPIOS BÁSICOS   3

de la edificación, mientras que lo que se ubica antes del medidor le corresponde a la compañía de electricidad. Hay que destacar que tanto el neutro como la caja metálica del tablero se conectan a tierra por motivos de seguridad.

El tablero principal es el componente central de la instalación eléctrica. De allí parten los circuitos ramales, conformados por dos o tres conductores según los tipos de artefactos a conectar, que transportan la energía eléctrica hasta los puntos donde se va a utilizar. El tablero principal cumple con las siguientes funciones: *a*) desconectar completamente la energía en caso de producirse alguna falla en el sistema eléctrico o, de ser necesario, para el mantenimiento global de la instalación; *b*) distribuir la corriente eléctrica a los circuitos ramales que conforman la red eléctrica, y *c*) proteger los circuitos ramales contra las sobrecorrientes originadas por cortocircuitos, fallas a tierra y sobrecargas de corriente. Conviene advertir que *la acometida puede ser subterránea*, en cuyo caso el ducto que lleva los conductores desde el transformador hasta el medidor se coloca debajo de la superficie, tal como se muestra en la **Fig. 1.2**. La acometida subterránea mejora la apariencia de la instalación eléctrica, sobre todo cuando se trata de grandes núcleos urbanos, donde las acometidas aéreas conforman un enmarañado de cables que, además de antiestético, puede dar origen a cortocircuitos.

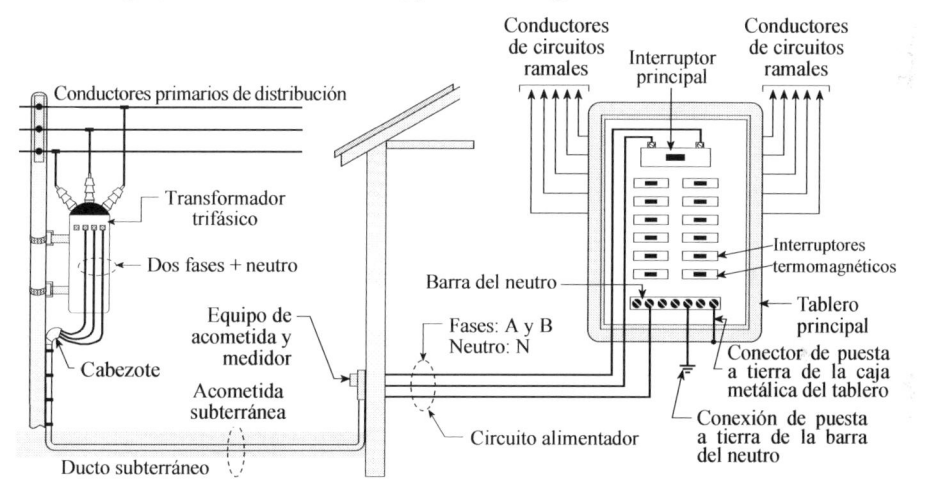

Fig. 1.2 Entrada de una instalación eléctrica. La acometida es subterránea.

En las **figuras 1.1** y **1.2** el transformador tiene como entrada las tres líneas de alta tensión, y como salida, tres fases y un neutro. Se trata de un transformador trifásico. En la práctica se utilizan con mucha frecuencia tres transformadores monofásicos, conectados de tal manera que se logra el mismo resultado (**Fig. 1.3**). Otras veces se utilizan transformadores de pedestal o transformadores instalados en sótanos.

Además de la reducción de alta a baja tensión, que ahora se realiza mediante tres transformadores monofásicos, la instalación eléctrica es similar a las representadas hasta ahora, pudiendo ser la acometida aérea o subterránea. Aunque es a partir del medidor de energía donde nos concentraremos en este libro, es importante saber determinar el calibre de los conductores de la acometida a fin de garantizar los voltajes apropiados para el sistema eléctrico interno. Los conductores de la acometida deberán tener suficiente capacidad para alimentar la carga conectada. Aparte de la reducción de alta a baja tensión*, que ahora se realiza mediante tres transformadores monofásicos, la instalación eléctrica es similar a las representadas hasta ahora, pudiendo ser la acometida aérea o subterránea. Aunque es a partir del medidor de energía donde nos concentraremos en este libro, es importante saber determinar el calibre de los conductores de la acometida a fin de garantizar los voltajes apropiados para el sistema eléctrico interno.

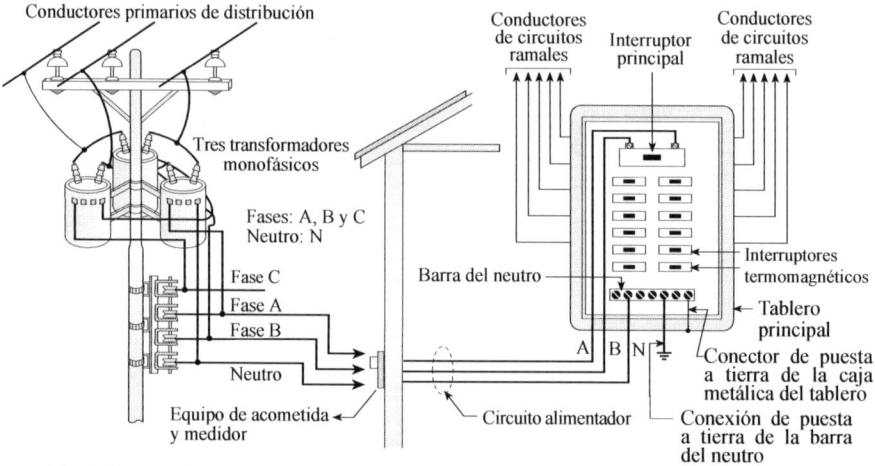

Fig. 1.3 Entrada de una instalación eléctrica con tres transformadores monofásicos.

1.3 REQUISITOS DE UNA BUENA INSTALACIÓN ELÉCTRICA

El diseño de un sistema eléctrico de cualquier tipo debe estar sometido a las regulaciones establecidas en las normas que rigen este tipo de instalación. En todos los países existen regulaciones que persiguen garantizar la seguridad de personas y bienes cuando se proyecta y construye una obra eléctrica. En general, podemos mencionar los siguientes requerimientos como características básicas de una buena instalación eléctrica:

1.3.1 Seguridad. Una instalación eléctrica segura es aquella en la que se han minimizado los riesgos a las personas y bienes inmuebles que hacen uso de la electricidad y a los artefactos conectados a los circuitos ramales. En el primer caso se busca preservar la vida de los usuarios del servicio, mientras que en el segundo y el tercero se trata de evitar pérdidas patrimoniales. Los códigos eléctricos de diferentes países establecen los requisitos que caracterizan a una instalación segura. *El código define como equipo a un ente que incluye accesorios, materiales, dispositivos, artefactos, luminarias, aparatos y similares usados como partes de o en conexión con una instalación eléctrica.* Tales equipos cumplirán, entre otros, con los siguientes aspectos:

  a) Deben ser adecuados al uso que se les pretende dar. Así, por ejemplo, en ambientes exteriores se deben utilizar tomacorrientes a prueba de intemperie, que no permitan que el agua dé lugar a fugas indeseadas de corriente.

  b) Deben poseer la resistencia mecánica y la durabilidad acordes con la instalación a diseñar y construir. Por ello se deben seleccionar equipos de buena calidad.

---

* En este texto usaremos como sinónimas las palabras tensión y voltaje.

c) Los espacios para las conexiones y dobleces de conductores deben ser suficientemente holgados para que no se produzcan tensiones mecánicas extremas en los mismos, de manera que se eviten roturas y posibles cortocircuitos en la instalación.

d) Es importante que los equipos tengan el aislamiento eléctrico adecuado y en buen estado, a fin de evitar incendios por la generación de chispas y cortocircuitos.

e) El calentamiento producido por la corriente eléctrica debe estar dentro de los límites permitidos por el aislamiento de los conductores, a fin de que las temperaturas generadas no sean capaces de iniciar un incendio debido al incremento de calor. Es obligatorio el uso de dispositivos de protección contra sobrecargas para evitar la generación de sobrecalentamientos peligrosos.

f) Los equipos se instalarán siguiendo estrictamente las indicaciones de los fabricantes.

g) Los circuitos deben tener medios de desconexión automáticos, que permitan la interrupción de la corriente eléctrica al producirse un cortocircuito o falla a tierra.

h) Toda instalación eléctrica debe tener una conexión de puesta a tierra que proteja a los usuarios de choques eléctricos.

1.3.2 Capacidad. Cuando se proyecta una instalación eléctrica hay que pensar no solo en la carga inicial de diseño; también se deben prever las necesidades futuras de la misma. Es un mal diseño no tener en cuenta que, después de realizada la obra, habrá necesidad de ampliar los artefactos a conectar al sistema eléctrico. Este error se observa, en forma pronunciada, en el dimensionamiento de los conductores y de los ductos utilizados para albergarlos. Una buena instalación tendrá ductos con capacidad suficiente para alojar a nuevos conductores o para permitir la sustitución de los conductores originales en caso de aumentar las exigencias en la carga a alimentar. Esta previsión permite, pues, la modernización del cableado existente. Todos los elementos del sistema deben ser seleccionados para manejar un aumento adecuado en las exigencias de la carga.

1.3.3 Accesibilidad. Este concepto se refiere a la posibilidad de acceder con relativa facilidad a cualquier punto o equipo de la red eléctrica. De este modo se garantiza que la ampliación, modernización o mantenimiento de la instalación se pueda hacer de una manera rápida y organizada Esto último requiere la disponibilidad de los planos originales, que serán guardados en un sitio seguro y servirán de referencia para las modificaciones posteriores de la obra eléctrica. La falta de accesibilidad a la red eléctrica atenta contra la seguridad de la misma, ya que en caso de presentarse una emergencia, se podrían obstaculizar las medidas a tomar para superarla.

1.3.4. Flexibilidad. El diseñador de una instalación eléctrica debe tener en cuenta los cambios que se podrían presentar en la configuración espacial de los artefactos que se van a conectar a la red. De esta manera, cualquier variación en la disposición de los mismos no producirá modificaciones importantes en la ubicación de salidas para tomacorrientes y lámparas. Es típico el caso de la colocación de los tomacorrientes en los dormitorios, donde, por no haber sido diseñados con criterio flexible, quedan escondidos detrás de las camas. Hay que hacer notar que quien planifica la instalación eléctrica debe tener pleno conocimiento de los detalles arquitectónicos característicos de la edificación, para poder minimizar los conflictos entre la ubicación de los muebles y artefactos y las correspondientes tomas de corriente.

1.3.5 Economía. La selección de los materiales a utilizar en una instalación eléctrica involucra, además de los elementos funcionalmente apropiados y estéticamente satisfactorios, la consideración de sus costos. Puesto que marcas existentes en el mercado pueden llenar los requisitos para una determinada obra eléctrica, se hace necesario el criterio del diseñador para hacer una selección inteligente. También hay que tener en cuenta los costos iniciales de instalación y los costos de operación y mantenimiento del sistema eléctrico. Generalmente, bajos costos iniciales significan costos de energía y mantenimiento mayores y una vida más corta de los equipos. El diseñador y el constructor tendrán en consideración, además, los niveles de ingresos de la población, cuando se trate de desarrollos habitacionales populares, para mantener un equilibrio entre el precio de los materiales y la buena calidad de la obra. Es frecuente encontrar diseños eléctricos de muy baja calidad cuando se trata de viviendas de interés social, tendencia se debe revertir, procurando obtener mejor calidad de vida para todos los estratos sociales.

1.4 SISTEMAS ELÉCTRICOS MÁS COMUNES

Los sistemas de 600 voltios o menos son utilizados para suministrar energía eléctrica destinada a iluminación, tomacorrientes de propósitos generales y equipos de potencia. En hogares pequeños, comercios y pequeñas industrias se usan sistemas monofásicos, mientras que en grandes industrias y edificios se utilizan sistemas trifásicos. A continuación describimos algunas de las configuraciones utilizadas para el suministro eléctrico.

1.4.1 Sistema monofásico de 120 voltios y dos conductores

Este sistema está en desuso y no se recomienda para nuevas instalaciones. El esquema se presenta en la **Fig. 1.4**. La parte (*a*) corresponde al diagrama esquemático, mientras que la parte (*b*) se refiere al diagrama unifilar. El voltaje de 120 V se obtiene a partir de una fase de un transformador, uno de cuyos terminales se pone a tierra. El conductor de fase entra al interruptor* principal y de allí va a los interruptores de los circuitos ramales, mientras que el conductor puesto a tierra se dirige hacia la barra del neutro, que es conectada a tierra. La caja del tablero principal se conecta a

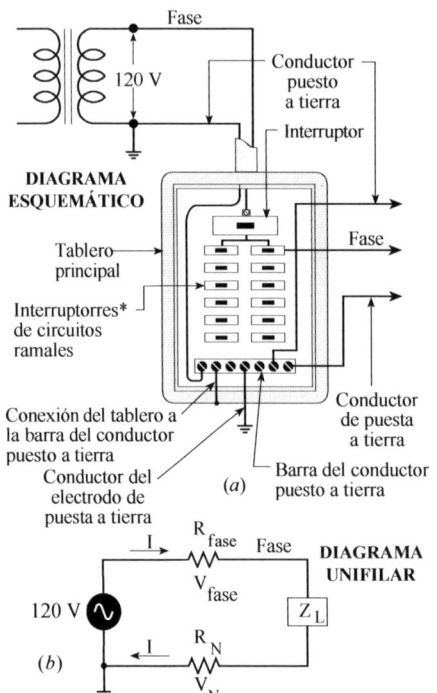

Fig. 1.4 Sistema monofásico de dos conductores y 120 V entre fase y neutro.

---

* En este libro, la palabra interruptor se refiere a un interruptor termomagnético automático.

CAPÍTULO 1: PRINCIPIOS BÁSICOS   7

la barra del neutro. Del tablero principal salen, por cada circuito ramal, un conductor de fase, uno puesto a tierra y uno de puesta a tierra. Tanto el conductor puesto a tierra como el conductor de puesta a tierra están conectados a la barra de puesta a tierra del tablero. El conductor de puesta a tierra tiene como función proteger a los usuarios de choques eléctricos.

En el diagrama unifilar, la fuente de 120 voltios representa el voltaje de salida del transformador, el cual alimenta al tablero principal. El resto del circuito corresponde a las resistencias del conductor de fase, del conductor puesto a tierra y de la carga conectada al final del circuito, que puede ser una carga resistiva, como en el caso de una cafetera eléctrica, o un circuito inductivo, como en el caso de un motor monofásico. Como la resistencia de la fase es igual a la resistencia del conductor puesto a tierra (N)*, *la caída de voltaje en la fase es igual a la de este último*, es decir, $V_{fase} = V_N$. La resistencia total en las líneas es:

$$R_T = 2R_{fase} = 2R_N = \frac{2\rho L}{A} \qquad (1.1)$$

La caída de voltaje en los conductores es:

$$V_{cond} = \frac{2\rho L}{A} I \qquad (1.2)$$

En la relación anterior, ρ es la resistividad del conductor, L su longitud y A es el área de su sección transversal. La caída porcentual de voltaje en los conductores es:

$$\Delta V_{cond}(\%) = \frac{V_{cond}}{V_{fuente}} 100 = \frac{2\rho L I}{A V_{fuente}} 100 \qquad (1.3)$$

Un buen diseño debe tomar en cuenta el aumento futuro en el consumo de energía que tendrá una instalación eléctrica.

1.4.2 Sistema monofásico de 120/208 voltios y tres conductores

Este sistema se utiliza comúnmente en residencias individuales o en complejos de apartamentos. El sistema puede derivarse a partir de transformador conectado en delta en el primario y en estrella en el secundario. De la configuración en estrella del secundario se utilizan solo dos ramas, y el neutro corresponde al punto donde confluyen las tres ramas de la estrella. El diagrama esquemático y los diagramas unifilares para 120 y 208 voltios se muestran en la **Fig. 1.5**.

---

* De acuerdo con las normas, en el caso de un sistema monofásico de 120 V, el conductor conectado a tierra no es un neutro.

JÚPITER FIGUERA – JUAN GUERRERO

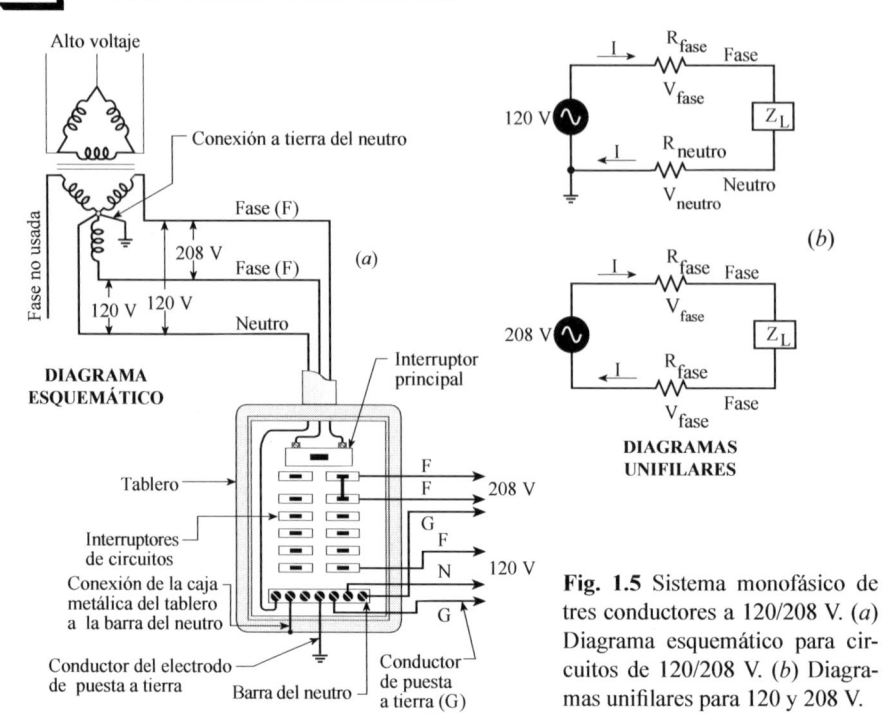

Fig. 1.5 Sistema monofásico de tres conductores a 120/208 V. (*a*) Diagrama esquemático para circuitos de 120/208 V. (*b*) Diagramas unifilares para 120 y 208 V.

A partir de esta configuración se pueden alimentar cargas de 120 V, como lámparas de iluminación, computadoras, etc., y cargas de 208 V, como calentadores y acondicionadores de aire. En ambos casos se requiere el uso de un conductor de puesta a tierra para la seguridad de las personas. Como ya se ha dicho, en este sistema eléctrico una de las fases del secundario del transformador se deja libre, sin conexión con el tablero principal. Las fases se conectan a tierra en su punto de unión en el transformador. En el diagrama unifilar para 120 V, la corriente va desde la fuente hacia la carga mediante el conductor activo (fase) y, luego, regresa a la fuente a través del neutro. Para el diagrama unifilar de 208 V, la corriente entra y sale de la carga a través de las dos fases del sistema. En ambos casos, si asumimos que los diámetros de los conductores son los mismos, la caída de voltaje en los conductores de alimentación se puede calcular empleando las fórmulas (1.2) y (1.3), mencionadas para el caso del sistema de alimentación de 120 voltios.

1.4.3 Sistema monofásico de 120/240 voltios y tres conductores

Este sistema se encuentra en residencias y locales comerciales, siendo común su uso en los Estados Unidos y Canadá. Los circuitos de 120 V se utilizan para iluminación, tomacorrientes de uso general y pequeños artefactos, mientras que los circuitos de 240 V alimentan, por lo general, a cocinas y hornos eléctricos, entre otras cargas. En la **Fig. 1.6** se presenta este sistema de alimentación. En este sistema, la parte central del secundario del transformador se conecta a tierra, dando origen a los voltajes de 120 voltios entre cada uno de los extremos del secundario del transformador y tierra y a un voltaje de 240 voltios entre dichos terminales. Como en los casos anteriores, los circuitos ramales incluyen un cable de puesta a tierra (en la práctica, de color verde)

CAPÍTULO 1: PRINCIPIOS BÁSICOS   9

para cumplir con los requisitos de seguridad dados en los códigos eléctricos, en caso de que la tubería donde se alojan los conductores no sea metálica. El porcentaje de caída de voltaje también está dado por la relación (1.3), dada por:

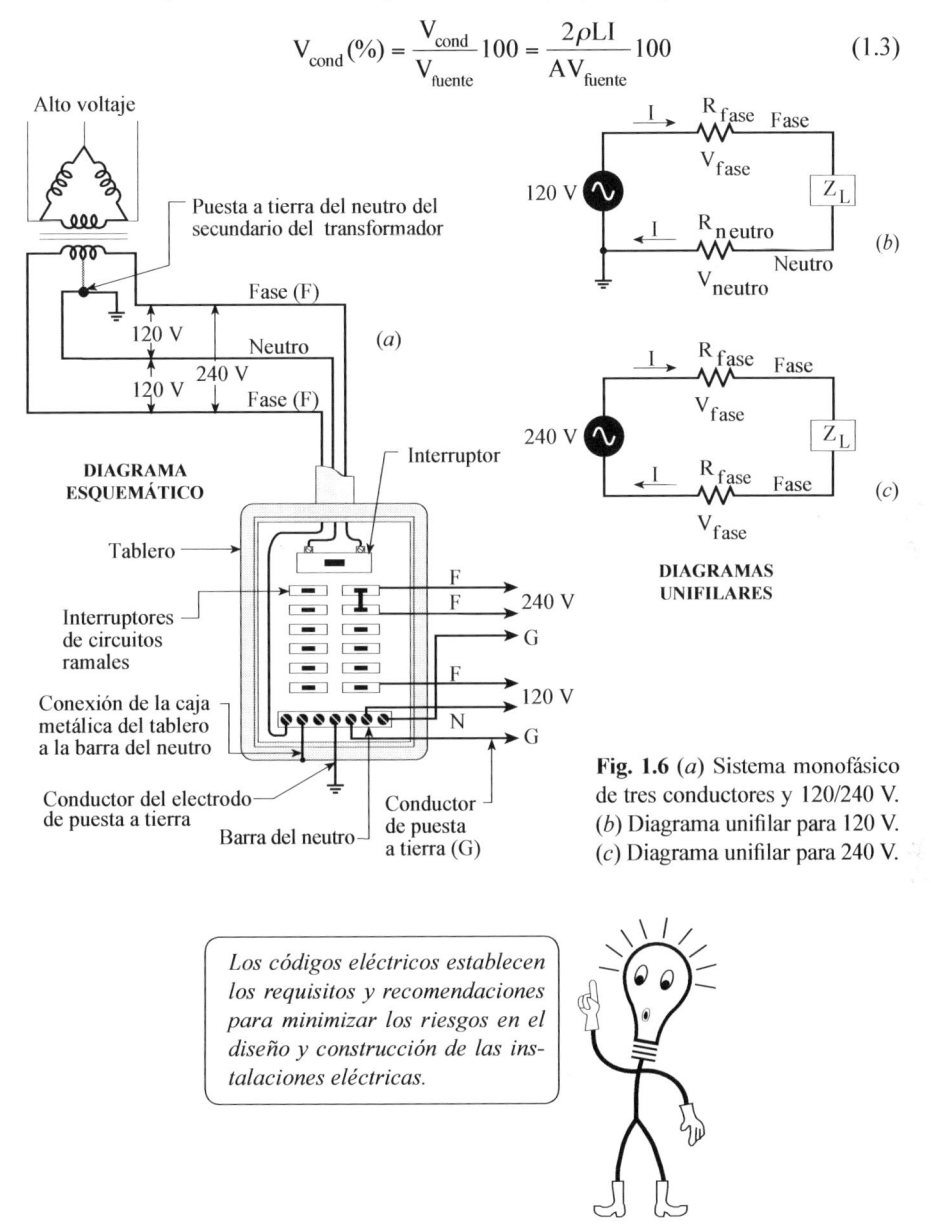

$$V_{cond}(\%) = \frac{V_{cond}}{V_{fuente}} 100 = \frac{2\rho LI}{AV_{fuente}} 100 \qquad (1.3)$$

Fig. 1.6 (*a*) Sistema monofásico de tres conductores y 120/240 V.
(*b*) Diagrama unifilar para 120 V.
(*c*) Diagrama unifilar para 240 V.

Los códigos eléctricos establecen los requisitos y recomendaciones para minimizar los riesgos en el diseño y construcción de las instalaciones eléctricas.

1.4.4 Sistema trifásico de 120/208 voltios y cuatro conductores

La **Fig. 1.7** representa a este sistema. Entre dos fases hay un voltaje de 208 V, mientras que entre fase y neutro el voltaje es de 120 V. Observa que en la figura solo se muestran cargas conectadas entre fase y neutro. Cuando se utilizan tres fases para alimentar a motores trifásicos, la carga es balanceada y la corriente en el neutro es igual a cero. Cuando las fases no están balanceadas hay corriente en el neutro. Este sistema se utiliza en plantas industriales, grandes comercios, residencias de alto consumo y edificios de varios apartamentos y/o de oficinas, entre otras edificaciones.

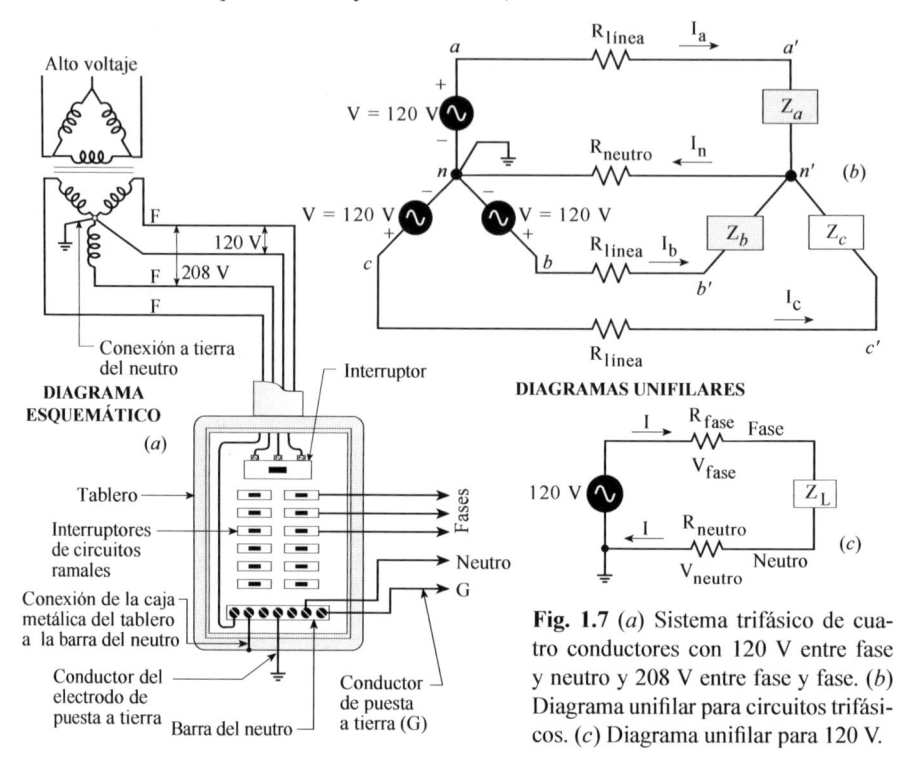

Fig. 1.7 (a) Sistema trifásico de cuatro conductores con 120 V entre fase y neutro y 208 V entre fase y fase. (b) Diagrama unifilar para circuitos trifásicos. (c) Diagrama unifilar para 120 V.

Aun cuando existen otras posibilidades en los sistemas de suministro de energía distintos a los que hemos mencionado, nos concentraremos en los ya descritos por ser los más frecuentemente encontrados en residencias individuales, complejos habitacionales, industrias y comercios.

Es interesante visualizar, a través de diagramas esquemáticos, cómo las líneas de alimentación son llevadas a un tablero principal y de allí a los sitios de utilización de la energía eléctrica. Si hacemos abstracción de las partes físicas del tablero representado en las últimas figuras, y ponemos nuestra atención en los conductores que llegan a tomacorrientes para conectar equipos y artefactos eléctricos, arribamos a esquemas como el presentado en la **Fig. 1.8**. En este caso se trata de un sistema monofásico de tres hilos a 120/208 V. A la entrada del tablero se encuentra el interruptor principal y cada uno de los circuitos ramales está protegido por interruptores individuales.

En el diagrama unifilar, los puntos de conexión entre conductores se representan mediante pequeños círculos sólidos de color negro de donde se derivan las **fases A** y **B**. Los interruptores están simbolizados por un semicírculo (⌒) sobre los conductores. En la parte (b) se presentan tres salidas desde el tablero de servicio: un circuito de 120

CAPÍTULO 1: PRINCIPIOS BÁSICOS   **11**

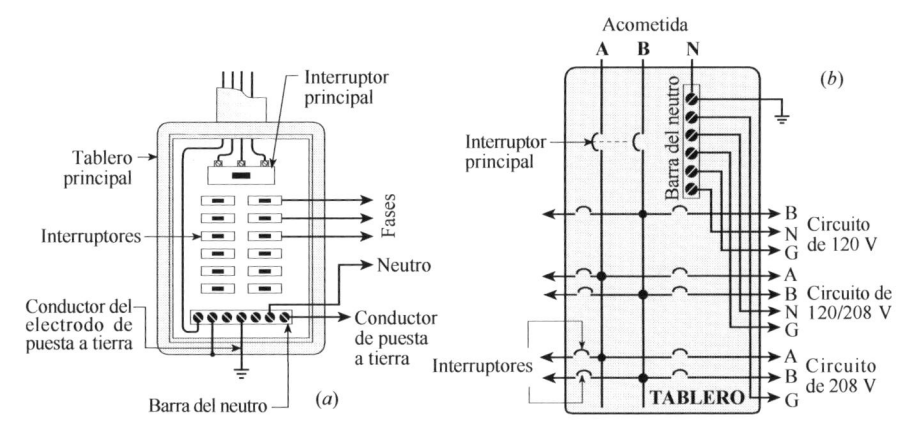

Fig. 1.8 (*a*) Tablero principal. (*b*) Diagrama unifilar.

V, uno de 120/208 V y uno de 208 V. En todos ellos se incluye un conductor de puesta a tierra. En el circuito de 208 V (como el de un acondicionador de aire) se utilizan dos conductores activos y el de puesta a tierra para protección.

Es muy ilustrativo considerar cómo sería la alimentación a un tomacorriente de 120 V, con el fin de mostrar la conexión al mismo a partir del tablero. Aun cuando más adelante estudiaremos en detalle los tomacorrientes, nos bastará con mencionar ahora que constan de tres terminales para las conexiones a fase, a neutro y a tierra. La **Fig. 1.9** presenta este esquema. La corriente I parte de la fuente equivalente, llega al tomacorriente mediante la **fase A** y, de existir un artefacto conectado al mismo, se devuelve a la fuente a través del neutro (**N**). El conductor de puesta a tierra (**G**) no debe tener corriente en condiciones normales de funcionamiento del circuito.

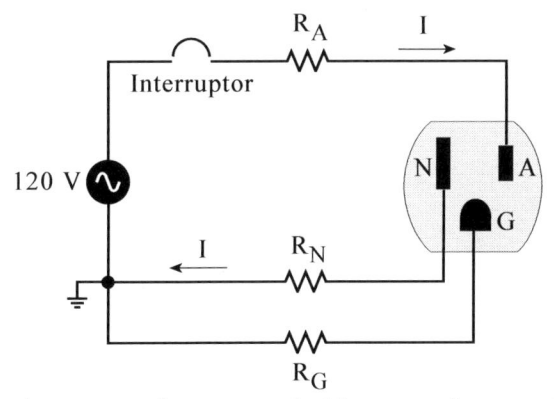

Fig. 1.9 Conexión de un tomacorriente con terminal de puesta a tierra a un circuito de 120 V. El conductor de puesta a tierra, R_G, sirve de protección para las personas.

Piense... Explique...

1.1 ¿Cómo se obtiene la energía eléctrica?

1.2 ¿Cuáles son los posibles riesgos que se presentan con el uso de la energía eléctrica?

1.3 ¿Por qué es importante la seguridad en las instalaciones eléctricas?

1.4 Describa los elementos básicos de una instalación eléctrica.

1.5 ¿Cuáles elementos conforman la acometida en una instalación eléctrica residencial? ¿Qué es una acometida aérea? ¿Qué es una acometida subterránea?

1.6 Describa las funciones que tiene el tablero principal en una instalación eléctrica.

1.7 ¿Cuál es el papel de los transformadores en una instalación eléctrica residencial?

1.8 ¿Cuál es el papel del interruptor principal en una instalación residencial?

1.9 ¿Para qué se conectan a tierra la barra del neutro de la acometida y el tablero principal a la entrada de una edificación?

1.10 ¿Qué son circuitos ramales?

1.11 ¿Qué función desempeñan los interruptores de los circuitos ramales?

1.12 ¿Hasta dónde llega la responsabilidad del proveedor del servicio eléctrico en una edificación?

1.13 Investigue cuándo se usan tranformadores monofásicos y trifásicos para suministrar energía eléctrica. ¿Es conveniente usar tres transformadores monofásicos o un solo transformador trifásico?

1.14 ¿En cuáles unidades se mide la energía eléctrica que llega a los hogares? ¿Qué instrumento se utiliza para medirla?

1.15 ¿Qué es una fase en una instalación eléctrica? ¿Qué es un neutro? ¿Qué es un conductor de puesta a tierra?

1.16 ¿Cuáles normas rigen a las instalaciones eléctricas? ¿Hay en en el país donde vive códigos que regulen el cálculo y la selección de equipos y materiales?

1.17 ¿Cuáles requisitos de seguridad deben tener los equipos asociados a una instalación eléctrica?

1.18 Cite algunas de las razones para que en un diseño se tenga en cuenta el aumento de la capacidad de una instalación.

1.19 ¿Qué significan la accesibilidad y la flexibilidad como características de un buen diseño eléctrico?

1.20 En su país de origen, ¿se tienen en cuenta las características de un buen diseño en la implementación de las instalaciones eléctricas?

1.21 ¿Cómo relaciona la pobreza en los países con un buen diseño eléctrico residencial? ¿Cree que debe haber un diseño eléctrico para familias de bajos recursos que, por razones económicas, no cumpla con las normas establecidas? ¿Cómo resolvería este dilema?

1.22 Explique los sistemas eléctricos residenciales más frecuentemente utilizados.

CAPÍTULO 2

CONDUCTORES ELÉCTRICOS

2.1 DEFINICIONES BÁSICAS

A fin de esclarecer algunos conceptos relacionados con el transporte de energía eléctrica, conviene formular las siguientes definiciones:

Conductor: Este es un término genérico que se aplica a un material, o medio conductivo, confeccionado en forma de alambre o de cable y utilizado para la transmisión de la corriente entre dos puntos de un sistema eléctrico.

Alambre: Cuerpo cilíndrico, con o sin aislante, utilizado para conducir la electricidad. Su alma conductora está formada por un solo filamento, hilo o hebra (*unifilar*). Cuando está provisto de aislante tiene una cubierta o chaqueta protectora.

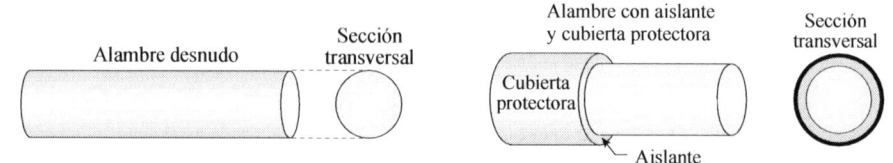

Cable: Un conductor de varios alambres, cubiertos o no por un aislante. Un cable puede estar formado así: *a*) un conjunto de alambres desnudos retorcidos; *b*) un conjunto de alambres retorcidos, que están cubiertos con un aislante y con chaqueta protectora; *c*) un conjunto de alambres aislados, dentro de un aislante común y chaqueta protectora, y *d*) cables aislados y con chaqueta protectora. Los cordones flexibles que utilizan los artefactos y equipos portátiles son cables con alambres muy finos. Otras veces, al cable lo conforman conductores paralelos, como los cables de las antenas de TV. Ejemplos de diferentes cables, correspondientes a los puntos antes descritos, se presentan en las imágenes siguientes:

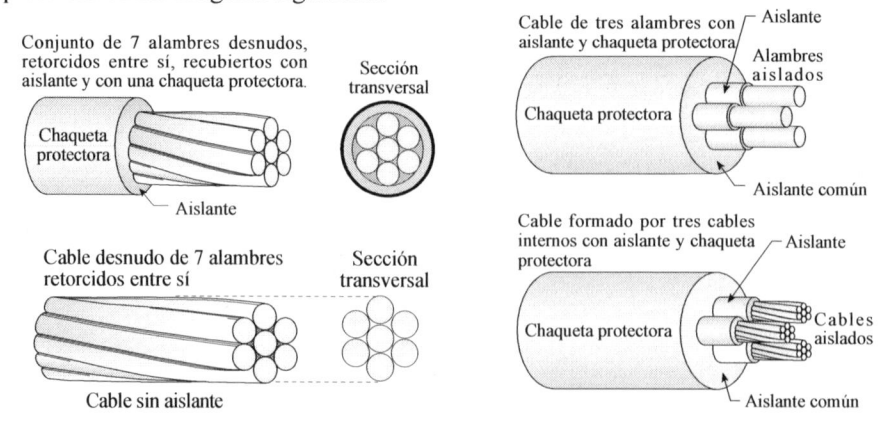

CAPÍTULO 2: CONDUCTORES ELÉCTRICOS

También es frecuente el tipo de cable mostrado abajo. Se trata de un conjunto de conductores: normalmente, una fase, un neutro y un alambre de cobre desnudo que sirve como conductor de puesta a tierra. Los tres están cubiertos por una chaqueta aislante, resistente a la humedad y con propiedades retardantes al fuego.

2.2 CONDUCTORES DE COBRE VS CONDUCTORES DE ALUMINIO

Tradicionalmente se han utilizado conductores de cobre y de aluminio para las instalaciones eléctricas. Siempre ha existido alguna controversia en cuanto a la selección del material adecuado; sin embargo, la tendencia a utilizar el cobre se ha ido acentuando con el tiempo debido a sus excelentes características de conductividad y ductibilidad (puede ser fácilmente moldeable). En la **Tabla 2.1** se indican las características más resaltantes de los alambres de cobre y aluminio utilizados en la fabricación de conductores. El tipo de cobre utilizado en la fabricación de conductores es el llamado *cobre electrolítico de alta pureza* (99.99%).

	Cobre	Aluminio
Resistividad (Ω-mm^2/m)	0.017	0.028
Peso específico (g/cm^3)	8.9	2.7
Resistencia a la tracción (kg/mm^2)	55	40
Punto de fusión (°C)	1083	660

Tabla 2.1 Algunas características de los conductores de cobre y aluminio.

En la **Tabla 2.1** se puede observar que el cobre es más pesado que el aluminio. El poco peso del aluminio hace que los vanos (distancia entre apoyos en el cableado aéreo) sean mayores que en el caso de los conductores de cobre, y que por ello se usen comúnmente en líneas de distribución, en cuyo caso se refuerza el conductor con un alma de acero para aumentar la resistencia a la tracción del conjunto. Asimismo, en aquellas aplicaciones donde el peso es un factor fundamental, como en las industrias aeroespacial y automotriz, se prefiere el aluminio.

Se nota, además, que la resistencia a la tracción (el máximo esfuerzo que el material puede soportar a lo largo de su longitud sin que se rompa) es mayor en el cobre que en el aluminio. Es importante hacer notar que la conductividad del aluminio es solo el 60% respecto a la del cobre, lo cual acarrea mayores pérdidas de energía para un mismo calibre de conductor.

El costo es otro aspecto a considerar en la selección del material conductor. Siendo el cobre más caro que el aluminio, hay que armonizar esta circunstancia con el tipo de aplicación al cual esté destinado su uso.

Por otro lado, la gran ductilidad y flexibilidad del cobre inclina la balanza a su favor en las instalaciones eléctricas residenciales, comerciales e industriales, donde los conductores son doblados en curvaturas de distintos radios. Estas propiedades también son relevantes en el proceso de fabricación de los alambres y conductores, ya que facilitan las fases de mecanización de los mismos.

El cobre, cuando se fabrica, adquiere tres temples o grados de suavidad: *duro, semiduro* y *blando*. Al cobre de grado blando también se le conoce como *cobre recocido*. El cobre blando presenta la mayor conductividad eléctrica y la mayor flexibilidad, mientras que el duro, si bien es el de mayor resistencia a la tracción, posee menos flexibilidad y menos conductividad. De allí que el primero sea preferido en las aplicaciones eléctricas y, en particular, en la fabricación de conductores.

Los alambres de aluminio son fabricados en diferentes temples y aleaciones, que les confieren distintas características de dureza y conductividad. Entre los productos terminados de aluminio podemos citar la aleación 6201, conocida como *arvidal*, de amplio uso en líneas de distribución de energía eléctrica. Su conductividad es del 52,5% cuando se la compara con la del cobre electrolítico puro. Su temple es duro.

Las aleaciones de aluminio se corroen en presencia de la humedad o en ambientes salinos, al contrario de lo que sucede con el cobre, donde los efectos de la corrosión son pequeños. Como consecuencia, en la superficie del aluminio se forma una película aislante de óxido que inhibe la realización de buenas soldaduras con los otros componentes de una instalación eléctrica y que afecta al proceso de fabricación de los alambres. Se ha atribuido a los cables de aluminio el potencial de producir incendios debido al sobrecalentamiento de las conexiones entre los conductores y dispositivos como tomacorrientes e interruptores.

Los alambres de cobre y de aluminio se obtienen mediante una técnica llamada *trefilación*, gracias a la cual son llevados a distintos diámetros en varias etapas de estirado.

2.3 PROTECCIÓN DEL CONDUCTOR DE COBRE TERMINADO

Una vez terminado, y en casos especiales, el alambre de cobre se cubre con una capa metálica para incrementar su resistencia a la corrosión*. Entre los metales más usados destacan el estaño, el níquel y la plata. El estaño y la plata protegen al cobre cuando se aplica la cubierta aislante durante la manufactura. En ese proceso se generan altas temperaturas y el aislante podría, eventualmente, interactuar con el cobre, produciendo ruptura del aislamiento y corrosión del material. El níquel se usa, fundamentalmente, para mejorar el comportamiento del conductor a altas temperaturas.

El estaño previene la corrosión del cobre debido a su propia característica anticorrosiva. Además, por ser un agregado normal de la soldadura usada en aplicaciones eléctricas, mejora la capacidad de conexión con otros componentes del sistema. El uso del estaño está limitado a aplicaciones de baja frecuencia, como las que corresponden a las instalaciones residenciales. Se le utiliza a temperaturas de hasta 150ºC y su costo es relativamente bajo si se compara con el de la plata y el níquel.

---
* Este proceso se utiliza sobre todo en ambientes marinos.

CAPÍTULO 2: CONDUCTORES ELÉCTRICOS

La plata se usa en aplicaciones de alta frecuencia, donde su conductividad refuerza la conductividad del cobre. Su presencia es común en cables coaxiales, en cuyo caso el alto costo es compensado por la mejoría en la capacidad de conducción del cobre. La plata se utiliza en combinación con aislamiento de teflón.

El níquel mejora la capacidad de conducción del cobre a altas temperaturas, al impedir la oxidación del material hasta 200°C. Sin embargo, la capa de níquel tiene efectos adversos sobre la soldadura en los puntos de conexión a componentes externos, razón por la cual hay que usar procesos especiales. El níquel se utiliza principalmente en la industria aeroespacial y en aplicaciones militares.

En ciertos cables de control de sistemas aeroespaciales se utiliza el oro, metal raramente seleccionado para otras aplicaciones debido a su alto costo. En este caso, la alta conductividad del metal es aprovechada en la terminación de los alambres de cobre.

2.4 CONDUCTOR SÓLIDO (ALAMBRE) VS CONDUCTOR MULTIFILAR (CABLE)

Cuando un conductor está formado por un solo hilo sólido, filamento, hebra o trenza es un *alambre*. Cuando consta de varios alambres retorcidos, constituye un *cable* y se le conoce como cable *trenzado* o *entorchado*. Cada una de estas configuraciones tiene ventajas y limitaciones. El alambre sólido es más barato y tiene una resistencia eléctrica menor que la del cable trenzado. La baja resistencia del alambre sólido, relativa al conductor trenzado, permite una mayor disipación de calor y, por tanto, una mayor capacidad de corriente para un mismo diámetro del alambre. Por otro lado, el alambre sólido tiene una flexibilidad menor y, en consecuencia, está más sujeto a daños por el doblado del alambre y la remoción de la capa aislante cuando se trata de hacer empalmes o uniones. Un rasguño en la superficie de un conductor sólido puede extenderse a toda la sección transversal, ocasionando su ruptura. En el caso del conductor trenzado, el rasguño se reduciría a un solo hilo del mismo, dejando inalterado al resto del alambre.

La ventaja más importante de los conductores trenzados radica en su mayor flexibilidad, lo que constituye una característica notable cuando se trata de cablear una instalación eléctrica. Las configuraciones del trenzado varían, pero en todas ellas los hilos están retorcidos siguiendo cierta dirección. En la **Fig. 2.1** se muestran varios arreglos geométricos para cables trenzados.

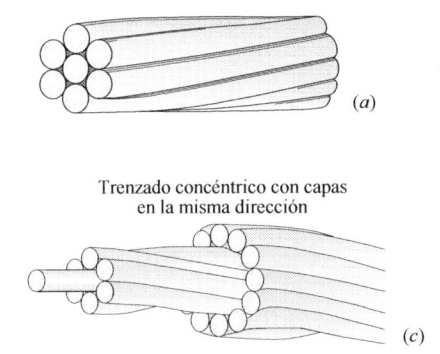

Fig. 2.1 Formas típicas de trenzado en cables. (*a*) Cable con trenzado simple. (*b*) Cable trenzado concéntrico, con conductor central y capas enrolladas en direcciones opuestas. (*c*) Cable trenzado concéntrico, con conductor central y capas enrolladas en la misma dirección.

2.5 CALIBRE DE LOS CONDUCTORES

Los conductores de las instalaciones eléctricas tienen generalmente forma cilíndrica y se especifican mediante cantidades relacionadas con su diámetro o con su sección transversal. Existen varios sistemas para especificar el calibre de los conductores. En los albores de la fabricación de alambres (1735, en Gran Bretaña) se consolidó un método empírico mediante el cual se asignaba un número a un alambre específico (por ejemplo, el N° 1) y, de acuerdo con el número de pases que se hacían a una máquina reductora de calibre (máquina trefiladora), se asignaban números a otros alambres. Así, el alambre N° 10 era pasado diez veces por la trefiladora. Los sistemas de calibre más difundidos son el AWG (*American Wire Gauge*), el *Kilo Circular Mil* (*kcmil*, conocido originalmente como MCM), el *Sistema Métrico de Calibres*, el *British Imperial Standard Wire Gauge* (abreviado: SWG). A continuación describimos cada uno de ellos:

2.5.1 American Wire Gauge (AWG): Uno de los primeros intentos para adoptar un sistema geométrico fue hecho por *Messrs Brown & Sharpe* en 1855. En este sistema, que posteriormente se conoció como el *American Wire Gauge* (AWG), cada diámetro está dado en pulgadas y es multiplicado por 0.890526 para obtener el próximo menor tamaño. La **Tabla 2.2** muestra los calibres para alambres de cobre correspondientes a los tamaños entre 40 y 0000, este último conocido como "4 cero" o 4/0. Los valores de la tabla fueron establecidos por *Messrs Brown & Sharpe* mediante una progresión geométrica de 39 pasos entre los tamaños 36 AWG y 4/0, de 0.005 y 0.46 pulgadas de diámetro, respectivamente, cuya expresión es:

$$D = 0.005 \cdot 92^{[(36-AWG)/39]} \qquad (2.1)$$

donde: D = diámetro del alambre en pulgadas.
AWG = calibre del alambre según la **Tabla 2.2**.

Calibre AWG	4/0	3/0	2/0	1/0	1	2	3	4	5	6	7
Diámetro (pulgadas)	0.4600	0.4096	0.3248	0.3249	0.2893	0.2576	0.2294	0.2043	0.1819	0.1620	0.1443
Calibre AWG	8	9	10	11	12	13	14	15	16	17	18
Diámetro (pulgadas)	0.1285	0.1144	0.1019	0.0974	0.0808	0.0720	0.0641	0.0571	0.0508	0.0453	0.0403
Calibre AWG	19	20	21	22	23	24	25	26	27	28	29
Diámetro (pulgadas)	0.0359	0.0320	0.0285	0.0254	0.0226	0.0201	0.0179	0.0159	0.0142	0.0126	0.0113
Calibre AWG	30	31	32	33	34	35	36	37	38	39	40
Diámetro (pulgadas)	0.0089	0.0089	0.0080	0.0071	0.0063	0.0056	0.0050	0.0045	0.0040	0.0035	0.0032

Tabla 2.2 Calibre de los alambres en el sistema AWG.

CAPÍTULO 2: CONDUCTORES ELÉCTRICOS   **19**

Para los calibres 2/0, 3/0 y 4/0 se deben emplear los números –1, –2 y –3, respectivamente. Según la fórmula anterior, cada seis pasos de disminución en el calibre significan, aproximadamente, una duplicación del diámetro del alambre. Por ejemplo, el calibre 12 tiene un diámetro de 0.0808 pulgadas. Si recorremos seis pasos hasta alcanzar el calibre 6, este último tiene un diámetro de 0.1620 pulgadas, que es igual a 2 • 0.0808 = 0.1616 y está muy cercano al valor 0.1620 mostrado en la tabla.

En la **Tabla 2.2** se observa que a medida que aumenta el número del calibre, disminuye el diámetro del conductor. El calibre más pequeño es el 40 y el más grande el 4/0. Los números de calibres impares no son comunes y, por tanto, comercialmente, se consiguen más fácilmente los calibres 4/0, 2/0, 2, 4, 6, 8, 10, 12, 14, ... , 40.

Es frecuente también expresar los diámetros en milésimas de pulgadas, en lugar de expresarlos en pulgadas. Bajo esta forma de expresión, los diámetros mostrados en la **Tabla 2.2** deben multiplicarse por 1000. A las milésimas de pulgadas se les designa como *mils*. Así, para el calibre 12 el diámetro es de 80.8 *mils*, y para el calibre 2/0 el diámetro es 364.8 *mils*.

Ejemplo 2.1

Mediante el uso de la relación (2.1), determine el diámetro en pulgadas de los alambres 10 AWG y 16 AWG.

Solución

Para el alambre 10 AWG:

$$D = 0.005 \cdot 92^{(36-AWG)/39} = 0.005 \cdot 92^{(36-10)/39} = 0.005 \cdot 20.41 = 0.1020 \text{ pulgadas}$$

Para el alambre 16 AWG:

$$D = 0.005 \cdot 92^{(36-AWG)/39} = 0.005 \cdot 92^{(36-16)/39} = 0.005 \cdot 10.1641 = 0.0508 \text{ pulgadas}$$

El *circular mil* (CM) es otra medida estándar para caracterizar un alambre de sección circular según su calibre. Ya establecimos que el *mil* corresponde a una milésima de pulgada y que, por ejemplo, un alambre calibre 10 tiene un diámetro de 0.1020 pulgadas o, de manera equivalente, 102 *mils*.

> El *circular mil* de un alambre se obtiene elevando al cuadrado el diámetro del mismo, expresado en *mils*.

Asi, para un alambre calibre 14 AWG con un diámetro de 64.08 *mils*, el área de su sección transversal, expresada en *circular mils*, es igual a:

$$\text{Área} = 64.08^2 = 4106.25 \; circular \; mils$$

En general, tenemos:

$$\boxed{\text{Área} \; (circular \; mils) = (\text{Diámetro en } mils)^2} \qquad (2.2)$$

Se debe mencionar que el área real de la sección circular de un alambre se obtiene mediante la tradicional fórmula $A = \pi r^2$. Esto es expresado en las tablas del sistema AWG como milésimas de pulgadas al cuadrado (*square mils*), que designaremos por SM. Para el caso del alambre 14 AWG, el área de la sección circular está dada por:

$$\text{Área} = \frac{\pi D^2}{4} = \frac{\pi \cdot 64.08^2}{4} = 3.22504 \; square \; mils$$

El *circular mil* es una unidad de área menor que el *square mil*. La relación entre *circular mils* (CM) y *square mils* (SM) se puede determinar, a partir de los siguientes cálculos, si tomamos como referencia un alambre de un diámetro cualquiera D:

$$\text{Área(SM)} = \frac{\pi D^2}{4} \qquad \text{Área(CM)} = D^2$$

$$\frac{\text{Área(SM)}}{\text{Área(CM)}} = \frac{\pi}{4} = 0.7854 \quad \Rightarrow \quad \text{Área(SM)} = 0.7854 \cdot \text{Área(CM)} \qquad (2.3)$$

Luego, para determinar el área en *square mils* se debe multiplicar el área en *circular mils* por el factor 0.7854.

En el caso de cables, el área total del conductor se determina multiplicando el área en circular mils *de un filamento por el número de filamentos en el conductor.* El valor obtenido debe estar muy cerca del área del conductor sólido equivalente.

Ejemplo 2.2

Para un alambre 8 AWG, determine su área en *circular mils* y *square mils*.

Solución

El diámetro del alambre 8 AWG es, según la **Tabla 2.2**, 128.5 *mils*. Entonces:

$$\text{Área(CM)} = D^2 = 128.5^2 = 16512.25$$

$$\text{Área(SM)} = 0.7854 \cdot \text{Área(CM)} = 0.7854 \cdot 16\,512.25 = 12968.72$$

Ejemplo 2.3

¿Cuál es el área en CM de un conductor trenzado calibre 6 AWG de siete hilos, si cada hilo tiene un diámetro nominal de 1.554 mm?

Solución

Recordemos que 1 pulgada = 25.4 mm. Luego, 1.554 mm equivalen a 0.06118 pulgadas = 61.18 *mils*. El área en circular *mils* para cada hilo es:

$$A = D^2 = 61.18^2 = 3742.99$$

Como el conductor tiene siete hilos, el área total en *circular mils* es:

$$\text{Área total} = 7 \cdot 3742.99 = 26200.95$$

Ejemplo 2.4

¿Cuál es el diámetro de un conductor trenzado de siete hilos si cada filamento tiene un diámetro de 30.51 *mils*?

Solución

A fin de determinar el diámetro, observemos la disposición de los siete filamentos en el conductor trenzado:

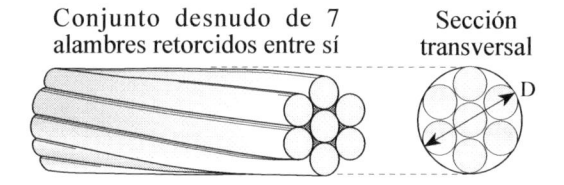

Conjunto desnudo de 7 alambres retorcidos entre sí   Sección transversal

Como se puede observar, el diámetro del conductor corresponde a tres veces el diámetro de uno de los hilos. Por tanto:

$$D = 3 \cdot 30{,}51 = 91.53 \; mils$$

Es frecuente expresar el área del conductor en pulgadas^2 en lugar de *circular mils* o *square mils*. En este caso, simplemente, se emplean las fórmulas

$$A = \pi r^2 \qquad A = \frac{\pi D^2}{4}$$

para determinar el área de la sección circular del conductor.

En muchas instalaciones eléctricas es común el uso de conductores 14, 12, 10 y 8 AWG. *Las normas eléctricas permiten el uso de alambres sólidos hasta el calibre 10 AWG*. A partir del calibre 8 AWG y diámetros superiores (6, 4, ... ,) los conductores deben ser trenzados. Como se dijo anteriormente, los conductores trenzados ofrecen mayor flexibilidad para su instalación en ductos y para la ampliación futura del sistema eléctrico, por lo que se utilizan con gran frecuencia.

2.5.2 Kilo *circular mil* (*kcmil*): Si el diámetro del alambre es mayor que 4/0, su calibre se expresa en *kilo circular mil*, es decir, en milésimas de pulgadas multiplicadas por 1000. El diámetro de un alambre, en este sistema, comienza en 250 *kcmil* y termina en 2000 *kcmil*. Entonces, un alambre de 250 *kcmil* tiene un diámetro equivalente a 250000 milésimas de pulgada y un alambre de 2000 *kcmil* tiene un diámetro equivalente a 2000000 milésimas de pulgada. Al contrario de lo que sucede con el sistema AWG, los diámetros se incrementan a medida que lo hace la designación del alambre. Así, un conductor de 500 *kcmil* tiene menor diámetro que uno de calibre 1250 *kcmil*. Todavía, en algunos textos, para designar el sistema *kcmil*, se utiliza el término MCM, que tiene el mismo significado. Así, un conductor de calibre 250 *kcmil* es equivalente a 250 MCM. En la **Tabla 2.3** se indican los diámetros de los conductores en el sistema *kcmil*. En todos los casos se trata de conductores con alambres trenzados, tal como lo exige la norma.

2.5.3 Sistema métrico de calibres: En este sistema el calibre es diez veces el diámetro en milímetros. Así, un alambre calibre 50 en el sistema métrico tiene un diámetro de 5 mm. El diámetro aumenta con el número del calibre, al contrario de lo que sucede con el sistema AWG. En la práctica, la mayoría de las veces, el diámetro en el sistema métrico es expresado en milímetros, en lugar de los calibres correspondientes a este sistema. En la **Tabla 2.4** se muestran los diámetros, en pulgadas y en mm, para algunos conductores, desde el calibre 16 AWG hasta el calibre 2000 *kcmil*.

2.5.4 British Imperial Standard Wire Gauge (SWG): En este sistema el calibre menor es el 50, de 0.001 pulgadas, y el mayor es el 7/0, de 0.500 pulgadas. En la **Tabla 2.5** se indican algunos de los diámetros para distintos calibres.

Finalmente, la **Tabla 2.6** (ver **Tabla A1** en **Apéndice A**) sintetiza las características de los conductores desnudos calibres AWG y *kcmil*, más frecuentemente utilizados en las instalaciones eléctricas.

2.6 AISLANTES DE LOS CONDUCTORES

El aislante de un conductor tiene dos propósitos: evitar el contacto con otros conductores, tierra o demás objetos capaces de conducir la electricidad (incluido el cuerpo humano), y proteger al conductor de daños por abrasión y esfuerzos desarrollados durante su almacenamiento o instalación.

Condiciones ambientales: El tipo de aislamiento determina el ambiente donde los conductores se van a utilizar. Los conductores usados en instalaciones interiores están menos sujetos a las inclemencias del sol y del agua, que afectan notablemente a los conductores para uso exterior. De allí que estos últimos deben estar protegidos contra

CAPÍTULO 2: CONDUCTORES ELÉCTRICOS   **23**

kcmil	Diámetro (pulgadas)
250	0.575
300	0.630
350	0.681
400	0.728
500	0.813
600	0.893
700	0.964
750	0.998
800	1.030
900	1.094
1000	1.152
1250	1.289
1500	1.412
1750	1.526
2000	1.632

Tabla 2.3 Calibre de los alambres en el sistema kcmil.

AWG o kcmil	Diámetro mm	Diámetro pulgadas
16	1.29	0.051
14	1.63	0.064
12	2.05	0.081
10	2..588	0.102
8	3.264	0.128
6	4.67	0. 184
4	5.89	0.232
3	6.60	0.260
1/0	9.45	0.372
2/0	10.62	0.418
4/0	13.41	0.528
250	14..61	0.575
500	20.65	0.813
750	25.35	0.998
1000	29.26	1.152
2000	41.45	1.632

Tabla 2.4 Diámetro de alambres (calibres 16 al 8) y diámetros de cables (calibres 6 al 2000) en el sistema AWG o kcmil (se omiten algunos calibres).

SWG	Diámetro mm	Diámetro pulgadas
7/0	12.7	0.5000
4/0	10.16	0.4000
2/0	8.839	0.3480
2	7.01	0.2760
4	5.893	0.2320
8	4.064	0.1600
10	3.251	0.1280
12	2.642	0.1040
16	1.626	0.0640
18	1.219	0.0480
24	0.599	0.0220
30	0.315	0.0124
40	0.122	0.0048
50	0.254	0.0010

Tabla 2.5 Diámetro de alambres en el sistema SWG.

Calibre (AWG o kcmil)	Área mm^2	Área CM	N° alambres	Diámetro cada alambre mm	Diámetro cada alambre pulg	Conductor trenzado Diámetro mm	Conductor trenzado Diámetro pulg	Conductor trenzado Área mm^2	Conductor trenzado Área pulg^2
16	1.31	2580	1	–	–	1.29	0.051	1.31	0.002
16	1.31	2580	7	0.49	0.019	1.46	0.058	1.68	0.003
14	2.08	4110	1	–	–	1.63	0.064	2.08	0.003
14	2.08	4110	7	0.62	0.024	1.85	0.073	2.68	0.004
12	3.31	6530	1	–	–	2.06	0.081	3.31	0.005
12	3.31	6530	7	0.78	0.030	2.32	0.092	4.25	0.006
10	5.261	10380	1	–	–	2.558	0.102	5.26	0.008
10	5.261	10380	7	0.98	0.038	2.95	0.116	6.76	0.011
8	8.367	16510	1	–	–	3.264	0.128	8.37	0.013
8	8.367	16510	7	1.23	0.049	3.710	0.146	10.76	0.017
6	13.30	26240	7	1.56	0.061	4.67	0.184	17.09	0.027
4	21.15	41740	7	1.96	0.077	5.89	0.232	27.19	0.042
2	33.62	66360	7	2.47	0.097	7.42	0.292	43.23	0.067
1/0	53.49	105600	19	1.89	0.074	9.45	0.372	70.41	0.109
2/0	67.43	133100	19	2.13	0.084	10.62	0.418	88.74	0.137
4/0	107.20	211600	19	2.68	0.106	13.41	0.528	141.10	0.219
250	127.00	–	37	2.09	0.082	14.61	0.575	168.00	0.260
500	253.00	–	37	2.95	0.116	20.65	0.813	336.00	0.519
750	380.00	–	61	2.82	0.111	25.35	0.998	505.00	0.782
2000	1013.00	–	127	3.19	0.126	41.45	1.632	1349.00	2.092

Tabla 2.6 Características geométricas de los conductores desnudos, usados con más frecuencia.

el agua y las radiaciones ultravioleta. El aislante de los conductores colocados directamente en la tierra debe ser capaz de soportar la acción corrosiva del suelo. Además de estas consideraciones, la estabilidad térmica y química del aislamiento es un factor a tener en cuenta.

Corriente en un conductor: El tipo de aislamiento es un factor importante en la corriente que es capaz de soportar un conductor, pues el aumento de temperatura, debido al paso de la corriente, puede dañar al aislante.

Bajas y altas frecuencias: La presencia del aislante en conductores utilizados a bajas frecuencias, como es el caso de instalaciones eléctricas residenciales, está destinada a impedir cortocircuitos con otros conductores y con elementos capaces de conducir la corriente eléctrica en las cercanías de la instalación. A altas frecuencias, sin embargo, las propiedades dieléctricas del aislante adquieren importancia debido a sus efectos sobre la velocidad de propagación de la señal eléctrica y a la impedancia de los conductores y cables.

Efectos químicos y térmicos: Los factores químicos que afectan a los aislantes de un conductor incluyen la estabilidad frente a solventes limpiadores, la oxidación a temperaturas elevadas y la combustibilidad. Los efectos térmicos incluyen el efecto de la temperatura sobre la estructura del aislante y sobre las características de tensión y flexibilidad. Estos efectos dependen, fundamentalmente, de la estructura intrínseca del aislante.

Materiales aislantes. Básicamente, existen dos tipos de aislamientos en los conductores: el *aislamiento primario*, aplicado directamente al conductor mediante un proceso conocido como *extrusión*, cuya función es aislar a los alambres entre sí, y el *aislamiento secundario*, en forma de chaquetas aislantes que sirven de cubiertas a los cables con varios conductores en su interior. En la **Fig. 2.2** se indican ambos tipos de aislamientos.

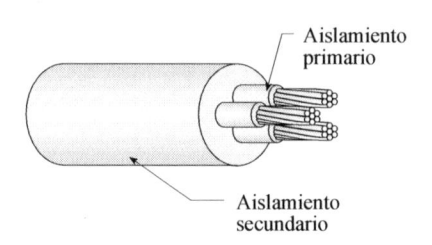

Fig. 2.2 Aislamientos primario y secundario en un cable.

En viejos conductores se utilizaban cubiertas de tela o de goma. Estas no se utilizan actualmente porque se deterioran con el tiempo. Hoy en día se utilizan sobre todo materiales termoplásticos y termoestables como cubiertas de los conductores. Estos materiales se obtienen a partir de la polimerización de hidrocarburos y son llamados, en consecuencia, polímeros. Entre los materiales más comunes usados como aislantes primarios encontramos los siguientes:

Cloruro de polivinilo (PVC): Este aislante predomina en aplicaciones de bajas frecuencias, típicas de las instalaciones residenciales, y tiene amplia difusión desde el punto de vista comercial debido a su costo relativamente bajo y a sus buenas propiedades mecánicas y eléctricas. La formulación química que se emplea para fabricarlos incluye una gran variedad de componentes plastificantes y otros aditivos, que confieren diversos grados de flexibilidad, dureza y resistencia a la abrasión. El PVC tiene una alta resistencia dieléctrica y buenas propiedades aislantes; sin embargo, los efectos capacitivos que introduce a altas frecuencias limitan su uso en ese espectro de operación. Según su formulación química, el PVC puede cubrir un rango de temperaturas entre –55°C y 105°C, aunque es más común encontrar formulaciones para trabajar entre –20°C y 80°C.

Poliolefinas: Este material incluye polietileno (PE), polipropileno (PP) y otros materiales derivados de aquellos. Las propiedades del aislamiento del polietileno se pueden variar controlando la densidad del polímero. El polietileno de baja densidad (LDPE) es un polímero resistente y flexible que encuentra su uso principal en aplicaciones de alta frecuencia y por debajo de 80°C. El polietileno de alta densidad (HDPE) tiene mayor fortaleza y es más resistente a la abrasión. Su uso se extiende a temperaturas de hasta 90°C.

Hidrocarburos fluorados: Estos polímeros, entre los cuales destacan el PTFE (politetrafluoruro etileno), el PFEP (polifluoruro etileno propileno) y el PVDF (polivinideno fluorado), tienen mejores propiedades térmicas, eléctricas y mecánicas, comparados con las poliolefinas. Su costo, sin embargo, es mayor que el de las poliolefinas.

En la **Tabla 2.7** se presentan las propiedades de los aislantes primarios.

Material	Resistividad (Ω/m)	Constante dieléctrica	Voltaje de ruptura (V/mil)*	Resistencia a la abrasión	Rango de temperatura (°C)
PVC estándar	10^{11}	7.0	500	Aceptable	–20/80
PE	10^{18}	2.5	600	Buena	–60/80
PP	10^{15}	2.2	650	Excelente	–40/105
PTFE	10^{18}	2.1	600	Excelente	–70/250
PFEP	10^{18}	2.1	600	Excelente	–70/250
PVDF	10^{15}	5.5	250	Excelente	–40/50

Tabla 2.7 Propiedades de materiales aislantes primarios.

Los materiales siguientes son utilizados como aislantes secundarios en cables:

Polycloropreno: Conocido también con el nombre comercial de Neopreno, se presenta en varias formulaciones según los aditivos que se le agreguen (plastificantes, antioxidantes y agentes vulcanizadores). Este aislante posee buenas propiedades mecánicas, además de ser resistente a la llama, a aceites y solventes.

Goma de etilenpropileno: Esta goma, conocida por sus siglas EPR (etileno propileno reticulado), es un copolímero de poliolefina con buenas características eléctricas y mecánicas. Es resistente a factores ambientales y a muchos solventes como álcalis y ácidos.

Poliuretano: Aunque las características del poliuretano no lo hacen apropiado para su uso como aislamiento secundario, sus propiedades mecánicas, como la resistencia a

---
*Voltios por milésima de pulgada.

rasgaduras y a los choques, hacen que sea seleccionado en ciertas aplicaciones. Es muy inflamable, pero puede hacerse resistente a la llama mediante agregado de aditivos.

Elastómeros termoplásticos: Un elastómero es un material que vuelve a su estado original una vez deformado. Conocidos por sus siglas en inglés TPE, sus propiedades mecánicas y eléctricas hacen que sean un buen material para cubiertas de cables. Tienen una adecuada flexibilidad a bajas temperaturas, una constante dieléctrica baja y estable y buenas características de estiramiento.

En la **Tabla 2.8** se hace un resumen de las características más resaltantes de estos materiales.

Material	Resistividad (Ω/cm)	Constante dieléctrica	Voltaje de ruptura (V/mil)	Resistencia a la abrasión	Rango de temperatura (°C)
Neopreno	10^{11}	6–9	150/600	Excelente	–30/90
Etilenpropileno	10^{17}	2.6–2.8	900	Buena	–40/80
Poliuretano	$10^{11} - 10^{14}$	5.6–9.5	500	Excelente	–50/80
Elastómeros	10^{14}	2.3	450	Buena	–40/125

Tabla 2.8 Propiedades de materiales aislantes secundarios.

De acuerdo con su característica de deformación, podemos clasificar a los aislantes en termoplásticos y termoestables.

Aislantes termoplásticos: Son aquellos que pueden ser ablandados, fluidificados o distorsionados cuando son sometidos a cambios de presión y/o de temperatura. Normalmente vuelven a su estado inicial una vez que cesan las causas del cambio de forma. Ejemplos de este tipo de aislantes son el cloruro de polivinilo (PVC), el polietileno y el polipropileno. El aislamiento termoplástico se endurece a temperaturas menores que –10°C.

Aislantes termoestables: Son aislantes que no se ablandan, fluyen o distorsionan apreciablemente cuando se les somete a cambios de presión y/o temperatura. Una vez que estos agentes los deforman, no vuelven a su estado original. Pueden ser sometidos al proceso de vulcanización, mediante el cual se combina azufre con el material para mantener su elasticidad en frío y en caliente. Si se calientan por encima de su temperatura máxima de trabajo tienden a agrietarse. La goma de etileno propileno reticulado (EPR), la goma de silicón, el polietileno reticulado (XLPE) y el neopreno son ejemplos de este tipo de aislantes.

Los aislamientos de los conductores se identifican mediante letras que indican el material del cual están fabricados y los ambientes en los cuales se pueden usar de forma segura, sin deteriorarse. Las designaciones más comunes se presentan en la **Tabla 2.9**. Con base en esa tabla, y según el tipo de aislante, se ha comercializado una gran variedad de conductores para uso en instalaciones eléctricas, algunos de los cuales se muestran en la **Tabla 2.10**.

CAPÍTULO 2: CONDUCTORES ELÉCTRICOS

Letra	Significado
T	Aislamiento termoplástico
N	Chaqueta de nylon
H	Temperatura hasta 70°C
HH	Temperatura hasta 90°C
W	Uso en sitios saturados de agua
U	Uso subterráneo enterrado directamente
UF	Cable subterráneo de alimentación
R	Cubierta aislante de goma
X	Polímero sintético termoestable
SE	Cable de acometida
USE	Cable subterráneo de acometida
A	Aislamiento de asbesto

Tabla 2.9 Significado de las letras usadas en la designación de conductores.

Tipo	$T_{Máxima}$ (°C)	Aislamiento	Aplicaciones típicas
MI	90–250	Mineral	Sitios secos y empapados
RHH	90	Termoestable	Sitios secos y húmedos
RHW	75	Termosestable resistente a la humedad, retardante de la llama	Sitio secos y empapados
SA	90 – 200	Goma de silicón	Sitios secos y húmedos
THHN	90	Termoplástico resistente al calor, retardante de la llama. Chaqueta exterior de *nylon*	Sitios secos y húmedos
THHW	75 – 90	Termoplástico resistente al calor y a la humedad, retardante de la llama	Sitios secos y empapados
THW	75 – 90	Termoplástico resistente al calor y a la humedad, retardante de la llama	Sitio secos y empapados
THWN	75	Termoplástico resistente al calor, retardante de la llama. Chaqueta exterior de *nylon*	Sitio secos y empapados
TW	60	Termosestable resistente a la humedad, retardante de la llama	Sitio secos y empapados
UF	60 – 75	Resistente a la humedad y al calor	Instalaciones subterráneas
USE	75	Resistente a la humedad y al calor	Acometidas subterráneas
XHH	90	Termoestable resistente a la humedad y a la llama	Sitio secos y empapados
XHHW	75 – 90	Termoestable resistente a la humedad y a la llama	Sitio secos y empapados
XHHW–2	90	Termosestable resistente a la humedad, retardante de la llama	Sitio secos y empapados

Tabla 2.10 Conductores eléctricos: sus principales usos y características.

En la tabla anterior se mencionan sitios húmedos, empapados y secos. Habitualmente las regulaciones eléctricas establecen lo que significa un sitio húmedo (*damp*), empapado (mojado, *wet*) y seco (*dry*), según los lugares donde se instalan conductores eléctricos. Entonces, por definición, se tiene:

Sitio húmedo (*damp*): Lugares protegidos de la intemperie y no sujetos a saturación con agua u otros líquidos, pero expuestos a grados moderados de humedad. El interior de una residencia en zonas de alta lluviosidad es un buen ejemplo de este tipo de sitio.

Sitio empapado (mojado, *wet*): Instalaciones bajo tierra o en losas de concreto o mampostería que están en contacto directo con la tierra en lugares sujetos a saturación con agua u otros líquidos. Como ejemplos podemos citar las áreas de lavado de vehículos y otros sitios expuestos a la intemperie sin protección.

Sitio seco (*dry*): Lugares no expuestos normalmente al agua o a la humedad. Un lugar clasificado como seco puede estar sometido temporalmente a la humedad o a saturación por líquidos, como en el caso de un edificio en construcción.

En la **Tabla 2.10** aparece también la expresión «retardante a la llama», característica que se refiere al material que ha sido creado o tratado para resistir incendios en caso de que se produzca fuego con llamaradas presentes.

Uno de los conductores más populares es el tipo THHN, particularmente en calibres pequeños y en lugares donde la temperatura es alta (hasta 90°C). En instalaciones eléctricas residenciales, los conductores THHN, THHW y THWN vienen en tamaños entre 14 AWG y 1000 *kcmil*. Los conductores tipo THW vienen en tamaños entre 14 AWG y 2000 *kcmil*.

Una especificación relevante de los conductores es su *máximo voltaje de operación*, valor que no debe superarse para garantizar un funcionamiento seguro de la instalación eléctrica. Este voltaje está relacionado con el voltaje de ruptura o resistencia dieléctrica del aislante. Estos valores se muestran en las **tablas 2.7** y **2.8** para los diferentes materiales aislantes. En el caso de las instalaciones eléctricas residenciales, el voltaje de ruptura es típicamente 600 V, valor que es adoptado por muchos de los fabricantes de conductores.

> El calibre mínimo de los conductores usados en instalaciones eléctricas residenciales es el 14 AWG. Se permite el uso de calibres menores en los circuitos de control.

2.7 Ampacidad de un conductor

> *La ampacidad es la corriente, expresada en amperios, que un conductor puede soportar continuamente, en las condiciones en que se le usa, sin exceder su máxima temperatura de operación.*

CAPÍTULO 2: CONDUCTORES ELÉCTRICOS   29

La ampacidad está limitada por el material aislante que cubre al alambre. Como ya vimos, estos aislantes tienen una temperatura máxima de operación, por encima de la cual se deterioran por el calentamiento excesivo. Algunos aislantes se derriten, se agrietan, se endurecen o arden bajo el efecto de altas temperaturas. Como consecuencia, el aislamiento pierde sus propiedades, provocando, en casos extremos, cortocircuitos e incendios.

Los conductores TW y UF, en la **Tabla 2.10**, poseen el menor límite de temperatura y son, por tanto, los de menor ampacidad. El conductor MI tiene el rango de temperatura más alto. **La Tabla 2.11 (Apéndice A, Tabla A2)** presenta las ampacidades de conductores de cobre con aislantes diseñados para operar a temperaturas comprendidas entre 60°C y 90°C, para voltajes de operación entre 0 y 2000 V, a una temperatura ambiente de 30°C y un máximo de tres conductores en una canalización.

Tamaño AWG o kcmil	Máxima temperatura de operación		
	60°C	75°C	90°C
	TW, UF	RHW, THHW, THW, THWN, XHHW, USE	SA, MI, RHH, THHN, THW–2, THWN–2, USE–2, XHH, XHHW, XHHW–2
16	–	–	18
14	20	20	25
12	25	25	30
10	30	35	40
8	40	50	55
6	55	65	75
4	70	85	95
2	95	115	130
1	110	130	150
1/0	125	150	170
2/0	145	175	195
3/0	165	200	225
4/0	195	230	260
250	215	255	290
300	240	285	320
350	260	310	350
400	280	335	380
500	320	380	430
600	355	420	475
700	385	460	520
750	400	475	535
800	410	490	555
900	435	520	585
1000	455	545	615
1250	495	590	665
1500	520	625	705
1750	545	650	735
2000	560	665	750

Tabla 2.11 Ampacidad de conductores de cobre a temperatura ambiente de 30°C y no más de tres conductores en una canalización, en un cable o directamente enterrados. El voltaje máximo de operación es de 2000 V.

Vale la pena puntualizar los siguientes aspectos en la **Tabla 2.11**:

1. Las temperaturas de 60°C, 75°C y 90°C que se indican en la **Tabla 2.11** están sujetas al tipo de aislante que se utilice. Así, una corriente de 25 amperios que circula por un conductor TW, calibre 12 AWG, no debe producir suficiente calor para elevar la temperatura del aislante por encima de 60°C. Si ese mismo calibre de conductor tuviese un aislante THHN, podría soportar una corriente de 30 amperios sin que su temperatura suba a más de 90°C.

2. La ampacidad de un conductor depende de la temperatura ambiente y del número de conductores en una canalización. Los valores de ampacidad dados en la **Tabla 2.11** son válidos para conductores dentro de una canalización, en un cable o directamente enterrados, a una temperatura ambiente de 30°C. Cuando esta temperatura es distinta a 30°C, la ampacidad es diferente y su valor hay que ajustarlo según los factores de corrección de la **Tabla 2.12** (**Apéndice A**, **Tabla A3**).

Temperatura ambiente (0°C)	TW, UF	RWH, THHW, THW, THWN, XHHW, USE	SA, MI, RHH, THHN, THW–2, THWN–2, USE–2 XHH, XHHW, XHHW–2
21–25	1.08	1.05	1.04
26–30	1.00	1.00	1.00
31–35	0.91	0.94	0.96
36–40	0.82	0.88	0.91
41–45	0.71	0.82	0.87
46–50	0.58	0.75	0.82
51–55	0.41	0.67	0.76
56–60	–	0.58	0.71
61–70	–	0.33	0.58
71–80	–	–	0.41

Tabla 2.12 Factores de corrección de la ampacidad por temperatura ambiente y para distintos tipos de aislamiento.

Para citar un ejemplo, veamos cuál es la ampacidad de un conductor con aislamiento THHN, calibre 8 AWG, cuando la temperatura ambiente es de 60°C y no de 30°C, cantidad para el cual se establecieron los valores de la **Tabla 2.11**. A una temperatura ambiente de 30°C, la ampacidad de este conductor es, según la **Tabla 2.11**, de 55 A. Cuando la temperatura del medio ambiente es de 60°C, el factor de corrección es 0.71 y, por tanto, la ampacidad de este conductor para 60°C es 0.71 • 55 = 39.05 A, valor considerablemente menor que 55 A, dado en la **Tabla 2.11**.

3. Los factores determinantes en la temperatura de operación de los conductores en una instalación eléctrica son estos:

a) La temperatura ambiente. Esta temperatura puede variar a lo largo del conductor, dependiendo de los sitios que sean atravesados por la canalización y de

CAPÍTULO 2: CONDUCTORES ELÉCTRICOS

las variaciones temporales de la misma de acuerdo con los cambios climáticos. El efecto de una temperatura ambiente mayor de 30ºC se debe tener en cuenta utilizando los factores mostrados en la **Tabla 2.12**.

b) El calor generado internamente por efecto Joule al fluir corriente en el conductor.

c) La velocidad de disipación del calor hacia el medio circundante. El material aislante que cubre o rodea al conductor afecta la velocidad de disipación.

d) La presencia de conductores adyacentes, que produce un aumento en la temperatura circundante y obstaculiza la disipación de calor. Esta circunstancia reduce la ampacidad de un conductor y se tiene en cuenta en la **Tabla 2.13** (ver, también, el **Apéndice A**, **Tabla 4** de este libro).

Nº de conductores portadores de corriente	Factor por el cual se deben multiplicar los valores de la Tabla 2.11 para obtener la ampacidad de los conductores en la canalización
4 – 6	0.80
7 – 9	0.70
10 – 20	0.50
21 – 30	0.45
31 – 40	0.40
Más de 40	0.35

Una canalización (raceway) *es un canal cerrado con paredes metálicas o no metálicas, diseñado para albergar conductores, cables y barras conductoras. Incluye, entre otros elementos, tubos metálicos rígidos y no rígidos, tubería metálica eléctrica (EMT), tubos metálicos flexibles y canales portacables.*

Tabla 2.13 Factores de corrección de la ampacidad cuando hay más de tres conductores portadores de corriente en una canalización.

Cuando el número de conductores es mayor que tres, la ampacidad se reduce, por lo que se aplicará lo establecido a continuación:

Cuando el número de conductores **portadores de corriente** *en una canalización sea mayor que tres, o cuando conductores individuales o cables multiconductores estén agrupados o empaquetados en una longitud de más de 600 mm, sin mantener separación, la ampacidad permitida debe ser reducida de acuerdo con la* **Tabla 2.13**.

Conductor portador de corriente: En el artículo anterior, es de especial importancia prestar atención a la expresión *conductor portador de corriente*. Por ejemplo, el neutro puede ser un portador de corriente en un circuito trifásico de cuatro hilos no balanceado. Cuando las fases están balanceadas, el neutro no transporta corriente. Cuando se trata de un circuito de dos hilos, fase y conductor puesto a tierra, este último soporta la misma corriente que el conductor de fase y es, por tanto, un conductor portador de corriente. La **Fig. 2.3** ilustra los casos que podrían presentarse para circuitos monofásicos de tres y dos conductores, donde el neutro es, en general, portador de corriente.

En la parte (*a*) de la misma figura, la corriente que circula por el neutro es la suma fasorial de las corrientes I_1 e I_2 que circulan por las fases. En un sistema monofásico de 120/240 V, I_1 e I_2 están desfasadas 180° y la corriente en el neutro es la diferencia entre las mismas. Es decir:

$$I_1 + I_2 = I_n \quad \text{(Suma fasorial)}$$

$$I_1 + I_2 = I_n \quad \text{(Suma aritmética)}$$

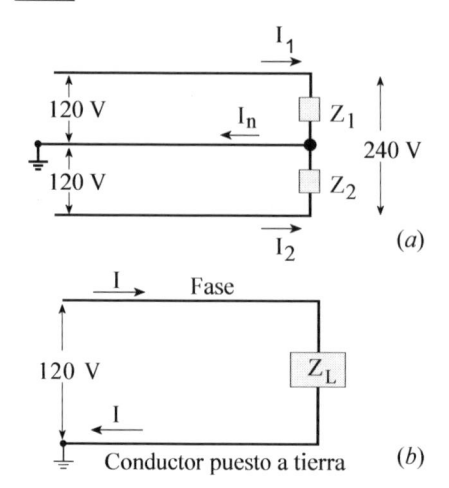

Fig. 2.3 a) Circuito monofásico de 3 hilos: la corriente que circula en el neutro es la diferencia de I_1 e I_2. b) Circuito monofásico de 2 hilos: la corriente en el conductor puesto a tierra es la misma que la corriente en la fase.

De las relaciones anteriores se deduce que si las cargas Z_1 y Z_2 están balanceadas, I_1 e I_2 son iguales y no hay corriente en el neutro, por lo que este no es un conductor portador de corriente. Al contrario, cuando las cargas están desbalanceadas, I_1 e I_2 son distintas, por lo cual el neutro es un conductor portador de corriente.

La **Fig. 2.3**(*b*) corresponde a un sistema monofásico de dos hilos. Como se puede observar, la corriente en el el conductor puesto a tierra* es igual a la corriente en la fase y, por tanto, es un conductor portador de corriente.

Ejemplo 2.5

Determine la corriente en el neutro para: *a*) un circuito monofásico de tres hilos 120/240 V, con corrientes de fase de 24 y 17 amperios; *b*) un circuito monofásico de dos hilos, con una corriente de fase de 10 amperios.

Solución

a) Se trata, en este caso, de un sistema de tres hilos de 120/240 V. Como las corrientes en las fases son distintas, las cargas están desbalanceadas, el neutro es un conductor portador de corriente y la corriente en el neutro es:

$$I_n = 24 - 17 = 7 \text{ A}$$

b) Por tratarse de un sistema monofásico de dos hilos, la corriente en el conductor puesto a tierra es igual a la corriente en la fase. Tal como lo establecimos anteriormente, en este caso se trata de un conductor portador de corriente cuyo valor es I_n = 10 A.

---

* Como veremos más adelante, en este caso no se habla de neutro sino de conductor puesto a tierra.

CAPÍTULO 2: CONDUCTORES ELÉCTRICOS 33

Circuitos de tres hilos a 120/208 V o 120/240 V: Cuando se trata de circuitos de tres hilos a 120/208 V (derivado de un sistema de cuatro hilos) o tres hilos a 120/240 V, las cargas generalmente están desbalanceadas y en el neutro circula corriente. Es, por tanto, un conductor portador de corriente y se debe tener en cuenta para el cálculo de su ampacidad y de su calibre.

Cargas no lineales: Cuando se trata de cargas no lineales que tienen un alto contenido de corrientes armónicas, como las que están presentes en lámparas fluorescentes, equipos electrónicos y sistemas de control de motores, se generan corrientes en el neutro que lo hacen ser considerado como un conductor portador de corriente.

Si los conductores van instalados en un tubo de longitud no mayor que 60 cm, no se requiere aplicar los factores de corrección por agrupamiento. Se supone, en este caso, que el encerramiento no altera la ampacidad de los conductores. Los conductores pueden o no estar instalados en una canalización para aplicar los factores de corrección.

La ampacidad de un conductor es un factor principal en la determinación de las protecciones de los conductores de los circuitos ramales, como lo veremos posteriormente. De allí la importancia de estimar su valor. Tal como se ha discutido en esta sección y se ilustra en la **Fig. 2.4**, los factores que más influyen en la ampacidad de un conductor son la temperatura ambiente y el número de conductores en una canalización.

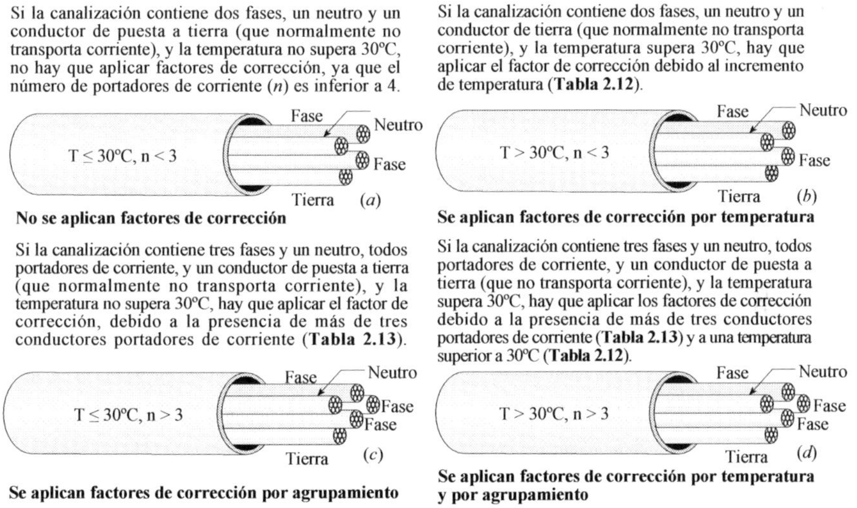

Si la canalización contiene dos fases, un neutro y un conductor de puesta a tierra (que normalmente no transporta corriente), y la temperatura no supera 30°C, no hay que aplicar factores de corrección, ya que el número de portadores de corriente (n) es inferior a 4.

T ≤ 30°C, n < 3

(a)
No se aplican factores de corrección

Si la canalización contiene dos fases, un neutro y un conductor de tierra (que normalmente no transporta corriente), y la temperatura supera 30°C, hay que aplicar el factor de corrección debido al incremento de temperatura (**Tabla 2.12**).

T > 30°C, n < 3

(b)
Se aplican factores de corrección por temperatura

Si la canalización contiene tres fases y un neutro, todos portadores de corriente, y un conductor de puesta a tierra (que normalmente no transporta corriente), y la temperatura no supera 30°C, hay que aplicar el factor de corrección, debido a la presencia de más de tres conductores portadores de corriente (**Tabla 2.13**).

T ≤ 30°C, n > 3

(c)
Se aplican factores de corrección por agrupamiento

Si la canalización contiene tres fases y un neutro, todos portadores de corriente, y un conductor de puesta a tierra (que no transporta corriente), y la temperatura supera 30°C, hay que aplicar los factores de corrección debido a la presencia de más de tres conductores portadores de corriente (**Tabla 2.13**) y a una temperatura superior a 30°C (**Tabla 2.12**).

T > 30°C, n > 3

(d)
Se aplican factores de corrección por temperatura y por agrupamiento

Fig 2.4 Factores de corrección de la ampacidad cuando la temperatura supera 30°C y hay más de tres conductores portadores de corriente en una canalización.

Ejemplo 2.6

¿Cuál es la ampacidad de un conductor de cobre THHN, calibre 6 AWG, a 30°C?

Solución

En la **Tabla 2.11**, en la columna de 90°C, podemos observar que la máxima corriente, o ampacidad, es de 75 A.

Ejemplo 2.7

¿Cuál es la ampacidad de un conductor de cobre THHN, calibre 12 AWG, si la temperatura ambiente es de 60°C?

Solución

La ampacidad de un conductor THHN, calibre 12 AWG, a 30°C es, según la **Tabla 2.11**, de 30 A. La cuarta columna de la **Tabla 2.12** indica que este valor debe ser multiplicado por el factor 0.71 para obtener la ampacidad del conductor:

$$\text{Ampacidad} = 30 \cdot 0.71 = 21.3 \text{ A}$$

Ejemplo 2.8

Se tienen seis conductores de cobre THW, calibre 8 AWG, en una misma canalización, colocada en un ambiente de temperatura igual a 28°C. ¿Cuál es la ampacidad de cada conductor?

Solución

La ampacidad de un conductor THW, calibre 8 AWG, es, según la **Tabla 2.11** (2da. columna), de 50 A. La Tabla 2.12 indica que el factor de corrección por temperatura es igual a 1.

Como hay seis conductores en una misma canalización, es necesario multiplicar esta ampacidad por el factor 0,80, de acuerdo con lo establecido en la **Tabla 2.13**:

$$\text{Ampacidad} = 50 \cdot 1 \cdot 0.8 = 40 \text{ A}$$

Ejemplo 2.9

Se tienen ocho conductores de cobre THHW, calibre 10 AWG, colocados en una misma canalización de longitud 10 m. Si la temperatura ambiente es de 32°C, determine la ampacidad de cada conductor.

Solución

A 30°C la ampacidad de un conductor THHW, calibre 10 AWG, es de 35 A. A fin de determinar la ampacidad, teniendo en cuenta los factores de corrección por el número de conductores y por la temperatura, usamos las **tablas 2.12** y **2.13**, ya mencionadas y mostradas nuevamente a continuación:

CAPÍTULO 2: CONDUCTORES ELÉCTRICOS | 35

Temperatura ambiente (°C)	TW, UF	RWH, THHW, THW, THWN, XHHW, USE	SA, MI, RHH, THHN, THW–2, THWN–2, USE–2 XHH, XHHW, XHHW–2
21–25	1.08	1.05	1.04
26–30	1.00	1.00	1.00
31–35	0.91	(0.94)	0.96
36–40	0.82	0.88	0.91
41–45	0.71	0.82	0.87
46–50	0.58	0.75	0.82
51–55	0.41	0.67	0.76
56–60	–	0.58	0.71
61–70	–	0.33	0.58
71–80	–	–	0.41

Tabla 2.12

N° de conductores portadores de corriente	Factor por el cual hay que multiplicar los valores de la tabla 2.9 para obtener la ampacidad de conductores en una canalización
4–6	0.80
7–9	(0.70)
10–20	0.50
21–30	0.45
31–40	0.40
Más de 40	0.35

Tabla 2.13

Así, tenemos:

Factor de corrección por temperatura: 0.94

Factor de corrección por número de conductores: 0.70

Luego, la ampacidad de cada conductor es: 35 • 0.94 • 0.70 = 23.03 A

2.8 LIMITACIONES TÉRMICAS ADICIONALES DE LOS CONDUCTORES

En una instalación eléctrica, el régimen de temperatura asociado con la ampacidad de un conductor debe seleccionarse y coordinarse de modo que no supere el régimen mínimo de temperatura de cualquier terminación, conector o dispositivo conectado al circuito respectivo. Los conductores con régimen de temperatura superior a las especificadas para las terminaciones se podrán usar mediante ajuste o corrección de su corriente admisible, o ambas cosas.

La selección de un conductor a partir únicamente de su ampacidad, según los valores establecidos en la **Tabla 2.11**, puede dar lugar a errores con consecuencias graves. En cualquier circuito de una instalación eléctrica puede haber cierta variedad en los componentes eléctricos conectados a los conductores, los cuales, a menudo, soportan diferentes regímenes de temperatura. Estos componentes o terminaciones pueden ser, entre otros, interruptores automáticos, tableros eléctricos, interruptores manuales y tomacorrientes. Cada una de estas terminaciones posee su régimen de temperatura, el cual no debe ser superado. Por ejemplo, podemos citar los siguientes valores:

a) Interruptores automáticos (breakers*): Trabajan a regímenes de 75°C o 60°C/75°C.

---

* La palabra de origen inglés *breaker* designa a los interruptores termomagnéticos automáticos y es empleada con frecuencia en este libro.

b) *Interruptores manuales* (suiches): Trabajan a regímenes de 75°C o 60°C/75°C.

c) *Tableros eléctricos* (para iluminación y artefactos): Trabajan a regímenes de 75°C. Esta temperatura máxima se refiere al ensamblaje completo del tablero y de los *breakers*; sin embargo, se debe tener en cuenta el régimen de temperatura del tablero y no el de los *breakers*.

d) *Tomacorrientes*: La mayoría de ellos están diseñados para temperaturas máximas de 60°C en circuitos ramales de 15, 20 y 30 amperios. Otros, para circuitos de 40 y 50 amperios, se diseñan para temperaturas de 75°C.

Para aclarar lo anterior, supongamos que conductores calibre THHN 12 AWG, con un régimen de temperatura de 90°C, están conectados, a lo largo del circuito ramal, a un tomacorriente cuya máxima temperatura de trabajo es de 60°C, tal como se ilustra en la **Fig. 2.5**. El tablero de distribución soporta una temperatura máxima de 75°C.

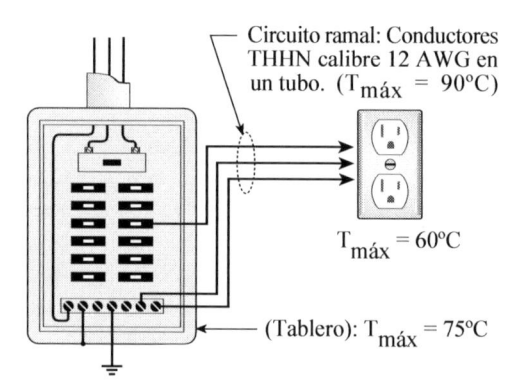

Fig. 2.5 La ampacidad de un conductor está limitada por el régimen de temperatura de los terminales del circuito ramal.

De acuerdo con la **Tabla 2.11**, la ampacidad de un conductor THHN, calibre 12 AWG, es de 30 amperios. El circuito ramal parte de un tablero de régimen 75°C y alimenta, en su recorrido, a un tomacorriente de 60°C. La terminación de menor régimen de temperatura corresponde al tomacorriente (60°C). Un buen diseño implica que la ampacidad del conductor, que puede soportar temperaturas de 90°C, debe coordinarse, en este caso, con la del tomacorriente (60°C) para no superar el régimen de trabajo de la instalación.

Es decir, la ampacidad del conductor THHN 12 AWG a 90°C (30 A) debe ser sustituida por la ampacidad correspondiente a un conductor que opere a 60°C, correspondiente a la temperatura de régimen del tomacorriente. Esto es, la ampacidad del conductor debe ser reducida de 30 A a 25 amperios, como lo indica la segunda columna de la **Tabla 2.11**.

De no procederse como se acaba de explicar, y dado que el conductor THHN puede soportar 90°C, los siguientes eventos podrían tener lugar: Al calentarse el conductor

CAPÍTULO 2: CONDUCTORES ELÉCTRICOS | 37

por encima de 60°C, el calor generado busca la manera de disiparse tanto en el medio ambiente como en los equipos conectados al ramal. Las terminaciones del circuito representan puntos hacia donde el calor fluye con facilidad, dando lugar a incrementos de temperatura en las mismas. De acercarse la temperatura a la temperatura límite de trabajo del conductor (90°C), y de transmitirse este calor en los terminales, se superaría el régimen de temperatura del tomacorriente (60°C) conectado al ramal y se generaría riesgo de daño o incendio.

Ejemplo 2.10

¿Cuál es la ampacidad máxima permitida para conductores THHN de cobre, calibre 8 AWG, si el circuito ramal posee tomacorrientes con un régimen de temperatura de 60°C?

Solución

Según la cuarta columna de la **Tabla 2.11**, la ampacidad de un conductor THHN, calibre AWG 8, es de 55 amperios para una temperatura de 90°C. Como los tomacorrientes están diseñados para 60°C, se debe tomar la ampacidad correspondiente a esta última temperatura en la segunda columna de la **Tabla 2.11**. Es decir, la ampacidad máxima permitida es de 40 A.

Observe que la segunda columna corresponde a conductores TW y UF; sin embargo, la norma establece que la ampacidad del conductor debe coordinarse con la de las terminaciones, de manera que no se supere el régimen mínimo de temperatura para las mismas. De allí la obligación de usar el valor correspondiente a 60°C: 40 A.

Ningún conductor puede ser usado de manera tal que su temperatura exceda el límite de temperatura del material aislante que lo recubre. En ningún caso los conductores se pueden combinar de modo que, con respecto al tipo de circuito, método de cableado o número de conductores, se exceda el límite de temperatura de cualquier conductor envuelto en la canalización.

Ejemplo 2.11

Una canalización de ocho conductores de cobre XHHW de 90°C, calibre 4 AWG, está sometida a una temperatura ambiente de 41°C y el sistema posee terminaciones de 60°C. ¿Cuál es la ampacidad permitida para esos conductores?

Solución

El conductor XHHW, calibre 4, tiene una ampacidad de 95 amperios a 90°C con no más de tres conductores en una canalización a temperatura ambiente de 30°C, de acuerdo con lo establecido en la columna 4 de la **Tabla 2.11**, parte de la cual se muestra aquí:

Tamaño AWG o kcmil	Máxima temperatura de operación		
	60°C	75°C	90°C
	TW, UF	RWH, THHW, THW, THWN, XHHW, USE	SA, MI, RHH, THHN, THW–2, THWN–2, USE–2 XHH, [XHHW,] XHHW–2
16	–	–	14
14	20	20	25
12	25	25	30
10	30	35	40
8	[40]	50	[55]
6	55	65	75
[4]	70	85	[95]
2	95	115	130
1	110	130	150

Tabla 2.11

Como los conductores operan a una temperatura ambiente de 41°C, tenemos que hacer una corrección por temperatura usando la **Tabla 2.12**, parte de la cual también se reproduce aquí para este ejemplo. Para valores de temperatura ambiente entre 41°C y 45°C y conductores XHHW, el factor de corrección es de 0.87:

Temperatura ambiente (0°C)	TW, UF	RWH, THHW, THW, THWN, XHHW, USE	SA, MI, RHH, THHN, THW–2, THWN–2, USE–2 XHH, [XHHW,] XHHW–2
21–25	1.08	1.05	1.04
26–30	1.00	1.00	1.00
31–35	0.91	0.94	0.96
36–40	0.82	0.88	0.91
[41–45]	0.71	[0.82]	[0.87]
46–50	0.58	0.75	0.82

Tabla 2.12

Aplicando el factor de corrección:

$$95 \cdot 0.87 = 82.65 \text{ A}$$

CAPÍTULO 2: CONDUCTORES ELÉCTRICOS

Hay ocho conductores en la canalización y se aplica el factor de corrección 0.70 de la **Tabla 2.13**. La ampacidad reducida es:

$$82.65 \cdot 0.70 = 57.86 \text{ A}$$

Si tenemos en cuenta que la terminación tiene una temperatura de régimen de 60°C y coordinamos con ella, observamos que la segunda columna de la **Tabla 2.11** muestra una ampacidad de 70 amperios para un conductor calibre 4 AWG. Sin embargo, la ampacidad del conductor calibre 4 AWG debe ser la calculada en el problema, para las condiciones establecidas de temperatura ambiente y agrupamiento. Para cumplir con lo establecido anteriormente, se debe usar la ampacidad calculada de 57.86 amperios o, redondeando, 58 amperios.

N° de conductores portadores de corriente	Factor por el cual hay que multiplicar los valores de la Tabla 2.9 para obtener la ampacidad de conductores en una canalización
4–6	0.80
7–9	0.70
10–20	0.50

Tabla 2.13

Recuerda que las terminaciones pueden ser el punto más débil, en cuanto temperatura se refiere, en una instalación eléctrica y los cálculos se deben hacer de manera que no se supere el régimen de temperatura de las mismas.

Ejemplo 2.12

En un ambiente de temperatura 42°C se utilizan conductores de cobre THW (75°C) para alimentar una carga de 50 A. Si una de las terminaciones posee un régimen de temperatura de 75°C, ¿cuál debe ser el calibre del conductor a usar?

Solución

Según el enunciado del problema, el conductor THW operará a una temperatura ambiente de 42°C, valor superior al de 30°C contemplado en la **Tabla 2.11**.

En la **Tabla 2.12** (factores de corrección) observamos que el factor de corrección para este tipo de conductor es de 0.82. Como la carga es de 50 A a la temperatura de 42°C, el producto de la ampacidad del conductor a esa temperatura, multiplicada por el factor de corrección (0.82), debe soportar los 50 A de la carga:

$$\text{Ampacidad} \cdot 0.82 \geq 50\text{A} \quad \Rightarrow \quad \text{Ampacidad} \geq \frac{50}{0.82} \approx 61 \text{ A}$$

Con este resultado, vamos a la **Tabla 2.11**, donde vemos que el conductor THW a 75°C, con ampacidad más cercana a 61 A, es el calibre 6 AWG, que tiene una ampacidad de 65 A. Este conductor es, por tanto, el más adecuado para suministrar la carga de 50 A a la temperatura de 42°C. A continuación se muestra cómo se determina el conductor apropiado tomando parte de la **Tabla 2.11**.

Tamaño AWG o kcmil	Máxima temperatura de operación		
	60°C	75°C	90°C
	TW, UF	RWH, THHW, THW, THWN, XHHW, USE	SA, MI, RHH, THHN, THW–2, THWN–2, USE–2 XHH, XHHW, XHHW–2
16	–	–	14
14	20	20	25
12	25	25	30
10	30	35	40
8	40	50	55
6	55	65	75
4	70	85	95
2	95	115	130
1	110	130	150

Tabla 2.11

Ejemplo 2.13

Un circuito ramal monofásico alimenta una carga de 50 A y 208 V, sin neutro, en una temperatura de 46°C. Está alojado con otros cuatro conductores, portadores de corriente, formando un conjunto de seis conductores en una misma canalización. Si se dispone de conductores THW y las terminaciones tienen un régimen de temperatura de 60°C, determine el calibre de los conductores del circuito ramal monofásico.

Solución

Usaremos los factores de corrección por temperatura (de 30°C a 46°C) y por el número de conductores (seis conductores), mediante el uso de las **tablas 2.12 y 2.13**, reproducidas parcialmente a continuación:

Temperatura ambiente (0°C)	TW, UF	RWH, THHW, THW, THWN, XHHW, USE	SA, MI, RHH, THHN, THW–2, THWN–2, USE–2 XIHH, XHHW, XHHW–2
31–35	0.91	0.94	0.96
36–40	0.82	0.88	0.91
41–45	0.71	0.82	0.87
46–50	0.58	0.75	0.82

Tabla 2.12

N° de conductores portadores de corriente	Factor por el cual hay que multiplicar los valores de la Tabla 2.9 para obtener la ampacidad de conductores en una canalización
4–6	0.80
7–9	0.70
10–20	0.50

Tabla 2.13

Con los factores de corrección de 0.75 y 0.80, a 30°C, la ampacidad es:

$$\text{Ampacidad} = \frac{50}{0.75 \cdot 0.80} = 83.33 \text{ A}$$

El valor superior más cercano al obtenido, que figura en la **Tabla 2.11**, referido a 60°C, es de 95 A y corresponde a conductores calibre 2.

Observa que como las terminaciones son para 60°C, la ampacidad calculada de 83.33 A se debe coordinar con dichas terminaciones, lo que implica que debemos tomar el valor de 95 A mostrado en el óvalo de la **Tabla 2.11** que se indica parcialmente más abajo en este ejemplo, lo cual corresponde a un conductor calibre 2 AWG, como lo indica el rectángulo de la primera columna de esa tabla.

Tamaño AWG o kcmil	Máxima temperatura de operación		
	60°C	75°C	90°C
	TW, UF	RWH, THHW, THW, THWN, XHHW, USE	SA, MI, RHH, THHN, THW–2, THWN–2, USE–2 XHH, XHHW, XHHW–2
10	30	35	40
8	40	50	55
6	55	65	75
4	70	85	95
2	95	115	130
1	110	130	150

Tabla 2.11

2.9 PROTECCIÓN DE LOS CONDUCTORES

Aun cuando el tema de interruptores y fusibles será abordado detalladamente en el Capítulo 8, los conductores se deben proteger contra sobrecorriente mediante fusibles o interruptores automáticos (*breakers*), *de capacidad, en general, no mayor que la ampacidad del conductor*:

> *Los conductores que no sean cables y cordones flexibles y cables de artefactos deben ser protegidos contra sobrecorriente de acuerdo con su ampacidad.*

Se permite el uso de interruptores de sobrecorriente de valor nominal inmediato superior a la ampacidad del conductor que protege, cuando se trate de interruptores de protección de valor estándar menor o igual que 800 amperios. *Los valores normalizados de corriente (en amperios) para fusibles e interruptores automáticos utilizados en las instalaciones eléctricas, son los que a continuación se mencionan*: 15, 20, 25,30, 35, 40, 45, 50, 60, 70, 80, 90, 100, 110, 125, 150, 175, 200, 225, 250, 300, 350, 400, 450, 500, 600, 700, 800, 1000, 1200, 1600, 2000, 2500, 3000, 4000 y 5000.

Ejemplo 2.14

En una instalación eléctrica se utilizan seis conductores THW, calibre 14, en un ambiente de temperatura 50°C. *a*) ¿Cuál es la ampacidad para cada conductor? *b*) ¿Qué valor nominal debe tener el interruptor automático a utilizar?

Solución

a) Según la **Tabla 2.11**, la ampacidad del conductor THW, calibre 14 AWG, a una temperatura ambiente de 30°C y tres conductores en una misma canalización, es de 20 A. Como la temperatura es de 50°C y hay seis conductores en la canalización, se deben usar los factores de corrección indicados en las **tablas 2.12** y **2.13**, es decir, 0.75 y 0.80. La ampacidad se reduce a:

$$20 \cdot 0.75 \cdot 0.80 = 12 \text{ A}$$

b) El valor superior estándar más cercano de corriente para los interruptores automáticos es de 15 amperios, por lo que se debe seleccionar un interruptor de este valor nominal. Es importante mencionar que se permite el uso de fusibles y *breakers* con valores no normalizados de amperaje. Solo la disponibilidad comercial de fusibles y *breakers* limita el uso de tales dispositivos.

En el interior de casas y apartamentos es común el uso de conductores calibres 14, al 10 AWG, en las instalaciones eléctricas. A estos conductores se les denomina conductores pequeños en referencia a su diámetro, relativamente pequeño. La corriente máxima de los dispositivos de protección contra sobrecorriente para pequeños conductores de cobre se reproduce en la **Tabla 2.14**.

Calibre del conductor	Sobrecorriente máxima de protección
14 AWG	15 A
12 AWG	20 A
10 AWG	30 A

Tabla 2.14 Sobrecorriente máxima para dispositivos de protección de pequeños conductores.

Los circuitos ramales son clasificados de acuerdo con el dispositivo de protección contra sobrecorriente de los conductores. Así, por ejemplo, un circuito ramal es de 15 A porque está protegido por un *breaker* de 15 A. En general:

> *Los circuitos ramales serán categorizados de acuerdo con la capacidad de corriente nominal o el máximo valor de ajuste permitido del dispositivo de sobrecorriente. Los circuitos no individuales serán clasificados en 15, 20, 30, 40 y 50 A. Cuando, por cualquier razón, se utilicen conductores de mayor capacidad que la indicada por el dispositivo de protección, la clasificación del circuito se hará solo teniendo en cuenta la capacidad de estos dispositivos.*

Es decir, son los dispositivos de protección los que determinan la clasificación de los circuitos ramales en 15, 20, 30, 40 y 50 amperios.

Además, si se utilizan conductores de mayor ampacidad que la capacidad de interrupción del fusible o interruptor automático, la designación del circuito ramal corresponde a la del dispositivo de interrupción. Esto se ilustra en la **Fig. 2.6**.

Por tanto, los circuitos ramales de la **Fig. 2.6** son circuitos de 20 A, determinados por los interruptores automáticos de 20 A. En otras palabras:

> *La capacidad de los fusibles o interruptores automáticos determina la clasificación de los circuitos ramales. Así, si un interruptor automático es de 20 A, el circuito ramal será, también, de 20 A.*

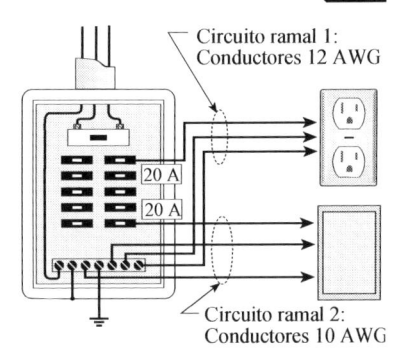

Fig. 2.6 Los dos circuitos ramales mostrados son circuitos de 20 A, tal como lo determina la capacidad de los interruptores automáticos, a pesar de que los conductores que forman los circuitos ramales tienen ampacidades distintas de corriente de 20 A y 30 A.

2.10 CALIBRES TÍPICOS RESIDENCIALES

Los calibres típicos de conductores usados en casas individuales y residencias multifamiliares se indican en la **Tabla 2.15**. Asimismo se mencionan las aplicaciones donde se utilizan estos conductores y la capacidad de los dispositivos de protección contra sobrecorriente.

> *El apego a los códigos eléctricos permite salvaguardar personas y bienes materiales de los peligros del uso de la electricidad.*

Calibre	Protección	Aplicaciones típicas
14 AWG	15 A	Circuitos ramales de luminarias y tomacorrientes de uso general.
12 AWG	20 A	Circuitos ramales de pequeños artefactos en sala de cocina, luminarias y tomacorrientes de uso general.
10 AWG	30 A	Secadoras de ropa, cocinas y hornos eléctricos, acondicionadores de aire, calentadores de agua.
8 AWG	40 A	Cocinas y hornos eléctricos, acondicionadores de aire, calentadores de agua.
6 AWG	50 A	Cocinas eléctricas, alimentadores de subtableros.
4 AWG	70 A	Cocinas eléctricas, alimentadores de subtableros.
$\geq$ 3 AWG	100 A	Alimentadores de entrada al tablero principal, cocinas eléctricas de alto consumo.

Tabla 2.15 Calibre de los conductores de circuitos ramales residenciales, las protecciones contra sobrecorriente y sus aplicaciones típicas.

2.11 LIMITACIONES DE CARGA EN CONDUCTORES

Hemos mencionado en el **Capítulo 1**, sección 1.2, que *los circuitos ramales son los conductores que parten de los interruptores de protección en el tablero principal y transportan la energía eléctrica hasta los puntos de utilización*. Estos conductores están sujetos, según los códigos eléctricos, a restricciones relacionadas con la corriente que pueden transportar. Entre ellas, podemos mencionar las siguientes:

1. Los conductores de los circuitos ramales tendrán una ampacidad no menor que la máxima carga a alimentar. Cuando un circuito ramal alimente a cargas continuas o a cualquier combinación de cargas continuas y no continuas, el calibre mínimo del conductor, antes de la aplicación de los factores de corrección, tendrá una ampacidad no menor que la carga no continua más 125% de la carga continua. La **Fig. 2.7** ilustra gráficamente esta restricción.

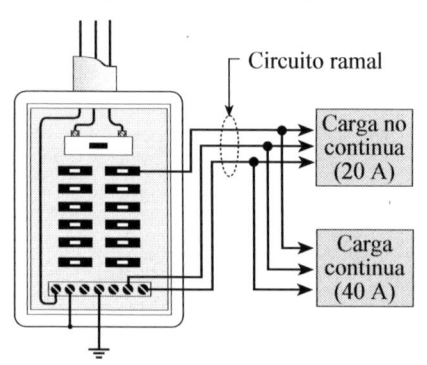

Fig. 2.7 La ampacidad de los conductores de los circuitos ramales no debe ser menor que la carga a alimentar. Cuando hay cargas continuas, se debe multiplicar por 1.25 y sumar el resultado a la carga no continua. Los terminales tienen una temperatura de trabajo de 75°C.

En el caso de la figura anterior, se pueden seleccionar conductores THHN, calibre 4 AWG, con ampacidad de 85 amperios a 75°C, y un interruptor automático contra sobrecorriente de 70 A.

2. La corriente de carga no debe exceder la corriente de la clasificación del circuito ramal. Por ejemplo, si un circuito ramal es de 30 A, valor determinado por el dispositivo de protección contra sobrecorriente, la corriente de carga no debe ser mayor de 30 A. Ver **Apéndice A**, **Tabla 5**.

3. Un circuito ramal individual puede alimentar a cualquier carga que pueda ser capaz de soportar. Los circuitos individuales se diseñan para alimentar a cargas específicas y, por tanto, los conductores del circuito ramal deben manejar la corriente de diseño. Como ejemplos de circuitos individuales podemos citar, entre otros, los correspondientes a calentadores de agua, cocinas y hornos eléctricos, unidades acondicionadoras de aire y motores.

Ejemplo 2.15

Determine el calibre del conductor de cobre THW y la capacidad del interruptor para una carga que trabaja continuamente y consume 45 A. Los terminales de la carga están diseñados para 75°C.

CAPÍTULO 2: CONDUCTORES ELÉCTRICOS   45

Solución

La corriente absorbida por la carga es de 45 A. Como se trata de una carga continua, lo señalado anteriormente nos indica que ese valor se debe multiplicar por 1.25, lo cual permite calcular la ampacidad del conductor:

$$45 \cdot 1.25 = 56.25 \text{ A}$$

El dispositivo de protección contra sobrecorriente será de 60 A y corresponde al valor estándar superior más cercano a la ampacidad calculada. Según la **Tabla 2.11**, se usará un conductor THW, calibre 6 AWG, que tiene una ampacidad de 65 A.

---

4. Un circuito ramal de 15 o 20 A podrá alimentar a cargas de iluminación y de otros equipos o a una combinación de ambas. Es decir, los conductores de un circuito ramal de 15 o 20 A pueden conectarse tanto a salidas de tomacorrientes como a salidas para luminarias o a una combinación de ambas.

Ejemplo 2.16

Los conductores tipo THHN de un circuito ramal alimentan a una carga no continua formada por dos tomacorrientes de 2 A y unos reflectores de carga continua de 12 A (**Fig. 2.8**). ¿Qué calibre de conductor se requiere? ¿Cuál debe ser la capacidad del interruptor contra sobrecorriente?

Solución

Según el enunciado del ejemplo, un mismo circuito ramal alimenta tanto a cargas no continuas (tomacorrientes) como a cargas continuas (reflectores). De acuerdo con lo estudiado, la ampacidad de los conductores debe ser:

Ampacidad: $12 \cdot 1{,}25 + 4 = 19$ A

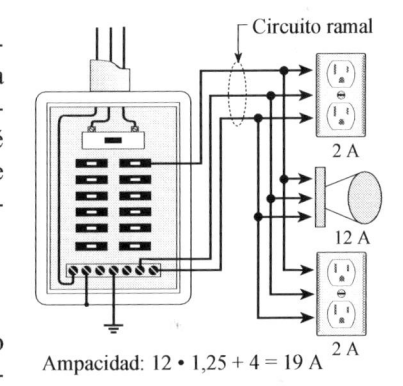

Fig. 2.8 Circuito ramal para el ejemplo 2.16.

$$\text{Ampacidad} = 12 \cdot 1.25 + 2 + 2 = 19 \text{ A}$$

El interruptor superior más cercano al valor anterior es de 20 A, por lo cual lo seleccionamos. Como el dispositivo de protección es de 20 A, el calibre del conductor será 12 AWG. Esto lo ratifica la **Tabla 2.11**, donde se indica que este calibre de conductor tiene una ampacidad de 25 A a 60°C.

---

5. Los conductores de un circuito ramal de 20 amperios, que alimentan a pequeños artefactos de la cocina, no deben suministrar energía a otras cargas. Se consideran pequeños artefactos los equipos de cocina como licuadoras, tostadores, cafeteras, etc.

2.12 CALIBRE DEL CONDUCTOR NEUTRO

El calibre del conductor neutro debe ser seleccionado de manera que soporte la máxima corriente de desbalance en el circuito. En general, este desbalance es la diferencia vectorial de las corrientes en los conductores de fase de un circuito ramal. En la sección 2.7 describimos las condiciones bajo las cuales el neutro es un conductor de corriente. Con el fin de esclarecer las condiciones en que el neutro es portador de corriente, volvamos a lo explicado en el **Capítulo 1** en relación con circuitos monofásicos y trifásicos y consideremos los casos más relevantes en las instalaciones eléctricas.

Circuito monofásico de 120 V: En esta configuración el conductor puesto a tierra es recorrido por la misma corriente que pasa por el conductor activo. Por tanto, los calibres del conductor puesto a tierra y de la fase son los mismos. En la **Fig. 2.9** se representa un circuito monofásico de dos hilos que alimenta a tres tomacorrientes. En el tomacorriente T1 se empatan los conductores que se dirigen al tomacorriente T2 y en este último se empatan los conductores que se dirigen al tomacorriente T3. Los empates se simbolizan mediante los pequeños círculos de color negro de esa figura. Todos los tomacorrientes tienen un terminal de puesta a tierra (en la mayoría de los casos de color verde) para seguridad de las personas.

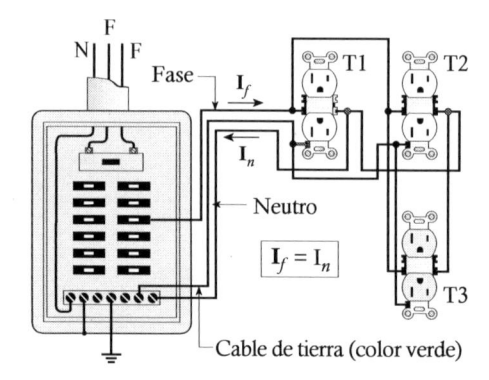

Fig. 2.9 En un circuito monofásico de dos hilos, el neutro debe tener un calibre igual al del conductor activo (fase), ya que la corriente en ambos conductores es la misma.

Circuito monofásico 120/240 V: Este tipo de conexión se muestra en la **Fig. 2.10**.

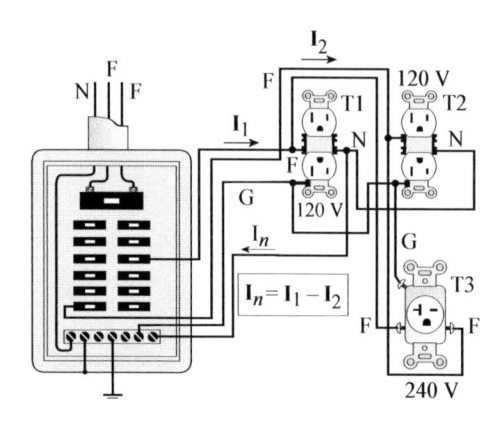

Fig. 2.10 En un circuito multiconductor de 120/240 V, la corriente en el neutro es la diferencia entre las corrientes de fase, ya que las mismas están desfasadas un ángulo de 180°.

CAPÍTULO 2: CONDUCTORES ELÉCTRICOS   47

Como se puede notar en la **Fig. 2.10**, se trata de un circuito de tres hilos más el cable de puesta a tierra que alimenta a dos tomacorrientes de 120 V (T1 y T2) y a un tomacorriente de 240 V (T3). La corriente en el neutro es la suma vectorial de I_1 e I_2, las corrientes que circulan por las fases. Estas corrientes están desfasadas 180° entre sí, por lo que la corriente en el neutro es la diferencia de los módulos de I_1 e I_2. Las dos alimentan a T1 y T2 con un neutro común y a T3 sin neutro. El conductor de puesta a tierra (G) está conectado a los tres tomacorrientes. En la **Fig. 2.11** se muestra el diagrama unifilar para esta configuración, donde hemos asumido que T1, T2 y T3 consumen 15 A, 6 A y 25 A, respectivamente.

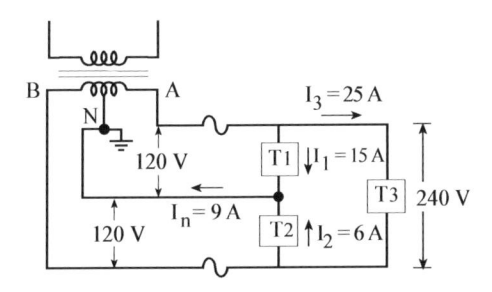

Fig. 2.11 Sistema multiconductor de 120/240 V con cargas entre fase y fase y entre fase y neutro. La corriente en el neutro es la diferencia entre las corrientes I_1 e I_2.

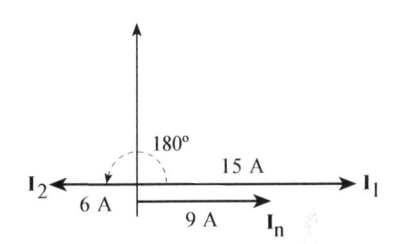

Fig. 2.12 Diagrama vectorial para el circuito de la **Fig. 2.11**. La corriente en el neutro es un vector de módulo 9 A.

El diagrama vectorial para el circuito (**Fig. 2.12**) permite determinar la corriente I_n, teniendo en cuenta que el tomacorriente T_3, por estar conectado entre las dos fases, no contribuye a la corriente en el conductor neutro. Las corrientes I_1 e I_2 se pueden escribir como $I_1 = 15\angle 0°$ $I_2 = 6\angle 180°$. Haciendo la suma vectorial:

$$I_n = I_1 + I_2 = (15 + j0) + (6\cos 180° + j\sen 180°) = 15 + 6 \cdot (-1) + 6 \cdot 0 = 9 \text{ A}$$

Circuito monofásico 120/208 V:

Este sistema se deriva de un circuito trifásico, con el secundario conectado en estrella. Los voltajes entre fase y neutro y entre fase y fase son 120 V y 208 V, respectivamente. La **Fig. 2.13** presenta un circuito ramal en el cual se alimentan dos tomacorrientes de 120 V y uno de 208 V. Las conexiones, en este caso, son similares a las del sistema 120/240 V. La principal diferencia estriba en que las corrientes están desfasadas 120° y no 180°, como en el sistema 120/240 V.

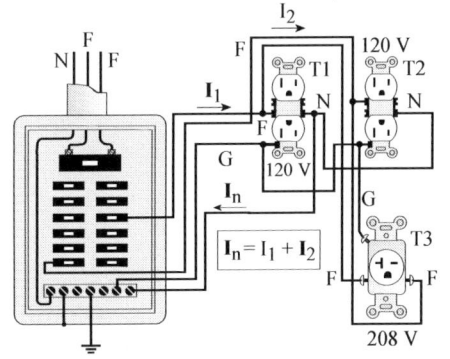

Fig. 2.13 En un circuito multiconductor de 120/208 V, las corrientes en los conductores activos están desfasadas 120° entre sí y la corriente en el neutro es la suma vectorial de las corrientes de fase.

El diagrama unifilar para este sistema lo describe la **Fig. 2.14**, donde se asume que, en general, las cargas están desbalanceadas. T1, T2 y T3 corresponden a las cargas de los tomacorrientes. La corriente I_3 circula entre las dos fases y no origina corriente en el neutro. Observa que una de las fases del sistema está desconectada. El diagrama fasorial se indica en la **Fig. 2.15**.

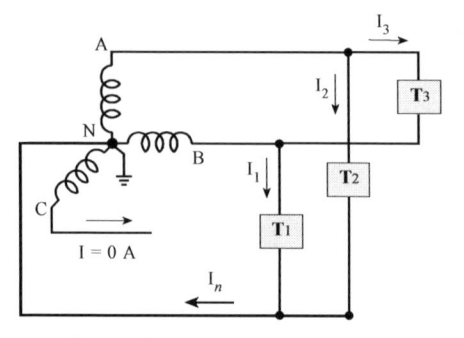

Fig. 2.14 Diagrama unifilar para un sistema 120/208 V con cargas desbalanceadas.

Fig. 2.15 Diagrama fasorial para la **Fig. 2.14**.

Los fasores correspondientes a las corrientes I_1 e I_2, en forma polar, son:

$$\mathbf{I}_1 = I_1 \angle 0° \qquad \mathbf{I}_2 = I_2 \angle 120°$$

Observa que los fasores están escritos en negritas. Pasando a la forma rectangular:

$$\mathbf{I}_1 = I_1 + j0° \qquad \mathbf{I}_2 = I_2 \cos 120° + I_2 \operatorname{sen} 120° = -\frac{1}{2}I_2 + j\frac{\sqrt{3}}{2}I_2$$

La corriente en el neutro, $\mathbf{I}_n$, es la suma vectorial de $\mathbf{I}_1$ e $\mathbf{I}_2$:

$$\mathbf{I}_n = \mathbf{I}_1 + \mathbf{I}_2 = (I_1 + j0°) + \left(-\frac{1}{2}I_2 + j\frac{\sqrt{3}}{2}I_2\right) = I_1 - \frac{1}{2}I_2 + j\frac{\sqrt{3}}{2}I_2$$

El módulo de $\mathbf{I}_n$ es:

$$I_n = \sqrt{\left(I_1 - \frac{1}{2}I_2\right)^2 + \frac{3}{4}I_2^2} = \sqrt{I_1^2 - I_1 I_2 + \frac{1}{4}I_2^2 + \frac{3}{4}I_2^2} = \sqrt{I_1^2 + I_2^2 - I_1 I_2} \qquad (2.4)$$

Ejemplo 2.17

En el sistema monofásico 120/208 V de la **Fig. 2.14**, determine la corriente en el neutro cuando las corrientes en las fases son: *a)* $I_1 = 12$ A, $I_2 = 12$ A; *b)* $I_1 = 12$ A, $I_2 = 7$ A.

Solución

Usando la relación (2.4):

CAPÍTULO 2: CONDUCTORES ELÉCTRICOS

a) $I_n = \sqrt{12^2 + 12^2 - 12 \cdot 12} = \sqrt{144} = 12$ A

b) $I_n = \sqrt{12^2 + 7^2 - 12 \cdot 7} = \sqrt{109} = 10.44$ A

Circuito trifásico balanceado: Consideremos la **Fig. 2.16**, correspondiente a un circuito trifásico balanceado con corrientes de fases de igual magnitud.

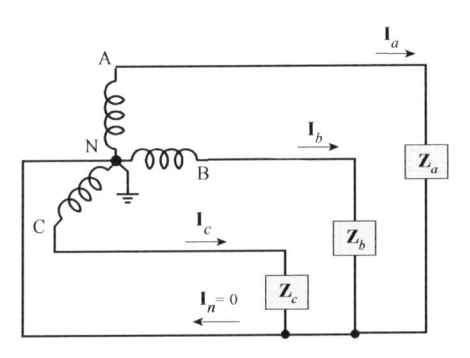

Fig. 2.16 Corrientes en un circuito trifásico balanceado.

Fig. 2.17 Diagrama fasorial de corrientes para un circuito trifásico balanceado.

El diagrama fasorial de esta configuración se muestra en la **Fig. 2.17**. Supongamos que el módulo de las corrientes es de 20 A. Como la fase entre las mismas es de 120°, podemos escribir:

a) $I_a = 20\angle 120°$ $I_b = 20\angle 0°$ $I_c = 20\angle -120°$

La corriente en el neutro es la suma fasorial de las corrientes de fases y su valor, en este caso, es igual a cero:

$$I_n = I_a + I_b + I_c = 0$$

Como se deduce de la **Fig. 2.17**, el fasor $I_a + I_b$ tiene un módulo igual al del fasor I_c y es opuesto al mismo. Por tanto, *la corriente en el neutro del circuito trifásico balanceado es nula*.

Puesto que cada corriente tiene un valor de 20 A, el fasor $I_a + I_b$ tiene, también, un módulo de 20 A y es opuesto al fasor I_c, que también tiene un módulo de 20 A. Para esta configuración, un desbalance en la corriente del neutro podría estar representado por las siguientes dos situaciones:

a) **Rotura de una de las fases**: Cuando solo dos fases están presentes, la máxima corriente en el neutro corresponderá a la corriente del conductor con más carga. Así, en el caso anterior, la corriente máxima en el neutro será de 20 A y, por consiguiente, el neutro debe escogerse para soportar esta corriente.

b) **Rotura de dos fases**: El circuito se convierte en un circuito monofásico de dos hilos: fase y neutro. En esta situación, la corriente en el neutro será igual a la de fase, y su valor será, también, de 20 A. El neutro debe seleccionarse para 20 A.

Circuito trifásico desbalanceado: En este sistema, los fasores de las corrientes tienen ángulos de 120° entre sí y sus módulos son distintos, tal como lo presenta la **Fig. 2.18**. A fin de simplificar la expresión del resultado de la corriente en el neutro, llamaremos A, B y C a los módulos de las corrientes I_a, I_b e I_c, respectivamente. Estas pueden expresarse en forma polar, como:

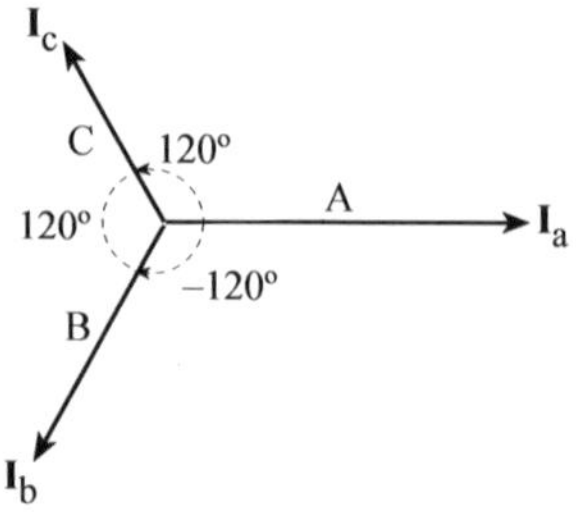

$$I_a = A\angle 0° \qquad I_b = B\angle(-120°) \qquad I_c = C$$

Fig. 2.18 Diagrama fasorial de corrientes para un circuito trifásico desbalanceado.

Expresando los fasores en forma rectangular:

$$I_a = A + j0 \qquad I_b = B\cos(-120°) + j\operatorname{sen}(-120°) = -\frac{1}{2}B - j\frac{\sqrt{3}}{2}B$$

$$I_c = C\cos(120°) + jC\operatorname{sen}(120°) = -\frac{1}{2}C + j\frac{\sqrt{3}}{2}C$$

La corriente en el neutro es la suma fasorial de las corrientes de fase:

$$I_n = I_a + I_b + I_c = A - \frac{1}{2}(B+C) + j\frac{\sqrt{3}}{2}(-B+C)$$

La magnitud de la corriente en el neutro es:

$$I_n = \sqrt{\left(A - \frac{1}{2}(B+C)\right)^2 + \frac{3}{4}(C-B)^2}$$

Desarrollando la expresión anterior:

$$I_n = \sqrt{A^2 + B^2 + C^2 - AB - AC - BC}$$

Sustituyendo las letras A, B y C por las corrientes correspondientes:

$$I_n = \sqrt{I_a^2 + I_b^2 + I_c^2 - I_a I_b - I_a I_c - I_b I_c} \qquad (2.5)$$

relación que permite determinar la magnitud de la corriente en el neutro cuando se conocen las corrientes de fase.

Ejemplo 2.18

En un sistema trifásico que alimenta a varias cargas de un complejo residencial, las corrientes en las fases son I_a = 110 A, I_b = 80 A e I_c = 90 A. *a)* ¿Cuál es la corriente que circula por el neutro? *b)* Si la fase C se rompe, ¿cuál es la corriente en el neutro? *c)* Si las fases B y C se rompen, ¿cuál es la corriente en el neutro?

Solución

a) Haciendo uso de la relación (2.5):

$$I_n = \sqrt{110^2 + 80^2 + 90^2 - 110 \cdot 80 - 110 \cdot 90 - 80 \cdot 90} = \sqrt{700} = 26.45 \text{ A}$$

b) Si la fase C se desconecta, $I_c = 0$ y la corriente en el neutro está dada por:

$$I_n = \sqrt{110^2 + 80^2 - 110 \cdot 80} = \sqrt{9\,700} = 98.49 \text{ A}$$

c) En esta situación, $I_a = I_b = 0$ y la corriente en el neutro es:

$$I_n = \sqrt{I_a^2} = I_a = 110 \text{ A}$$

Este último caso sería la situación más grave de desbalance y el calibre del neutro debería ser capaz de soportar la corriente de 110 A. Vale la pena mencionar que cuando no hay mucha diferencia entre las corrientes de fase, la corriente en el neutro es relativamente pequeña.

Muchas veces los sistemas eléctricos para conjuntos residenciales, comerciales o industriales están influenciados por la presencia de elementos no lineales, que generan ondas armónicas en los conductores de esos sistemas. Cuando las ondas de voltaje se deforman por la presencia de armónicos, alejándose de su forma sinusoidal, aparecen corrientes de frecuencias múltiples en relación con la frecuencia de 60 Hz de la onda sinusoidal pura. Así, encontramos ondas de corrientes en las fases de frecuencias 120 Hz, 180 Hz, etc.

La generación de tales armónicos es frecuente en aquellos sistemas a los cuales se conectan muchas luces fluorescentes o muchas computadoras. De tales armónicos, son los de tercer orden, correspondientes a 180 Hz, los que más influyen en los circuitos de alimentación de sistemas trifásicos.

Aun cuando las cargas en las fases puedan estar balanceadas, la presencia de armónicos de tercer orden puede producir una corriente sustancial en el neutro. Las corrientes originadas por estos armónicos no se cancelan en el conductor neutro; todo lo contrario: esas corrientes se suman, haciendo que la carga en el neutro aumente considerablemente, pudiendo exceder la corriente en las fases del sistema.

Cuando la corriente en un sistema es causada principalmente por cargas no lineales, como las derivadas de computadoras y luces fluorescentes, se debe seleccionar un calibre para el neutro de manera que, en el peor de los casos, pueda soportar una corriente de hasta 1.7 veces la corriente en las fases. Si el contenido de tercer armónico no supera el 15%, el conductor neutro puede tener el mismo calibre de las fases. Para un contenido de tercer armónico entre 15% y 33%, el calibre del neutro debe soportar 1.16 veces la corriente de fase; con un contenido de tercer armónico de 45%, el neutro debe ser capaz de soportar la corriente de fase, multiplicada por 1.35.

2.13 CAÍDA DE VOLTAJE EN CONDUCTORES

Sistemas monofásicos con cosϕ = 1: Cuando en un circuito circula una corriente, en los conductores se produce una caída que impide que el voltaje en la carga sea igual al que está presente en el tablero de la instalación, el cual funciona como fuente de alimentación. Las caídas de voltaje producen disminución en la luminosidad y parpadeo de los bombillos, hacen que las pantallas de los monitores se compriman y son causantes del mal funcionamiento de los artefactos eléctricos. Entre las causas de la caída de voltaje, podemos citar:

a) Calibre del conductor muy pequeño para la corriente que debe circular por el mismo.

b) Longitudes del circuito muy grandes, lo que aumenta la resistencia de los conductores.

c) Temperatura ambiente superior a aquella para la cual se calcularon los conductores.

d) Conexiones sueltas o poco seguras en las terminaciones del circuito.

Debemos adoptar la siguiente norma de diseño:

Los conductores para circuitos ramales deben tener un calibre tal, que la caída de voltaje, desde el dispositivo de protección a la salida más lejana para cargas de potencia, calefacción, iluminación o una combinación de las mismas, no exceda el 3%. La máxima caída de voltaje en un conductor no debe exceder el 5% entre los alimentadores y los circuitos ramales.

En la **Fig. 2.19** se esquematiza la norma descrita anteriormente.

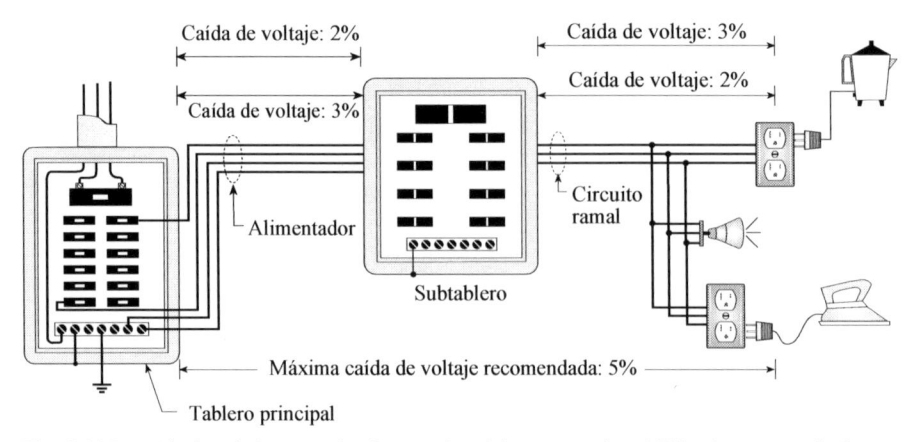

Fig. 2.19 La caída de voltaje en un circuito ramal no debe ser superior al 3%, mientras que, incluyendo el alimentador a un subtablero y el circuito ramal, su valor no debe superar el 5% (2% + 3%).

CAPÍTULO 2: CONDUCTORES ELÉCTRICOS | 53

En la mayoría de los casos, los sistemas residenciales son monofásicos a tres hilos, por lo cual los cálculos de caída de voltaje se hacen con base en circuitos de dos conductores. Para sistemas monofásicos, podemos utilizar la relación (1.1) del **Capítulo 1**, a fin de hallar la caída de voltaje:

$$V_{línea} = 2\frac{\rho}{A}LI \qquad (2.6)$$

donde:

ρ : resistividad del conductor en Ω-m.
L : longitud del circuito ramal o del alimentador (m).
A: área de la sección transversal del conductor (m^2).
I : corriente en el conductor (A).

La **Tabla 6** del **Apéndice A** da los valores de resistencia por km para los distintos calibres de conductores. A fin de adaptar la relación (2.6) a esta tabla, observemos que la relación K = ρ/A puede ser expresada en Ω/m:

$$K = \frac{\rho}{A} \Rightarrow \frac{\Omega \cdot m}{m^2} \Rightarrow \frac{\Omega}{m} \qquad (2.7)$$

Luego, (2.6) se puede escribir como:

$$\boxed{V_{línea} = 2\frac{\rho}{A}LI = 2K \cdot L \cdot I} \qquad (2.8)$$

donde la constante K se debe expresar en Ω/km y L se debe expresar en km, dividiendo la longitud en metros del conductor entre 1000. La caída de voltaje, expresada en porcentaje, es, según la relación (1.2):

$$\Delta V(\%) = \frac{V_{Línea}}{V_{Nominal}} = \frac{2\rho LI}{AV_{Nominal}} \cdot 100 \qquad (2.9)$$

donde V$_{Nominal}$ es el voltaje de 120, 208 o 240 V, según el sistema monofásico del cual se trate. Sustituyendo el cociente K = ρ/A:

$$\Delta V(\%) = \frac{2KLI}{V_{Nominal}} \cdot 100 \qquad (2.10)$$

Cuando la caída de voltaje sea mayor que la establecida en la **Fig. 2.19**, se aumentará el calibre del conductor para disminuir las pérdidas de voltaje.

Ejemplo 2.19

En la **Fig. 2.20** el subtablero alimenta a una carga de 12 A, situada a 50 m, mediante conductores de cobre calibre 12. Determine la caída de voltaje y el porcentaje correspondiente si se trata de un circuito monofásico de 120 V.

Solución

Según la **Tabla 6** del **Apéndice A**, el valor de K para un conductor trenzado AWG 12 de siete hilos es de 6.50 Ω/km. La longitud del circuito ramal es de 50 m, equivalentes a 0.05 km. Aplicando la relación (2.8), se obtiene la caída de voltaje:

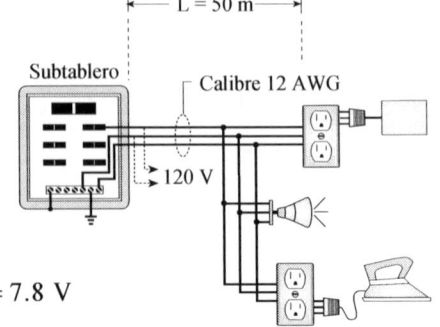

$$V_{Nominal} = 2 \cdot 6.50 \frac{\Omega}{km} \cdot 0.05 \text{ km} \cdot 12 \text{ A} = 7.8 \text{ V}$$

El porcentaje de caída de voltaje es, según (2.9):

Fig. 2.20 Ejemplo 2.19.

$$\Delta V(\%) = \frac{7.8}{120} \cdot 100 = 6.5\%$$

Como el valor calculado es superior al 3%, se usará un conductor de calibre mayor. Los valores de caída para calibres 10 AWG y 8 AWG son, con K = 4.070 y K = 2.551:

$$V_{Línea} = 2 \cdot 4.070 \frac{\Omega}{km} \cdot 0.05 \text{ km} \cdot 12 \text{ A} = 4.88 \text{ V}$$

$$\Delta V(\%) = \frac{4.88}{120} \cdot 100 = 4.07\%$$

$$V_{Línea} = 2 \cdot 2.551 \frac{\Omega}{km} \cdot 0.05 \text{ km} \cdot 12 \text{ A} = 3.06 \text{ V}$$

$$\Delta V(\%) = \frac{3.06}{120} \cdot 100 = 2.55\%$$

De lo anterior se concluye que se debe usar un conductor calibre 8 AWG para que la caída de tensión no exceda el 3%.

A partir de la ecuación (2.6) se puede calcular la sección de un conductor para que cumpla con una caída de voltaje especificada. Si despejamos el área A en esa ecuación:

$$A = \frac{2\rho LI}{V_{Línea}} \qquad (2.11)$$

La resistividad del cobre es $\rho = 0.017$ Ω-mm²/m, equivalente a $1.7 \cdot 10^{-8}$ Ω-m. Si el primer valor lo sustituimos en (2.11):

$$A = \frac{2 \cdot 0.017 LI}{V_{Línea}} = \frac{0.034 LI}{V_{Línea}} \text{ (mm}^2\text{)} \qquad (2.12)$$

CAPÍTULO 2: CONDUCTORES ELÉCTRICOS | 55

Área y resistencia de conductores				
mm² (AWG o kcmil)	Área		N° alambres	Resistencia (Ω/km)
	mm²	CM		
18	0.823	1620	1	25.5
18	0.823	1620	7	26.1
16	1.31	2580	1	16.0
16	1.31	2580	7	16.4
14	2.08	4110	1	10.1
14	2.08	4110	7	10.3
12	3.31	6530	1	6.34
12	3.31	6530	7	6.50
10	5.261	10380	1	3.984
10	5.261	10380	7	4.070
8	8.367	16510	1	2.506
8	8.367	16510	7	2.551
6	13.30	26240	7	1.608
4	21.15	41740	7	1.010
2	33.62	66360	7	0.634
1/0	53.49	105600	19	0.399
2/0	67.43	123100	19	0.317
4/0	107.20	211600	19	0.1996
250	127	–	37	0.1687
500	253	–	37	0.0845
750	380	–	61	0.0171
2000	1013	–	127	0.02109

Tabla 2.16 Área y resistencia en corriente continua de algunos conductores de cobre no recubiertos.

Una vez sustituidos los valores correspondientes y calculada el área, vamos a la **Tabla 2.16** (**Tabla 6** del **Apéndice A**) y seleccionamos el valor más próximo al obtenido, según la relación (2.12).

Ejemplo 2.20

Una unidad de aire acondicionado consume 13.42 A y la caída de voltaje no debe superar el 3% cuando se alimenta de una línea monofásica de 208 V. Si el equipo se encuentra a una distancia de 30 m desde el tablero, determine: *a*) la caída de voltaje en los conductores; *b*) el voltaje presente en el equipo de aire acondicionado, y *c*) el tipo y calibre del conductor que se debe utilizar.

Solución

a) Caída máxima de voltaje en los conductores:

$$V_{Línea} = 208 \cdot 0.03 = 6.24 \text{ V}$$

b) Voltaje en el equipo de aire acondicionado: V = 208 – 6.24 = 201.76 V.

c) Usando (2.12):

$$A = \frac{0.034 \cdot LI}{V_{Línea}} = \frac{0.034 \cdot 30 \cdot 13.42}{6.24} = 2.19 \text{ mm}^2$$

En la **Tabla 2.16** observamos que un conductor 12 AWG es adecuado para este circuito ramal. Si seleccionamos un cable trenzado THW, calibre 12 (6.50 Ω/km de resistencia, de acuerdo con la **Tabla 2.16**), capaz de soportar 25 amperios, la caída de voltaje será:

$$V = K \cdot I \cdot L = (6.50 \text{ }\Omega/km)(13.42 \text{ A})\left(\frac{30}{1\,000}\right) = 2.62 \text{ V}$$

Valor menor al 3% máximo estipulado (6.24 V).

Otra pregunta que se podría plantear está relaciona con la máxima distancia que debería tener un circuito para que la caída de voltaje no supere un porcentaje determinado; por ejemplo, el 3%. Si despejamos L de la relación (2.10):

$$L = \frac{V_{Nominal} \cdot \Delta V(\%)}{200 \cdot K \cdot I} \quad (km) \qquad (2.13)$$

Observa que el valor de L está en km. Si se quiere expresar el valor anterior en metros, debemos multiplicar (2.13) por 1000:

$$L = \frac{5 \cdot V_{Nominal} \cdot \Delta V(\%)}{K \cdot I} \quad (m) \qquad (2.14)$$

Finalmente, si se desea determinar la máxima corriente que podemos derivar de un circuito ramal, conocidas la caída de voltaje y su longitud, podemos despejar la corriente I de la relación anterior:

$$I = \frac{5 \cdot V_{Nominal} \cdot \Delta V(\%)}{K \cdot L} \quad (A) \qquad (2.15)$$

donde la longitud L está en metros.

> *Vale la pena mencionar que las notas FPN (fine print notes) del **Código Eléctrico Nacional**, que se aplica en varios países, son recomendaciones y no requerimientos obligatorios. Este es el caso de los valores máximos de caída de voltaje, los cuales se deben tomar solo como convenientes, porque mejoran el rendimiento de las instalaciones.*

Ejemplo 2.21

¿Cuál debe ser la máxima longitud de un circuito ramal de 120 V y dos conductores THHN, calibre 12 AWG, para que la caída de voltaje no supere el 3%, si suministra: *a)* 15 A, *b)* 20 A?

Solución

Usaremos la **Tabla 2.16** y la relación (2.14).

$$a) \; L = \frac{5 \cdot V_{Nominal} \cdot \Delta V(\%)}{K \cdot I} = \frac{5 \cdot 120 \cdot 3}{6.50 \cdot 15} = 18.46 \; m$$

$$b) \; L = \frac{5 \cdot V_{Nominal} \cdot \Delta V(\%)}{K \cdot I} = \frac{5 \cdot 120 \cdot 3}{6.50 \cdot 20} = 13.84 \; m$$

CAPÍTULO 2: CONDUCTORES ELÉCTRICOS | 57

Ejemplo 2.22

En un circuito ramal de 120/240 V, las cargas son las especificadas en la **Fig. 2.21**. Si la distancia entre el tablero y las cargas es de 35 m y se utilizan conductores THW, calibre 10 AWG, determine: *a*) la caída de voltaje en el circuito ramal, y *b*) cuál debería ser la corriente máxima en la carga a conectar para que la caída no supere el 3% del voltaje nominal.

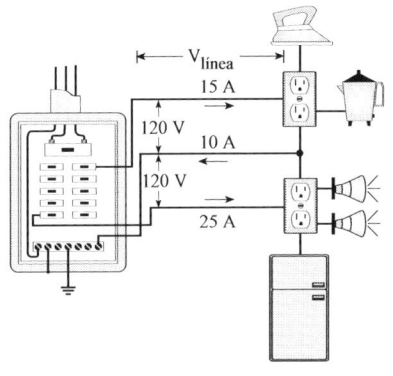

Fig. 2.21 Ejemplo 2.22

Solución

a) Según la **Tabla 2.16**, la resistencia por km para un conductor AWG 10 es K = 4.070.

Usando la relación (2.8) con L = 0.035 km y tomando el valor mayor de corriente en una de las fases (25 A), tenemos:

$$V_{Línea} = 2K \cdot L \cdot I = 2 \cdot 4.070 \cdot 0.035 \cdot 25 = 7.12 \text{ V}$$

El porcentaje de caída se calcula mediante (2.10):

$$\Delta V(\%) = \frac{2K \cdot L \cdot I}{V_{Nominal}} \cdot 100 == \frac{7.12}{120} \cdot 100 = 5.93\%$$

El resultado indica que se supera el 3% recomendado para la caída máxima de voltaje.

b) Usando la relación (2.15):

$$I = \frac{5V_{Nominal}\Delta V(\%)}{K \cdot L} = \frac{5 \cdot 120 \cdot 3}{4.070 \cdot 35} = 12.64 \text{ A}$$

Cualquier corriente en la fase que supere 12.64 A hará que la caída sea superior al 3%.

Ejemplo 2.23

Una carga consume 18 A en forma continua cuando trabaja a un voltaje de 120 V. Se conecta al tablero principal mediante conductores THHN, calibre AWG 12, de 40 m. Determine la corriente en la carga cuando trabaja bajo este régimen.

Solución

La caída de voltaje se calcula mediante (2.8) con K = 6.5 (**Tabla 2.16**), L = 0.040 km, I = 18 A:

$$V_{Línea} = 2K \cdot L \cdot I = 2 \cdot 6.50 \cdot 0.040 \cdot 18 = 9.36 \text{ V}$$

Esta pérdida de voltaje puede llevar a un mal funcionamiento de la carga. La potencia nominal en VA (voltamperios) de la carga se obtiene multiplicando el voltaje por la corriente:

$$\text{Potencia en la carga} = 120 \cdot 18 = 2160 \text{ VA}$$

Voltaje presente en la carga: $V_{Carga} = 120 - 9.36 = 110.64$ V

Como la potencia nominal de la carga es constante, la corriente que consume cuando $V_{Carga} = 110.64$ V está dada por:

$$I_{Carga} = \frac{\text{Potencia en la Carga}}{V_{Carga}} = \frac{2\,160}{110.64} = 19.52 \text{ V}$$

Como consecuencia del aumento de la corriente en la carga de 18 A a 19.52 A, se puede producir un aumento de la temperatura en la misma, así como un deterioro en sus expectativas de duración.

Lo explicado anteriormente, así como los ejemplos presentados, ilustra la importancia de tener en cuenta la caída de voltaje en los sistemas eléctricos, aun cuando algunos códigos eléctricos solo se refieren a la misma como una recomendación y no como un requerimiento obligatorio*.

Los fabricantes de equipos establecen el mínimo valor de voltaje recomendado para garantizar su funcionamiento óptimo. Típicamente, las empresas manufactureras recomiendan que la caída de voltaje no supere el 10% del voltaje nominal de trabajo del equipo. Así, por ejemplo, para un equipo de voltaje nominal 120 V, el voltaje mínimo de trabajo será:

$$V_{Mínimo} = 120 - 0.10 \cdot 120 = 108 \text{ V}$$

El valor anterior fija en 12 V (10% de 120 V) la máxima caída de voltaje en los conductores del circuito ramal.

Cuando los equipos eléctricos operan a voltajes por debajo de los que el fabricante estipula, se pueden originar situaciones de fallas y de mal funcionamiento. Las cargas inductivas, como las de motores y la de los balastos de luces fluorescentes, se sobrecalientan, produciendo un consumo improductivo de energía. En el caso de las cargas resistivas, como las de cafeteras eléctricas y calentadores de agua, su potencia de salida se reduce notablemente cuando baja el voltaje. Esto significa que no se obtiene el calentamiento esperado de tales equipos. En aquellos artefactos que producen luz o que ofrecen imágenes visuales, como bombillos y televisores, la caída de voltaje da lugar a parpadeo y desmejora en la calidad de la imagen. Cuando se trata de computadoras y de otros equipos electrónicos, como impresoras láser, máquinas fotocopiadoras, etc., la reducción de voltaje origina «congelamiento», pérdida de los datos o interrupción inconveniente de la operación que, en un momento dado, se estaba realizando.

---

* La corta longitud de los conductores, en la mayoría de las instalaciones eléctricas residenciales, justifica, en cierto modo, que no se tenga en cuenta la caída de voltaje.

CAPÍTULO 2: CONDUCTORES ELÉCTRICOS | 59

Sistemas trifásicos: Para circuitos trifásicos balanceados utilizaremos el diagrama mostrado en la **Fig. 2.22**.

Por ser un sistema balanceado, la corriente en el neutro es cero y las corrientes en las fases tienen módulos iguales. Sus fases, como corresponde a un circuito trifásico con factor de potencia igual a 1, están separadas 120° entre sí. Es decir:

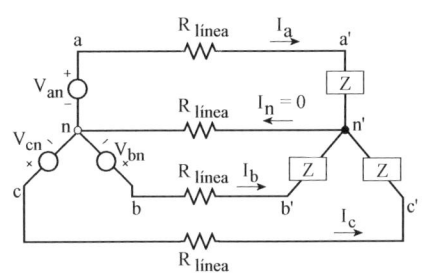

Fig. 2.22 Sistema trifásico balanceado.

$$\mathbf{I}_a = I\angle 0° \qquad \mathbf{I}_b = I\angle -120° \qquad \mathbf{I}_c = I\angle 120°$$

Utilizando la malla aa´n´b´bna se obtiene la ecuación siguiente, donde la resistencia de línea y los módulos de las corrientes en las fases son iguales:

$$\mathbf{V}_{an} - \mathbf{V}_{bn} + R_{Línea}\mathbf{I}_b - R_{Línea}\mathbf{I}_a - \mathbf{V}_{a'b'} = 0 \qquad (2.16)$$

Observa que la caída de voltaje en el neutro es cero, porque $\mathbf{I}_n = 0$. hora bien, y la relación anterior se puede expresar como:

$$\mathbf{V}_{ab} - \mathbf{V}_{a'b'} + R_{Línea}\mathbf{I}_b - R_{Línea}\mathbf{I}_a = 0 \qquad (2.17)$$

La caída de voltaje entre las fases A y B es la diferencia entre $\mathbf{V}_{ab}$ y $\mathbf{V}_{a'b'}$:

$$\mathbf{V}_{Fase} = \mathbf{V}_{ab} - \mathbf{V}_{a'b'} \qquad (2.18)$$

Sustituyendo en (2.17):

$$\mathbf{V}_{Fase} = R_{Línea}\mathbf{I}_a - R_{Línea}\mathbf{I}_b \qquad (2.19)$$

Utilizando los valores de $\mathbf{I}_a$ e $\mathbf{I}_b$, tenemos:

$$\Delta\mathbf{V}_{Fase} = R_{Línea}\left[I\angle 0° - I\angle -120°\right] =$$

$$= R_{Línea}I\left[\cos 0° + j\sen 0° - \cos(-120°) - j\sen(-120°)\right] = \left(\frac{3}{2} + j\frac{\sqrt{3}}{2}\right)R_{Línea}I$$

$$\Delta\mathbf{V}_{Fase} = \left(\frac{3}{2} + j\frac{\sqrt{3}}{2}\right)R_{Línea}I \qquad (2.20)$$

La cantidad entre paréntesis es una expresión vectorial cuyos módulo y ángulo son:

$$\Delta V_{Fase} = \sqrt{\left(\frac{3}{2}\right)^2 + \left(\frac{\sqrt{3}}{2}\right)^2}\, R_{Línea}I = \sqrt{\frac{9}{4} + \frac{3}{4}}\, R_{Línea}I = \sqrt{3}R_{Línea}I \qquad (2.21)$$

$$\phi = \tan^{-1}\left(\frac{\sqrt{3}/2}{3/2}\right) = \tan^{-1}\left(\frac{\sqrt{3}}{3}\right) = 30°$$

Si en la relación (2.21) sustituimos el valor de la resistencia $R_{Línea}$ dada por:

$$R_{Línea} = \frac{\rho L}{A}$$

obtenemos:

$$\Delta V_{Fase} = \sqrt{3}\,\frac{\rho L}{A}\,I \qquad (2.22)$$

De acuerdo con (2.7), $K = \rho/A$, la caída de voltaje entre fases para un circuito trifásico balanceado adopta la siguiente forma:

$$\boxed{\Delta V_{Fase} = \sqrt{3}\,K \cdot L \cdot I} \qquad (2.23)$$

La expresión anterior se puede escribir de la siguiente manera:

$$\frac{\Delta V_{Fase}}{\sqrt{3}} = K \cdot L \cdot I \qquad (2.24)$$

Como el voltaje entre fase y fase es igual a multiplicado por el voltaje entre fase y neutro, podemos escribir (2.23) en la forma:

$$\boxed{\Delta V_{Fase\text{-}Neutro} = K \cdot L \cdot I} \qquad (2.25)$$

El porcentaje de caída de voltaje se obtiene dividiendo (2.23) entre el voltaje fase-fase o dividiendo (2.25) entre el voltaje fase-neutro:

$$\boxed{\Delta V(\%) = \frac{\Delta V_{Fase}}{V_{Fase}} \cdot 100} \qquad \boxed{\Delta V(\%) = \frac{\Delta V_{Fase\text{-}Neutro}}{V_{Fase\text{-}Neutro}} \cdot 100} \qquad (2.26)$$

En las expresiones (2.22), (2.23), (2.25) y (2.26), para un sistema trifásico de 120/208 V, el voltaje de fase (V_{Fase}) es 208 V, mientras que el voltaje entre fase y neutro ($V_{Fase\text{-}Neutro}$) es de 120 V. Para un sistema 120/240 estos voltajes son 120 V y 240 V, respectivamente.

Ejemplo 2.24

Para una carga trifásica balanceada, ¿cuáles son la máxima caída de voltaje y el voltaje mínimo que se recomiendan en la fuente para un voltaje en el tablero de 208 V?

Solución

Según las normas, se recomienda una caída del 3% del voltaje de la fuente. Entonces: 3% de 208 V = 0.03 • 208 = 6.24 V. El voltaje mínimo es 208 − 6.24 = 201.76 V

Ejemplo 2.25

Una carga trifásica balanceada de 30 kVA y 208 V se conecta al tablero principal mediante un conductor de cobre THHN, calibre 4 AWG, de longitud 25 m. ¿Cuáles son la caída de voltaje en el conductor y el voltaje de fase en la carga?

Solución

De la **Tabla 2.16**, el valor de K es 1.010 Ω/km. La longitud, expresada en km, es 0.025 km. La corriente, la caída de voltaje y el voltaje en la carga se calculan mediante las relaciones siguientes:

$$I = \frac{P}{\sqrt{3}V} = \frac{30000}{\sqrt{3} \cdot 208} = 83.27 \text{ A}$$

$$\Delta V = \sqrt{3} \cdot 1.01 \frac{\Omega}{\text{km}} \cdot 0.025 \text{ km} \cdot 83.27 \text{A} = 3.64 \text{ V}$$

Voltaje en la carga: $208 - 3.64 = 204.36$ V

El porcentaje de caída es: $\Delta V(\%) = \frac{3.64}{208} \cdot 100 = 1.79\%$

Como el valor anterior está por debajo del 3%, se cumple la recomendación hecha anteriormente.

Aun cuando no es obligatorio hacer los cálculos para determinar la caída de voltaje, la optimización de los sistemas eléctricos, en términos de calidad de servicio, de duración y de buen desempeño de los equipos, hace necesario realizar estos cálculos.

Ejemplo 2.26

Un circuito trifásico de 240/480 V alimenta a una carga de 18 KVA mediante un conductor de 120 m de longitud. ¿Cuál debe ser el calibre del conductor para que la caída de voltaje no supere el 3% recomendado por la norma?

Solución

La carga trifásica es alimentada con un voltaje de 480 V entre dos fases. El 3% de 480 V es 14.4 V. La corriente en la carga es:

$$I = \frac{P}{\sqrt{3}V} = \frac{18\,000}{\sqrt{3} \cdot 480} = 21.65 \text{ A}$$

Despejando K en la relación (2.23) y sustituyendo valores:

$$K = \frac{\Delta V_{Fase}}{\sqrt{3} \cdot L \cdot I} = \frac{14.4 \text{ V}}{\sqrt{3} \cdot 0.120 \text{ km} \cdot 21.65 \text{ A}} = 3.2 \, \frac{\Omega}{\text{km}}$$

Si vamos a la **Tabla 2.16**, observamos que un conductor AWG 8 de siete hilos tiene una resistencia de 2.551 Ω/km, la cual es menor que 3.2 Ω/km, y es adecuado para alimentar a la carga.

Cuando el circuito trifásico es desbalanceado, la situación resulta más complicada, ya que la corriente en el neutro no es igual a cero y las corrientes en las fases son distintas entre sí y no exhiben simetría alguna en el diagrama fasorial cuando se trata de cargas no resistivas. Las caídas de voltaje en los conductores son también diferentes y, de presentarse esta situación, habría que hacer el cálculo correspondiente a fin de determinar en cuál de las fases tiene lugar la mayor caída de tensión. Si se desea determinar la caída en cada uno de los tres conductores, el análisis del sistema se hace según los cálculos eléctricos apropiados. Otras alternativas, utilizadas por algunos autores para simplificar los cálculos, son las siguientes:

a) Se toma la corriente en la línea más cargada y, con base en la misma, se determina la caída de voltaje en ese conductor. El valor que resulte se toma para las otras líneas.

b) Se toma el promedio de las corrientes de línea para calcular la caída de voltaje. Se supone que este valor es igual para los tres conductores.

2.14 RESISTENCIA EN CORRIENTE ALTERNA. EFECTO PELICULAR.

En un circuito de corriente continua, formado por elementos resistivos, la corriente fluye de manera uniforme a través de toda la sección transversal del conductor. Cuando se trata de corriente alterna, hay una tendencia de la misma a fluir cerca de la superficie del conductor. Este fenómeno, que se conoce como efecto pelicular (*Skin Effect*), depende de la frecuencia a la cual se trabaja y es más pronunciado a medida que esta aumenta. El principal problema con el efecto pelicular es que incrementa la resistencia efectiva de los conductores en corriente alterna cuando se compara con la resistencia en corriente directa.

El efecto pelicular es menos pronunciado en alambres trenzados que en sólidos. Se utiliza este efecto con ventaja en conductores de acero con cubierta externa de cobre, los cuales se usan en aplicaciones de alto voltaje. El acero le proporciona resistencia al alambre, mientras que la corriente fluye, principalmente en el cobre, metal mejor conductor de la electricidad.

CAPÍTULO 2: CONDUCTORES ELÉCTRICOS   **63**

El efecto pelicular, designado por S, se mide como la razón entre la resistencia en corriente alterna y la resistencia en corriente continua:

$$S = \frac{R_{ac}}{R_{dc}} \qquad (2.27)$$

El valor de *S* depende tanto de la frecuencia de operación como del área de la sección transversal del conductor, según las relaciones:

$$S = \frac{\sqrt{1 + \frac{x^4}{48}} + 1}{2} \text{ para } x = 3 \quad S = \frac{x}{2\sqrt{2}} + 0.26 \text{ para } x > 3 \qquad (2.28)$$

$$\text{donde } x = 1.207 \cdot 10^{-2} \sqrt{Af}$$

donde A es el área de la sección transversal del conductor y *f* es la frecuencia de trabajo. Asumiremos una frecuencia de trabajo de 60 Hz, en tanto que el área de la sección transversal depende del calibre del conductor. De las relaciones (2.27) y (2.28) se puede deducir que a medida que el área aumenta, también lo hace el efecto pelicular. De allí que este efecto sea más notable para conductores cuyo calibre es superior al AWG 1/0. Para calibres inferiores, el efecto pelicular es despreciable y el uso de la resistencia en corriente directa no da lugar a error alguno.

En la **Tabla 2.17** (**Apéndice A**, **Tabla 7**) se indican los valores de resistencia en Ω/km, en corriente alterna, para conductores de cobre con voltaje de operación de 600 V y alojados en tubería de PVC, de acero y de aluminio, por cada km de longitud, a 60 Hz y 75°C.

Tamaño AWG o kcmil	Tubería de PVC	Tubería de aluminio	Tubería de acero
14	10.2	10.2	10.2
12	6.6	6.6	6.6
10	3.9	3.9	3.9
8	2.56	2.56	2.56
6	1.61	1.61	1.61
4	1.02	1.02	1.02
2	0.62	0.66	0.66
1	0.49	0.52	0.52
1/0	0.39	0.43	0.39
2/0	0.33	0.33	0.33
3/0	0.253	0.269	0.259
4/0	0.203	0.220	0.207
250	0.171	0.187	0.177
300	0.144	0.161	0.148
350	0.125	0.141	0.128
400	0.108	0.125	0.115
500	0.089	0.105	0.095
600	0.075	0.092	0.082
750	0.062	0.079	0.069
1000	0.049	0.062	0.059

Tabla 2.17 Resistencia (Ω/km) en corriente alterna para conductores de cobre a 600 V y 60 Hz a 75°C.

Tamaño AWG o kcmil	Tubería no metálica	Tubería metálica
2	1	1.01
1	1	1.01
1/0	1.001	1.02
2/0	1.001	1.03
3/0	1.002	1.04
4/0	1.004	1.05
250	1.005	1.06
300	1.006	1.07
350	1.009	1.08
400	1.011	1.10
500	1.018	1.13
600	1.025	1.16
750	1.039	1.21
1000	1.067	1.30

Tabla 2.18 Factor de multiplicación para obtener la resistencia en corriente alterna (*ac*) a 60 Hz utilizando el valor de la resistencia en corriente continua (*dc*).

Si se comparan los valores de resistencias en corriente alterna con los de corriente continua, se llega a la conclusión que solo a partir del conductor calibre AWG 2/0 se comienza a hacer notable la diferencia. De allí que en la mayoría de los casos para las instalaciones eléctricas, en general, la resistencia adicional debida al efecto pelicular puede ser ignorada. Cuando este efecto se deba tener en cuenta, se hace frecuentemente referencia a la **Tabla 2.18** (**Apéndice A**, **Tabla 8**), que estipula el factor por el cual se debe multiplicar el valor de la resistencia en corriente continua para obtener la resistencia en corriente alterna para una frecuencia de 60 Hz en conductores de cobre.

2.15 CAÍDA DE VOLTAJE CUANDO SE TIENE EN CUENTA LA REACTANCIA DE LÍNEA Y EL ÁNGULO DE FASE EN LA CARGA

Hasta ahora se ha considerado que los conductores de las instalaciones eléctricas solo poseen resistencia y que el factor de potencia en la carga era igual a 1 ($\cos\theta = 1$). En general, cuando se trata de corriente alterna, se debe considerar tanto la reactancia de la línea como un factor de potencia distinto de 1. La **Fig. 2.23** esquematiza un conductor que conecta una carga eléctrica, con parte resistiva R_m y parte inductiva X_m, a la fuente de voltaje, mediante un conductor de longitud L, el cual posee una resistencia R y una inductancia X. El ángulo de fase en la carga es θ, correspondiente al ángulo de impedancia entre el fasor corriente (**I**) y el fasor voltaje (**V_m**).

A fin de determinar la caída de voltaje en el circuito, es conveniente referirse al diagrama vectorial mostrado en la **Fig. 2.24**. En el mismo, el voltaje aplicado V se toma como referencia, con un ángulo de fase de 0°. El voltaje **V_m** está desfasado un

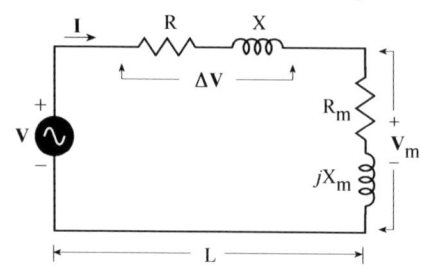

Fig. 2.23 Representación de una línea con resistencia e inductancia conectada a una carga, con un factor de potencia distinto de 1.

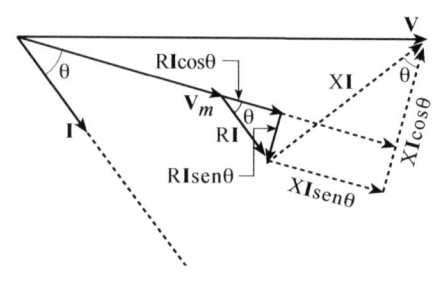

Fig. 2.24 Diagrama fasorial para el circuito de la **Fig. 2.23**.

CAPÍTULO 2: CONDUCTORES ELÉCTRICOS

ángulo θ con respecto al fasor corriente **I**. En la resistencia R del conductor se produce una caída R**I** que está en fase con la corriente, mientras que en la inductancia de la línea, la caída de voltaje es X**I**, desfasada 90° con respecto a la corriente. La suma fasorial de estos voltajes y su módulo son:

$$V = V_m + RI\cos\theta + XI\sin\theta + j(XI\cos\theta - RI\sin\theta)$$

(2.29)

$$V = \sqrt{(V_m + RI\cos\theta + XI\sin\theta)^2 + (XI\cos\theta - RI\sin\theta)^2}$$

El valor numérico del primer término de la relación anterior, correspondiente a la parte real, es mucho mayor que el segundo por las siguientes razones:

1. V_m es un valor comparable al voltaje aplicado V, y al elevarlo al cuadrado, su valor es relativamente alto.

2. Por lo general, las caídas de tensión R**I** y X**I** son pequeñas al ser comparadas con los voltajes en la fuente y en la carga, por lo que el segundo término es pequeño cuando se compara con el primero.

De acuerdo con lo anterior, se puede hacer la siguiente aproximación:

$$V = V_m + RI\cos\theta + XI\sin\theta \qquad (2.30)$$

La caída de voltaje en la línea es la diferencia entre el voltaje aplicado y el voltaje en la carga:

$$\Delta V = V - V_m = RI\cos\theta + XI\sin\theta \qquad (2.31)$$

En la relación anterior:

ΔV = Caída de voltaje en el conductor $\qquad$ R = Resistencia total del conductor

X = Reactancia total del conductor $\qquad$ θ = Ángulo de fase en la carga

A fin de tener en cuenta la longitud L del conductor, recordemos que las normas especifican el valor en Ω/km (**Apéndice A, Tabla 6**), valor que identificaremos con la letra K_R. Entonces:

$$K_R = \frac{R}{L} \quad \Rightarrow \quad R = K_R L \qquad (2.32)$$

Se han elaborado tablas que especifican el valor de la reactancia por km de línea para distintos calibres. Llamaremos K_L a este valor:

$$K_L = \frac{X}{L} \quad \Rightarrow \quad X = K_L L \qquad (2.33)$$

Sustituyendo en la expresión (2.31):

$$\Delta V = (K_R LI\cos\theta + K_L IL\sen\theta) \tag{2.34}$$

Donde:

K_R = Resistencia por km de conductor K_L = Reactancia por km de conductor

L = Longitud del conductor en km (una sola dirección)   I = Corriente en el circuito

La expresión (2.34) es válida para determinar la caída de tensión entre fase y neutro en sistemas trifásicos balanceados, donde la corriente en el neutro es nula. Cuando se trate de sistemas monofásicos, o de la caída de tensión entre fase y fase en sistemas trifásicos balanceados, se debe multiplicar por 2 (dos veces la longitud de la línea) y $\sqrt{3}$, respectivamente. De esta manera tendremos las fórmulas siguientes:

Sistemas monofásicos:

$$\Delta V = (K_R LI\cos\theta + K_L IL\sen\theta) \tag{2.35}$$

Sistemas trifásicos balanceados (caída entre fase y fase):

$$\Delta V = \sqrt{3}(K_R \cos\theta + K_L \sen\theta)LI \tag{2.36}$$

A menudo el factor entre paréntesis en las dos relaciones anteriores se designa por la letra K. Es decir, $K = K_R \cos\theta + K_L \sen\theta$. Cuando se sustituye este valor en las relaciones (2.35) y (2.36), se obtiene:

$$\boxed{\Delta V = 2\cdot K\cdot L\cdot I} \qquad \boxed{\Delta V = \sqrt{3}K\cdot L\cdot I} \tag{2.37}$$

La **Tabla 2.19** (**Apéndice A**, **Tabla 9**) da los valores de K para conductores de cobre y distintos factores de potencia en sistemas trifásicos balanceados.

Ejemplo 2.27

Determine la caída de voltaje en un circuito trifásico de 120/208 V si los conductores THHN, calibre 4 AWG, tienen una longitud de 60 m y están conectados a una carga que consume 75 A por fase. El factor de potencia es 0,90.

Solución

Utilizaremos la relación (2.37) para un sistema trifásico. De la **Tabla 2.19**, el valor de K es 0.986:

$$\Delta V = \sqrt{3}\cdot K\cdot L\cdot I = \sqrt{3}\cdot 0.986\cdot 0.060\cdot 75 = 7.7 \text{ V}$$

Calibre AWG o kcmil	Reactancia en tubos PVC o de aluminio (K_L en Ω/m)	Resistencia en tubos PVC o de aluminio (K_R en Ω/m)	Valores de K para distintos valores de potencia			
			0.80	0.85	0.90	0.95
14	0.190	10.200	8.274	8.770	0.263	9.749
12	0.177	6.600	5.386	5.703	6.017	6.325
10	0.164	3.900	3.218	3.401	3.581	3.756
8	0.171	2.560	2.151	2.266	2.379	2.485
6	0.167	1.610	1.388	1.456	1.522	1.582
4	0.157	1.020	0.910	0.950	0.986	1.018
2	0.148	0.620	0.585	0.605	0.623	0.635
1/0	0.144	0.390	0.398	0.407	0.414	0.415
2/0	0.141	0.330	0.349	0.355	0.358	0.358
3/0	0.138	0.253	0.285	0.288	0.288	0.283
4/0	0.135	0.203	0.243	0.244	0.242	0.235
250	0.135	0.171	0.218	0.216	0.213	0.205
300	0.135	0.144	0.196	0.194	0.188	0.179
350	0.131	0.125	0.179	0.175	0.170	0.160
400	0.131	0.108	0.165	0.161	0.154	0.144
500	0.128	0.089	0.148	0.143	0.136	0.125
750	0.125	0.062	0.125	0.119	0.110	0.098
1000	0.121	0.049	0.112	0.105	0.097	0.084

Tabla 2.19 Valores de la constante K para determinar la caída de tensión según la relación (2.40). K varía poco en relación con el tipo de tubo, por lo que los valores mostrados se utilizan con frecuencia para cualquier tubería.

El porcentaje de caída es:

$$\Delta V(\%) = \frac{7.7}{208} \cdot 100 = 3.70\%$$

Como este valor es superior al 3%, el calibre del conductor debe ser aumentado. Podría seleccionarse un conductor calibre AWG 3. Observa que en el cálculo anterior se convirtió la longitud de metros a kilómetros. En este caso el efecto pelicular es despreciable.

Ejemplo 2.28

Un calentador de 3 kW, 208 V se alimenta mediante una línea de 30 m. La línea está contenida en un ducto junto con otros seis conductores y se espera una temperatura máxima de 50°C en el medio ambiente. *a)* Determine el tipo y calibre del conductor que puede ser utilizado. *b)* Calcule la caída de voltaje y establece si el conductor seleccionado en la parte (*a*) llena los requisitos del 3% como caída máxima de voltaje en el conductor.

Solución

a) Procederemos, primero, al cálculo de la corriente en el conductor que alimenta al calentador:

$$I = \frac{3\,000}{208} = 14.42 \text{ A}$$

Seleccionemos inicialmente un conductor THW, calibre 14 AWG, capaz de transportar una corriente de 20 A, según la **Tabla 2.11**. Como la temperatura ambiente es mayor que 30°C, hay que usar los factores de corrección indicados en la **Tabla 2.12**. Para una temperatura de 50°C, el factor de corrección es de 0.75, por lo que la corriente en el conductor seleccionado se reduce a:

$$I = 20 \bullet 0.75 = 15 \text{ A}$$

Este resultado nos lleva a descartar el calibre seleccionado, ya que está muy cerca de la corriente en el circuito (14.42 A), sin que todavía se haya tomado en cuenta el factor de agrupamiento. Para un conductor THW, calibre AWG 12, los factores de temperatura y de agrupamiento (**Tabla 2.13**) conducen al siguiente resultado:

$$I = 25 \bullet 0.75 \bullet 0.7 = 13.125 \text{ A}$$

Valor que tampoco llena los requerimientos de corriente. Tomemos un conductor THW, calibre 10 AWG, con una ampacidad de 35 amperios a 30°C. Se tiene:

$$I = 35 \bullet 0.75 \bullet 0.7 = 18.375 \text{ A}$$

valor mayor que los 14.42 A consumidos por la carga, y, en consecuencia, el conductor 10 AWG es adecuado para soportar el amperaje.

b) Veamos ahora cuál es el valor de la caída de voltaje. El calentador es una carga resistiva y, por tanto, el factor de potencia es 1 ($\cos\theta = 1$) y $\sen\theta = 0$. El valor de K se reduce a K_R, que es la resistencia por km del conductor. Como se trata de un circuito monofásico, utilizamos la relación (2.37): $\Delta V = 2K \bullet L \bullet I$. Los valores de longitud y corriente son L = 0.030 km e I = 14.42 A, respectivamente. El valor de K (3.9 Ω/km) lo obtenemos de la **Tabla 2.19**. Sustituyendo estos valores en la relación anterior:

$$\Delta V = 2 \bullet 3.9 \bullet 0.030 \bullet 14.42 = 3.37 \text{ V}$$

El valor porcentual de la caída de voltaje es:

$$\Delta V(\%) = \frac{3.37}{208} \bullet 100 = 1.62\%$$

que está por debajo del 3% recomendado. En conclusión, el conductor de cobre THW, calibre AWG 10, es adecuado para este circuito.

Ejemplo 2.29

Un sistema trifásico balanceado de 120/208 V alimenta a una carga trifásica de 54 KVA, con factor de potencia 0.8. Esta carga está conectada al tablero principal mediante conductores de cobre THHN, calibre 1/0 AWG, de longitud 40 m. ¿Cuál es la caída de voltaje en los conductores?

Solución

Por tratarse de un sistema trifásico, la corriente en cada conductor se calcula usando la relación (1.59):

$$I_{Fase} = \frac{P}{\sqrt{3}V_{Fase}\cos\theta} = \frac{54\,000}{\sqrt{3}\cdot 208\cdot 0.8} = 187.36 \text{ A}$$

El valor de K, obtenido a partir de la **Tabla 2.19**, es 0.398. La longitud L es de 0.040 km. Usaremos la relación (2.37):

$$\Delta V = \sqrt{3}\cdot K\cdot L\cdot I = \sqrt{3}\cdot 0.398\cdot 0.04\cdot 187.36 = 5.17 \text{ V}$$

La caída porcentual de voltaje es:

$$\Delta V(\%) = \frac{5.17}{208}\cdot 100 = 2.48\%$$

valor que se ajusta a los requerimientos del 3%. Hay que observar que la resistencia en corriente alterna, debida al efecto pelicular, no altera mucho el resultado anterior, puesto que el factor de multiplicación de la resistencia en corriente continua es de 1.001 según la **Tabla 2.18**. En el ejemplo, tampoco se menciona una temperatura superior a 30°C, en la cual está basada la **Tabla 2.11**.

2.16 LONGITUDES PERMISIBLES DE CONDUCTORES PARA UNA CAÍDA ESPECÍFICA DE VOLTAJE

En la sección 2.13 establecimos fórmulas que nos permiten determinar la máxima longitud que debe tener un conductor para que la caída de voltaje no supere un porcentaje determinado. Para un sistema monofásico, la longitud en metros para una caída especificada de voltaje corresponde a la relación (2.14):

$$L = \frac{5\cdot V_{Nominal}\cdot \Delta V(\%)}{K\cdot I} \qquad (2.38)$$

Mediante esta fórmula podemos construir tablas de la longitud L en términos del voltaje nominal de trabajo, de la caída de voltaje expresada en porcentaje, del tipo de conductor (K) y de la corriente en el circuito. Es frecuente construir una tabla para el 1% de caída de voltaje, y si se requiere estimar la máxima longitud del conductor para caídas superiores de voltaje, simplemente se multiplica el valor obtenido por el factor correspondiente. Así, para obtener la longitud del conductor para una caída de voltaje de un 3%, se multiplica por 3 el valor de la longitud. Esto se justifica porque, según la fórmula anterior, la caída de voltaje es directamente proporcional a la longitud. Recordemos que el valor de K en Ω/km se obtiene a partir de las **tablas 2.16** y **2.19**. Para un sistema monofásico de 120 V y una caída de voltaje igual al 1%, la relación (2.41) se transforma en:

$$L = \frac{5 \cdot 120 \cdot 1}{K \cdot I} \text{ (m)} = \frac{600}{K \cdot I} \text{ (m)} \qquad (2.39)$$

La **Tabla 2.20** muestra las longitudes para 120 V y distintos valores de corriente. A fin de obtener la longitud para caídas de 2% y 3%, los valores mostrados deben multiplicarse por 2 y 3, respectivamente. Esa tabla no tiene en cuenta la reactancia de la línea y asume un factor de potencia unitario.

Longitud del conductor (una sola dirección) en metros para voltajes de 120 V, basada en una caída de tensión del 1% y un número de conductores menor que 3, colocados en ductos a una temperatura ambiente de 30°C. Se desprecia la reactancia del conductor y el efecto pelicular. Los conductores son tipos RHW, THHW, THW, THWN, XHHW, USE.

Corriente (A)	14	12	10	8	6	4	2	1/0	2/0	3/0	4/0
1	59	95	151	239	373	594	945	1504	1893	2389	3006
2	30	47	75	120	187	297	473	752	946	1194	1503
3	20	32	50	80	124	198	315	501	631	796	1002
4	15	24	38	60	93	149	237	376	473	597	752
5	12	19	30	48	75	119	189	301	379	478	601
6	10	16	25	40	62	99	158	251	315	398	501
8	7	12	19	30	47	74	118	188	237	299	376
10	6	9	15	24	37	59	95	150	189	239	301
12	5	8	13	20	31	50	79	125	158	199	251
15	4	6	10	16	25	40	63	100	126	159	200
20	3	5	8	12	19	30	47	75	95	119	150
25		4	6	10	15	24	38	60	76	96	120
30			5	8	12	20	32	50	63	80	120
35			4	7	11	17	27	43	54	68	86
40				6	9	15	24	38	47	60	75
50				5	7	12	19	30	38	48	60
60					6	10	16	25	32	40	50
70						8	14	21	27	34	43
80						7	12	19	24	30	38
100							9	15	19	24	30
120								13	16	20	25
150								10	13	16	20
200										12	15

Para calcular la longitud para caídas de tensión del 2% y 3%, se deben multiplicar las longitudes mostradas por 2 y por 3, respectivamente. Para 240 V los valores de la tabla se deben multiplicar por 2.

Tabla 2.20 Valores permitidos de la longitud L en un sistema monofásico de 120 V, según la relación (2.42) y la **Tabla 2.19**.

CAPÍTULO 2: CONDUCTORES ELÉCTRICOS | 71

A continuación se dan las fórmulas para calcular los valores máximos de las longitudes de línea para diferentes sistemas de alimentación.

a) Sistema monofásico de 120 V: $L = \dfrac{600}{K \cdot I}$ (m)

b) Sistema monofásico de 240 V: $L = \dfrac{1\,200}{K \cdot I}$ (m)

(2.40)

c) Sistema monofásico de 208 V: $L = \dfrac{5 \cdot 208 \cdot 1}{K \cdot I} = \dfrac{1040}{K \cdot I}$ (m)

d) Sistema trifásico 120/208 V: $L = \dfrac{10 \cdot V_{Nominal} \cdot \Delta V(\%)}{\sqrt{3} \cdot K \cdot I} = \dfrac{10 \cdot 208 \cdot 1}{\sqrt{3} \cdot K \cdot I} = \dfrac{1\,200.889}{K \cdot I}$

Ejemplo 2.30

Una carga monofásica de 12 kVA y 208 V, con factor de potencia unitario, se conecta al tablero principal mediante conductores THHN, calibre 6 AWG. ¿Cuál es la máxima longitud del conductor para que la caída de voltaje no sea superior al 3%?

Solución

La corriente para una carga de 12 KVA es: $I = \dfrac{P}{V} = \dfrac{12\,000}{208} = 57.69$ A

Aun cuando la relación (2.40) corresponde a caídas de voltaje del 1%, para calcular la máxima longitud L para una caída del 3%, simplemente, multiplicamos el resultado por 3. Con un factor de potencia igual a 1, el valor de K para un conductor calibre 6 AWG es, según la **Tabla 2.17**, igual a 1.610. Entonces:

$$L = 3 \cdot \dfrac{1040}{K \cdot I} = \dfrac{3120}{K \cdot I} \text{ m} \quad \Rightarrow \quad L = \dfrac{3120}{1.610 \cdot 57.69} = 33.59 \text{ m}$$

Ejemplo 2.31

¿Cuál es la máxima distancia a la que se puede colocar una carga trifásica de 37.5 KVA y 208 V, con un factor de potencia igual a 0.9, alimentada por conductores THHN, calibre 2 AWG, de modo que la caída de voltaje no supere el 3%?

Solución

Corriente en los conductores:

$$I = \frac{P}{\sqrt{3} \cdot V \cdot \cos\theta} = \frac{37500}{\sqrt{3} \cdot 208 \cdot 0.9} = 115.66 \text{ A}$$

De la **Tabla 2.19**, K = 0.623. Según la relación (2.40):

$$L = \frac{1200.889}{K \cdot I} = \frac{1200.889}{0.623 \cdot 115.66} = 16.67 \text{ m}$$

El valor anterior se mantiene para una caída de voltaje del 1%, ya que la fórmula utilizada está basada en este valor. Si este porcentaje aumenta, se multiplicará el resultado obtenido por la cantidad correspondiente. En el ejemplo planteado, para determinar la máxima longitud para una caída de voltaje del 3%, debemos multiplicar el resultado obtenido por 3:

$$L = 3 \cdot 16.67 = 50 \text{ m}$$

Ejemplo 2.32

¿Qué longitud máxima se puede utilizar en un conductor de cobre THW, calibre 6 AWG, que alimenta una carga de 30 amperios a 240 V, para mantener la caída de voltaje al 1%, si el factor de potencia es igual a 0.8?

Solución

Según la **Tabla 2.19**, el valor de K para un conductor calibre 6 AWG y factor de potencia 0.8 es 1.388. Usando la relación (2.40):

$$L = \frac{1200}{K \cdot I} = \frac{1200}{1.388 \cdot 30} = 28.82 \text{ m}$$

2.17 DIAGRAMA DE FLUJO PARA CALCULAR EL CALIBRE DE UN CONDUCTOR

El diagrama de flujo de la **Fig. 2.25** establece los pasos necesarios para determinar el calibre de un conductor a partir del conocimiento de todo lo discutido en este capítulo. Como se puede deducir del mismo, una vez calculada la ampacidad del conductor, se debe proceder a estimar la caída de voltaje para establecer si el calibre seleccionado es el adecuado.

La rama de la izquierda del diagrama de flujo define los pasos a dar para proteger el aislamiento del conductor y las terminaciones del circuito. La rama de la derecha tiene que ver con la caída de voltaje en el sistema, para asegurar que esta no supere el 2% o el 3%, según se trate de circuitos ramales o de alimentadores.

CAPÍTULO 2: CONDUCTORES ELÉCTRICOS | 73

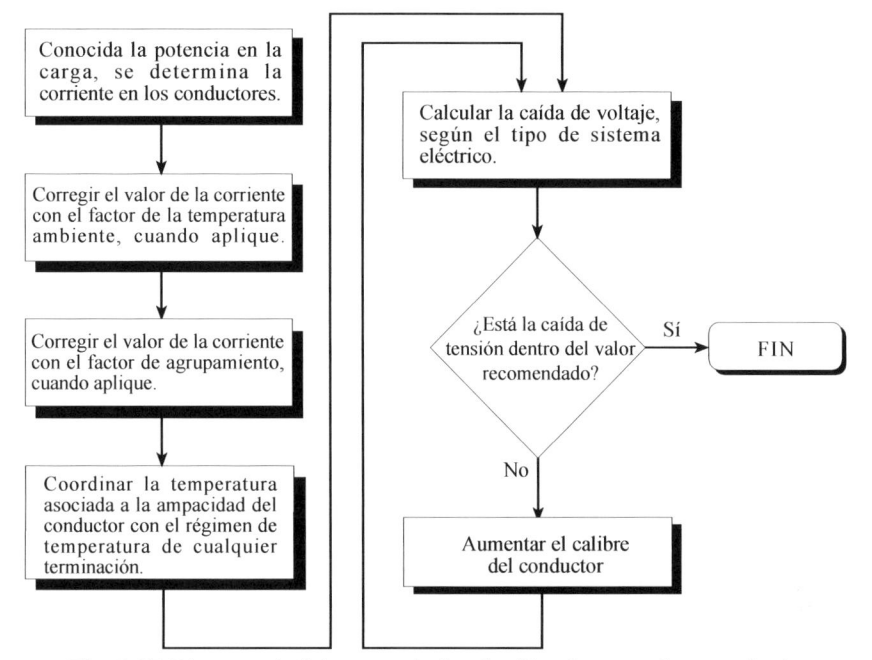

Fig. 2.25 Diagrama de flujo para calcular el calibre de un conductor teniendo en cuenta su ampacidad y la caída de voltaje.

Ejemplo 2.33

Un circuito monofásico de 120 V alimenta a una carga de 3.6 kW, a 25 m. Determine el calibre del conductor de cobre para una caída de voltaje del 3%, en tubería de PVC, si $\cos\theta = 0.95$. La temperatura ambiente es de 40°C y hay seis conductores portadores de corriente en el tubo. El régimen de temperatura de las terminaciones es 75°C.

Solución

La corriente en la línea es: $I = \dfrac{P}{V} = \dfrac{3600}{120} = 30$ A

De acuerdo con la **Tabla 2.11**, podríamos seleccionar, en principio, un conductor THHN, calibre 12 AWG, que tiene una ampacidad de 30 A a 90°C.

Como la temperatura ambiente es de 40°C, el factor de corrección por temperatura para un conductor de aislamiento THHN es, según la **Tabla 2.12**, igual a 0.91. El conductor debe tener, entonces, una ampacidad dada por $I_{Línea}/0.91$:

$$\text{Ampacidad} = \dfrac{30}{0.91} = 32.97 \text{ A}$$

Por cuanto hay seis conductores portadores de corriente en la tubería de PVC, la **Tabla 2.13** indica que debemos usar un factor de corrección por agrupamiento de 0.80. Esto obliga a seleccionar un conductor con ampacidad igual a:

$$\text{Ampacidad} = \frac{32.97}{0.80} = 41.21 \text{ A}$$

Según la **Tabla 2.11**, el conductor será calibre 8 AWG, con una ampacidad de 50 A a 75°C, valor superior a la corriente de carga.

Veamos cuál es la caída de voltaje para el conductor seleccionado. Como se trata de un sistema monofásico de 120 V, usamos la relación (2.42) con I = 30 A y K = 2.485:

$$L = \frac{600}{2.485 \cdot 30} = 8.05 \text{ m}$$

Esta distancia hay que multiplicarla por 3, ya que el valor anterior se refiere a una caída de voltaje del 1%. Es decir, la máxima distancia permitida es de unos 24 m. Dado que la línea es de 25 m, el conductor THHN, calibre 8 AWG, es apropiado para esta aplicación.

Ejemplo 2.34

Un sistema trifásico de 120/208 V suministra energía a una carga trifásica de 15 KVA de 0.9 factor de potencia, mediante conductores de cobre THW cuyo aislamiento soporta una temperatura máxima de 75°C. Determine el calibre de los conductores si los mismos tienen una longitud de 15 m y se admite una caída de voltaje del 2%.

Solución

Corriente de fase:

$$I = \frac{15000}{\sqrt{3} \cdot 208 \cdot 0.9} = 46.32 \text{ A}$$

El conductor THW, calibre 8 AWG, puede soportar 50 A. Los valores de K_R y K_L para este conductor son 2.56 y 0.171 (ver **Tabla 2.29**). Para un factor de potencia de 0.90, se tiene: $\cos\theta = 0.9$ y $\sen\theta = 0.436$. El valor de K es:

$$K = K_R \cos\theta + K_L \sen\theta \qquad K = 2.56 \cdot 0.9 + 0.171 \cdot 0.436 = 2.379$$

Longitud máxima en metros para una caída del 1%, según la relación (2.40):

$$L = \frac{1200.889}{K \cdot I} = \frac{1200.889}{2.379 \cdot 46.32} = 10.90 \text{ m}$$

Como se permite una caída del 2%, el valor anterior debe ser multiplicado por 2, lo cual arroja un resultado de 21.80 m, que es mayor que la longitud de 15 m de la línea. El conductor THW, calibre 8 AWG, es adecuado para esta aplicación.

2.18 IDENTIFICACIÓN DE CONDUCTORES EN UNA INSTALACIÓN ELÉCTRICA

Con el fin de garantizar la seguridad del personal que trabaja en las instalaciones eléctricas, los conductores usados en las mismas deben estar identificados apropiadamente. Para ello, a los conductores activos (fases), al conductor neutro puesto a tierra y al conductor de puesta a tierra de los equipos conectados a la instalación se les identifica mediante un código de colores.

Conductor neutro: Un conductor neutro, puesto a tierra, aislado, de calibre 6 AWG o inferior, debe ser identificado, en toda su longitud, mediante color blanco o gris. Cuando el calibre sea superior al calibre 6 AWG, una marca distintiva, de color blanco, debe añadirse en el momento de la instalación.

Conductor de puesta a tierra: Los conductores de puesta a tierra de los equipos pueden ser desnudos o aislados. Los conductores aislados deben tener una coloración continua de color verde, o verde con rayas amarillas. Estos colores no se deben usar para el neutro o para la fase. Cuando el conductor de puesta a tierra es de calibre superior al 6 AWG, se debe marcar en cada extremo en el momento de instalarlo y su identificación se debe hacer:

- Quitando el aislamiento en toda la longitud expuesta.
- Aplicando un color verde al aislamiento expuesto.
- Marcando el aislamiento expuesto con cinta adhesiva de color verde.

Conductores de fase: Los conductores activos, o de fase, deben ser marcados para diferenciarlos de los conductores neutros puestos a tierra y de los conductores de puesta a tierra de los equipos. Es decir, su aislamiento puede tener cualquier color, excepto blanco, gris o verde.

La **Fig. 2.26** es un esquema de los colores usados en los sistemas eléctricos residenciales para circuitos monofásicos o trifásicos.

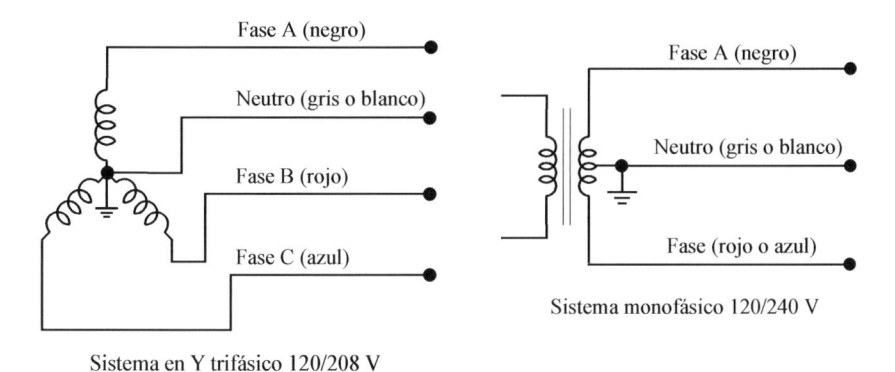

Fig. 2.26 Esquema de identificación de los conductores en una instalación eléctrica.

2.19 CABLES CON CUBIERTAS NO METÁLICAS

Este tipo de cable, conocido comercialmente como *Romex* (o NM por las siglas en inglés: *Non Metallic*), es un cable compuesto por dos o más conductores aislados, ensamblados en fábrica en una sola pieza, y cubierto por una chaqueta no metálica. En el cable está incluido un conductor desnudo o con aislamiento de color verde, usado para puesta a tierra de los equipos. La chaqueta externa es retardante a la llama y resistente a la humedad. La **Fig. 2.27** muestra este tipo de cable y su descripción impresa en la chaqueta no metálica.

El calibre en los conductores de cobre con cubierta no metálica va desde 14 AWG hasta 2 AWG. El cable de dos conductores contiene, por lo general, un conductor negro, uno blanco y un cable desnudo para la puesta a tierra de equipos. El cable de tres conductores contiene un conductor negro, uno rojo, uno blanco y un conductor desnudo para la puesta a tierra de equipos. Los conductores de puesta a tierra para los equipos pueden tener, también, aislamiento de color verde. No se permite que el conductor para la puesta a tierra de equipos sea usado como conductor neutro o activo.

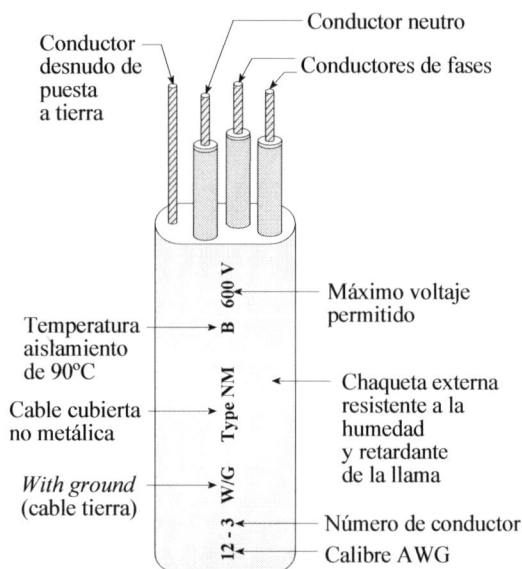

Fig. 2.27 Cable con cubierta no metálica (Romex o NM).

Hay, básicamente, tres tipos de conductores con cubiertas no metálicas. Ellos son:

1. **Tipo NM**: La chaqueta externa es resistente a la humedad, retardante de la llama, y su uso está restringido al interior de las residencias. El aislamiento de los conductores debe soportar una temperatura de 90°C y su ampacidad está basada en una temperatura de 60°C. Los cables tipo NM se pueden usar en viviendas unifamiliares y bifamiliares, en instalaciones expuestas u ocultas, en lugares normalmente secos y en los espacios huecos abiertos en paredes de bloques de concreto o de ladrillo.

2. **Tipo NMC**: La chaqueta externa es resistente a la humedad, a la corrosión y a los hongos y retardante de la llama. El aislamiento de los conductores será capaz de soportar una temperatura de 90°C y su ampacidad está basada en una temperatura de 60°C. Este tipo de cable se puede usar en instalaciones expuestas u ocultas, en lugares secos, húmedos, empapados y corrosivos. Además, se puede utilizar en el exterior o interior de paredes de bloques de concreto o de ladrillos, y en ranuras hechas en mampostería, concreto o adobe, siempre y cuando sea protegido, contra clavos y tornillos, mediante una chapa de acero, con un espesor mínimo de 1,59 mm, y esté cubierto con un acabado de yeso, adobe o similar.

3. **Tipo NMS**: La chaqueta externa es resistente a la humedad y retardante de la llama. Además de los conductores aislados para alimentar a las cargas eléctricas convencionales, este cable aloja conductores para teléfonos, datos, sistemas de señales y de entretenimiento, todos dentro de la misma envoltura externa. Se usa este tipo de cable en la automatización de hogares mediante tecnología digital. Se permite usar el cable NMS en lugares secos, en instalaciones expuestas y ocultas y en espacios vacíos abiertos entre paredes de bloques de concreto.

Los cables NM, NMC y NMS no se podrán utilizar en los casos siguientes:

- Como cables de entrada de acometida.
- En estacionamientos públicos que tengan sitios clasificados como peligrosos, según los códigos eléctricos específicos.
- En teatros y locales similares, salvo lo indicado en los códigos eléctricos particulares.
- En estudios cinematográficos.
- En locales donde se almacenen baterías.
- En los pozos de ascensores, montacargas y escaleras mecánicas.
- Empotrados bajo vaciados de cemento.
- Cuando estén expuestos a humos o vapores corrosivos.
- Empotrados bajo ladrillos, concreto, adobe, relleno o yeso.
- En ranuras poco profundas en ladrillo, concreto y adobe.
- En ambientes expuestos a humedad o a vapor excesivos.

Ampacidad de los cables **NM**, **NMC** y **NMS**: La ampacidad de los cables **NM**, **NMC** y **NMS** será la ampacidad correspondiente a 60°C. Si hay necesidad de ajustar la ampacidad por agrupamiento o por temperatura, se tomará como base la ampacidad a 90°C. Se tomará como definitiva la ampacidad que resulte menor entre 60°C y la que resulte del ajuste.

La ampacidad corresponderá a la de la temperatura nominal del conductor a 60°C. Se permitirá usar la ampacidad correspondiente a una temperatura de 90°C para fines de reducción de la ampacidad nominal, siempre y cuando la ampacidad corregida final no exceda la de un conductor con temperatura nominal de 60°C. La ampacidad para conductores NM, NCM y NMS instalados en bandejas portacables será determinada de acuerdo con lo establecido en los códigos eléctricos.

Se debe tener en cuenta, además, que cuando se agrupen más de dos cables NM que contengan dos o más conductores portadores de corriente y se encuentren en tabiques de madera, que serán llenados con aislamiento térmico, la ampacidad permitida para cada conductor debe ajustarse de acuerdo con la **Tabla 2.13**.

Ejemplo 2.35

Si se agrupan dos cables NM 12/2 con un cable NM 12/3, ¿cuál será la ampacidad de cada conductor?

Solución

El número de conductores portadores de corriente es igual a siete:

        Dos cables 12/2: 4 conductores   Un cable 12/3: 3 conductores

La ampacidad de tres conductores THHN (90°C), calibre 12 AWG, en un tubo *conduit* a 30°C es, según la **Tabla 2.11**, de 30 A. Como hay siete conductores, aplicamos 0.7 como factor de corrección por agrupamiento (**Tabla 2.13**):

$$\text{Ampacidad} = 30 \cdot 0.7 = 21 \text{ A}$$

La ampacidad a 60°C de un conductor calibre 12 es de 25 A. Como el valor calculado es menor que este último valor, la ampacidad será de 21 A

2.20 CABLES CON CUBIERTAS METÁLICAS

Al cable con cubierta metálica también se le conoce como *cable armado* y, en la jerga de los electricistas, se le designa como *cable BX*. Existen, básicamente, dos tipos de cables con cubierta metálica: el *cable armado AC* (*armored cable*) y *el cable blindado metálico* MC (*metal clad cable*).

El cable MC (*metal clad*) ha reemplazado al cable AC. Aunque externamente se parece a un cable AC, en su interior posee un conductor de puesta a tierra de color verde. El uso del cable MC está muy extendido en instalaciones comerciales e industriales. La ventaja de los cables MC, en relación con los cables NM, es que los primeros no están sujetos a daños por roedores u otros animales. Su principal desventaja es la dificultad de instalación, ya que se requieren herramientas especiales para cortar la chaqueta metálica que cubre al cable. A continuación describiremos sus características y usos.

Cable armado AC: En la **Fig. 2.28** se muestra la configuración básica de este cable.

Definición: El cable armado tipo AC se define como un conjunto de conductores aislados, encerrados en una estructura metálica flexible. Esta última puede ser de aluminio o de acero y está constituida, en una de sus versiones, por una cinta metálica de aproximadamente 1/2 pulgada de ancho (1.27 cm) y 0.020 a 0.030 pulgada de espesor (0.0508 a 0.0762 cm). La cinta envuelve al cable en forma helicoidal. Dentro de la armadura se encuentran los conductores de fase y un conductor desnudo, en íntimo contacto con la cubierta metálica.

CAPÍTULO 2: CONDUCTORES ELÉCTRICOS   79

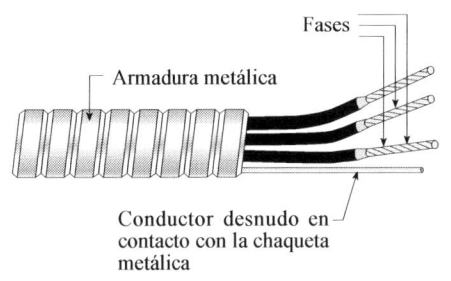

Fig. 2.28 Cable armado AC, conocido también como BX.

Número de conductores: Por lo general, el cable consta de dos a cuatro conductores portadores de corriente y del conductor desnudo. Puede contener un conductor separado de puesta a tierra para los equipos conectados al circuito.

Identificación de los conductores: Es corriente identificar a los conductores contenidos dentro de la armadura por los siguientes colores:

> Dos conductores: negro y blanco.
> Tres conductores: negro, blanco y rojo.
> Cuatro conductores: negro, blanco, rojo y azul.

Cuando se incluya un conductor para la tierra de equipos, este debe ser de color verde.

Calibre de los conductores: El cable AC puede contener conductores de calibre 14 al 1 AWG para conductores de cobre y de calibre 12 al 1 AWG para conductores de aluminio.

Cable de puesta a tierra de equipos (*bonding*) y del sistema: El cable AC posee un conductor 16 AWG para puesta a tierra de equipos, conectado a la armadura metálica. Ambos elementos, el conductor calibre 16 y la armadura, pueden actuar en conjunto como tierra de los equipos del circuito. El conductor para puesta a tierra de equipos no se debe utilizar nunca como neutro.

Aislamiento: Los conductores del cable AC pueden tener aislamiento termoplástico con regímenes de temperatura de 75°C (ACTH) y 90°C (ACTHH). El tipo ACCH tiene aislamiento termoestable con temperatura de 90°C. Los conductores portadores de corriente están envueltos por una cubierta fibrosa, resistente a la llama. Este detalle permite distinguir fácilmente un cable AC de un cable MC.

Usos permitidos:

1. En instalaciones eléctricas, expuestas u ocultas.
2. En bandejas portacables.
3. En lugares secos.
4. Empotrados en el revestimiento de ladrillos, mampostería, o de otra naturaleza, con excepción de lugares húmedos o empapados.
5. Colocados dentro de los espacios vacíos de las mamposterías o dentro de los bloques huecos de ladrillo, cuando no estén expuestos a excesiva humedad.

Usos no permitidos:

1. Cuando estén sujetos a daño físico.
2. En sitios húmedos o empapados de agua.
3. En espacios vacíos de paredes de bloques de mampostería o de ladrillo, cuando los mismos estén sujetos a exceso de humedad.
4. En lugares expuestos a humos o vapores corrosivos.
5. Embebidos en acabados de yeso, en ladrillos u otras obras de mampostería, en lugares expuestos a humedad excesiva.

Ampacidad: La ampacidad de los cables AC será la ampacidad correspondiente a 60°C. Si hay necesidad de ajustar la ampacidad por agrupamiento o por temperatura, se tomará como base la ampacidad a 90°C. Se tomará como definitiva la ampacidad que resulte menor entre 60°C y la que resulte del ajuste.

Los cables armados tipo AC, instalados en aislamiento térmico, tendrán conductores aislados para 90°C. La ampacidad del cable instalado en estas aplicaciones será la de los conductores aislados para 60°C. Se permitirá usar la ampacidad correspondiente a una temperatura de 90°C para fines de reducción de la ampacidad nominal, siempre y cuando la ampacidad corregida final no exceda la de un conductor con temperatura nominal de 60°C.

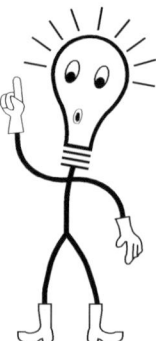

Cable armado MC: Su estructura es semejante a la del cable armado de la **Fig. 2.28**. La armadura metálica puede ser de acero galvanizado, aluminio o bronce. Existen tres tipos de armadura:

- *Entrelazada*: Requiere un conductor separado para la puesta a tierra de equipos. La armadura no es aceptable como conductor de puesta a tierra.

- *Lisa*: No requiere un conductor separado para la puesta a tierra de equipos. La chaqueta metálica se puede usar a tales efectos.

- *Corrugada*: No requiere un conductor separado para la puesta a tierra de equipos. La chaqueta metálica se puede usar como tal.

Definición: Se define al cable armado, tipo MC, como un conjunto de uno o más conductores aislados, ensamblados en fábrica, encerrados en una envoltura metálica entrelazada o en una cubierta lisa o corrugada. La envoltura puede ser de aluminio o de acero y está formada por una cinta metálica de, aproximadamente, 1/2 pulgada de ancho (1.27 cm) y 0.020 a 0.030 pulgada de espesor (0.0508 a 0.0762 cm).

Número de conductores: En el interior de la envoltura metálica se puede alojar cualquier número de conductores, según el espesor de la envoltura y del calibre de los mismos. En su interior hay un conductor de color verde para la puesta a tierra.

Identificación de los conductores: Es corriente identificar a los conductores colocados dentro de la armadura por los siguientes colores:

>Dos conductores: negro y blanco.
>Tres conductores: negro, blanco y rojo.
>Cuatro conductores: negro, blanco, rojo y azul.
>El conductor de puesta a tierra debe ser de color verde.

Calibre de los conductores: El cable MC puede contener conductores de cobre calibre 18 AWG al 2000 kcmil y de calibre 12 AWG al 2000 kcmil para los de aluminio.

Cable de puesta a tierra de equipos (bonding) *y del sistema*: El cable MC posee uno o dos conductores aislados, de color verde, para la tierra de equipos. La cubierta, lisa o corrugada, de cables MC es aceptable como tierra para equipos.

Aislamiento: Los conductores del cable MC tienen aislamiento termoplástico con régimen de temperatura de 90°C. Existen cables MC con una chaqueta externa de PVC que pueden ser enterrados directamente en el suelo. Los cables no poseen cubiertas fibrosas en su alrededor. El conjunto de cables posee una cinta de poliéster sobre todos los conductores.

Usos permitidos:

1. En acometidas, alimentadores y circuitos ramales.
2. En circuitos de potencia, alumbrado, control y señalización.
3. En instalaciones interiores y exteriores.
4. En sitios expuestos y ocultos.
5. Directamente enterrados cuando estén aprobados para ese uso.
6. En bandejas portacables cuando estén identificados para ese uso.
7. En cualquier tipo de canalización.
8. En tendidos de cables a la vista.
9. En lugares peligrosos cuando lo permita el código eléctrico.
10. En lugares secos y empotrados en el friso sobre ladrillos o cualquier otro material de mampostería, excepto en lugares húmedos o empapados.
11. En lugares húmedos que cumplan con alguna de las siguientes condiciones:

    a) Cubierta metálica impermeable a la humedad.

    b) Que la cubierta metálica lleve debajo una cubierta de plomo o un forro impermeable a la humedad.

    c) Que los conductores aislados en la chaqueta metálica estén aprobados para ser usados en lugares húmedos.

Usos no permitidos: Los cables MC no se deben someter a las siguientes condiciones, a menos que la cubierta metálica las pueda resistir o esté protegida con materiales apropiados:

1. Cuando estén sujetos a daños físicos.
2. Enterrados directamente en la tierra.
3. En concreto.
4. Cuando estén expuestos a relleno de escoria, cloruros fuertes, álcalis cáusticos, vapores de cloro o de ácido clorhídrico.

Ampacidad: La ampacidad de los cables MC se debe determinar mediante la **Tabla 2.11** para conductores calibres 14 AWG o mayores. La instalación no excederá la temperatura nominal de las terminaciones y de los equipos. Se debe usar la temperatura de 60°C para conductores de calibre menor a 1/0 AWG. Para conductores de mayor calibre que el 1/0, se debe usar la columna de 75°C.

2.21 CORDONES Y CABLES FLEXIBLES

Los cordones y cables flexibles se usan básicamente como parte integrante de equipos portátiles, tales como herramientas, artefactos eléctricos y lámparas. No están indicados como extensiones permanentes de instalaciones eléctricas. Su característica fundamental es la flexibilidad; de allí el nombre de cordones flexibles. Hay un gran número de cordones y cables flexibles cuyas características dependen de la aplicación.

La ampacidad de los cordones y cables flexibles usados en instalaciones residenciales está establecida en la **Tabla 2.20**, que reproduce los valores de ampacidad de conductores de cobre para dos y tres conductores activos, más un conductor para la puesta a tierra. Cuando hay más de tres conductores portadores de corriente, la ampacidad será reducida de acuerdo con los valores mostrados en la **Tabla 2.21**.

Tamaño AWG o kcmil	Cordones con 3 conductores portadores de corriente (2 fases, neutro, tierra)	Cordones con dos conductores portadores de corriente (1 fase, neutro, tierra)
14	15	18
12	20	25
10	25	30
8	35	40
6	45	55
4	60	70

Tabla 2.20 Ampacidad de cordones flexibles usados corrientemente en instalaciones eléctricas residenciales.

Número de conductores	Factores de corrección (%)
4 – 6	80
7 – 9	70
10 – 20	50
21 – 30	45
31 – 40	40
Más de 41	35

Tabla 2.21 Factores de corrección para cordones y cables flexibles cuando hay más de tres conductores.

CAPÍTULO 2: CONDUCTORES ELÉCTRICOS

Entre los cordones flexibles más utilizados están los siguientes:

a) **Tipos SP y SPT**: Están presentes en lámparas, equipos de radio y televisión, impresoras, computadoras, refrigeradores y artefactos similares. En la **Fig. 2.29** se muestra este tipo de cordón. Los conductores están unidos mediante un solo aislamiento, con una depresión entre los mismos para facilitar la separación cuando se efectúan las conexiones. Mientras el cordón SP tiene un aislamiento de goma, en el tipo SPT el aislamiento es de plástico. Cuando el cordón tiene tres conductores, uno de ellos es utilizado como tierra para equipos. Los conductores están unidos mediante un solo aislamiento, con una

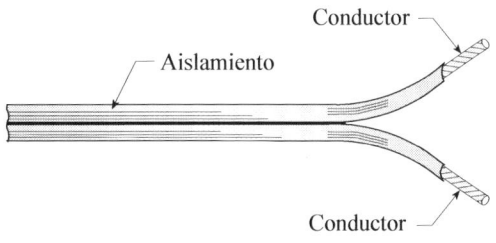

Fig. 2.29 Cordón tipo SP, usado en artefactos eléctricos como lámparas, televisores, etc.

depresión entre los mismos para facilitar la separación cuando se efectúan las conexiones. Mientras el cordón SP tiene un aislamiento de goma, en el tipo SPT el aislamiento es de plástico. Cuando el cordón tiene tres conductores, uno de ellos es utilizado como tierra para equipos.

Dependiendo de los calibres los conductores, a menudo se les coloca un número como sufijo a la designación de los cordones SP y SPT. Así, el cordón SP-1 contiene calibres entre 18 y 20 AWG, el SP-3 encierra calibres entre 10 y 18 AWG. El espesor del aislamiento se incrementa a medida que aumenta el calibre del conductor.

b) **Tipos S, SC, SE, SJ y SV**: Están fabricados para usos pesados, allí donde se presentan situaciones de desgaste y condiciones severas. En ellos se inscriben aquellos cables y cordones flexibles encontrados en lavadoras, aspiradoras y herramientas eléctricas pesadas. Un ejemplo de este tipo de cordón se ilustra en la **Fig. 2.30**.

Las distintas designaciones del cordón tienen que ver con el tipo de aislamiento que posee. Por ejemplo, la designación SVO se corresponde con un aislamiento resistente al aceite. Las características de los cordones se establecen en tablas de los códigos eléctricos, según su aislamiento, número de conductores y voltaje de trabajo.

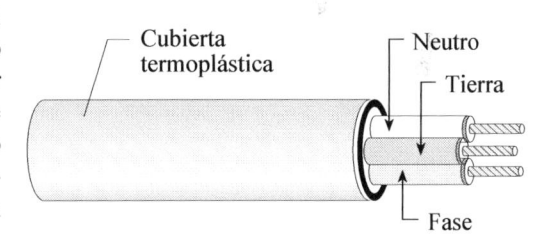

Fig. 2.30 Cordón tipo S, usado en herramientas eléctricas, lavadoras, aspiradoras y otras aplicaciones rudas.

2.22 CABLES DE ACOMETIDA

El servicio de entrada de una instalación eléctrica comienza en el transformador de distribución, termina en el tablero principal e incluye los siguientes elementos:

- El cable de acometida.
- El medidor de consumo eléctrico.
- El tablero principal.

Los cables de la acometida son, generalmente, suministrados por la empresa de electricidad. Tal como se estudió en el Capítulo 1, **figuras 1.1** y **1.2**, la acometida puede ser aérea o subterránea y proviene de transformadores montados sobre un poste de distribución, o de transformadores montados en el suelo sobre una base de concreto. En el caso de una acometida aérea, los cables son denominados SE (*Service Entrance*), por lo general con dos conductores de fase y un neutro desnudo. El neutro puede estar alrededor de los dos conductores aislados, dependiendo de la construcción del cable. Asimismo, el neutro puede servir de soporte mecánico para las fases. Los tipos THHN, RHW, XHHW y THWN se utilizan con frecuencia en las acometidas aéreas como conductores individuales. Por supuesto, su calibre dependerá de la carga residencial conectada.

A continuación se especifican las principales características y usos de los cables SE:

- Voltaje de uso inferior a 600 V.
- Cubierta protectora resistente al sol y a la humedad.
- Aislamiento retardante de la llama.
- El calibre mínimo del conductor será 8 AWG para cobre y 6 AWG para aluminio.
- Uso como cables aéreos.
- El conductor de puesta a tierra de un cable multiconductor puede ser desnudo o aislado.
- Se permite usar en el cableado del interior de las residencias o edificaciones.

En los grandes núcleos urbanos, donde se requiere preservar la estética de la construcción, se utilizan con frecuencia las acometidas subterráneas. En este caso, se utiliza con más frecuencia el cable USE (*Underground Service Entrance*), que puede ser colocado directamente bajo tierra. Este cable está disponible como monoconductor o multiconductor y se comercializa en los tipos USE (75°C) y USE-2 (90°C). En Venezuela, las casas Iconel y Aralven fabrican el cable TTU-90 para 600 V, que puede ser enterrado directamente. Entre las características y usos del cable USE, podemos mencionar lo siguiente:

- Uso como cable subterráneo.
- Cubierta protectora resistente al sol y a la humedad. No requiere aislamiento retardante de la llama.
- La temperatura máxima de trabajo del cable es la misma que la de los conductores individuales. Si la chaqueta exterior no está marcada, la temperatura de uso no debe exceder los 75°C.
- El calibre mínimo del conductor será 8 AWG para cobre y 6 AWG para aluminio.
- El conductor puesto a tierra de un cable multiconductor puede ser desnudo.
- Uso no permitido dentro de las residencias.

CAPÍTULO 2: CONDUCTORES ELÉCTRICOS

En las **figuras 2.31** y **2.32** se muestran cables SE y USE utilizados en acometidas residenciales.

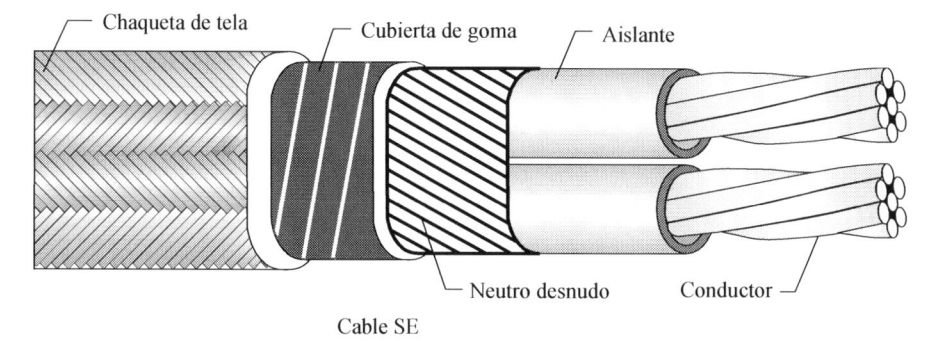

Fig. 2.31 Ejemplo de cable SE utilizado en acometidas.

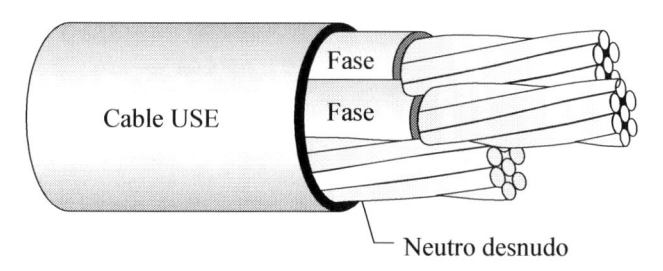

Fig. 2.32 Ejemplo de cable USE utilizado en acometidas.

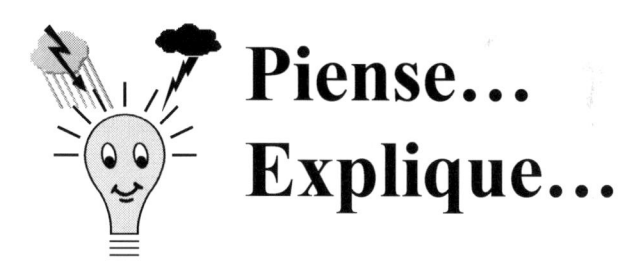

Piense... Explique...

2.1 ¿Cuáles son las diferencias o semejanzas entre conductor, alambre y cable?

2.2 ¿Qué es un conductor unifilar? ¿Qué es un conductor multifilar?

2.3 ¿Por qué el cobre se ha difundido más que el aluminio como material constituyente de los conductores eléctricos? Compare las características de ambos metales en cuanto a peso, conductividad, resistencia a la tracción, punto de fusión, ductibilidad, flexibilidad y costo.

2.4 ¿A qué se llama temple del cobre o del aluminio? ¿Cuáles tipos de temple son comunes en estos materiales usados para la fabricación de conductores?

2.5 ¿Cómo se comparan el cobre y el aluminio en cuanto a su resistencia a la corrosión? ¿Cuáles son las ventajas de esa resistencia a la corrosión?

2.6 ¿Cuál es la función de la capa metálica conque se recubre el cobre una vez conformado como un conductor eléctrico? ¿Qué tipos de metales se utilizan y cuáles son sus ventajas comparativas?

2.7 ¿Cómo se comparan los alambres sólidos con los trenzados en los conductores eléctricos en cuanto a costo, resistencia, disipación de calor, capacidad de corriente, flexibilidad y resistencia a daños por agentes externos?

2.8 Mencione los sistemas utilizados, con sus respectivas abreviaturas, para especificar el calibre de los conductores eléctricos.

2.9 Explique el origen y los términos incluidos en la relación (2.1), empleada para determinar el calibre en el sistema AWG.

2.10 ¿Qué es el *mil* y cómo se obtiene esta unidad de medida a partir de la **Tabla 2.2**?

2.11 ¿Qué es el *circular mil* y cómo se obtiene el diámetro de un alambre a partir de esta unidad de medida?

2.12 ¿Qué es el *square mil* y cómo se relaciona con el *circular mil*?

2.13 ¿Cómo se determina el área de alambres multifilares trenzados?

2.14 Según las normas eléctricas, ¿a partir de cuál diámetro los conductores deben ser trenzados? ¿Cuál es la razón de esta restricción?

2.15 Defina el kilo *circular mil*. Dé ejemplos de cómo expresar el diámetro de un alambre en kilo *circular mil*. ¿Cuáles unidades se utilizaban anteriormente para expresar el kilo *circular mil*?

2.16 ¿Cómo se define el sistema métrico de calibres para conductores eléctricos?

2.17 ¿Cómo se define el Estándar Británico Imperial (SWG) para conductores?

2.18 ¿Cuál conductor tiene mayor diámetro: uno calibre 12 AWG o uno calibre 2 AWG?

2.19 Dibuje a escala la sección circular de conductores con calibres desde 4 AWG hasta 2000 kcmil.

2.20 La mayoría de los conductores eléctricos están cubiertos por un aislante. ¿Cuáles son las funciones más importantes de esta cubierta aislante?

2.21 En los días iniciales del cableado eléctrico residencial se usaban conductores cubiertos con una capa de algodón. Actualmente esto no se acepta. Explique por qué.

2.22 ¿Cómo se relaciona el aislante de un conductor con las condiciones ambientales donde se llevará a cabo una instalación eléctrica?

2.23 ¿Cómo incide la corriente que fluye en un conductor sobre el tipo de aislamiento a seleccionar?

2.24 ¿Qué tiene que ver el funcionamiento de un conductor a bajas y altas frecuencias con el aislante que lo recubre?

2.25 Explique cómo determinan los efectos térmicos el tipo de aislante que recubre a un conductor.

2.26 Explique cómo determinan los efectos químicos el tipo de aislante que recubre a un conductor.

2.27 ¿Qué es un aislante primario? ¿Qué es un aislante secundario?

2.28 ¿Qué son materiales termoplásticos y materiales termoestables? ¿Qué son polímeros?

2.29 Cite los materiales más comunes usados como aislantes primarios y describa sus propiedades.

2.30 Cite los materiales más comunes usados como aislantes secundarios y describa sus propiedades.

2.31 Explique las propiedades que exhiben los materiales aislantes secundarios mencionados en la **Tabla 2.8** (resistividad, constante dieléctrica, voltaje de ruptura, resistencia a la abrasión y rango de temperaturas).

2.32 Con base en la **Tabla 2.9**, describa los diámetros y las propiedades más resaltantes de los conductores con las siguientes denominaciones:

XHHW 12 AWG   THHN 8 AWG
THWN 10 AWG   RHW 10 AWG
MI 8 AWG   THHW 6 AWG

2.33 Diga cuáles de las opciones describen mejor a conductores THHW y THHN: *a*) Aislamiento termoestable. *b*) Adecuado para trabajar a 90°C. *c*) Uso en sitios saturados de agua. *d*) Aislamiento termoplástico. *e*) Cubierta de nylon.

2.34 Investigue las propiedades de los siguientes materiales, usados como aislantes de conductores: *a*) PVC estándar. *b*) PVC semirrígido. *c*) PVC irradiado. *d*) Polipropileno. *e*) Kynar. *f*) Goma de etileno propileno (EPR). *g*) Rulan.

2.35 ¿Cuando se dice que un aislante es retardante de la llama?

2.36 La goma se ha usado como aislante en los conductores eléctricos. ¿Cuál es la principal limitación en su uso, sobre todo si se trata de instalaciones externas de una residencia?

2.37 ¿Cómo está relacionado el máximo voltaje de operación de los cables con el aislante que los recubre? ¿Qué significa que un conductor tiene un voltaje máximo de operación de 600 V?

2.38 ¿A qué se llama ampacidad de un conductor?

2.39 Explicque cómo está relacionada la ampacidad con el aislante de un conductor.

2.40 Especifique las condiciones bajo las cuales son aplicables los valores de ampacidad mostrados en la **Tabla 2.11**.

2.41 Según la **Tabla 2.11**, ¿cuál es la ampacidad de los conductores mencionados a continuación si operan bajo las condiciones establecidas por esa tabla?

   a) XHHW 2/0 AWG   *b*) THWN 6 AWG   *c*) TW 8 AWG
   d) THHN 12 AWG   *e*) USE 400 kcmil AWG *f*) RHH 4/0 AWG

2.42 En la **Tabla 2.11** se citan dos temperaturas: la máxima temperatura de operación y la máxima temperatura ambiente. Explique la diferencia entre los valores de temperatura allí establecidos.

2.43 ¿Por qué hay que utilizar factores de corrección por temperatura para determinar la ampacidad de un conductor?

2.44 Describa los factores que determinan la temperatura de operación de un conductor y cómo limitan esa operación.

2.45 ¿Por qué es necesario tener en cuenta la presencia, en una canalización, de más de tres conductores portadores de electricidad para determinar la ampacidad?

2.46 La **Tabla 2.13** se debe usar cuando se tienen más de tres conductores en una canalización, agrupados en una distancia que es superior a (selecciona): *a)* 20 cm, *b)* 15 pulgadas, *c)* 610 mm.

2.47 ¿Puede el neutro ser un conductor portador de corriente? Explique.

2.48 ¿Es el neutro de un circuito ramal de dos hilos 120V un conductor portador de corriente?

2.49 ¿Cuándo el neutro de un circuito ramal de tres hilos 120/240 V es un conductor portador de corriente?

2.50 ¿Cuándo el neutro de un circuito ramal de tres hilos 120/208 V es un conductor portador de corriente?

2.51 Investigue por qué se generan corrientes en el neutro de un circuito balanceado de tres hilos cuando hay un alto contenido de armónicos. ¿Cómo se originan estos armónicos? ¿De qué tipo de armónicos se trata?

2.52 ¿Qué son armónicos eléctricos? Explique el contenido de las normas eléctricas en cuanto a la ampacidad de conductores en presencia de armónicos.

2.53 ¿Qué es el régimen de temperatura de un conductor? Explique el contenido de las normas eléctricas en cuanto al régimen de temperatura asociado a la ampacidad de un conductor.

2.54 Cite valores comunes de régimen de temperatura para interruptores automáticos, interruptores manuales, tableros de distribución y tomacorrientes.

2.55 ¿Qué relación debe haber entre la ampacidad de un conductor y el valor al cual debe estar graduada la protección del mismo?

2.56 Mencione los valores normalizados, en amperios, de los fusibles o interruptores automáticos usados para la protección de los conductores.

2.57 ¿Cuáles son los calibres más comunes de los conductores usados en los circuitos ramales de las instalaciones eléctricas residenciales?

2.58 Diga si la clasificación de los circuitos ramales se hace de acuerdo con: *a)* la ampacidad del conductor; *b)* la protección del circuito ramal, y *c)* la carga conectada al circuito ramal.

2.59 Cite las aplicaciones típicas de los conductores para calibres entre 14 AWG y 4 AWG y las protecciones de sobrecorriente correspondientes.

2.60 Si se alimenta una carga de 30 amperios, la ampacidad de los conductores del circuito ramal debe ser: *a)* mayor de 30 amperios; *b)* igual a 30 amperios, o *c)* menor de 30 amperios.

2.61 En un circuito ramal con un interruptor termomagnético de 25 A, la corriente en la carga debe ser: *a)* menor de 25 amperios; *b)* igual a 30 amperios; o *c)* mayor de 25 amperios.

2.62 Los conductores de los circuitos ramales individuales deben ser calculados de modo que la ampacidad sea: *a)* mayor o igual que la corriente del circuito individual; *b)* menor que la corriente del circuito individual.

2.63 Diga si un circuito ramal de 20 A puede: *a)* alimentar solo cargas de iluminación; *b)* alimentar solo cargas de tomacorrientes, o *c)* alimentar cargas de iluminación y de tomacorrientes.

2.64 Se tiene un circuito ramal de 15 A. Diga si este se puede conectar: *a)* solo a tomacorrientes; *b)* solo a cargas de iluminación; o *c)* tanto a cargas de tomacorrientes como de iluminación.

2.65 Diga si en un circuito monofásico de tres hilos 120/240 V, las corrientes de las fases están desfasadas entre sí por un ángulo de: *a)* 180°; *b)* 0°, o *c)* 120°.

2.66 Diga si en un circuito monofásico de tres hilos 120/208 V, las corrientes de las fases están desfasadas entre sí por un ángulo de: *a)* 180°; *b)* 0°, o *c)* 120°.

2.67 Diga si en un circuito monofásico de dos hilos, la corriente en el neutro es: *a)* menor que la corriente de fase; *b)* mayor que la corriente de fase, o *c)* igual a la corriente de fase.

2.68 Diga si en un circuito monofásico de tres hilos 120/240 V, la corriente en el neutro es: *a)* la suma de los módulos de las corrientes en las fases; *b)* la suma vectorial de las corrientes en las fases; *c)* la diferencia de los módulos de las corrientes de fase, o *d)* el promedio de las corrientes de fase.

2.69 Diga si en un circuito monofásico de tres hilos 120/208 V, la corriente en el neutro es: *a)* la suma de los módulos de las corrientes en las fases; *b)* la suma vectorial de las corrientes en las fases; *c)* la diferencia de los módulos de las corrientes de fase, o *d)* El promedio de las corrientes de fase.

2.70 ¿Cuál es la fórmula empleada para determinar la corriente en el neutro de un sistema de tres hilos 120/208 V?

2.71 Diga si en un circuito trifásico balanceado, la corriente en el neutro es igual a: *a*) la suma de los módulos de las corrientes en las fases; *b*) cero; *c*) la diferencia de los módulos de las corrientes de fase; *d*) el promedio de las corrientes de fase, o *d*) la suma vectorial de las corrientes de fase.

2.72 Si en un circuito trifásico balanceado se desconecta una de las fases, la corriente en el neutro es igual a: *a*) la corriente de fase; *b*) cero, o *c*) la suma vectorial de las corrientes de fase.

2.73 Si en un circuito trifásico balanceado se desconectan dos de las fases, la corriente en el neutro es igual a: *a*) la corriente de fase; *b*) cero, o *c*) la suma de los módulos de las corrientes de fase.

2.74 Escriba la fórmula para determinar la corriente en el neutro, en un circuito trifásico desbalanceado.

2.75 ¿De dónde se originan los armónicos en los sistemas eléctricos y cuáles consecuencia tienen en la corriente del neutro?

2.76 ¿Cómo influye la presencia de armónicos de tercer orden en la selección del calibre del neutro?

2.77 ¿Cuáles efectos produce la caída de voltaje en el funcionamiento de lámparas y artefactos de un sistema eléctrico?

2.78 ¿Cuáles son las causas principales de la caída de voltaje en conductores?

2.79 De acuerdo con las normas eléctricas, ¿cuáles valores máximos de caída de voltaje se recomiendan en los circuitos ramales y entre el tablero principal y la carga final a ser alimentada?

2.80 Escriba las relaciones para un sistema monofásico que permiten obtener: *a*) la caída de voltaje; *b*) el porcentaje de caída de voltaje en relación con el voltaje nominal; *c*) la sección de un conductor, conocidos la longitud, el voltaje de la línea y la corriente de carga, y *d*) la longitud máxima de un conductor para un valor dado de caída de voltaje. Especifique las unidades de cada una de las magnitudes involucradas en las fórmulas.

2.81 Escriba las relaciones para un sistema trifásico balanceado que permiten obtener: *a*) la caída de voltaje; *b*) el porcentaje de caída de voltaje en relación con el voltaje nominal; *c*) la sección de un conductor, conocidos la longitud, el voltaje de la línea y la corriente de carga, y *d*) la longitud máxima de un conductor para un valor dado de caída de voltaje. Especifique las unidades de cada una las magnitudes consideradas en las fórmulas.

2.82 ¿Qué es el efecto pelicular y cómo se determina su valor?

2.83 Diga si el valor de la resistencia de un conductor en corriente alterna: *a*) es mayor que en corriente continua; *b*) es igual que en corriente continua, o *c*) es menor que en corriente continua.

2.84 Diga si a medida que aumenta el área transversal de un conductor, su resistencia en corriente alterna: *a*) disminuye; *b*) aumenta, o *c*) no varía.

2.85 ¿Por qué, en el caso de las instalaciones eléctricas residenciales, se puede ignorar la resistencia en corriente alterna?

2.86 Explique por qué es posible hacer la aproximación dada por la relación (2.34) a partir de la relación (2.32).

2.87 Explique el diagrama de flujo para calcular el calibre de un conductor según la **Fig. 2.25**.

2.88 ¿Cómo se debe identificar al conductor neutro en una instalación eléctrica?

2.89 ¿Cómo se debe identificar al conductor de puesta a tierra en una instalación eléctrica?

2.90 Confirme si las fases de una instalación eléctrica pueden tener los siguientes colores: *a*) negro; *b*) blanco; *c*) verde, o *d*) rojo.

2.91 Describa cómo están construidos los cables de cubierta no metálica.

2.92 ¿Cuál es el máximo voltaje de uso para los conductores del cable tipo NM?

2.93 ¿Cuáles colores deben tener los conductores de un cable NM: *a*) de dos conductores; *b*) de tres conductores?

2.94 ¿Puede el conductor desnudo de un cable NM ser usado: *a*) como conductor neutro; *b*) como conductor de fase, o *c*) como conductor de puesta a tierra?

2.95 De acuerdo con las normas eléctricas, ¿qué calibre como conductor de puesta a tierra en cables NM debe ser usado en cables calibres 12 y 8 AWG?

2.96 ¿Cuáles diferencias existen entre cables NM, NMC y NMS?

2.97 ¿Cómo se determina la ampacidad de los cables NM, NMC y NMS?

2.98 Describa el cable armado tipo AC tal como se explicó en este capítulo.

2.99 ¿Dónde no se permite el uso de cables tipo AC?

2.100 Describa el cable armado tipo MC.

2.101 ¿Dónde no se permite el uso de cables tipo MC?

2.102 ¿Cómo se determina la ampacidad de los cables tipos AC y MC?

2.103 Describa los cables flexibles y cordones utilizados en equipos portátiles.

2.104 Enumere los elementos del servicio de entrada de una instalación eléctrica residencial.

2.105 ¿Cuáles son las características más notorias de los cables SE?

2.106 ¿Cuáles son los usos y las características más notorias de los cables USE utilizados en las acometidas de las instalaciones eléctricas residenciales?

Ejercicios

2.1 Mediante el uso de las **tablas 2.1** y **2.4**, calcule y compare la resistencia y el peso de conductores de cobre y aluminio para una longitud de 1 km.

2.2 Si el diámetro en pulgadas de un alambre 6 AWG es igual a 0.1620, determine, a partir de ese valor, los diámetros en cm de alambres 6.8 y 10 AWG.

2.3 Mediante la relación (2.1), determine el diámetro de conductores calibres 4, 8, 14, 2/0 y 4/0 AWG.

2.4 ¿Cuál es el diámetro en pulgadas y en *mils* de conductores calibres 12, 4 y 2/0 AWG y 250 *kcmil*?

2.5 ¿Cuál es el área en circular *mils* de conductores cuyos calibres son 2 AWG, 10 AWG y 350 *kcmil*?

2.6 Calcule el área en *circular mils* de un conductor trenzado calibre 2 AWG de 7 hilos de diámetro 2.47 mm.

2.7 Un conductor calibre 10 AWG tiene un diámetro de 101.90 *mils*. ¿Cuál es su área en mm^2, *circular mils* y *mils* cuadrados?

2.8 Se tiene un conductor rectangular de 4 x 0.30 mm. ¿Cuál es su área en mm^2, *circular mils* y *mils* cuadrados?

2.9 En un conductor trenzado de 19 hilos, cada hilo tiene un diámetro de 84 *mils*. ¿Cuál es su área en mm^2 y *circular mils*?

2.10 ¿Cuál es la ampacidad de un conductor de cobre THHN, calibre 2/0 AWG, a una temperatura ambiente de 30°C?

2.11 Se dispone de conductores de cobre tipo RHW, que operan a un voltaje de 480 V en un ambiente donde la temperatura es de 28°C. Si la corriente es de 240 A, ¿cuál debe ser el calibre del conductor?

2.12 ¿Cuál es la ampacidad de un conductor de servicio (acometida) de cobre tipo USE, calibre 4/0 AWG?

2.13 Un conductor XHHW, calibre 10 AWG, opera en un ambiente donde la temperatura es de 36°C. ¿Cuál es su ampacidad?

2.14 Seis conductores tipo THHN, calibre 8 AWG, se encuentran en una misma canalización. ¿Cuál es su ampacidad?

2.15 En un tubo de PVC se colocan ocho conductores THW, calibre 2 AWG. Si la temperatura ambiente es de 50°C, ¿cuál es la ampacidad de los conductores?

2.16 ¿Qué calibre de conductor THW se debe seleccionar para un circuito ramal monofásico a 208 V, de 55 A, sin neutro, si opera en un tubo con otros cinco conductores a una temperatura de 40°C?

2.17 ¿Cuál es la ampacidad de diez conductores THWN, calibre 12 AWG, en una temperatura ambiente de 22°C?

2.18 ¿Qué calibre de conductor THHN se requiere para alimentar a una carga de 45 A si la temperatura es de 90°F?

CAPÍTULO 2: CONDUCTORES ELÉCTRICOS | 95

2.19 Un tubo tiene cinco conductores portadores de corriente. ¿Qué calibre de conductor THHN se debe seleccionar?

2.20 ¿Cuál es la ampacidad de ocho conductores XHHW, portadores de corriente, calibre 10 AWG, si están instalados en un tubo de 50 cm de longitud?

2.21 En un ambiente de temperatura de 45°C se utilizan conductores de cobre THHN para alimentar a una carga de 60 A a esa temperatura. ¿Cuál debe ser el calibre del conductor a utilizar?

2.22 Un circuito monofásico de dos hilos tiene una corriente de fase de 30 A. ¿Cuál es la corriente en el neutro?

2.23 Un circuito monofásico de tres hilos con voltajes 120/240 V tiene corrientes de fases iguales a: *a*) 23 y 31 A; *b*) 26 y 26 A. ¿Cuál es la corriente en el neutro en ambos casos?

2.24 Las corrientes de fase en un sistema trifásico balanceado son de 35 A. ¿Cuál es la corriente en el neutro? ¿Es necesaria la presencia de un conductor neutro para este sistema?

2.25 Un circuito ramal alimentado por conductores THHN, calibre 6 AWG, se conecta a tomacorrientes con regímenes de temperatura de 60°C. ¿Cuál es la ampacidad de los conductores?

2.26 Seis conductores de cobre RHH, calibre 4 AWG, se colocan en una misma canalización en un ambiente de temperatura 40°C. Si se conectan a terminaciones de 60°C y 75°C, ¿cuál es la ampacidad permitida para estos conductores?

2.27 En un ambiente de temperatura 42°C se utilizan conductores de cobre THWN para alimentar a una carga de 45 A. Si las terminaciones soportan una temperatura máxima de 75 A, ¿cuál debe ser el calibre del conductor?

2.28 Un circuito ramal monofásico alimenta a una carga de 40 A y 208 V, sin neutro, en una temperatura ambiente de 50°C. Está alojado con seis conductores portadores de corriente calibre 10 AWG, formando un conjunto de ocho conductores en una misma canalización. Si se dispone de conductores THHW y las terminaciones tienen un régimen de temperatura de 60°C, determine el calibre de los conductores a utilizar.

2.29 ¿Qué calibre de conductor THHN se debe utilizar para un circuito de 60 A conectado a una terminación de 60°C?

2.30 ¿Qué calibre de conductor THHN se debe utilizar para un circuito de 60 A conectado a una terminación de 75°C?

2.31 Cuando un circuito trabaja a una corriente superior a 100 A, los conductores se deben seleccionar de manera que su calibre corresponda a la temperatura de 75°C de la **Tabla 2.11**. ¿Qué calibre de conductor THHN se debe usar para un circuito que alimenta a una carga de 200 A, donde existen terminaciones de 75°C?

2.32 En una instalación eléctrica se utilizan seis conductores THHN, calibre 12, en un ambiente de temperatura 36°C. *a)* ¿Cuál es la ampacidad de cada conductor? *b)* ¿Qué valor nominal debe tener el interruptor automático de protección?

2.33 Determine el calibre del conductor de cobre tipo TW y el amperaje del interruptor de protección requeridos para alimentar a un motor que funciona continuamente con un consumo de 30 A y una carga no continua de 25 A.

2.34 Un circuito ramal consume 25 A. ¿Cuál es la máxima corriente que debe absorber una carga conectada al mismo?

2.35 En un sistema monofásico 120/208 V las corrientes en dos fases son $I_A = 15$ A e $I_B = 8$ A. *a)* Calcule la corriente en el neutro. *b)* Si el neutro se encuentra en un ambiente de temperatura igual a 28°C y está colocado en una canalización con otros dos conductores, ¿cuál debe ser su calibre?

2.36 Un sistema trifásico balanceado tiene corrientes de fase de 30 A. ¿Cuál debe ser el calibre del neutro para que pueda absorber la carga del sistema si se desconecta: *a)* una fase; *b)* dos fases?

2.37 Una carga desbalanceada es alimentada por un circuito trifásico de 120/208 V. Si las corrientes en las fases son $I_A = 75$ A, $I_B = 60$ A, $I_C = 50$ A: *a)* ¿Cuál es la corriente en el neutro? *b)* ¿Cuál debe ser el calibre del neutro? *c)* Si la fase A se desconecta, ¿soportaría el neutro la corriente que circula por el mismo?

2.38 Se tiene un circuito monofásico de 120 V, que alimenta a una carga de 40 A situada a 45 m del tablero principal. *a)* Seleccione un conductor, según la ampacidad, a partir de la **Tabla 2.11**. *b)* Calcule la caída de voltaje en el circuito. *c)* Determine el porcentaje de caída de voltaje. *d)* Según el resultado anterior, ¿se debe cambiar el calibre del conductor?

2.39 Un equipo acondicionador de aire se alimenta a partir de una línea monofásica de 208 V y consume una corriente de 11 A. La caída de voltaje no debe superar el 3% hasta una distancia de 35 m, donde se encuentra el equipo. Determine: *a)* la caída de voltaje en los conductores; *b)* el voltaje en el equipo de aire acondicionado, y *c)* el tipo y calibre del conductor a utilizar.

CAPÍTULO 2: CONDUCTORES ELÉCTRICOS   97

2.40 ¿Cuál debe ser la máxima longitud de un circuito ramal monofásico de 120 V y dos conductores 14 TW para que la caída de voltaje no supere el 3% si la carga consume: *a*) 20 A, *b*) 15 A?

2.41 La **Fig. 2.33** especifica cómo se distribuyen las cargas en un sistema monofásico 120/240 V de tres hilos. La distancia más lejana a la carga mayor es de 25 m y el diseño inicial contempla conductores TW, calibre 14 AWG. *a*) Determine la máxima caída de voltaje en el circuito. *b*) Diga si el calibre del conductor es el apropiado para que la caída de tensión no supere el 3% del voltaje aplicado y, en caso negativo, el calibre del conductor adecuado para cumplir con esta especificación. *c*) En el caso de que se usara el conductor 14 AWG, ¿cuál debería ser la máxima corriente de carga para que la caída de tensión no supere el 3%?

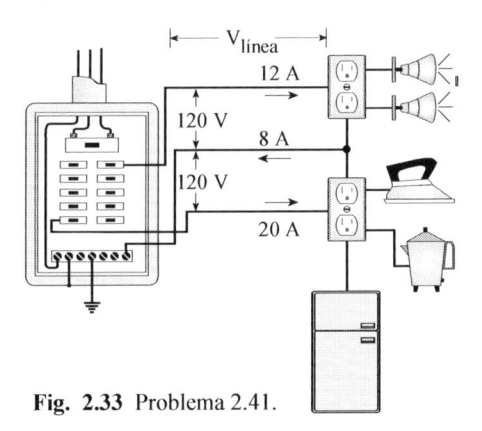

Fig. 2.33 Problema 2.41.

2.42 La placa de un motor establece que su consumo es de 15 A, a un voltaje de 120 V. Dicho motor está conectado a una distancia de 30 m del tablero principal, mediante conductores THW calibre 14 AWG. Determine la corriente del motor cuando se tiene en cuenta la caída de voltaje en los conductores de la línea.

2.43 Una carga de 13 kW es alimentada desde un tablero de 220 V situado a 22 m de la misma. ¿Cuál debe ser el calibre mínimo del conductor si la máxima caída es del 1% del voltaje en el tablero?

2.44 En el circuito monofásico 120/240 V de tres hilos, calibre 10 AWG, mostrado en la **Fig. 2.34**: *a*) ¿cuál es la máxima caída de voltaje en los conductores?; *b*) ¿cuál es el máximo porcentaje de caída en relación con el voltaje aplicado?

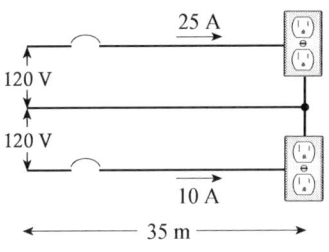

Fig. 2.34 Problema 2.44.

2.45 En una canalización eléctrica se colocan seis conductores que alimentan, mediante tres circuitos, a tres motores monofásicos situados a una distancia de 120 m, tal como se ilustra en la **Fig. 2.45**. La temperatura ambiente es de 40°C y cada motor consume 12 A. Determine el calibre de los conductores a utilizar para que la caída de voltaje no supere el 3%.

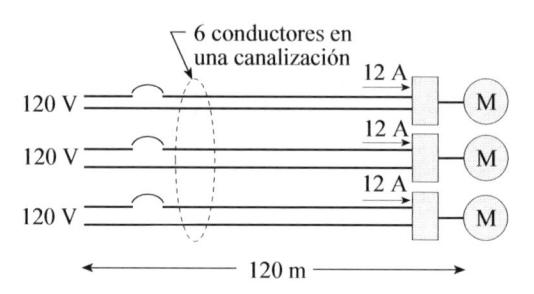

Temperatura ambiente: 40°C
Fig. 2.35 Problema 2.45.

2.46 Determine el calibre del conductor que se debe utilizar para soportar una carga de 30 A si la caída de voltaje no debe superar el 2% y el voltaje de alimentación es de 240 V.

2.47 ¿Qué caída de voltaje resultará cuando un conductor de cobre tipo UF, calibre AWG 8, alimenta a una carga de 50 A situada a una distancia de 75 m?

2.48 ¿Qué distancia máxima tendrá un conductor de aluminio, calibre 6 AWG, que alimenta a una carga de 35 A a 208 V?

2.49 Una carga monofásica de 45 A, ubicada a 50 m del tablero, utiliza conductores de cobre calibre 6 AWG. Si en el tablero hay 240 V, ¿qué voltaje hay en la carga?

2.50 Dos conductores de cobre THHN, calibre 4 AWG, alimentan a una carga de 90 A a 120 V, alejada 50 m. Determine la caída de voltaje si el porcentaje de caída supera lo recomendado por las normas eléctricas.

2.51 Según las normas eléctricas, los conductores que alimentan a un motor, utilizado en forma continua, deben tener una ampacidad no menor del 125% de la corriente a plena carga del motor. Consideremos un motor monofásico que tiene una corriente a plena carga de 26 A y cuya placa indica que puede trabajar en un rango de voltaje entre 208–230 V. Si la caída de voltaje se debe mantener en un 3% y las terminaciones en el circuito son de 75°C, ¿qué calibre se debe usar si se dispone de conductores THHN?

2.52 Para un voltaje trifásico en el tablero de 240 V, ¿cuáles son la máxima caída de voltaje y el voltaje mínimo en la carga que recomiendan las regulaciones eléctricas?

2.53 Una carga trifásica balanceada de 24 kVA y 208 V se conecta al tablero principal mediante conductores de cobre THHN, calibre AWG 6, de longitud 30 m. ¿Cuál es la caída de voltaje en el conductor y el voltaje entre fases en la carga?; ¿es el porcentaje de caída de voltaje menor que el especificado por las normas eléctricas?

2.54 Una carga trifásica balanceada de 18 kVA está conectada a un voltaje de 240 V mediante un conductor de cobre de 80 m. ¿Cuál debe ser el calibre mínimo del conductor para que la caída de voltaje no supere el 3% recomendado?

2.55 ¿Cuál es la máxima longitud de los conductores de cobre THHN, calibre 8 AWG, de un circuito trifásico balanceado que alimenta a una carga de 12 kVA, con un factor de potencia unitario y cuyo voltaje en el tablero es de 208 V?

2.56 Una instalación eléctrica trifásica balanceada a 120/208 V utiliza conductores de cobre THHN, calibre 4 AWG, para alimentar a una carga situada a 60 m del tablero. ¿Cuál es la máxima corriente en la carga para no superar el 3% recomendado para la caída de voltaje?

2.57 Determine el calibre de los conductores que alimentan a un circuito trifásico balanceado de 45 A por fase a 208 V si la carga está a 75 m de distancia y se desea que la caída de voltaje no supere el 2%?

2.58 Una carga trifásica balanceada de 36 kVA y 208 V, situada a 25 m del tablero, se conecta mediante conductores calibre 2 AWG. ¿A qué voltaje opera la carga?

2.59 ¿Cuál es la caída de voltaje a 75°C de los conductores de un circuito trifásico tipo THHN, calibre 4 AWG, que alimentan a una carga de 85 A situada a 50 m? El voltaje es 120/240 V.

2.60 Un conductor, cuya sección transversal es de 107.20 mm^2, trabaja a una frecuencia de 60 Hz. Si su resistencia en corriente continua es de 0.1996 Ω/km, ¿cuál es su resistencia en corriente alterna?

2.61 En un circuito trifásico 120/208 V los conductores THHN, calibre 8 AWG, alimentan a una carga que consume 40 A. Si la longitud de la línea es de 50 m y el factor de potencia es 0.85, determine la caída de voltaje en los conductores y si el calibre seleccionado es adecuado.

2.62 Un calentador de 3.6 kW es alimentado por una línea monofásica de 208 V y 33 m de longitud. La temperatura ambiente es de 40°C y dentro de la canalización hay cuatro conductores portadores de corriente. *a)* Determine el tipo y calibre del conductor que se puede utilizar. *b)* Calcule la caída de voltaje y establezca si la misma cumple con $\Delta V \leq 3\%$.

2.63 Una carga monofásica de 30 A con factor de potencia 0.85 está a 100 m del tablero, de voltaje nominal igual a 208 V. Se espera que la caída de voltaje en los conductores sea inferior al 2%. ¿Cuál debe ser el calibre de los conductores?

2.64 Determine el calibre del conductor para una alimentación trifásica balanceada que reúne las siguientes características: voltaje: 240 V, potencia: 5 kW, factor de potencia: 1, longitud de la línea: 120 m, caída de voltaje permitida: 2%

2.65 Una carga monofásica de 9 kVA y 208 V, con factor de potencia 0.95, se conecta al tablero principal mediante conductores THW, calibre 10 AWG. ¿Cuál es la máxima longitud del conductor para que la caída de voltaje no sea superior al 3 %?

2.66 ¿Cuál es la máxima distancia a que se debe conectar una carga trifásica de 24 kVA, con factor de potencia 0.8 a 208 V, para mantener la caída de voltaje al 2%? Los conductores de alimentación son THHN, calibre 6 AWG.

2.67 Un circuito monofásico de 120 V alimenta a una carga de 4.8 kW a 25 m. Determine el calibre del conductor de cobre para que la caída de tensión en una tubería plástica no supere el 3% si el factor de potencia es 0.90. La temperatura ambiente es de 34°C y hay cuatro conductores en la canalización

2.68 Diez conductores THW, calibre 12 AWG, se colocan en una canalización corta de 0.5 m bajo una temperatura ambiente de 40°C. ¿Cuál es su ampacidad? Sugerencia: Consultar la **sec. 310.15 (B)(2)**, excepción 3 del **CEN** (EE UU).

2.69 En una canalización plástica se colocan tres cables NM 10/2. ¿Cuál es la ampacidad de los conductores?

2.70 ¿Cuál es la ampacidad de un cable NM *a)* 10/2, *b)* 12/2, *c)*14/3, *d)* 10/3, a una temperatura de 40°C?

2.71 ¿Cuál es la ampacidad de cordones SPT, calibre 8 AWG, con dos conductores portadores de corriente?

2.72 ¿Cuál es la ampacidad de cordones SPT, calibre 8 AWG, con tres conductores portadores de corriente?

2.73 ¿Cuál es la ampacidad de cordones SJ, calibre 6 AWG, con ocho conductores portadores de corriente? Sugerencia: Consultar la **sec. 405 (A)** del **CEN**.

2.74 ¿Cuál es la ampacidad de seis conductores THHN, calibre 12 AWG, instalados en un cable tipo AC?

CAPÍTULO 3

CANALIZACIONES ELÉCTRICAS

3.1 GENERALIDADES

Un diagrama elemental, que indica la forma en que los conductores eléctricos se conectan a algunos artefactos, se muestra en la **Fig. 3.1**. A partir del tablero principal se extiende una tubería que contiene a los conductores, los cuales se dirigen hacia los puntos donde alimentan a las cargas eléctricas. En este recorrido hay algunos componentes de la instalación, como cajas de empalmes de conductores, interruptores, lámparas y tomacorrientes. La tubería, con sus tramos rectos y curvos, está adosada a los cajetines mediante conectores apropiados.

Una canalización eléctrica es un tubo o canal diseñado especialmente para alojar a conductores, cables o cualquier otro medio destinado a la distribución de la energía eléctrica. Las canalizaciones eléctricas se fabrican con materiales metálicos y no metálicos, y su recorrido puede estar a la vista o permanecer oculto, empotrado en pisos, techos y paredes. En la mayoría de las instalaciones eléctricas residenciales y comer-

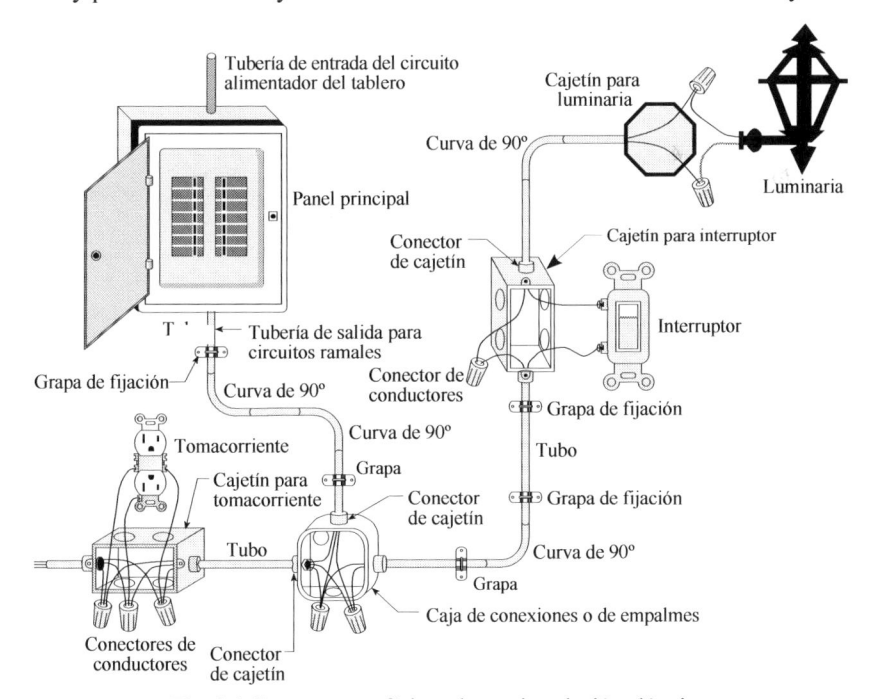

Fig. 3.1 Componentes físicos de una instalación eléctrica.

ciales se utilizan como canalizaciones bien sean tubos no metálicos tipo PVC o tubos metálicos tipo EMT, todos de sección circular, y las mismas van siempre empotradas en las estructuras de los inmuebles*.

En edificaciones industriales es frecuente el uso de tuberías metálicas expuestas a la vista. En este caso, son notables las diferentes alternativas que se manejan para alimentar a las cargas de tales instalaciones. Canaletas, tubos rígidos, tubos flexibles y bandejas son canalizaciones típicas en instalaciones industriales y comerciales. En los sótanos y cuartos de máquinas de edificios residenciales y comerciales encontramos bandejas y ductos a la vista. Las tuberías flexibles se utilizan también en las subestaciones eléctricas. A continuación describimos los tipos más corrientes de tuberías eléctricas y los accesorios usados para su interconexión.

3.2 TUBERÍA RÍGIDA DE PVC

Este tipo de tubería se encuentra a menudo en las instalaciones eléctricas residenciales y comerciales. Es un tubo rígido de sección circular, construido a partir del cloruro de polivinilo (PVC), que es un polímero derivado del petróleo. La **Fig. 3.2** es una muestra comercial de este tipo de tubo.

Ducto para Cables Eléctricos 26 mm 3/4"

Fig. 3.2 Tubo rígido de PVC.

A esta canalización eléctrica se le designaba anteriormente en el CEN como RNC (*Rigid Nonmetallic Conduit*: tubería rígida no metálica), y sus usos y características se describen en las normas eléctricas de diferentes países. Mencionaremos los aspectos más importantes de este tipo de tubo.

3.2.1 Usos permitidos. Se pueden usar:

- Ocultos en paredes, pisos y techos.
- En lugares expuestos a fuertes acciones corrosivas (su composición química los hace inmunes a acciones corrosivas de ácidos y otros compuestos).
- En lugares secos y húmedos.
- En lugares empapados, siempre y cuando se tome la previsión para que el agua no penetre en ellos.
- En instalaciones a la vista, siempre y cuando no estén sujetos a daños físicos.
- En instalaciones subterráneas.

3.2.2 Usos no permitidos. No se pueden usar:

- En lugares clasificados como peligrosos.
- Como soportes de luminarias o equipos.
- Donde estén expuestos a daños físicos, a menos que estén especificados para tal uso.

---

* Los tubos de sección circular, tanto metálicos como no metálicos, son los usados en las canalizaciones residenciales. Por esta razón, en este capítulo solo se estudia este tipo de canalización.

- En temperaturas ambientes superiores a 50°C, a menos que estén diseñados para tal uso.

- Con conductores en los cuales la temperatura del aislante exceda las temperaturas para las cuales está diseñado el tubo.

- En teatros y locales similares.

3.2.3 Tamaños mínimo y máximo. De acuerdo con las normas eléctricas, no se deben utilizar tubos de PVC de dimensiones inferiores a las de los denominados comercialmente como tubos de tamaño 1/2, designación métrica 16, y de dimensiones superiores al tamaño comercial 6, designación métrica 155. La **Tabla 3.1** indica las designaciones métricas para tubos rígidos de PVC. Las designaciones tienen como propósito identificar los tubos, y sus dimensiones no se corresponden exactamente con los tamaños comerciales. Así, un tubo designado comercialmente como 3/8 no tiene un radio interno de 3/8 de pulgadas*.

Designación métrica	Tamaño comercial
12	3/8
16	1/2
21	3/4
27	1
35	1 1/4
41	1 1/2
53	2
63	2 1/2
78	3
91	3 1/2
103	4
129	5
155	6

Tabla 3.1 Designación comercial para tubería rígida de PVC.

Los diámetros internos de los tubos variarán según los fabricantes de los mismos. En la **Tabla 3.2** se indican los diámetros de tubos de PVC de la empresa comercial Tubrica (*www.tubrica.com*). El valor del diámetro interno se puede determinar restando dos veces el espesor del diámetro exterior (d – 2e).

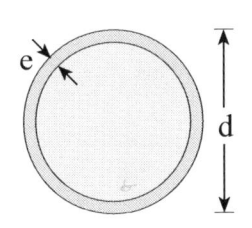

Tamaño comercial	Diámetro exterior promedio (d)		Espesor mínimo de pared (e)	
	mm	pulg	mm	pulg
1/2	21.34	0.840	1.52	0.060
3/4	26.67	1.050	1.52	0.060
1	33.40	1.315	1.52	0.060
1 1/2	48.26	1.900	2.03	0.080
2	60.32	2.375	2.54	0.100
3	88.90	3.500	3.18	0.125

Tabla 3.2 Dimensiones de los tubos *conduits* fabricados por la casa TUBRICA.

3.2.4 Máximo número de conductores

A fin de evitar daños mecánicos durante la instalación y sobrecalentamiento durante la operación, es necesario limitar el número de conductores y cables alojados en un tubo. Este número depende de las áreas transversales del tubo y de los conductores. Es decir, el tubo debe tener una sección transversal que permita a los conductores deslizarse fácilmente a lo largo del mismo y por la que, a la vez, el espacio libre en el tubo evite el aumento excesivo de temperatura, producto de la corriente que circula.

---

* Esta observación es válida para otros tipos de tubo. Ver la nota 1 del **Apéndice B** para una explicación detallada al respecto.

A fin de seleccionar adecuadamente la tubería, se debe considerar la relación entre el área de la sección transversal interior del tubo y el área de las secciones transversales de los conductores. A esta relación, expresada en porcentaje, se le conoce como *factor de relleno* y se puede escribir de la manera siguiente:

$$F_r(\%) = \frac{A_{conductores}}{A_{tubo}} \cdot 100 \qquad (3.1)$$

F_r : factor de relleno. $\qquad A_{tubo}$: área de la sección transversal del tubo.

$A_{conductores}$: suma de las áreas de las secciones transversales de los conductores.

La **Fig. 3.3** explica la relación dada por (3.1). El área interna del conductor corresponde a la parte sombreada. El área total ocupada por los conductores es la suma de las áreas de cada uno de ellos y se calcula usando el diámetro externo de los mismos. La **Tabla 3.3** establece los límites del porcentaje de ocupación de los conductores en un tubo. El factor de relleno determina cuál superficie ocuparán los conductores en relación con el área transversal de los tubos.

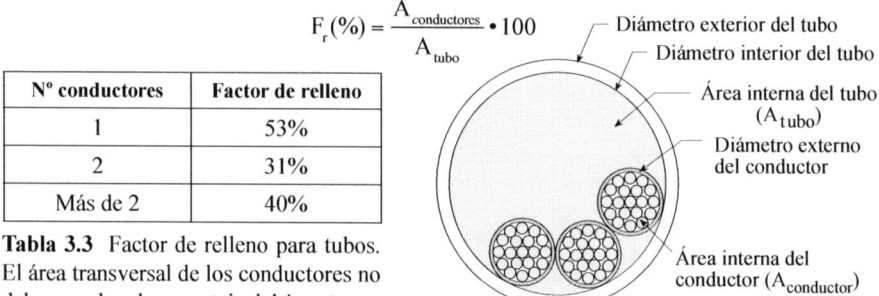

Nº conductores	Factor de relleno
1	53%
2	31%
Más de 2	40%

Tabla 3.3 Factor de relleno para tubos. El área transversal de los conductores no debe exceder el porcentaje del área transversal indicada para el tubo.

Fig. 3.3 Factor de relleno en un tubo.

La **Fig. 3.4** ilustra gráficamente lo indicado en la **Tabla 3.3**. Observa que un cable multiconductor es tratado como un solo conductor. En este caso, el área transversal debe ser calculada según el tipo de cable. Para cables que tienen una sección transversal elipsoidal, el cálculo del área se debe hacer como si se tratara de un círculo de diámetro igual al diámetro mayor de la elipse. Para pedazos cortos de tubos, cuya longitud no exceda los 60 cm, el factor de relleno es del 60%.

Se debe mencionar que, conocidos el diámetro interior del tubo y el diámetro de los conductores, se puede determinar, mediante el uso de la fórmula (3.1), el factor de relleno. El valor obtenido debe obedecer a la **Tabla 3.3**, a fin de ajustarse a lo establecido por las normas eléctricas.

La **Tabla 3.4** recoge los valores del diámetro interno y del área interior de los tubos de PVC estándar 80, PVC estándar 40, PVC tipo A, PVC tipo EB y de polietileno de alta densidad (HDPE)* para distintas designaciones de su tamaño comercial. En dicha tabla se indican el valor de su diámetro externo en mm y la superficie transversal interna en mm^2. Es típico, también, mencionar el espesor de las paredes y las propiedades químicas y físicas propias del material utilizado.

---

* Esta observación es válida para otros tipos de tubo. Ver la nota 1 del **Apéndice B** para una explicación detallada al respecto.

CAPÍTULO 3: CANALIZACIONES ELÉCTRICAS 105

Un conductor
Factor de relleno: 53%

Tres a más conductores
Factor de relleno: 40%

Cable multiconductor

Un niple de longitud menor de 60 cm (24 pulg.) entre cajas
Factor de relleno: 60%

53% 31% 40% 53% 60%

Dos conductores
Factor de relleno: 31%

Un cable multiconductor se considera como un solo conductor
Factor de relleno: 53%

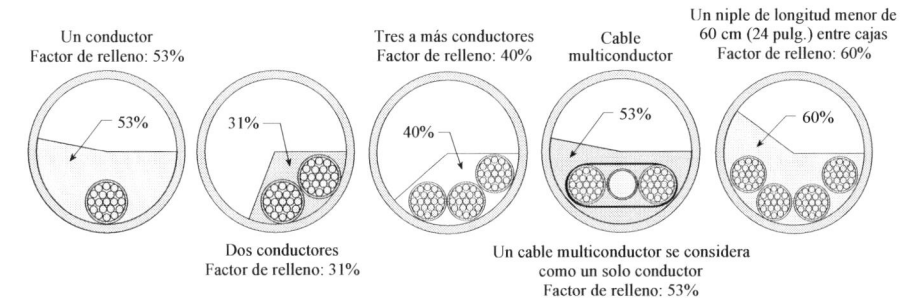

Fig. 3.4 Ilustración gráfica de los factores de relleno.

Tamaño comercial	PVC rígido estándar 80		PVC rígido estándar 40 y tubo HDPE		PVC rígido tipo A		PVC rígido tipo B	
	Diámetro interno (mm)	Área (mm^2)	Diámetro interno (mm)	Área (mm^2)	Diámetro interno (mm)	Área (mm^2)	Diámetro interno (mm)	Área (mm^2)
1/2	13.4	141	15.3	184	17.8	249	–	–
3/4	18.3	263	20.4	327	23.1	419	–	–
1	23.8	445	26.1	535	29.8	696	–	–
1 1/2	37.5	1 104	40.4	1 282	43.7	1 500	–	–
2	48.6	1 855	52.0	2 124	54.7	2 350	56.4	2 498
2 1/2	58.2	2 660	62.1	3 029	66.9	3 515	–	–
4	96.2	7 268	101.5	8 091	106.2	8 858	108.9	9 314
6	145	16 513	153.2	18 443	–	–	160.9	20 333

Tabla 3.4 Áreas y diámetro internos para tubos de PVC y de polietileno de alta densidad (HDPE).

En la **Tabla 3.5** se indican el diámetro y el área de los conductores más utilizados en las instalaciones eléctricas residenciales. Para otros calibres, es necesario consultar las tablas en manuales o literatura técnica de los fabricantes de conductores.

Calibre AWG	RHH, RHW		TW, THHW, THW, THW-2		THHN, THWN, THWN-2		XHHW, XHHW-2, XHH	
	Diámetro (mm)	Área (mm^2)	Diámetro (mm)	Área (mm^2)	Diámetro (mm)	Área (mm^2)	Diámetro (mm)	Área (mm^2)
14	4.902	18.90	3.378	8.968	28.19	6.258	3.378	8.968
12	5.385	22.77	3.861	11.680	3.302	6.581	3.861	11.68
10	5.994	28.19	4.470	15.680	4.166	13.61	4.470	15.68
8	8.280	53.87	5.994	25.180	5.486	23.61	5.994	28.19
6	9.246	67.16	7.722	46.840	6.452	32.71	6.960	38.06
4	10.46	86.00	8.941	62.77	8.230	53.16	8.179	52.52
2	11.99	112.90	10.460	86.00	9.754	74.71	9.703	73.94
1/0	15.80	196.10	13.510	143.40	12.34	119.7	12.24	117.7
2/0	16.97	226.10	14.68	169.30	13.51	143.4	13.41	141.3
4/0	19.76	306.70	17.48	239.90	16.31	208.8	16.21	206.37

Tabla 3.5 Diámetro y área transversal para conductores más comunes en instalaciones eléctricas.

Ejemplo 3.1

Calcule el factor de relleno para tres conductores calibre 10 AWG, tipo RHH, en un tubo de PVC rígido estándar 80, tamaño comercial 3/4, y verifica si se cumple con los requisitos en cuanto a la superficie ocupada por los conductores.

Solución

Según la **Tabla 3.4**, el tubo 3/4 estándar 80, de PVC rígido, tiene un área transversal de 263 mm^2. De acuerdo con la **Tabla 3.5**, cada uno de los conductores 10 AWG, tipo RHH, tiene un área transversal de 28.19 mm^2. Como son tres conductores, el área total de la sección transversal ocupada por los mismos es 3 • 28.19 = 84.57 mm^2. Por definición, el factor de relleno se calcula según (3.1):

$$F_r(\%) = \frac{A_{conductores}}{A_{tubo}} \cdot 100 = \frac{84.57}{263} \cdot 100 = 32.16\%$$

La **Tabla 3.3** establece, para más de dos conductores, una máxima ocupación del 40% del área transversal del tubo. Como el factor de relleno calculado es inferior al 40%, se cumple con los requisitos establecidos en cuanto al área de ocupación.

Ejemplo 3.2

Un conjunto de circuitos ramales consta de once conductores THHN, calibre 12 AWG. Determine el tamaño comercial del tubo a usar si se dispone de tubos rígidos de PVC, estándar 40.

Solución

Según la **Tabla 3.5**, los once conductores, calibre AWG 12, tienen un área transversal dada por:

$$11 \cdot 6.581 = 72.39 \text{ mm}^2$$

La **Tabla 3.3** establece que el factor de relleno para más de dos conductores es del 40%. Usando la fórmula (3.1):

$$F_r = \frac{A_{conductores}}{A_{tubo}} = 0.40$$

Despejando A_{tubos}:

$$A_{tubo} = \frac{A_{conductores}}{F_r} = \frac{72.39}{0.40} = 180.98 \text{ mm}^2$$

El óvalo en la **Tabla 3.4** nos indica que un tubo de PVC, estándar 40, de tamaño comercial 1/2, se puede usar en esta aplicación.

CAPÍTULO 3: CANALIZACIONES ELÉCTRICAS   **107**

Para facilitar el cálculo del tipo de tubo a usar en las canalizaciones eléctricas, es frecuente especificar el porcentaje máximo de ocupación del área transversal. Así, en las **tablas 3.6** a **3.9** se establece el área de la sección transversal para tubos de PVC rígido, estándar 80 y 40, de polietileno de alta densidad, y PVC rígido tipos A y EB. La palabra *tamaño* en las tablas se refiere al tamaño comercial conque se conocen los ductos.

Tamaño	PVC rígido, estándar 80 (área de la sección transversal interna en mm^2)				
	Área	60%	1 cond. 33%	2 cond. 33%	> 2 cond. 40%
1/2	141	85	75	44	56
3/4	263	158	139	82	105
1	445	267	236	138	178
1 1/4	799	480	424	248	320
1 1/2	1104	663	585	342	442
2	1855	1113	983	575	742
2 1/2	2660	1596	1410	825	1064
3	4151	2491	2200	1287	1660
3 1/2	5608	3365	2972	1738	2243
4	7268	4361	3852	2253	2907
5	11518	6911	6105	3571	4607
6	15513	9908	8752	5119	6605

Tabla 3.6 Área y porcentaje de relleno para tubos rígidos de PVC estándar 80.

Tamaño	PVC rígido, estándar 40 (área de la sección transversal interna en mm^2)				
	Área	60%	1 cond. 33%	2 cond. 33%	> 2 cond. 40%
1/2	184	110	97	57	74
3/4	327	196	173	101	131
1	535	321	284	166	214
1 1/4	935	561	495	290	374
1 1/2	1282	769	679	397	513
2	2124	1274	1126	658	849
2 1/2	3029	1817	1605	939	(1212)
3	4693	2816	2487	1455	1877
3 1/2	6277	3766	3327	1946	2511
4	8091	4855	4228	2508	3237
5	12748	7649	6756	3952	5099
6	18433	11060	9770	5714	7373

Tabla 3.7 Área y porcentaje de relleno para tubos rígidos de PVC estándar 40, y de polietileno de alta densidad (HDPE).

Tamaño	PVC rígido tipo A (área de la sección transversal interna en mm^2)				
	Área	60%	1 cond. 33%	2 cond. 33%	> 2 cond. 40%
1/2	249	149	132	77	100
3/4	419	251	220	130	168
1	697	418	370	216	279
1 1/4	1140	684	604	353	(456)
1 1/2	1500	900	795	465	600
2	2350	1410	1245	728	940
2 1/2	3515	2109	1863	1090	1406
3	5281	3169	2799	1637	2112
3 1/2	6896	4137	3655	2138	2758
4	8858	5315	4695	2746	3543
5	–	–	–	–	–
6	–	–	–	–	–

Tabla 3.8 Área y porcentaje de relleno para tubos rígidos de PVC, tipo A.

Tamaño	PVC tipo EB (área de la sección transversal interna en mm^2)				
	Área	60%	1 cond. 33%	2 cond. 33%	> 2 cond. 40%
1/2	–	–	–	–	–
3/4	–	–	–	–	–
1	–	–	–	–	–
1 1/4	–	–	–	–	–
1 1/2	–	–	–	–	–
2	2498	1499	1324	774	999
2 1/2	–	–	–	–	–
3	5621	3373	2979	1743	2248
3 1/2	7329	4397	3884	2272	2932
4	9314	5589	4937	2887	3726
5	14314	8588	7586	4437	5726
6	20333	12200	10776	6303	8133

Tabla 3.9 Área y porcentaje de relleno para tubos rígidos de PVC, tipo EB.

Ejemplo 3.3

¿Cuál es el tamaño mínimo del tubo de PVC rígido, estándar 80, requerido para alojar a nueve conductores THHN, calibre 12 AWG, y a tres conductores XHHW, calibre 8 AWG?

Solución

En este caso se trata de conductores de diferentes diámetros. El área total ocupada por los mismos se obtiene sumando las áreas de cada tipo de conductor (ver óvalos en la **Tabla 3.5**):

$$\text{Área}_{THHN} = 9 \cdot 6.581 = 59.23 \text{ mm}^2 \qquad \text{Área}_{XHHW} = 3 \cdot 28.19 = 84.57 \text{ mm}^2$$

$$\text{Área}_{Total} = 143.80 \text{ mm}^2$$

Como se trata de más de dos conductores, el factor de relleno es del 40% y el área transversal interna del tubo debería ser:

$$A_{tubo} = \frac{A_{conductores}}{F_r} = \frac{143.80}{0.40} = 359.50 \text{ mm}^2$$

El tubo de tamaño comercial 1, con área transversal de 445 mm² (ver **Tabla 3.4**, rectángulo), cumple con los requisitos exigidos. Observa que el de tamaño comercial 3/4 tiene un área transversal de 263 mm² y no se debe utilizar.

Ejercicio 3.4

Determine el tamaño del tubo rígido tipo A requerido para alojar a los siguientes conductores: 3 THW calibre 14 AWG, 9 TW calibre 12 AWG, 4 THHN calibre 10 AWG y 5 THWN calibre 8 AWG.

Solución

Se usará de la **Tabla 3.5**, para hallar el área de la sección transversal de los conductores:

$$3 \text{ THW } 14 \text{ AWG: } 3 \cdot 8.968 = 26.90 \text{ mm}^2$$

$$9 \text{ TW } 12 \text{ AWG: } 9 \cdot 11.68 = 105.12 \text{ mm}^2$$

$$4 \text{ THHN } 10 \text{ AWG: } 4 \cdot 13.61 = 54.44 \text{ mm}^2$$

$$5 \text{ THWN } 8 \text{ AWG: } 5 \cdot 23.61 = 118.05 \text{ mm}^2$$

Si sumamos las áreas anteriores, obtenemos el área total ocupada por los conductores: 304.51 mm². Recordemos que para más de dos conductores debemos utilizar el factor del 40%. En la **Tabla 3.8** (óvalo), para tubos rígidos tipo A, vemos que el tubo tamaño 1 1/4 puede ser usado, ya que posee un área transversal de 456 mm². El tubo tamaño 1 tiene un área transversal de 279 mm² y no llena los requisitos.

Ejemplo 3.5

En un tubo rígido PVC estándar 40 se van a colocar los siguientes conductores de los alimentadores de un edificio: 3 THHN 4/0 AWG , 1 THHN 2/0 AWG, 1 THHN 2 AWG y cinco conductores sólidos desnudos, calibre 8 AWG. Especifica el tamaño del tubo a seleccionar.

Solución

De la **Tabla 3.5**:

$$3 \text{ THHN 4/0 AWG:} \quad 3 \cdot 208.8 = 626.4 \text{ mm}^2$$
$$1 \text{ THHN 2/0 AWG:} \quad 1 \cdot 143.4 = 143.4 \text{ mm}^2$$
$$1 \text{ THHN 2 AWG:} \quad 1 \cdot 74.71 = 74.71 \text{ mm}^2$$

Para determinar el área de los conductores sólidos desnudos, nos referimos a la **Tabla 2.6**:

$$5 \text{ conductores desnudos 8 AWG:} \quad 5 \cdot 8.37 = 41.85 \text{ mm}^2$$

El área total es de 886.36 mm^2. En la **Tabla 3.7** (óvalo) vemos que el tubo de tamaño 2 1/2 se puede escoger, ya que dispone de una sección transversal de 1.212 mm^2 para un 40% de relleno.

A fin de agilizar la determinación del tamaño apropiado del tubo, se han elaborado tablas para distintos tipos y calibres de conductores, alojados en tubos de variadas características. Tales tablas indican el máximo número de conductores que pueden contener los tubos frecuentemente encontrados, tanto metálicos como no metálicos. En la **Tabla 3.10** se presentan algunos de los valores obtenidos mediante el uso de la relación (3.1) y de las **tablas 3.4** y **3.6** para ductos no metálicos de PVC rígido, estándar 80. Se recomienda consultar las **tablas C.1** a **C.12** del **Código Eléctrico Nacional** (EE UU) para otros tipos de tubería.

En el **Apéndice B** se presenta un listado del número máximo de conductores para los distintos tipos de tubos, utilizados con frecuencia en las instalaciones eléctricas (**tablas B7** a **B14**).

Ejemplo 3.6

a) ¿Cuántos conductores calibre 10 AWG, tipo RHH, pueden colocarse en el interior de un tubo PVC, estándar 80, tamaño comercial 3/4? *b*) ¿Cuántos conductores calibre 6 AWG, tipo THHN, pueden colocarse en el interior de un tubo PVC, estándar 80, tamaño comercial 2?

Solución

De la **Tabla 3.10**, obtenemos:

a) De la columna 2 (tamaño 3/4 del tubo) y la fila 3 (calibre 10 del conductor) para conductores RHH sin cubierta, se determina un número de conductores igual a 3.

b) De la columna 6 (tamaño 2 del tubo) y la fila 5 (calibre 6 del conductor), para conductores THHN, se obtiene un número de conductores igual a 22.

Tipo	AWG	Tamaño comercial para tubos de PVC rígidos, estándar 80							
		1/2	3/4	1	11/2	2	21/2	4	6
RHH	14	3	5	5	23	39	56	153	349
RHW	12	2	4	7	19	32	46	127	290
RHW2	10	1	3	6	15	26	37	103	234
	8	1	1	3	8	13	19	54	122
	6	1	1	2	6	11	16	43	98
	4	1	1	1	5	8	12	33	77
	2	0	1	1	4	6	9	41	58
	1/0	0	0	1	1	3	5	15	33
	2/0	0	0	1	1	3	4	13	29
	4/0	0	0	0	1	2	3	9	21
TW	14	6	11	20	49	82	118	324	736
	12	5	9	15	38	63	91	248	565
	10	3	6	11	28	47	67	185	421
	8	1	3	6	15	26	37	103	234
	6	1	1	3	9	16	22	62	141
	4	1	1	3	7	12	17	46	105
	2	1	1	1	5	8	12	33	77
	1/0	0	1	1	3	5	7	20	46
	2/0	0	1	1	2	4	6	17	39
	4/0	0	0	1	1	3	4	12	27
THHW	14	4	8	13	32	55	79	215	490
THW	12	3	6	10	26	44	63	173	394
	10	2	5	8	20	34	40	135	207
	8	1	3	5	12	20	29	81	184
	6	1	1	3	9	16	22	62	141
	4	1	1	3	7	12	17	46	105
	2	1	1	1	5	8	12	33	77
	1/0	0	1	1	3	5	7	20	46
	2/0	0	1	1	2	4	6	17	39
	4/0	0	0	1	1	3	4	12	27
THHN	14	9	17	28	70	118	170	364	1065
THWN	12	6	12	20	51	86	124	338	770
THWN2	10	4	7	13	32	54	78	213	485
	8	2	4	7	18	31	45	123	279
	6	1	3	5	13	22	32	89	202
	4	1	1	3	8	14	20	54	124
	2	1	1	2	6	10	14	39	88
	1/0	0	1	1	3	6	9	24	55
	2/0	0	1	1	3	5	7	20	46
	4/0	0	0	1	1	3	5	14	31
XHH	14	6	11	20	49	82	118	324	736
XHHW	12	5	9	15	38	63	91	248	565
XHHW2	10	3	6	11	28	47	67	185	421
	8	1	3	6	15	26	37	103	234
	6	1	2	4	11	19	28	76	123
	4	1	1	3	8	14	20	55	125
	2	1	1	2	6	10	14	39	89
	1/0	0	1	1	3	6	9	24	56
	2/0	0	1	1	3	5	7	20	46
	4/0	0	0	1	1	3	5	14	32

Tabla 3.10 Máximo número de conductores para tubos rígidos de PVC, estándar 80.

Ejemplo 3.7

Un tubo de PVC rígido, estándar 80, tamaño comercial 1, aloja a tres conductores THWN. ¿Cuál es el máximo calibre de este conductor?

Solución

En la columna 5 de la **Tabla 3.10** (tamaño comercial 1) y tres conductores THWN, se observa, en la fila 6, que el máximo calibre de los conductores es el 4 AWG.

En la práctica, y previo análisis, es conveniente instalar solo la mitad de los conductores especificados por las normas, en lugar de forzar la colocación de los mismos en el tubo. Esto resulta más fácil, más rápido y permite cómodas ampliaciones futuras en la instalación eléctrica. Además, mejora la ampacidad de los conductores a ser utilizados en la canalización.

3.2.5 Doblado de los tubos. Número de curvas.

El doblado de los tubos de PVC se debe hacer de manera que estos no resulten dañados durante el procedimiento y que no se reduzca su diámetro interno. En la práctica, el doblado de los tubos se realiza calentándolos a la temperatura apropiada. En el manual técnico de la casa Pavco (*www.pavco.com.co*) se explica la forma en que han de doblarse los tubos que fabrican. Las recomendaciones son las siguientes:

a) No calentar demasiado el tubo.

b) Aplicar uniformemente el calor alrededor del tubo.

c) Usar siempre un caucho (resorte o arena) en el interior del tubo para evitar arrugas, aplastamientos o reducción del diámetro interior.

d) Cuando el tubo esté muy caliente, se forma una curva alrededor de una horma cilíndrica bien definida, tal como un tarro de pintura o un balde.

e) Es aconsejable hacer tensión sobre el tubo a medida que se dobla, para evitar arrugas en la parte interna de la curva.

f) Tan pronto la curva esté formada, se debe enfriar con un trapo mojado en agua fría.

De acuerdo con las normas, no se permiten más de 360° en curvas entre los puntos de halado del conductor, tal como se muestra en la **Fig. 3.5**. Entre las cajas A y B hay 360°, mientras que entre las cajas A-C y C-D hay 180°.

Las curvas son, generalmente, fabricadas en ángulos de 45° y 90° y, raras veces, en ángulos de 30°. Sus dimensiones: diámetro (D), longitud (L) y radio de curvatura (R), varían según el tamaño comercial de los tubos. La **Fig. 3.6** muestra las curvas de 45° y 90°.

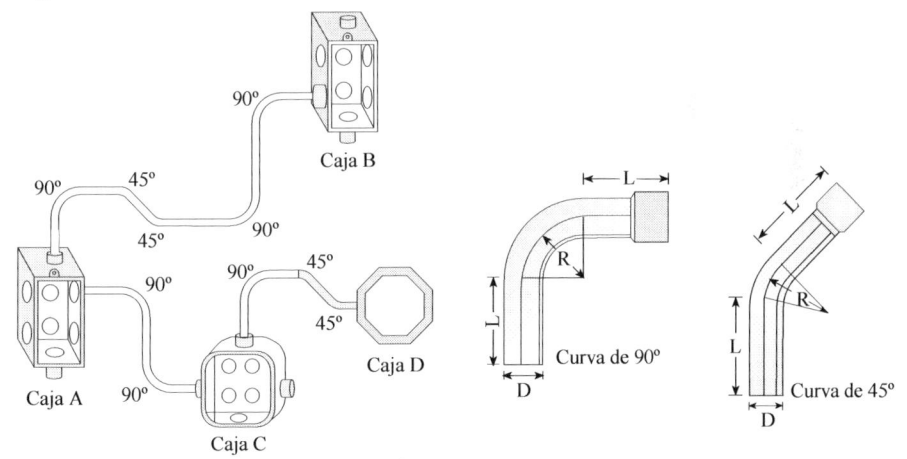

Fig. 3.5 El CEN permite un doblaje máximo de 360° entre dos cajas.

Fig. 3.6 Curvas de PVC rígido (RNC) de 90° y 45°, con un terminal en forma de campana.

3.2.6 Escariado. Fijación y soportes.

Los extremos cortados de los tubos de PVC deben ser limados (escariados) por dentro y por fuera, hasta dejarlos sin supeficies cortantes. Esto impide que el aislante de los conductores se dañe al halar los cables en el tubo durante el proceso de instalación.

Los tubos de PVC deben ser instalados como un sistema completo; es decir, se deben acoplar todos los elementos de la canalización antes de introducir los conductores. Aunque los tubos de PVC generalmente se colocan empotrados en las paredes o pisos, dentro de los bloques o bajo concreto, si se requiere utilizarlos externamente, deben ser fijados, con ayuda de soportes adecuados, a los intervalos especificados en la **Tabla 3.11**. La **Fig. 3.7** presenta dos tipos de abrazadera usados como soportes. Estos soportes se construyen de acero forjado, de aluminio o de material plástico. El tamaño comercial de la abrazadera dependerá del diámetro del tubo a utilizar.

Tamaño del tubo		Máximo espacio entre soportes	
Designación métrica	Tamaño comercial	mm o metros	Pies
16 – 27	1/2 – 1	900 mm	3
35 – 53	1 1/4 – 2	1.5 m	5
63 – 78	2 1/2 – 3	1.8 m	6
91 – 129	3 1/2 – 5	2.1 m	7
135	6	2.5 m	8

Tabla 3.11 Distancia entre soportes para tubos rígidos de PVC (RNC).

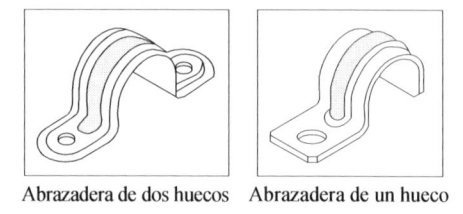

Abrazadera de dos huecos   Abrazadera de un hueco

Fig. 3.7 Abrazaderas que se utilizan como soportes de tubos conduits. Se muestran las de tipo metálico.

3.2.7 Conexión a cajas. Uniones.

Las normas establecen que cuando un tubo entra en una caja de paso o de conexión debe estar provisto de una boquilla o adaptador, para proteger a los conductores de la abrasión. La **Fig. 3.8** presenta la conexión de los tubos a un cajetín mediante un adaptador terminal y fotografías de uno de ellos y de la tuerca que sujeta el tubo al cajetín. Hay un gran número de empresas, a escala internacional, que fabrican este tipo de conectores. En Venezuela lo hacen las casas Pavco y Tubrica. En la **Fig. 3.9** se puede apreciar la forma de unir al conector con una caja octogonal de PVC.

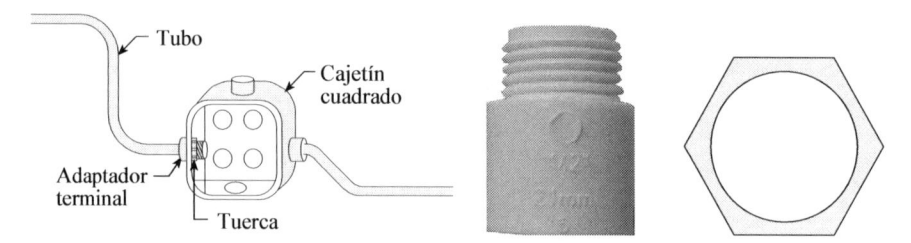

Fig. 3.8 Conexión de un tubo a una caja mediante un adaptador terminal. Fotos de un adaptador y su tuerca.

Las uniones entre tubos rígidos de PVC se deben realizar por medio de materiales aprobados para tal fin. Los accesorios de acoplamiento estándar permiten introducir en sus extremos el tubo de tamaño adecuado. El centro de la unión posee un tope interno circular, que sirve de límite para el pedazo de tubo que quedará dentro de la misma. En la **Fig. 3.10** se muestra una fotografía de una unión para un tamaño comercial 1/2. La parte (*a*) corresponde a la sección externa cilíndrica, mientras que la parte

(b) corresponde al interior de la unión, donde se puede apreciar el tope que sirve de límite a los tubos que se introducen en ambos extremos. La parte (c) presenta la unión tal como queda*.

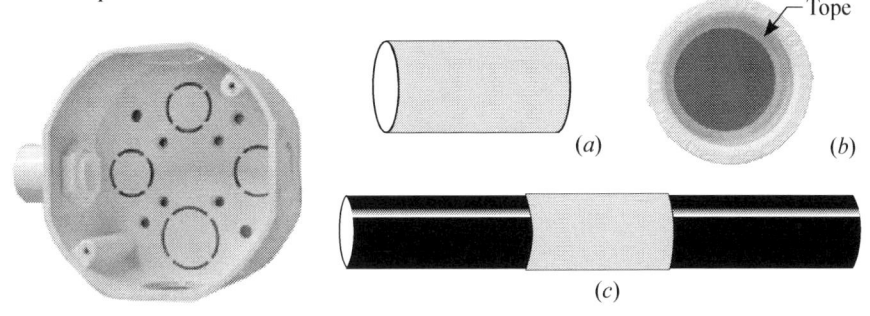

Fig. 3.9 Unión de un conector a un cajetín, ambos de PVC.

Fig. 3.10 (a) Conector de unión típico para un tubo rígido RNC. (b) Interior del conector. (c) Unión de dos tubos de PVC.

3.2.8 Empalmes. Puesta a tierra.

Cuando se necesita conectar dos o más conductores dentro de una caja de PVC o metálica, es necesario cubrir los terminales desnudos con un material aislante que impida el contacto con otros conductores o con superficies metálicas, a fin de evitar fallas peligrosas o cortocircuitos. Esto se debe hacer, estrictamente, mediante conectores de conductores, aunque es común realizar los empalmes con cinta plástica adhesiva (*tape*), lo cual es una clara violación a las exigencias del Código Eléctrico Nacional. Los conectores de conductores (ver **Fig. 3.11**) están codificados de acuerdo con colores, según el calibre de los conductores a ser empalmados. Los conectores de color verde se deben usar solo para unir conductores de puesta a tierra. Estos conectores se usan para conductores calibre 10 AWG o de menor calibre.

Conector	Color	Calibre	N° alambres
	Anaranjado	14	2
	Amarillo	14	4
	Rojo	14 12 10	2 4 3
	Verde	Usado para conductor de puesta a tierra	

Fig. 3.11 Conectores para empalme de conductores.

Es relevante mencionar que, con el tiempo, los empalmes hechos con cinta adhesiva tienden a despegarse con el calor, pudiendo dar origen a cortocircuitos con otros conductores o con las cajas metálicas donde se alojan los empalmes. De allí la importancia de utilizar los conectores de conductores ya descritos. Los alambres o cables se unen sólidamente en sus extremos, retorciéndolos el uno sobre el otro, mediante la herramienta adecuada. Luego, se introducen en el conector, que se enrosca girándolo en el sentido de las agujas del reloj, a fin de asegurar la unión sólida de los conductores, tal como se ve en la **Fig. 3.12**.

---
* Generalmente se requiere un pegamento para realizar las uniones de los tubos.

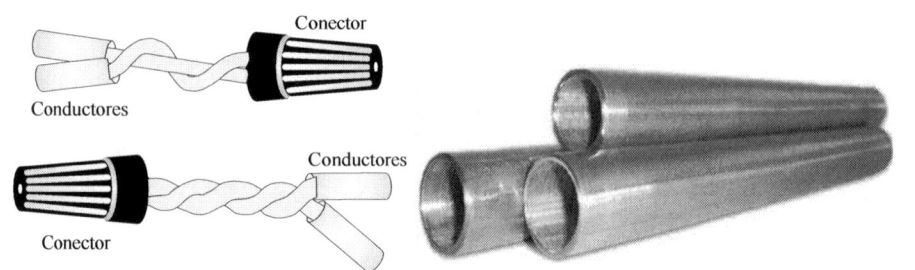

Fig. 3.12 Manera de unir los conductores al conector.

Fig. 3.13 Tubos metálicos de pared delgada (EMT).

Debido a que los tubos de PVC son no metálicos, no es posible utilizarlos para conexiones de puesta a tierra. Es, por tanto, necesario incluir un conductor adicional (de color verde) para tales efectos.

3.3 TUBERÍA ELÉCTRICA METÁLICA TIPO EMT

La tubería eléctrica metálica tipo EMT (*Electrical Metallic Tubing*) es una canalización de longitud 3 m, de pared delgada, sección transversal circular, sin rosca, usada para alojar y proteger a alambres y cables y para servir como conductor de puesta a tierra mediante los accesorios adecuados. Se fabrica en acero con galvanizado externo o en aluminio, y se puede utilizar tanto en instalaciones ocultas como a la vista. Los tubos de aluminio son más livianos que los de acero y tienen la ventaja de que se pueden usar en ambientes corrosivos, donde el acero podría ser afectado*. La composición química de estos tubos se controla rigurosamente, a fin de que se puedan doblar sin dificultad. Dado lo delgado de las paredes de esta canalización, no se permite sacar roscas en la superficie cilíndrica de los extremos. En la **Fig. 3.13** se observa una foto de este tipo de tubo.

3.3.1 Usos permitidos. Se pueden utilizar:

- En instalaciones expuestas o empotradas.

- En ambientes sujetos a la corrosión, cuando estén protegidos contra la misma. Entonces, al igual que los accesorios utilizados para unirlos entre sí o con las cajas de la instalación, pueden estar en contacto directo con el suelo.

- En lugares húmedos, siempre y cuando su acabado sea anticorrosivo, al igual que los soportes, las uniones y los conectores a cajetines utilizados en la canalización.

3.3.2 Usos no permitidos. No se pueden utilizar:

- Cuando estén sujetos a daños severos, bien sea durante la instalación o después de haberse instalado.

- Cuando la protección contra la corrosión la constituya solo un esmalte.

---

* Los tubos de aluminio no se instalarán empotrados en concreto o enterrados directamente en el suelo, ya que los álcalis presentes los desintegran. Se destinan estos tubos solo a instalaciones a la vista.

CAPÍTULO 3: CANALIZACIONES ELÉCTRICAS

- En ningún lugar clasificado como peligroso, de acuerdo con la normativa que se aplica en esos casos.

- Para soportar luminarias o equipos, excepto *conduletas* de tamaño no superior al mayor tamaño comercial de la tubería.

3.3.3 Tamaños mínimo y máximo. No se debe utilizar tubería EMT de tamaño comercial inferior a 1/2 (designación métrica 16) y superior a 4 (designación métrica 103). La **Tabla 3.1** es válida para la designación comercial de los tubos EMT.

En la **Tabla 3.12** se indican las dimensiones típicas de tubos EMT fabricados por la empresa *Allied* (*www.atcelectrical.com*). Esta tubería es fabricada con acero galvanizado, cubierto por una capa compuesta por zinc y un polímero orgánico, que forma una barrera protectora contra la corrosión y la abrasión.

Tamaño del tubo			Diámetro nominal exterior		Grosor nominal de las paredes		Diámetro interior	
Tamaño comercial	Métrico	Pulgadas	mm	Pulgadas	mm	Pulgadas	mm
1/2	16	0.706	17.9	0.042	1.07	0.622	15.76
3/4	21	0.922	23.4	0.049	1.25	0.824	20.90
1	27	1.163	29.5	0.057	1.45	1.049	26.60
1-1/4	35	1.510	38.4	0.065	1.65	1.38	35.10
1-1/2	41	1.740	44.2	0.065	1.65	1.61	40.90
2	53	2.197	55.8	2.065	1.65	2.067	52.50
2-1/2	63	2.875	73.0	0.072	1.83	2.731	69.34
3	78	3.50	88.9	0.072	1.83	3.356	85.24
3-1/2	91	4.00	101.6	0.083	2.11	3.834	97.38
4	103	4.50	114.3	0.083	2.11	4.334	110.08

Tabla 3.12 Dimensiones de tubería eléctrica metálica tipo EMT.

3.3.4 Máximo número de conductores

El número de conductores que puede alojar un tubo EMT se obtiene mediante el método discutido en la sección 3.2.3 para tubos no metálicos de PVC. Asimismo, se deben utilizar la relación (3.1), correspondiente al factor de relleno, y la **Tabla 3.3**, para calcular el número máximo de conductores que una canalización EMT puede alojar. Los ejemplos que se presentan a continuación ilustran la manera de seleccionar los tubos EMT.

Ejemplo 3.8

¿Cuál es el factor de relleno para siete conductores calibre 8 AWG, tipo THHN, alojados en un tubo EMT de tamaño comercial 3/4? Verifica si el resultado obtenido cumple con lo establecido en la **Tabla 3.3**.

Solución

Área de la sección transversal del tubo. Según la **Tabla 3.12**, el tubo EMT tamaño 3/4 tiene un diámetro interno de 20.90 mm. Su área interna será:

$$A = \frac{\pi D^2}{4} = \frac{3.14 \cdot 20.90^2}{4} = 342.90 \text{ mm}^2$$

Área ocupada por los conductores. El área de un conductor calibre 8 AWG, tipo THHN, se determina a partir de la **Tabla 3.5**. El resultado es 23.61 mm^2. Para siete conductores, el área total es:

$$A_{Total} = 7 \cdot 23.61 = 165.27$$

Cálculo del factor de relleno. Usando (3.1):

$$F_r = \frac{165.27}{342.90} \cdot 100 = 48.2\%$$

Selección de la tubería. Según la **Tabla 3.3**, el factor de relleno supera al máximo establecido (40%) y, por tanto, se debe seleccionar un tubo de mayor diámetro (tamaño comercial 1).

Ejemplo 3.9

Un conjunto de circuitos ramales consta de trece conductores RHW, calibre 12 AWG. Determine el tamaño del tubo a usar si la tubería es EMT.

Solución

Área ocupada por los 13 conductores. La **Tabla 3.5** indica que cada conductor RHW, calibre 12, tiene un área transversal de 22.77 mm^2. El área total ocupada por los trece conductores es:

$$\text{Área total} = 13 \cdot 22.77 = 296.01 \text{ mm}^2$$

Área de la sección transversal del tubo requerido. Como se trata de trece conductores, el factor de relleno, según la **Tabla 3.3**, es del 40%. Usando la relación (3.1), podemos determinar el área del tubo:

$$A_{tubo} = \frac{A_{conductor}}{F_r(\%)} \cdot 100 = \frac{296.01}{40} \cdot 100 = 740.03 \text{ mm}^2$$

Cálculo del área para tuberías de 1 y 1 1/4. Las áreas en mm^2 de las tuberías EMT se calculan mediante la conocida fórmula πr^2 y el uso de la **Tabla 3.12**. Para tubos de tamaño 1 (diámetro 27 mm) y tamaño 1 1/4 (diámetro 35 mm), estas áreas son:

$$A_{(1)} = \pi \cdot \left(\frac{26.60}{2}\right)^2 = 555.43 \text{ mm}^2 \qquad A_{(1\,1/4)} = \pi \cdot \left(\frac{35.10}{2}\right)^2 = 967.13 \text{ mm}^2$$

CAPÍTULO 3: CANALIZACIONES ELÉCTRICAS   **117**

Selección de la tubería. Los cálculos anteriores nos dicen que el tubo de tamaño comercial 1 no puede alojar a los trece conductores, ya que su área (555,43 mm^2) es menor que el área calculada para el tubo EMT (A_{tubo} = 740,03 mm^2). Se debe, por tanto, seleccionar una tubería cuyo tamaño comercial sea 1 1/4 y cuya área es de 967 mm^2.

Al igual que con tuberías de PVC, se puede tener una tabla para determinar rápidamente el tamaño del tubo a utilizar para tuberías EMT. La **Tabla 3.13** indica estos valores. Observa que para el ejemplo anterior se necesita un área total de 740,03 mm^2, requerimiento que es llenado por la tubería tamaño 1 1/4. Según la **Tabla 3.13**, el 40% de relleno de la misma corresponde a 387 mm^2.

Tamaño comercial	Área	60%	1 cond. 53%	2 cond. 31%	Más de 2 cond. 40%
1/2	196	118	104	61	78
3/4	343	206	182	106	137
1	556	333	295	172	222
1 1/4	967	581	513	300	387
1 1/2	1.314	788	696	407	526
2	2.165	1.299	1.147	671	866
2 1/2	3.783	2.270	2.005	1.173	1.513
3	5.701	3.421	3.022	1.767	2.280
3 1/2	7.451	4.471	3.949	2.310	2.980
4	9.521	5.712	5.046	2.951	3.808

Tubería EMT (área y porcentaje de la sección transversal interna en mm^2)

Tabla 3.13 Área y porcentaje de relleno para tubería EMT.

Ejemplo 3.10

¿Cuál es el tamaño mínimo del tubo EMT requerido para alojar a nueve conductores THHN, calibre 12 AWG, y a tres conductores XHHW, calibre 8 AWG?

Solución

Determinación del área ocupada por los conductores. Usando la **Tabla 3.5**:

$$\text{Área}_{THHN} = 9 \cdot 6.581 = 59.23 \text{ mm}^2 \qquad \text{Área}_{XHHW} = 3 \cdot 28.19 = 84.57 \text{ mm}^2$$

$$\text{Área}_{Total} = \text{Área}_{THHN} + \text{Área}_{XHHW} = 143.80 \text{ mm}^2$$

Determinación del tamaño del tubo EMT. Dado que se trata de más de dos conductores, la selección del tubo se puede hacer a partir de la columna 6 de la **Tabla 3.13** (rectángulo). Se deduce que es necesario utilizar un tubo tamaño comercial 1.

Ejemplo 3.11

Una tubería EMT, tamaño comercial 1, aloja a cuatro conductores THNN, calibre 12, y a un conductor desnudo de siete filamentos calibre 14. ¿Cuántos conductores THHN, calibre 10, pueden ser añadidos a este tubo?

Solución

Máxima área de relleno para una tubería EMT tamaño comercial 1. Como se trata de más de dos conductores, el área máxima a ocupar es de 222 mm² según la **Tabla 3.13**.

Área de los conductores existentes. Usamos las **tablas 3.5** y **2.6** para determinar estas áreas:

Cuatro conductores calibre 12: 4 • 6,581 = 26.32 mm².

Un conductor desnudo calibre 14: 2.68 mm².

Área total de los conductores: 29 mm².

Esta superficie es, aproximadamente, el 13% del área máxima de relleno (222 mm²).

Área disponible en el tubo. Restando las áreas determinadas en los pasos 1 y 2, obtenemos el área libre para alojar a los conductores calibre 14:

Área disponible: 222 − 29 = 193 mm²

Lo que indica que cerca del 87% del área máxima de relleno está disponible.

Área transversal del conductor THHN, calibre 10 AWG. De la **Tabla 3.5**:

Área conductor THHN calibre 10: 13.61 mm²

Número de conductores THHN calibre 10 a ser añadidos. Dividiendo el área disponible entre el área del conductor THHN calibre 10 AWG:

$$\text{N° de conductores: } \frac{193}{13.61} = 14$$

La **Fig. 3.14** indica la ocupación del área transversal del tubo EMT por los conductores.

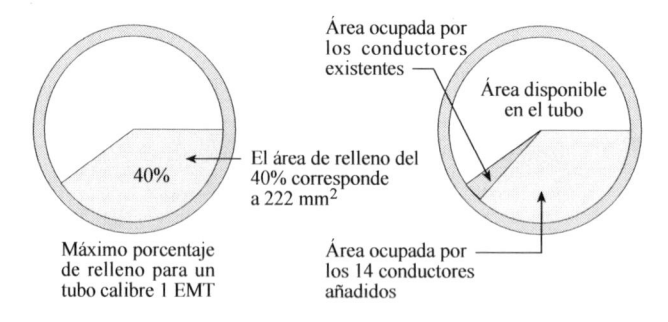

Fig. 3.14 Ocupación de la superficie para el ejemplo 3.11.

La **Tabla 3.14** indica el número máximo de los conductores más comunes que se pueden colocar en el interior de ductos EMT. Esa tabla considera conductores hasta 4/0 AWG. En el **Apéndice B**, **Tablas B7** a **B14**, se muestra el número máximo de conductores en distintos tubos, incluyendo los de tamaño superior a 4.

CAPÍTULO 3: CANALIZACIONES ELÉCTRICAS **119**

Tipo	AWG	\multicolumn{7}{c}{Tamaño comercial para tubos EMT}
		1/2	3/4	1	1 1/2	2	2 1/2	4
RHH RHW RHW–2	14	4	7	11	27	46	80	201
	12	3	6	9	23	38	66	167
	10	2	15	8	18	30	53	135
	8	1	2	4	9	16	28	70
	6	1	1	3	8	13	22	56
	4	1	1	2	6	10	17	44
	2	1	1	1	4	7	13	33
	1/0	0	1	1	2	4	7	19
	2/0	0	1	1	2	4	6	17
	4/0	0	0	0	0	3	5	12
TW	14	8	15	25	58	96	168	424
	12	6	11	29	45	74	129	326
	10	5	8	14	33	55	96	243
	8	2	5	8	18	30	53	135
	6	1	3	4	11	18	32	81
	4	1	1	3	8	13	24	60
	2	1	1	2	6	10	17	44
	1/0	0	1	1	3	6	10	26
	2/0	0	1	1	3	5	9	22
	4/0	0	0	1	1	3	6	16
THHW THW	14	6	10	16	39	64	112	282
	12	4	8	13	31	51	90	227
	10	3	6	10	24	40	70	177
	8	1	4	6	14	24	42	106
	6	1	3	4	11	18	32	81
	4	1	1	3	8	13	24	60
	2	1	1	2	6	10	17	44
	1/0	0	1	1	3	6	10	26
	2/0	0	1	1	3	5	9	22
	4/0	0	0	1	1	3	6	16
THHN THWN THWN–2	14	12	22	35	84	138	241	608
	12	9	[16]	26	61	101	176	443
	10	5	10	16	38	63	111	279
	8	3	6	9	22	36	64	161
	6	2	4	7	16	26	46	116
	4	1	2	4	10	16	28	71
	2	1	1	3	7	11	20	51
	1/0	1	1	1	4	7	12	32
	2/0	0	1	1	3	6	10	26
	4/0	0	1	1	2	4	7	18
XHH XHHW XHHW–2	14	8	15	25	58	96	168	424
	12	6	11	19	45	74	129	326
	10	5	8	14	33	55	96	243
	8	[2]	5	8	18	30	53	135
	6	1	3	6	14	22	39	100
	4	1	2	4	10	16	28	72
	2	1	1	3	7	11	20	51
	1/0	1	1	1	4	7	13	32
	2/0	0	1	1	3	6	10	27
	4/0	0	1	1	2	4	7	18

Tabla 3.14 Máximo número de conductores (tubos EMT)

Ejemplo 3.12

¿Cuántos conductores THHN, calibre 12 AWG, se pueden colocar en un tubo EMT de tamaño comercial 3/4? ¿Cuántos conductores XHHW, calibre 8 AWG, se pueden colocar en un tubo EMT de tamaño comercial 1/2?

Solución

Según la **Tabla 3.14**, para un tubo EMT tamaño 3/4, el número máximo de conductores THHN 12 AWG es 16 (ver rectángulo pequeño en la tabla). En un tubo EMT tamaño 1/2 el número máximo de conductores XHHW, calibre 8, como se observa en el rectángulo pequeño, **Tabla 3.14** es 2.

3.3.5 Doblado de los tubos. Número de curvas.

El doblado de los tubos EMT se debe hacer de manera que estos no resulten dañados durante el procedimiento y que no se reduzca su diámetro interno. En la práctica, el doblado de los tubos se realiza mediante dobladores, de los cuales existe una gran variedad en el mercado (ver, por ejemplo, la página *web www.gardnerbender.com*). Algunos de ellos son manuales; otros, hidráulicos o eléctricos. Los dobladores manuales se pueden utilizar para doblar tubos EMT de hasta un tamaño 1 1/4. Los tamaños superiores a este se deben doblar con dobladores hidráulicos o eléctricos. En la **Fig. 3.15** se muestra un doblador manual de tubos metálicos, de los más sencillos. En la página *web www.porcupinepress.com* se dan a conocer los detalles necesarios para realizar un buen doblaje de los tubos metálicos. Al igual que en el caso de tubos no metálicos, no se permite más de 360° en curvas entre puntos de halado del conductor, tal como se indicó en la **Fig. 3.5**.

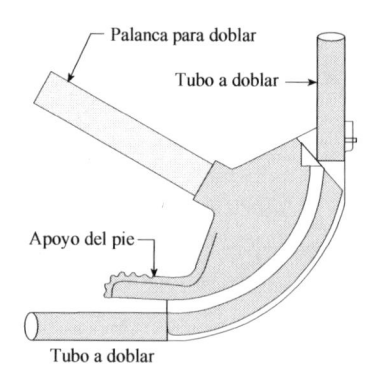

Fig. 3.15 Doblador manual de tubos metálicos.

3.3.6 Escariado y roscado. Fijación y soportes.

Los extremos cortados de los tubos EMT deben ser limados (escariados) por dentro y por fuera, hasta dejarlos sin superficies cortantes. Esto impide que el aislante de los conductores se dañe al halar los cables en el tubo durante el proceso de instalación del cableado eléctrico. A los tubos EMT no se debe intentar hacerles roscas. Se exceptúan aquellos tubos con uniones integrales que vienen roscados de fábrica.

La tubería EMT se debe instalar como un sistema completo antes de la introducción de los conductores y, en caso de no ser colocada dentro de paredes, se debe sujetar al menos cada 3 m mediante los soportes apropiados. Además, el tendido de los tubos entre terminaciones (cajas de salida, de empalmes, etc.) debe ser soportado firmemente, a no más de 0.9 m de las mismas.

3.3.7 Acoples, empalmes y puesta a tierra

Los acoplamientos de las tuberías EMT deben ser herméticos. Si la tubería está embutida en concreto o mampostería, los acoplamientos deben ser herméticos al concreto. Cuando se trate de lugares mojados, los acoplamientos deben ser herméticos a la llu-

CAPÍTULO 3: CANALIZACIONES ELÉCTRICAS

via o a cualquier otra causa que dé lugar a un exceso de humedad en la cercanía de los tubos. Los empalmes en las cajas de conexión se deben hacer según lo explicado en la sección 3.2.7. La tubería EMT se puede utilizar como conductor de puesta a tierra, siempre que los acoplamientos garanticen una buena conexión de las uniones.

3.4 TUBERÍA METÁLICA RÍGIDA (RMC)

La tubería metálica rígida (RMC) (*Rigid Metal Conduit*) es una canalización de pared gruesa, sección transversal circular, con rosca, usada para alojar y proteger a conductores y cables y para servir como conductor de puesta a tierra mediante los accesorios adecuados. Se fabrica en acero con galvanizado externo y es el tubo más pesado y de pared más gruesa utilizado en las canalizaciones eléctricas. Cuando el proceso de galvanizado se efectúa por inmersión a altas temperaturas, se cubre el tubo con una capa de zinc, tanto en el interior como en el exterior del mismo. Si el galvanizado se realiza mediante deposición eléctrica, el tubo se cubre con una capa de zinc en su exterior, mientras que en su interior se deposita una cubierta de material orgánico resistente a la corrosión. En algunos casos se coloca una protección orgánica tanto en el interior como en el exterior del tubo. El tubo RMC es no combustible y puede ser usado en ambientes externos, bajo tierra, oculto o a la vista. En la **Fig. 3.16** se muestra este tipo de tubo, que puede venir con la rosca incorporada de fábrica o ser roscado en el momento de ejecutarse la instalación en el sitio de trabajo. Su longitud estándar es de 3 m. Los tubos RMC se fabrican también en aluminio.

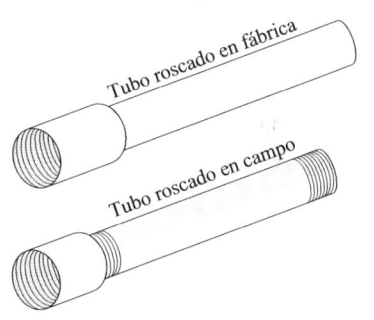

Fig. 3.16 Tubos rígidos metálicos tipo RMC.

3.4.1 Usos permitidos y no permitidos

Se pueden usar:

- En gran variedad de condiciones atmosféricas y en locales de distintos usos. Cuando las tuberías estén protegidas contra la corrosión solo con esmalte, se pueden usar en interiores y en locales no expuestos a corrosión severa.

- En ambientes corrosivos: se permitirá su uso, el de codos, uniones, acoples y accesorios, en lugares expuestos a fuertes acciones corrosivas, en contacto directo con la tierra o dentro de concreto, siempre y cuando estén debidamente protegidos contra la corrosión.

- En lugares empapados: siempre y cuando los soportes, abrazaderas y tornillos sean de material resistente a la corrosión o estén protegidos por sustancias resistentes a la corrosión.

- No se permite su uso en sitios de altas temperaturas, donde el galvanizado puede dañarse, ni en instalaciones petroleras, en los sitios de tanques de almacenamiento.

3.4.2 Tamaños mínimo y máximo. No se deben usar tamaños menores a la designación métrica 16 (tamaño comercial 1/2) y tamaños superiores a la designación métrica 155 (tamaño comercial 6). Ver **Tabla 3.15**.

3.4.3 Máximo número de conductores. El número de conductores o de cables en un tubo RMC no debe exceder el porcentaje de ocupación dado en la **Tabla 3.3** de este capítulo. Los cálculos para determinar el porcentaje de ocupación son similares a los presentados en los ejemplos correspondientes a los tubos EMT. En la **Tabla B.5** del **Apéndice B** se indica el número máximo de conductores que puede alojar un tubo RMC. En la **Tabla 3.15** se indican el área transversal y los porcentajes de ocupación para tubería RMC.

Tamaño comercial	Área (mm²)	60%	1 cond. 53%	2 cond. 31%	Más de 2 cond. 40%
1/2	204	122	108	63	81
3/4	353	212	187	109	141
1	573	344	303	177	229
1 1/4	984	591	522	305	394
1 1/2	1333	800	707	413	533
2	2198	1319	1165	681	879
2 1/2	3137	1822	1663	972	1255
3	4840	2904	2565	1500	1936
3 1/2	6461	3877	3424	2003	2584
4	8316	4990	4408	2578	3326
5	13050	7830	6916	4045	5220
6	18821	11292	9975	5834	7528

Tubería RMC (área y porcentaje de la sección transversal interna en mm²)

Tabla 3.15 Área y porcentaje de relleno (mm²) para tubería RMC.

Ejemplo 3.12

Cuando la longitud de un tubo no excede los 61 mm se le denomina niple. Estos pedazos de tubería pueden ser ocupados hasta en un 60% de su área transversal interior. ¿Qué tamaño de niple se requiere para alojar a dos conductores THHN, calibre 2 AWG, un conductor THHN, calibre 4 AWG, y tres conductores THHN, calibre 1/0 AWG?

Solución

Calculemos primero el área ocupada por los conductores mediante la **Tabla 3.5**:

Dos conductores calibre 2 AWG: $A_1 = 2 \cdot 74.71 = 149.42 \text{ mm}^2$

Un conductor calibre 4 AWG: $A_2 = 1 \cdot 53.16 = 53.16 \text{ mm}^2$

Tres conductores calibre 1/0 AWG: $A_3 = 3 \cdot 119.7 = 359.10 \text{ mm}^2$

Área total ocupada por los conductores: $A_T = A_1 + A_2 + A_3 = 561.68 \text{ mm}^2$

Usando la **Tabla 3.15** en la columna del 60%, observamos que un niple de tamaño comercial 1 1/4 puede alojar a todos los conductores, ya que tiene un área de 591 mm² (rectángulo pequeño en **Tabla 3.15**).

3.4.4 Doblado de los tubos. Número de curvas.

El doblado de los tubos RMC se debe hacer de manera que estos no resulten dañados durante el procedimiento y que no se reduzca su diámetro interno. El doblado de los tubos se realiza mediante dobladores, sean manuales, eléctricos o hidráulicos. Los dobladores manuales se pueden utilizar para doblar tubos RMC de hasta un tamaño comercial 1 1/4. Entre dos puntos de sujeción, el número de curvas debe ser tal que la suma de los ángulos de las mismas no supere los 360°.

3.4.5 Escariado y roscado. Fijación y soporte.

Los extremos cortados de los tubos RMC deben ser limados (escariados) por dentro y por fuera, hasta dejarlos sin superficies cortantes. Esto impide que el aislante de los conductores se dañe, al halar los cables en el tubo, durante el proceso de instalación del cableado.

Al igual que los tipos de tubos ya mencionados, la tubería RMC se debe instalar como un sistema completo antes de la introducción de los conductores, y en caso de no ser colocada dentro de paredes, se debe sujetar al menos cada 3 m en tramos rectos y entre cajas de salida y puntos de empalmes. Esta distancia podrá aumentarse a 6 m para tubos verticales a la vista, siempre y cuando la tubería tenga acoplamientos roscados y esté firmemente sujetada en ambos extremos.

3.4.6 Acoples, empalmes y puesta a tierra

Los acoplamientos de las tuberías RMC deben ser herméticos. Si la tubería está embutida en concreto o mampostería, los acoplamientos deben ser herméticos al concreto. Cuando se trate de lugares mojados, los acoplamientos deben ser herméticos a la lluvia. No se permiten roscas corridas en los niples para la conexión de acoplamientos. Algunos fabricantes suministran los tubos RMC con acoplamientos integrados, facilitando así la conexión de los tubos (*www.alliedtube.com*) y garantizando una buena puesta a tierra. La tubería RMC se puede utilizar como conductor de puesta a tierra si los acoplamientos garantizan un contacto continuo en todo el trayecto.

3.5 TUBERÍA METÁLICA INTERMEDIA (IMC)

La tubería metálica intermedia (IMC) es una canalización de sección circular con acoplamientos integrados o que se realizan, en el momento de la instalación, mediante niples roscados. Los tubos IMC están disponibles en tamaños comerciales desde 1/2 hasta 4. La longitud estándar del tubo es de 3 m (10 pies).

Los tubos IMC tienen una pared de grosor menor (cerca de 1/3 pulg.) que los RMC. La pared externa tiene una capa de un componente de zinc y la interna está cubierta por una capa orgánica resistente a la corrosión. La tubería IMC se puede intercambiar con la tubería RMC galvanizada. Ambos tubos tienen los mismos tipos de roscas, utilizan acoplamientos similares, tienen los mismos requerimientos en cuanto a soportes y número de curvas y se pueden utilizar en ambientes similares. Se debe tener precaución al doblar el tubo IMC, puesto que tiene tendencia a deformarse.

La **Tabla 3.16** indica el área y el porcentaje de relleno para tubería IMC. Asimismo, en el **Apéndice B**, **Tabla B.6**, se establece el número máximo de conductores para ese tipo de tubería. La **Tabla 3.17** presenta una comparación de las características geométricas de los tubos metálicos tipos EMT, IMC e RMC.

Tamaño comercial	Tubería IMC (área y porcentaje de la sección transversal iterna en mm²)			
	Área (mm²)	60%	1 cond. 53%	2 cond. 31%	Más de 2 cond. 40%
1/2	222	133	117	69	89
3/4	377	226	200	117	151
1	620	372	329	192	248
1 1/4	1064	638	564	330	425
1 1/2	1432	859	759	444	573
2	2341	1405	1241	726	937
2 1/2	3308	1985	1753	1026	1323
3	5115	3069	2711	1586	2046
3 1/2	6822	4093	3616	2115	2729
4	8725	5235	4624	2705	3490

Tabla 3.16 Área y porcentaje de relleno para tubería IMC.

Tamaño comercial	Peso (kg) por cada 100 ft (30,5 m)			Diámetro externo (mm)			Diámetro interno (mm)		
	EMT	IMC	RMC	EMT	IMC	RMC	EMT	IMC	RMC
1/2	13.6	28.1	37.2	17.9	20.7	21.3	1.07	1,80	2.60
3/4	20.9	38.1	49.4	23.4	26.1	26.7	1.25	1,90	2.70
1	30.4	54.0	73.0	29.5	32.8	33.4	1.45	2,20	3.20
1 1/4	45.8	71.7	98.9	38.4	41.6	42.2	1.65	2,20	3.40
1 1/2	52.6	88.0	119.3	44.2	47.8	48.3	1.65	2,30	3.50
2	67.1	116.1	158.7	55.8	59.9	60.3	1.65	2,40	3.70
2 1/2	98.0	200.0	253.5	73.0	72.6	73.0	1.83	3,50	4.90
3	119.3	246.3	329.7	88.9	88.3	88.9	1.83	3,50	5.20
3 1/2	158.3	285.3	399.1	101.6	100.9	101.6	2.11	3.50	5.50
4	178.2	317.5	471.1	114.3	113.4	114.3	2.11	3.50	5.70
5	-	-	634.9	-	-	141.3	-	-	6.20
6	-	-	834.5	-	-	168.3	-	-	6.80

Tabla 3.17 Comparación entre tuberías EMT, RMC e IMC.

La tubería metálica de acero, sea EMT, RMC o IMC, es una de las mejores canalizaciones para el alojamiento de conductores eléctricos por la protección que les ofrece y por la facilidad para la inserción y extracción de los mismos.

La tubería RMC tiene la pared más gruesa y por ello es la más pesada de las canalizaciones metálicas. Puede ser usada en interiores, en exteriores y en instalaciones a la vista o encerradas bajo concreto, mampostería o tabiquería. La tubería IMC tiene una pared de menor espesor que la RMC y se puede usar en las mismas condiciones que esta última.

La tubería EMT es la más liviana y la más difundida en su aplicación, ya que puede ser manejada fácilmente, alterada y usada varias veces. Aunque su pared de acero es la de menor espesor, tiene un grado aceptable de protección, excepto en aquellos sitios donde pueda estar expuesta a daños físicos notables. No se utiliza en la industria petrolera.

3.6 TUBERÍA METÁLICA FLEXIBLE (FMC)

Este tubo es una canalización de sección transversal circular, fabricada de una cinta metálica enrollada en forma helicoidal. Algunos fabricantes cubren la superficie externa del tubo FMC con una capa de PVC que impide la penetración de agua en su interior.

La tubería metálica flexible, cuyo aspecto externo es similar a la de cable armado (ver **Fig. 3.17**), se utiliza en sitios donde se dificulta hacer curvas con tubería metálica. Su uso está ampliamente difundido en instalaciones comerciales e industriales. En

CAPÍTULO 3: CANALIZACIONES ELÉCTRICAS | 125

instalaciones residenciales se utiliza con frecuencia en el exterior de las viviendas, para conexiones a motores, como los compresores de acondicionadores de aire.

Se ha diseñado una gran variedad de conectores y otros dispositivos que permiten acoplar tubos metálicos flexibles a cajas de empalmes o a otro tipo de tubería.

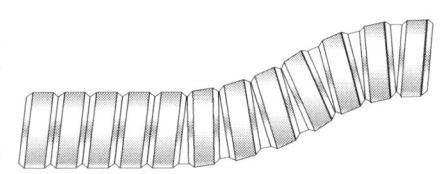

Fig. 3.17 Tubo metálico flexible (FMC).

3.6.1 Usos permitidos y no permitidos. La tubería FMC se puede utilizar en lugares expuestos u ocultos (empotrados). No se puede usar en los casos mencionados a continuación:

- En lugares mojados, a menos que los conductores que aloja estén aprobados para estas condiciones y que las instalaciones se hagan de modo que se impida la entrada de líquidos a las canalizaciones.

- En pozos de ascensores.

- En cuartos de baterías.

- Cuando estén expuestos a líquidos, como aceite o gasolina, que puedan producir el deterioro de los conductores instalados.

- Cuando estén sujetos a daños físicos.

3.6.2 Tamaños mínimo y máximo. Número de curvas.

- No se permitirá el uso de tamaños inferiores a la designación métrica 16, equivalente al tamaño comercial 1/2, ni tamaño superior a la designación métrica 103, equivalente al tamaño comercial 4.

- El área máxima de relleno se especifica en la **Tabla 3.18**. El número máximo de conductores está establecido en la **Tabla B.7** del **Apéndice B**.

- Entre dos puntos de sujeción, el número de curvas de la tubería FMC debe ser tal que la suma de los ángulos de las mismas no supere 360°. Las curvas se pueden hacer manualmente, sin la utilización de equipos auxiliares y evitando dañar la tubería o reducir su diámetro interno.

3.6.3 Escariado. Fijación y soportes. Acoples y conectores. Puesta a tierra.

- Los extremos cortados de los tubos serán escariados y terminados para eliminar los extremos agudos, excepto cuando se usen accesorios roscados.

- Los tubos FMC se deben sujetar firmemente a menos de 3 m de cada gabinete, caja de conexión o de paso, o de cualquier otra terminación de la canalización. Deben, además, ser soportados y fijados a intervalos no superiores a 1,4 m.

- No se deben usar conectores angulares en canalizaciones ocultas.

- Cuando se requiera flexibilidad en la instalación de un equipo con tubería FMC, se debe instalar un conductor de puesta a tierra. Cuando no se requiera flexibilidad, este tipo de tubería se puede usar como conductor de puesta a tierra.

Piense... Explique...

3.1 ¿Qué es una canalización eléctrica? ¿Cuál es el tipo de canalización utilizada frecuentemente en instalaciones eléctricas residenciales?

3.2 Mencione los tipos de tubos no metálicos (de PVC) usados en instalaciones eléctricas residenciales.

3.3 ¿Cuáles materiales se utilizan para fabricar los tubos no metálicos (de PVC)?

3.4 ¿Se pueden utilizar los tubos de PVC en lugares húmedos y empapados? ¿Se pueden usar en teatros? ¿A temperaturas superiores a 50°C?

3.5 ¿Cuáles son los tamaños mínimo y máximo de la tubería de PVC? ¿A qué se denomina designación métrica y tamaño comercial y cuál es su relación con las dimensiones de las canalizaciones eléctricas?

3.6 ¿Cuáles factores intervienen en la determinación del máximo número de conductores que puede alojar una canalización eléctrica?

3.7 ¿Qué es el factor de relleno y cuál es la forma que se utiliza para cuantificarlo? Muestre gráficamente las áreas incluidas en el cálculo del factor de relleno.

3.8 Explique la **Tabla 3.3** correspondiente al factor de relleno para una canalización. Ilustre gráficamente la **Tabla 3.3**.

3.9 ¿Cómo se estima el factor de relleno para un cable multiconductor y para pedazos cortos de tubos (niples) cuya longitud no exceda los 60 cm.

3.10 ¿Cómo se comparan los diámetros internos de los tubos de PVC estándar 80, PVC estándar 40, HDPE y PVC tipo A?

3.11 ¿Por qué se sugiere instalar, en las canalizaciones eléctricas, la mitad de los conductores especificados en las normas?

3.12 ¿Cuáles son las recomendaciones a observar cuando se doblan tubos no metálicos?

3.13 Indique la restricción en el número de dobleces que se pueden hacer a un tubo de una instalación eléctrica. ¿Es esto válido para todo tipo de tubería, metálica y no metálica?

3.14 ¿Cuáles serían las ventajas de usar curvas prefabricadas en las canalizaciones eléctricas?

3.15 ¿Por qué es importante escariar los tubos, metálicos y no metálicos, cuando se hace una instalación eléctrica?

3.16 ¿Qué se entiende por instalar una canalización eléctrica como un sistema completo?

3.17 ¿Cuál debe ser la distancia entre soportes para un tubo de PVC de tamaño 3/4?; ¿y para otro de tamaño 4?

3.18 ¿Por qué no es posible utilizar el tubo de PVC como conductor de puesta a tierra para los equipos? ¿Cómo se hace para conectar los equipos a tierra al usar este tipo de tubería?

3.19 Describa las características de la canalización EMT. ¿Se pueden usar tubos EMT en ambientes corrosivos? ¿Se pueden usar en instalaciones ocultas?

3.20 ¿Por qué no se debe hacer roscas a la tubería metálica (EMT)?

3.21 ¿Cuáles son los tamaños mínimo y máximo de la tubería eléctrica metálica EMT?

3.22 ¿Se puede usar la Tabla 3.3 para determinar la máxima ocupación de la tubería EMT?

3.23 ¿Cómo se debe hacer el doblado de la tubería EMT? ¿Cuál es el máximo número de curvas entre dos cajas de empalmes para tubos EMT?

3.24 ¿Cada cuántos metros se deben soportar los tubos EMT?

3.25 ¿Bajo cuáles condiciones la tubería EMT se puede colocar bajo concreto?

3.26 Mencione las características de la tubería RMC. ¿Cómo se previene la corrosión en este tipo de tubería?

3.27 ¿Existe alguna restricción en el uso de tubería metálica de pared gruesa (RMC)?

3.28 ¿Cuáles son los tamaños mínimo y máximo de la tubería RMC?

3.29 ¿Cómo se compara el número de conductores que pueden alojar los tubos de PVC, EMT, RMC, IMC y FNC para un mismo tamaño de tubería?

3.30 ¿Cuál es la distancia de soporte en tramos rectos para tubos IMC?

3.31 ¿Pueden ser utilizados los tubos RMC, IMC y FMC como conectores de puesta a tierra de equipos?

3.32 Describa las características de la tubería metálica flexible (FMC). ¿En cuáles casos no se puede utilizar este tipo de tubería? ¿Cuáles precauciones se deben tomar en cuanto a escariado, soportes, acoplamientos, conectores y puesta a tierra? ¿Cuáles son los tamaños mínimo y máximo de estos tubos? ¿Cómo se determina el número máximo de conductores en esta tubería?

Ejercicios

Para resolver los siguientes problemas, haz uso de la fórmula (3.1) y de la **Tabla 3.3**.

3.1 Calcule el factor de relleno para cinco conductores THW, calibre 8 AWG, en un tubo de PVC rígido estándar 80, tamaño comercial: *a*) 3/4; *b*) 1/2; *c*) 1.

3.2 Una instalación eléctrica consta de doce conductores THHN, calibre 10 AWG. ¿Cuál debe ser el tamaño comercial del tubo a usar si se dispone de tubos: *a*) de PVC rígido estándar 80; *b*) HDPE?

3.3 Se desea instalar un circuito que consta de siete conductores THHW, calibre 10 AWG, y dos conductores XHHW, calibre 8 AWG. ¿Cuál debe ser el tamaño mínimo del tubo para tubería de: *a*) PVC rígido estándar 80; *b*) PVC rígido estándar 40; *c*) HDPE, y *d*) PVC rígido tipo A?

3.4 Determine el factor de relleno para cinco conductores tipo TW, calibre 6, AWG, alojados en un tubo EMT, tamaño comercial 5, y verifique si el resultado cumple con lo estudiado en este capítulo. Repita el cálculo anterior si se seleccionan tubos tipos RMC, IMC y FNC.

3.5 Un circuito ramal dispone de nueve conductores THW-2, calibre 10 AWG. Determine el tamaño del tubo a usar en los casos de ductos EMT e IMC.

3.6 ¿Cuál es el tamaño de tubos HDPE, EMT, RMC y FMC requeridos para alojar a nueve conductores THHN, calibre 12, y a cinco conductores THW, calibre 10? Use las **tablas 3.7, 3.12, 3.15** y **3.16**.

3.7 Una tubería aloja a cinco conductores THW-2, calibre 10, y a dos conductores XHHW, calibre 12. *a*) ¿Cuántos conductores THHN, calibre 12, pueden ser añadidos si la tubería es EMT 3/4?; *b*) ¿cuántos si la tubería es IMC 3/4?, y *c*) ¿cuántos si la tubería es FMC 1?

3.8 Un niple de tubo IMC de 50 cm se utiliza para tres cables THHN, calibre 4 AWG, y cinco cables TW, calibre 2 AWG. ¿Cúal debe ser el diámetro del niple?

Para resolver los siguientes problemas, usa las tablas del **Apéndice B** del libro.

3.9 ¿Cuántos conductores THHN, calibre 14 AWG, pueden alojarse en un tubo EMT, tamaño 1/2?; ¿cuántos en un tubo EMT, tamaño 2?

3.10 ¿Cuántos conductores RHH, sin cubierta exterior, calibre 10, pueden alojarse: *a*) en un tubo EMT, tamaño 3/4; *b*) en un tubo IMC tamaño 3/4?

3.11 ¿Cuántos conductores XHH, calibre 2 AWG, se pueden introducir en un tubo metálico flexible, tamaño comercial 2?

3.12 ¿Cuántos conductores THHN, calibre 10, y TW, calibre 12, pueden ocupar un tubo RMC, tamaño comercial 1 1/2?

3.13 Si se colocan cuatro conductores THW, calibre 12, y tres conductores calibre 8 en un tubo, ¿qué área libre queda en este?

3.14 Un alimentador consta de cuatro conductores THHN, dos THHN y un cable desnudo de tierra calibre 10. ¿Cuál debe ser el tamaño comercial del tubo a usar?

CAPÍTULO 4

CAJAS ELÉCTRICAS

4.1 FUNCIÓN DE LAS CAJAS ELÉCTRICAS

Una *caja eléctrica*, o *cajetín*, como comúnmente se le llama, tiene como función primaria alojar a conexiones eléctricas. Las cajas señalan los recorridos de las canalizaciones entre dos o más puntos distintos de la instalación eléctrica y en su interior se realizan empalmes de los conductores, a los cuales se les ha removido el aislante con el fin de hacer derivaciones o conexiones a interruptores, tomacorrientes, salidas para lámparas, etc. Como lo estudiamos en el capítulo anterior, los tubos de las canalizaciones eléctricas garantizan la protección de los conductores a lo largo de su recorrido. Sin embargo, un empalme mal hecho de los conductores, dentro de una caja, puede originar cortocircuitos, sobrecalentamiento o conexión no deseada a tierra de la instalación. Es, por tanto, necesario destacar la importancia de una buena conexión de los conductores dentro de las cajas. Además, se debe evitar dejar en el interior de las cajas restos de materiales usados en la construcción de las edificaciones.

Hay una gran variedad de cajas eléctricas que responden a los dispositivos que se adosan a las mismas. Así, encontraremos cajas para tomacorrientes, interruptores, unión de conductores, lámparas de techo, etc. Las cajas eléctricas pueden ser metálicas o no metálicas. En la **Fig. 4.1** se observan algunas cajas eléctricas metálicas y no metálicas. Aunque la tendencia actual es a usar cajetines no metálicos, muchos hogares poseen o utilizan cajetines metálicos en sus instalaciones eléctricas. Las cajas no metálicas no son conductoras, no se oxidan y tienen bajo costo. Por el contrario, las cajas metálicas son conductoras, se oxidan y su costo es mayor que el de las no metálicas. Tienen la ventaja de que son más resistentes a golpes que las no metálicas. De allí que se les pueda usar bajo paredes de cemento o mampostería sin que estén expuestas a daños mayores.

Las cajas eléctricas poseen dimensiones estándar según el tipo de uso que se les quiera dar. Las normas requieren que todas ellas estén cubiertas con una tapa, a fin de proteger los empalmes realizados en su interior. Esta cubierta puede ser una tapa ciega, para ocultar los empalmes dentro de una caja de paso, o, simplemente, la que trae el tomacorriente o interruptor que se va a instalar sobre la caja. Puesto que las cajas poseen una capacidad determinada para alojar a conductores

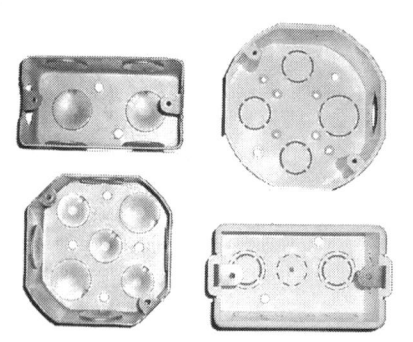

Fig. 4.1 Cajas eléctricas metálicas y no metálicas usadas en las instalaciones eléctricas.

CAPÍTULO 4: CAJAS ELÉCTRICAS **131**

y otros accesorios, es importante seleccionar un tamaño suficientemente grande para las mismas a fin de garantizar la seguridad de la instalación. En el **Apéndice C**, **Tabla C1**, se especifica el volumen en mm^3 y pulg^3 que deben tener las cajas metálicas.

4.2 CAJAS NO METÁLICAS

Los materiales más usados en la fabricación de las cajas no metálicas son el PVC, la fibra de vidrio y los plásticos termoestables. Estas cajas o cajetines, como también se les llama, pueden ser rectangulares, octogonales o cuadrados, y sus dimensiones varían según el fabricante. Los cajetines rectangulares se utilizan, sobre todo, para interruptores y tomacorrientes, mientras que los cajetines octogonales y cuadrados se utilizan como salidas de lámparas o para hacer empalmes.

En la **Fig. 4.2**(*a*) se presenta una foto de una caja rectangular, diseñada primordialmente para ser empotrada en paredes de bloques, y se indican las dimensiones típicas de uno de estos cajetines, fabricado por la casa PAVCO (*www.pavco.com.co*). Estas medidas no se adaptan a lo establecido por el **Código Eléctrico Nacional** (ver **Tabla 314.16(A)** del **CEN**). La caja más cercana a las que menciona el **CEN** tiene dimensiones de 100 x 54 x 48 mm.

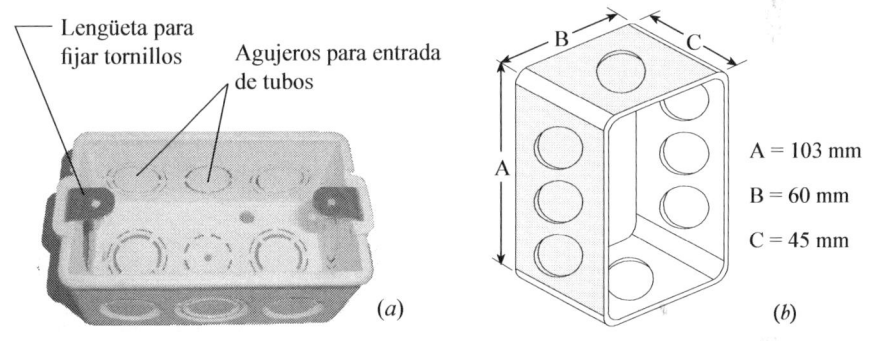

Fig. 4.2 (*a*) Caja rectangular no metálica. (*b*) Dimensiones de caja rectangular de la casa comercial PAVCO (*www.pavco.com.co*). En este último dibujo no se muestran las lengüetas donde se instalan los tomacorrientes..

El cajetín mostrado en la **Fig. 4.2**(*b*) consta de agujeros, cubiertos con una tapa de fácil remoción cuando se hace la inserción del tubo dentro del mismo. Las lengüetas metálicas, colocadas a ambos lados de las cajas, sirven para fijar con tornillos la parte metálica de los tomacorrientes e interruptores y las tapas de estas cajas se fijan con pequeños tornillos. En otros casos las tapas son ciegas, sin agujero alguno, y cubren los cajetines.

En general, cuando se usan cajas no metálicas, las normas requieren que el resto de la instalación se haga con tubería no metálica. Se permite usar cajas no metálicas con tuberías metálicas cuando todas las entradas al cajetín están unidas equipotencialmente, es decir, cuando la instalación eléctrica completa posee una conexión permanente a tierra de todas las partes metálicas que, en condiciones normales, no transportan corriente y que forman un trayecto conductivo para asegurar la continuidad eléctrica y la capacidad para conducir con seguridad cualquier corriente que pueda surgir en un circuito.

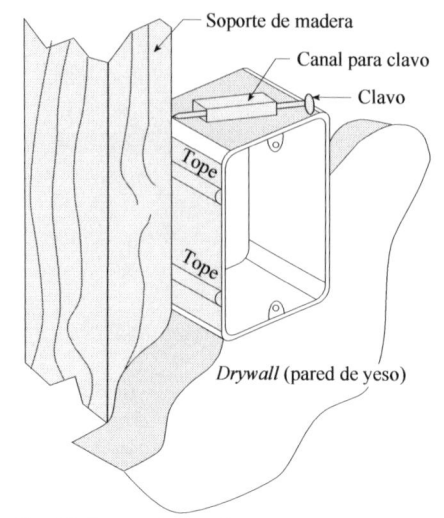

Fig. 4.3 Forma de instalar un cajetín rectangular a una pared de yeso (*drywall*) cuando los soportes de la pared son de madera. El cajetín posee dos canales adosados que permiten introducir los clavos de sujeción. Los topes determinan la profundidad a la cual se ajusta el cajetín.

Conviene mencionar que en los países donde la utilización de la madera en la construcción de hogares está ampliamente difundida, los cajetines más usados son no metálicos y estos están provistos de agujeros que permiten insertar clavos para fijarlos a las paredes de madera, tal como se muestra en la **Fig. 4.3**. En este caso, aun cuando el trabajo de instalación de los cajetines se simplifica, es necesario tener precauciones cuando se utilizan martillos para introducir los clavos en la madera. Cualquier error puede dirigir el golpe del martillo hacia el cajetín y dañarlo irremediablemente. Para el trabajo en paredes de madera, cubiertas por capas de yeso (*dry walls*), se ha diseñado una gran variedad de cajas que añaden gran flexibilidad a la instalación de las cajas eléctricas no metálicas.

Las cajas no metálicas octogonales se utilizan para instalar luminarias o como cajas de empalmes para conductores. Algunas de ellas pueden ser usadas, también, para sostener ventiladores de techo, hasta un peso máximo de 50 lb (23 kg). Pueden empotrarse en techos de concreto o en estructuras de madera. Si este es el caso, es preferible atornillar la caja a la madera en vez de colocar clavos, para garantizar una suspensión segura, evitando de paso, al fijarla, errores que pudieran dañarla.

En la **Fig. 4.4** se muestra una caja octogonal para empotramiento en concreto y las dimensiones de la fabricada por la casa comercial TUBRICA (*www.tubrica.com*). Como se puede notar en la figura, el cajetín posee ocho perforaciones protegidas por tapas que son fácilmente removibles y por las cuales se puede hacer pasar tubos de tamaño 1/2 y 3/4. Igualmente, se nota la presencia de dos pequeñas columnas agujereadas en las que se colocan los tornillos correspondientes al dispositivo que se vaya a conectar a la caja. Las medidas de la caja construida por TUBRICA se acercan, sin llegar a ser iguales, a las establecidas por el **Código Eléctrico Nacional** en su **Tabla 314.16(A)**. El valor más cercano que da el **CEN** para cajas octogonales es 100 x 100 x 38 mm, en comparación con las medidas 98.6 x 98.6 x 38 mm de TUBRICA.

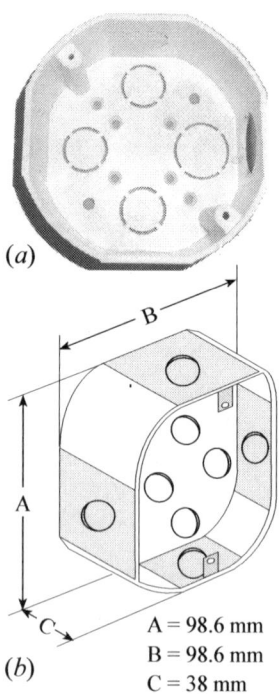

A = 98.6 mm
B = 98.6 mm
C = 38 mm

Fig. 4.4 (*a*) Cajetín octogonal no metálico. (*b*) Dimensiones de caja octogonal metálica de la casa comercial TUBRICA.

CAPÍTULO 4: CAJAS ELÉCTRICAS 133

Las cajas octogonales se utilizan, principalmente, para empalmes o conexiones de conductores, para instalar luminarias en paredes y techos, o para soportar ventiladores en techos. La fijación de estos cajetines se hace, regularmente, empotrándolos en paredes y otros elementos de mampostería, o en elementos estructurales de madera. En este último caso es necesario utilizar los accesorios y las cajas apropiadas para garantizar la solidez del cajetín al fijarlo a la madera.

Finalmente, mencionaremos la caja no metálica cuadrada, que posee más capacidad que las cajas octogonales y se puede usar cuando se necesita empalmar mayor cantidad de conductores dentro de la caja y como soporte de luminarias y ventiladores. La **Fig. 4.5** presenta las dimensiones típicas de una caja cuadrada de la casa Pavco. Estas medidas no están acordes con los valores estándar establecidos por el **Código Eléctrico Nacional** en su **Tabla 314.16(A)**.

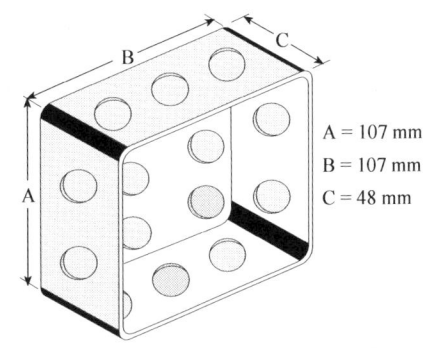

A = 107 mm
B = 107 mm
C = 48 mm

Fig. 4.5 Cajetín no metálico cuadrado. No se muestran las lengüetas donde se instalan los tomacorrientes.

4.3 CAJAS METÁLICAS

Aunque las cajas metálicas son, en general, más caras que las no metálicas, las primeras presentan algunas ventajas sobre las segundas y se encuentran en una mayor variedad, ya que son más antiguas en el mercado de productos eléctricos. Al igual que con las cajas no metálicas, encontramos cajas rectangulares para interruptores y tomacorrientes, y cajas octogonales para lámparas en paredes y techos, o para ventiladores colgantes. Los cajetines metálicos son más resistentes a los maltratos típicos de los procesos constructivos y se usan extensivamente empotrados en paredes y techos de mampostería. La **Fig. 4.6** corresponde a una foto de un cajetín rectangular construido en Venezuela y cuyas medidas son 100 x 54 x 38 mm, que concuerdan con una de las dimensiones esta-

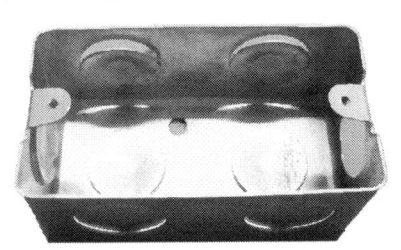

Fig. 4.6 Cajetín metálico rectangular.

blecidas en la **Tabla 314.16(A)** del **CEN**. El cajetín posee dos orejas para atornillar los tomacorrientes o los interruptores, y ocho agujeros para la entrada de los tubos de la canalización (en este caso, para tubos de tamaño comercial 3/4, aunque existen cajetines para tubos de tamaño comercial 1/2), cada uno de los cuales tiene una tapa de fácil remoción que se elimina al introducir el tubo portador de los conductores. Las tapas se deben remover solo si se van a utilizar; de lo contrario, no deben desprenderse de la caja. En el fondo de la caja metálica hay dos pequeñas perforaciones circulares que permiten su fijación a paredes de madera o de concreto.

Las cajas metálicas son, por supuesto, conductivas, lo que provee una buena conexión a tierra. Sin embargo, es importante tomar precauciones para evitar que los conductores activos (fases) conectados a tomacorrientes e interruptores no hagan contacto con el cajetín. Por ello es aconsejable poner una capa de cinta adhesiva (*tape*) alrededor de estos elementos para evitar cortocircuitos en la instalación, tal como lo indica la **Fig. 4.7**.

Se debe mencionar que las regulaciones eléctricas solo admiten cajas, metálicas o no metálicas, cuya profundidad sea superior a 32 mm, y en el caso particular de las cajas rectangulares, este valor no será inferior a 38 mm. Asimismo, el volumen de las cajas debe ser suficientemente grande para que tengan espacio libre los conductores que ellas mismas alojan.

El tipo de caja a utilizar depende del propósito de la caja. Así, la caja rectangular se usa principalmente para tomacorrientes e interruptores; la hexagonal, como la caja metálica de la **Fig. 4.8**, encuentra su aplicación más importante en la instalación de luminarias y ventiladores de techo y como caja de paso de conductores.

Fig. 4.7 La colocación de unas capas de cinta adhesiva (*tape*) alrededor de los tornillos de tomacorrientes evita la posibilidad de cortocircuitos cuando se hace la instalación en un cajetín metálico.

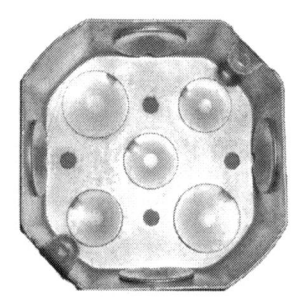

Fig. 4.8 Cajetín metálico octogonal. Observe las dos orejas para fijar los accesorios de luminarias o ventiladores

En relación con el cajetín de la foto, podemos comentar lo siguiente:

1. Sus dimensiones son 88 x 88 x 38 mm, por lo que no cumple con lo estipulado por las normas para las dimensiones de cajas metálicas descritas en la **Tabla 4.1** (pág. 146).

2. Tiene dos orejas metálicas destinadas a la inserción de tornillos para accesorios o tapas.

3. Posee seis agujeros de 3/4" y tres agujeros de 1/2" para la instalación de tubos. Las tapas que cubren los agujeros son removibles según las necesidades de la instalación.

4. Tiene cuatro pequeños huecos, en el fondo de la caja, para la fijación a paredes o techos.

Algunas cajas rectangulares vienen con una de las paredes laterales removibles, lo cual permite que sean conectadas a otra caja rectangular, a la que también se le ha quitado una pared lateral para formar una caja expandida, de mayor volumen. Cuando las cajas se instalan en elementos estructurales de madera, poseen abrazaderas o soportes con agujeros para los clavos que las fijan, tal como se muestra en la **Fig. 4.9**.

CAPÍTULO 4: CAJAS ELÉCTRICAS | 135 |

4.4 MONTAJE DE LAS CAJAS

Las cajas eléctricas, sean metálicas o no metálicas, se pueden embutir en estructuras de mampostería, concreto o madera, o ser colocadas encima de estas superficies.

Las normas establecen que las cajas colocadas en paredes y techos de concreto, hormigón, baldosa, ladrillo, yeso u otro material no combustible, serán instaladas de modo que su borde anterior no quede a más de 6

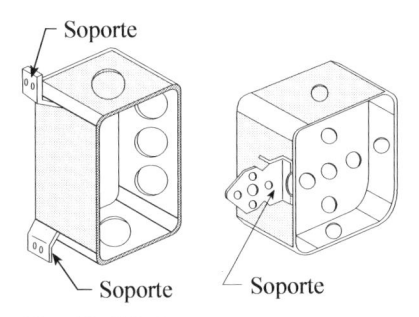

Fig. 4.9 Cajetines con soportes, para ser instalados en estructuras de madera.

mm (1/4 pulg) por debajo de la superficie acabada. Asimismo, especifican que en los techos y paredes construidos de madera o de cualquier otro material combustible, las cajas deben quedar a ras con la superficie acabada. La **Fig. 4.10** ilustra estas dos situaciones. Por otro lado, es obligatorio que la distancia entre las paredes de las cajas y las superficies terminadas de paredes de yeso (*drywall*) no debe ser superior a 3 mm (1/8 pulg). Las paredes que estén rotas o incompletas deben ajustarse para que se cumpla este artículo (ver **Fig. 4.11**).

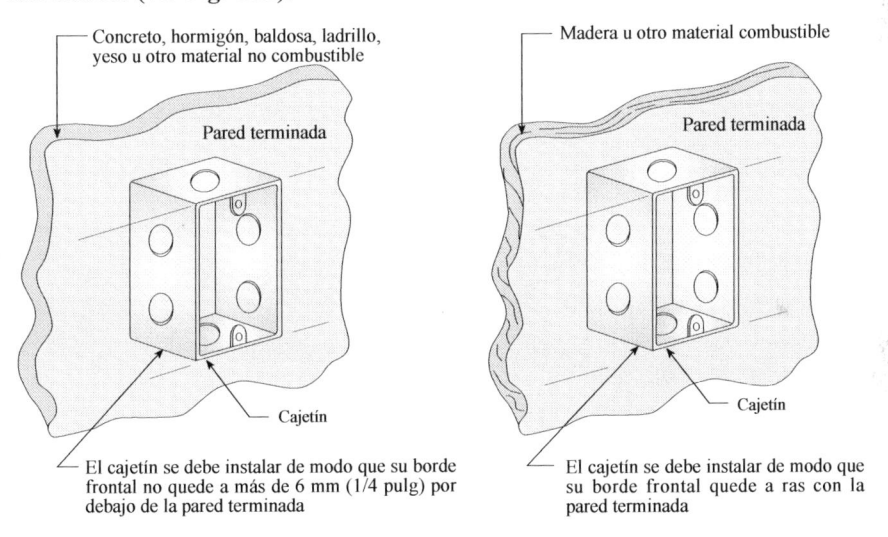

Fig. 4.10 Modo de instalar los cajetines en paredes no combustibles (concreto, baldosas, etc.) y combustibles (madera).

Finalmente, en la **Fig. 4.12** se muestra una forma de instalar un cajetín en una estructura de madera: dos barras metálicas apoyadas en listones sujetan el cajetín. Las cajas se deben sujetar en forma rígida, ya se trate de un montaje superficial o embutido.

4.5 TAPAS PARA CAJAS ELÉCTRICAS

En las instalaciones terminadas, todas las cajas deben tener una tapa, una placa de cierre frontal o una cubierta para portalámparas o luminarias, según lo establecen las normas sobre instalaciones eléctricas. Las tapas a usar pueden ser metálicas o no me-

Fig. 4.11 No se debe dejar ranuras en espacios superiores a 3 mm entre las paredes de la caja y la superficie terminada.

El cajetín se debe instalar o reparar de modo que las ranuras entre las paredes de la caja y la superficie terminada de yeso o ladrillo no midan mas de 3 mm (1/8 pulg)

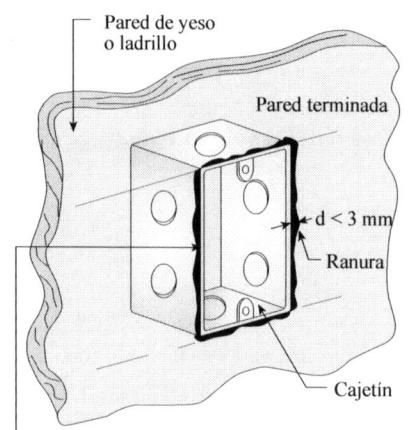

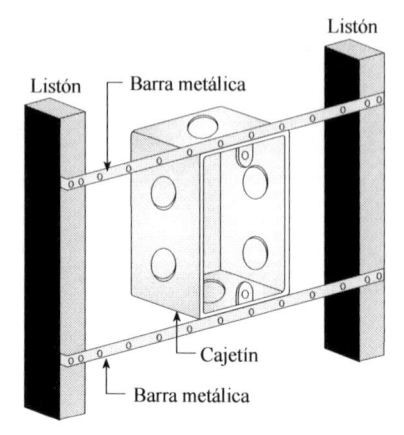

Fig. 4.12 Colocación de un cajetín eléctrico entre dos listones de una estructura de madera.

tálicas. Estas últimas deben ser puestas a tierra como parte del sistema equipotencial que confiere seguridad a la instalación. En el caso de interruptores y tomacorrientes, estos dispositivos tienen tapas ornamentales que proveen protección a la instalación.

Las cajas metálicas y no metálicas se deben cubrir con tapas metálicas y no metálicas, respectivamente. Las tapas metálicas deben ser del mismo material y espesor que las cajas a las cuales protegen, pudiendo estar forradas por un material aislante sólidamente adherido y con un espesor no inferior a 0.79 mm.

En el caso de las tapas de luminarias, todas las paredes o techos, con acabados combustibles que estén expuestos y queden entre el borde de la placa y la caja, se deben tapar con material no combustible, tal como lo indica la **Fig. 4.13**. Cuando las tapas tengan agujeros, a través de los cuales pasen cables flexibles colgantes, deberán ser dotadas de pasacables para evitar la ruptura del material aislante y la posibilidad de cortocircuitos, o tendrán una superficie suave y bien redondeada donde se puedan apoyar los cables. Esto se ilustra en la **Fig. 4.14**.

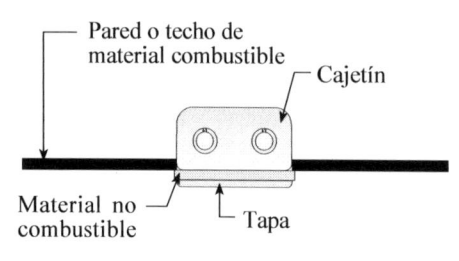

Fig. 4.13 El espacio entre la tapa y la caja se debe tapar con un material no combustible cuando la pared o el techo sean de material combustible.

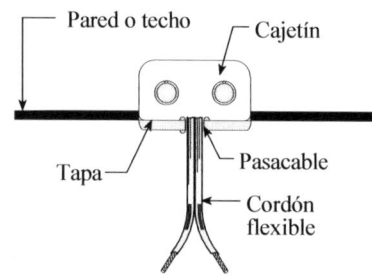

Fig. 4.14 Para no dañar el aislante del cable flexible, los agujeros de la tapa tienen pasacables o una superficie suave y bien redondeada.

CAPÍTULO 4: CAJAS ELÉCTRICAS **137**

En el mercado hay una gran variedad de tapas, algunas de ellas decorativas, cuyo uso depende del tipo de aplicación de que se trate. Así, tenemos:

a) *Tapas ciegas*: No poseen agujeros de salida para conductores y se utilizan para cubrir cajetines rectangulares, cuadrados y octogonales en cajas de empalmes. Ver **Fig. 4.15**.

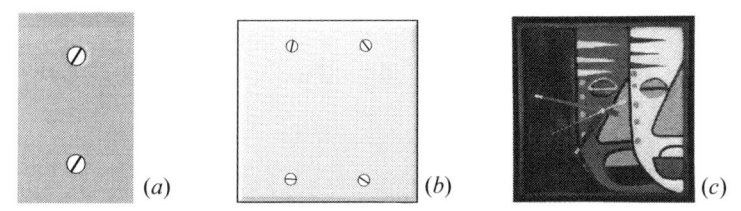

Fig. 4.15 Tapas ciegas: *a*) tapa rectangular; *b*) tapa cuadrada; *c*) tapa cuadrada decorativa.

b) *Tapas para interruptores*: Poseen una abertura rectangular por donde sale la palanca del interruptor. En algunos interruptores la palanca es sustituida por un botón para el control de luces y otros artefactos. Estas tapas pueden tener una o tres aberturas, según se trate de interruptores simples, dobles o triples. Ver **Fig. 4.16**.

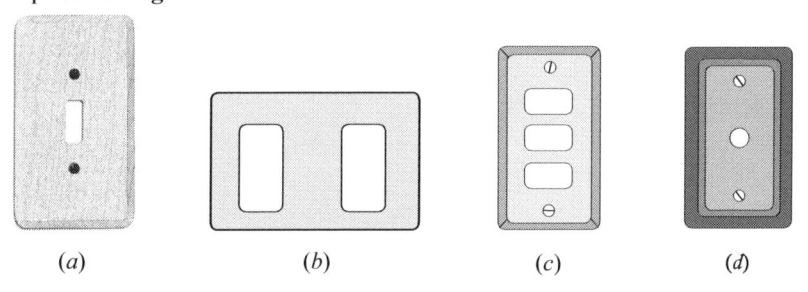

Fig. 4.16 Tapas para interruptores: *a*) tapa de interruptor simple; *b*) tapa de interruptor doble; *c*) tapa de interruptor triple tipo taco; *d*) tapa de botón;

c) *Tapas para tomacorrientes*: Encontramos tapas para tomacorrientes simples, dobles o cuádruples, las cuales poseen una, dos o tres aberturas apropiadas para alojar a los tomacorrientes adecuados. Ver **Fig. 4.17**.

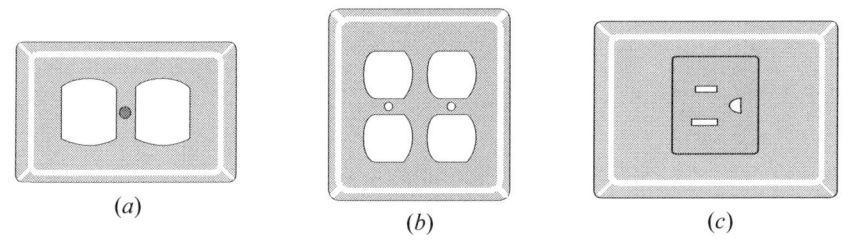

Fig. 4.17 Tapas para tomacorrientes: *a*) tapa para tomacorriente doble; *b*) tapa para tomacorriente cuádruple, *c*) tapa rectangular para tomacorriente sencillo.

d) Tapas combinadas: Tienen orificios para alojar a combinaciones de tomacorrientes e interruptores. Ver **Fig. 4.18**.

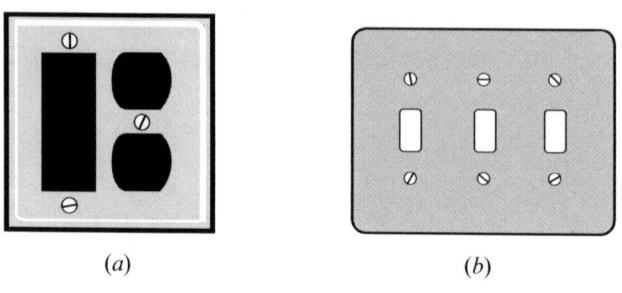

Fig. 4.18 Tapas combinadas: *a*) interruptor más tomacorriente doble; *b*) tres interruptores.

e) Suplementos o extensiones: Se utilizan para instalar interruptores y tomacorrientes en cajas no diseñadas expresamente para alojarlos. Así, por ejemplo, se puede usar un suplemento para atornillar un interruptor de forma rectangular en una caja cuadrada. Ver **Fig. 4.19**.

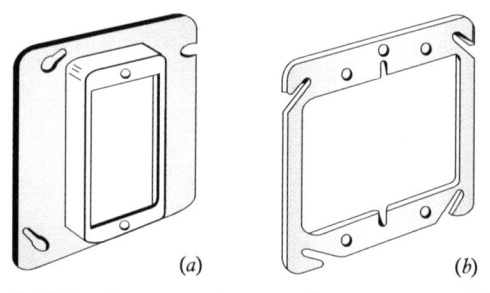

Fig. 4.19 Suplementos: *a*) para un interruptor sencillo; *b*) para dos interruptores sencillos.

4.6 CONEXIONES DE TUBOS A CAJAS

Hemos visto hasta ahora que en una instalación eléctrica se encuentran los conductores que transportan la energía, los tubos donde se colocan los conductores, y las cajas de salida donde se hacen las conexiones para la utilización o el control de la electricidad. Un montaje típico se ilustra en la **Fig. 4.20**: los conductores entran al cajetín de un interruptor a través de un tubo que se conecta al interruptor y que es protegido por la tapa correspondiente. El tipo de acoplamiento entre los cables, los tubos y los cajetines depende del tipo de cable que se utilice en la instalación. Así, tendremos conectores para cables con cubiertas no metálicas (*Romex*, NM,

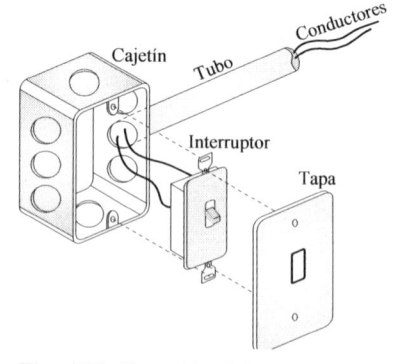

Fig. 4.20 Conexión típica presente en un cajetín de salida. Incluye los cables, los tubos, el cajetín, el interruptor y la tapa correspondiente.

CAPÍTULO 4: CAJAS ELÉCTRICAS   **139**

NMC), cables con cubiertas metálicas (AC, MC), *conduits* no metálicos, *conduits* metálicos. Comercialmente, hay una gran variedad de conectores para unir los cables o tubos a los cajetines. A continuación describiremos los más comunes.

a) **Conectores para cables con cubierta no metálica (NM)**: Como se describió en la sección 2.19 del **Capítulo 2**, este tipo de cable, conocido también como *Romex*, consta de dos o más conductores cubiertos por una chaqueta no metálica. Su nombre formal es NM (*non metalic*) y se puede usar en sitios secos y protegidos, no sometidos a daño mecánico o calor excesivo. Cuando el cable *Romex* penetra en el cajetín, es necesario evitar que se deslice en el orificio del mismo, causando la ruptura del aislante y, posiblemente, cortocircuitos. Para ello se utilizan conectores y sujetadores, de los cuales hay una gran variedad en el mercado.

En la **Fig. 4.21** se muestra un tipo de conector para cables NM y cómo se conecta al cajetín. Al entrar al conector, el cable es sujetado mediante la abrazadera, que, a su vez, se cierra o se abre con los tornillos de sujeción. La tuerca permite sujetar el conector al cajetín. El conector se sujeta de un modo firme por medio de una contratuerca que completa la fijación del conector a la caja. A fin de evitar daños a la cubierta de los conductores, algunos conectores poseen en su interior un buje plástico (pasacable) que impide que dicha cubierta sea rota y se produzcan cortocircuitos dentro del cajetín.

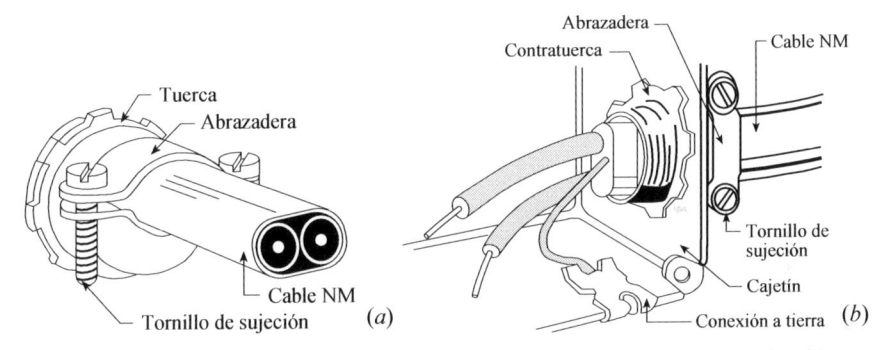

Fig. 4.21 *a*) Detalles de fijación del cable NM al conector. *b*) Detalles de fijación del cable NM al cajetín.

b) **Conectores para cables flexibles con cubierta metálica**: El cable flexible metálico se conoce corrientemente como cable armado AC y tiene una cubierta de acero o aluminio que le proporciona una buena resistencia a daños físicos. La capa aislante de los conductores internos del cable puede fácilmente romperse en los puntos terminales, sea en accesorios (interruptores, tomacorrientes, salidas para luminarias) o en cajas de unión, debido al roce con la armadura metálica. Este tipo de cable se sujeta a los cajetines mediante abrazaderas y, para evitar dañar el aislante de los conductores, se debe colocar pequeños bujes plásticos entre el cable y el conector. En la **Fig. 4.22** se observan varios tipos de conectores para el conductor AC. En el primer conector se observa el buje que protege a los conductores del cable.

Fig. 4.22 Conectores para cables armados (AC).

c) **Conectores para tubos metálicos**: En el **Capítulo 3** se describieron tres tipos de tubos metálicos: tubería EMT, de pared delgada; tubería RMC, de pared gruesa, y tubería IMC, de pared intermedia. Se ha diseñado una gran variedad de conectores para acoplar los *conduits* metálicos a los cajetines, algunos de los cuales se indican en la **Fig. 4.23**. Asimismo se muestra la forma de conectar el tubo metálico al cajetín correspondiente. En general, los conectores y otros accesorios utilizados con tubería EMT son distintos a los que se usan para tubería IMC y RMC. Es aconsejable referirse a las indicaciones de las casas fabricantes, a fin de seleccionar los conectores apropiados para cada aplicación.

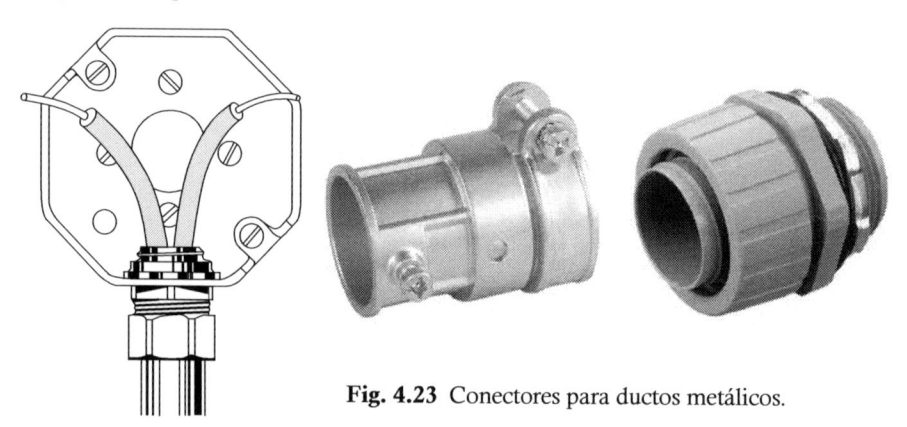

Fig. 4.23 Conectores para ductos metálicos.

d) **Conectores para tubos no metálicos**: En el **Capítulo 3, figuras 3.8** y **3.9**, se muestra uno de los conectores más usados con tuberías de PVC y la forma en que se conecta al cajetín. Cuando la instalación se hace a base de tubos de PVC, se utilizan conectores y otros accesorios especialmente diseñados para este tipo de tubería.

4.7 CONDULETAS (*conduit bodies*)

Aunque en las instalaciones eléctricas a la vista, sobre todo en tubería metálica, se usan cajetines especiales para el empalme de conductores y para la conexión a tomacorrientes, interruptores y luminarias, es común encontrar en ciertos casos, sobre todo en instalaciones industriales, cajas llamadas *conduletas* que proporcionan a la

CAPÍTULO 4: CAJAS ELÉCTRICAS | **141**

instalación una terminación más rígida y segura desde el punto de vista mecánico. Ver la **Fig. 4.24**.

Dada la variedad de formas que tienen las conduletas, son muchas las posibilidades de conexión que se pueden hacer con las mismas. Se convierten, así, en un medio satisfactorio para hacer giros en el recorrido de la instalación, para terminaciones en el recorrido de los circuitos ramales y para el montaje de tomacorrientes e interruptores. Permiten, asimismo, el empalme de conductores y el halado de estos desde puntos distintos de una red eléctrica.

Las conduletas* son, en realidad, cajas metálicas o no metálicas de salida, como las que hemos estudiado, salvo que, en lugar de tapas removibles, poseen tapas atornilladas al cuerpo de la conduleta. Entre la tapa y el cuerpo de la conduleta se coloca una empacadura para evitar la penetración en su interior de líquidos u otras sustancias.

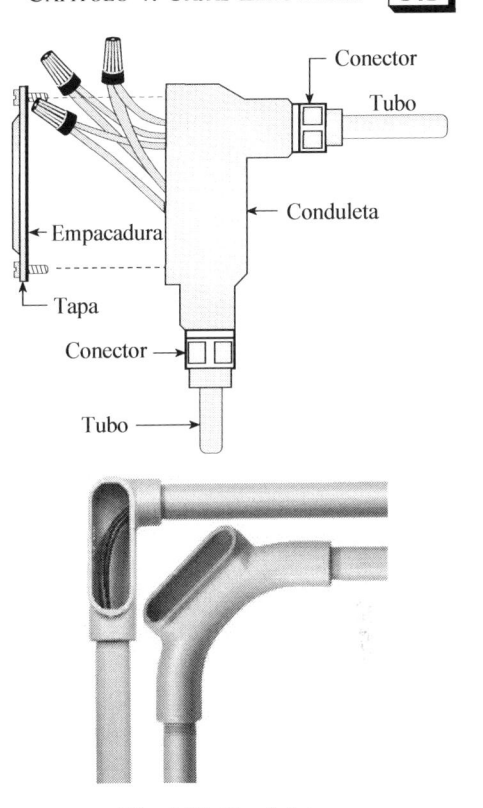

Fig. 4.24 Conduletas.

4.8 CAJAS DE HALADO Y/O DE EMPALMES

Una *caja de halado, de paso o de empalmes* es un recinto cerrado que permite a los conductores eléctricos ser halados, empalmados o cambiados de dirección en una instalación. Sus dimensiones son mayores que las de las cajas usadas para conectar interruptores, tomacorrientes o luminarias. Cuando los conductores son de calibre igual o mayor que 4 AWG, se dificulta el halado de los mismos a través de cajas pequeñas, por lo que es aconsejable ubicar cajas de paso en posiciones estratégicas a lo largo de la instalación. Los codos de 90°, que normalmente se encuentran en las instalaciones con tubos, dificultan el paso de los conductores cuando se halan en la tubería, por lo que se recurre al uso de las cajas de paso para cambiar la dirección del cableado.

Otra ventaja de las cajas de paso es que, dadas sus mayores medidas, permiten hacer empalmes de conductores con más holgura. En ocasiones, cuando lo ameriten, se utilizan estas cajas tanto para el empalme como para el halado de conductores. En la **Fig. 4.25** visualizamos tres tipos de cajas: en la parte (*a*) los conductores simplemente continúan su recorrido en línea recta, mientras que en las partes (*b*) y (*c*) hay cambios de dirección en los conductores de 90° y 180°, respectivamente. En todos los casos es posible realizar empalmes o halado de los conductores debido a las dimensiones holgadas de las cajas. Los tamaños de las cajas de empalme han sido normalizados según se utilicen las cajas para halados en tramos rectos o en ángulos:

---

* Las conduletas se usan en tuberías a la vista, rígidas, de acero galvanizado tipos RMC e IMC y en tuberías de aluminio.

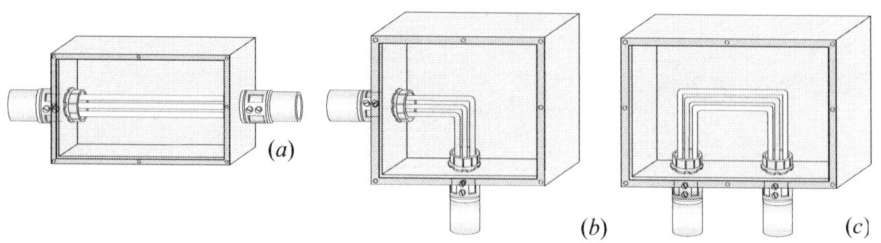

Fig. 4.25 Diferentes tipos de cajas de unión: (*a*) el conductor continúa en línea recta; (*b*) giro en 90°; (*c*) giro en U o 180°.

a) Para halado en tramos rectos: En los tramos rectos, la longitud de la caja no será inferior a ocho veces la designación métrica o el tamaño comercial del tubo más grande que entra a la misma.

b) Para halados en ángulos: Cuando se hagan halados o derivaciones en ángulos en L (90°) o en U (180°), la distancia entre la entrada de cada tubo a la caja y la pared opuesta a la misma no será inferior a seis veces la designación métrica o tamaño comercial del tubo de mayor sección de una fila de tubos. Esta distancia se aumentará por las entradas adicionales en una cantidad que sea la suma de los diámetros de todos los demás ductos que entran en la misma fila, por la misma pared de la caja. Cada fila se calculará por separado y se tomará la que dé la distancia máxima. Así, por ejemplo, supongamos que un tubo de tamaño comercial 2 entra a una caja. Su mínima longitud debe ser de 12 pulgadas (6 • 2 = 12). Si, adicionalmente, dos tubos de tamaño comercial 1/2 y uno de tamaño comercial 4 entran en la caja en una misma fila, la longitud total debe ser:

$$12 + 2 \cdot 1/2 + 4 = 17 \text{ pulgadas}$$

La distancia entre las entradas de ductos que contengan el mismo conductor no será inferior a seis veces la designación métrica o el tamaño comercial del tubo más grande.

Por otro lado, las cajas de empalme y de halado deben estar dotadas de tapas adecuadas para las condiciones de uso. Estas tapas deben ser puestas a tierra. Asimismo, según las normas, todos los conductores que entran o salen de las cajas deben ser protegidos contra la abrasión, para lo cual se deben asegurar mediante los conectores apropiados. La **Fig. 4.26** muestra una caja de empalme.

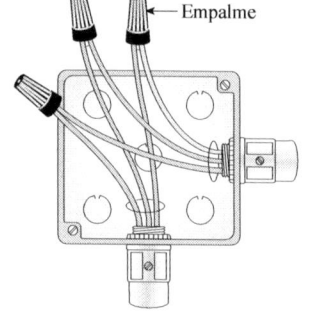

Fig. 4.26 Todos los conductores que entran o salen de una caja de empalme deben estar protegidos con los conectores apropiados. Observa los empalmes de los conductores dentro de la caja.

4.9 CAJAS A PRUEBA DE INTEMPERIE

Las cajas a prueba de intemperie impiden la penetración de humedad hacia su interior. Estas cajas pueden alojar a tomacorrientes o interruptores y se deben usar en aquellos sitios donde puedan estar sujetas a la lluvia o a la humedad, como las cercanías de cuerpos de aguas (piscinas, fuentes, etc.) en el exterior de casas y condominios. Son fabricadas en metal o material plástico:

CAPÍTULO 4: CAJAS ELÉCTRICAS 143

> *En lugares húmedos o mojados, las cajas y sus accesorios estarán ubicadas y equipadas para evitar la entrada o acumulación de humedad dentro de ellas. Es necesario que las cajas a ser usadas en lugares húmedos o mojados estén aprobadas para ser usadas en esos lugares.*

Las cajas a prueba de intemperie están provistas de tapas que, mediante empacaduras y un sistema de resortes, aseguran su impermeabilidad. Hay dos tipos de tapas para cajas a prueba de intemperie: aquellas que son impermeables solo mientras la tapa está cerrada y las que son impermeables aun cuando algún artefacto eléctrico esté conectado o no a un tomacorriente. Estas tapas pueden estar a ras con la pared terminada o, simplemente, sobresalen cuando la instalación se hace exterior a la pared. La **Fig. 4.27** presenta varios tipos de tapas para cajas a prueba de intemperie.

Fig. 4.27 Distintos tipos de tapas para cajas a prueba de intemperie.

Vale la pena mencionar las definiciones de lugares húmedos (*damp*) y mojados (*wet*), así como su relación con los tomacorrientes instalados bajo esas dos condiciones:

(A) **Lugares húmedos**: *Un tomacorriente instalado en áreas exteriores, en un lugar protegido de la intemperie o en otros lugares húmedos, debe tener una tapa o envolvente a prueba de intemperie cuando no haya ningún enchufe conectado.*

Se considera que un tomacorriente se encuentra en un lugar protegido de la intemperie cuando esté ubicado en corredores abiertos techados y no esté expuesto a la lluvia con viento ni al agua que se escurra sobre su superficie.

(B) **Lugares mojados**: *Los tomacorrientes de 15 y 20 amperios y de 120/240 V, instalados en áreas externas y en lugares mojados, deberán tener una tapa a prueba de intemperie, ya sea con el enchufe insertado o no.*

En edificios comerciales y en algunas instalaciones residenciales es necesario disponer de energía eléctrica en sitios alejados de las salidas normales, ubicadas en paredes. Tal sería el caso de oficinas bancarias o estaciones de computación. En lugar de llevar cordones de extensión hasta el lugar de utilización, se pueden usar tomacorrientes colocados en el piso. Estas salidas deben tener cajas, tomacorrientes y tapas aprobadas específicamente para ser empotradas en el piso. En particular, deben estar selladas para evitar, en lo posible, la penetración de agua y polvo en su interior. La **Fig. 4.28** ilustra algunas de estas cajas, de distintos fabricantes.

Fig. 4.28 Cajas, tomacorrientes y tapas para uso a ras de piso.

4.10 REFERENCIAS ADICIONALES RELACIONADAS CON LAS CAJAS

En los códigos eléctricos se establece una serie de disposiciones relacionadas con el uso de cajas de salida y de dispositivos (interruptores, tomacorrientes y salidas de luminarias), algunos de los cuales hemos mencionado en el presente capítulo. Además, consideramos de interés mencionar otras normas relacionadas con este tema.

Cajas, conduletas y otros accesorios: *Cuando se instalen tubos de PVC, tubos metálicos, cables no metálicos (NMC), cables armados u otro tipo de cables, se deben colocar cajas o conduletas donde haya empalmes de conductores, tomacorrientes, interruptores, puntos de distribución, puntos de halado o puntos terminales.*

Protección: *En las entradas y salidas de cables en los tubos de PVC o tubos metálicos, se deben usar accesorios al final de los mismos para proteger a los cables de la abrasión.*

Cajas metálicas: *Todas las cajas metálicas serán puestas a tierra.*

Cajas y conduletas no metálicas: *Las cajas y conduletas no metálicas serán adecuadas para el conductor de temperatura nominal más baja que entre en ellas. Cuando se utilicen tubos flexibles para encerrar a los conductores, esos tubos tendrán que sobresalir desde el último soporte aislante hasta no menos de 6 mm dentro de la caja y por debajo de cualquier abrazadera del cable.*

Peso máximo de luminarias: *En las cajas de salida no podrán instalarse luminarias que pesen más de 23 kg. Cuando el peso supere esta cantidad, la luminaria deberá soportarse de manera independiente de la caja de salida.*

Cajas de salida para ventiladores de techo: *Las cajas de salida, usadas como único soporte de ventiladores de techo, se deben aprobar para esa aplicación y no deben soportar ventiladores que pesen más de 32 kg. Las cajas de salida, diseñadas para soportar ventiladores de techo con peso superior a 16 kg, deben tener marcado el máximo peso que son capaces de soportar.*

Resistencia a la corrosión: *Las cajas, conduletas y accesorios metálicos serán resistentes a la corrosión o estarán galvanizados, esmaltados o recubiertos de un modo* *adecuado, por dentro y por fuera, para evitar la corrosión.*

Espesor del metal: *Las cajas de chapa de acero con un volumen no mayor que 1.650 cm³ estarán construidas de modo que las láminas metálicas que conforman sus paredes tengan un espesor mayor que 1.59 mm.*

Pasacables (bujes): *Las tapas de las cajas de salida que posean agujeros a través de los cuales puedan pasar cordones sueltos o colgantes estarán dotadas de pasacables sobre los cuales se deslice el cable sin sufrir daños.*

4.11 DETERMINACIÓN DEL NÚMERO DE CONDUCTORES EN UNA CAJA

Las cajas y conduletas deben tener una capacidad suficientemente grande a fin de proveer un espacio libre para todos los conductores encerrados en las mismas. Las cajas utilizadas para dispositivos (tomacorrientes, interruptores y luminarias) tendrán un volumen interno que no debe ser excedido por los conductores, dispositivos y accesorios que estén dentro de ese volumen.

Las cajas, además de alojar a los conductores, deben tener un volumen adecuado para que puedan ubicarse en su interior, sin sufrir daño alguno, los dispositivos que utilizan la energía eléctrica. Cuando las cajas no tienen las dimensiones apropiadas, pueden producirse roturas del aislamiento de los conductores y cortocircuitos al manipular los elementos que se encuentran en su interior. En conclusión, para el cálculo del tamaño de la caja, es de suma importancia que se tenga en cuenta el número y calibre de los conductores, así como los dispositivos y accesorios contenidos en la misma.

El volumen total de una caja comprende su capacidad normal, más el de las extensiones que aumenten su capacidad. Estas extensiones se utilizan a fin de suministrar más espacio para el alojamiento de conductores en las cajas, tal como se indica en la **Fig. 4.29**.

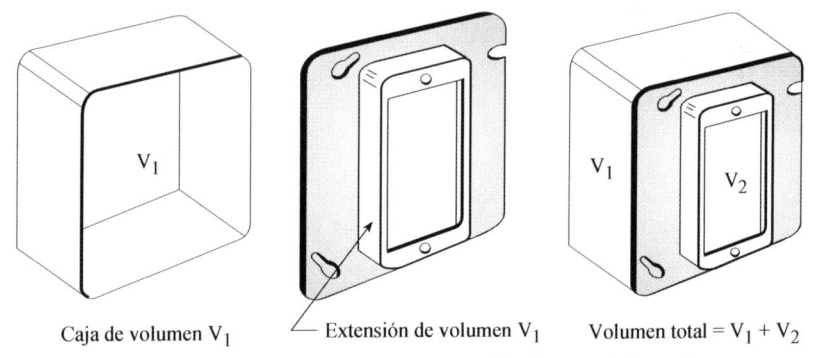

Caja de volumen V_1 Extensión de volumen V_1 Volumen total = $V_1 + V_2$

Fig. 4.29 Las extensiones aumentan el volumen de las cajas.

Cuando las cajas no contengan interruptores, tomacorrientes, soportes de luminarias o conductores de puesta a tierra, la **Tabla 4.1** (ver, también, la **Tabla C1** del **Apéndice C**) especifica el número máximo de conductores en su interior. Allí se establecen las dimensiones de las cajas en mm y en pulgadas (largo, ancho y profundidad), el tipo de caja (redonda, cuadrada, octogonal, rectangular), el volumen mínimo que deben tener, expresado en mm³ y pulg³, y el número máximo de conductores en las distintas cajas. Las cajas no metálicas deben ser marcadas por los fabricantes con su máxima capacidad en mm³ o pulg³. Asimismo, en la **Tabla 4.2** correspondiente se establece el volumen permitido para cada conductor.

Tamaño comercial y tipo de caja			Volumen mínimo		Número máximo de conductores para los calibres indicados					
mm	pulg	Tipo de caja	cm³	pulg³	16	14	12	10	8	6
100 x 32	4 x 1 1/4	Redonda/Octogonal	205	12.5	7	6	5	5	5	2
100 x 38	4 x 1 1/2	Redonda/Octogonal	254	15.5	8	7	[6]	6	5	3
100 x 54	4 x 2 1/8	Redonda/Octogonal	353	21.5	12	10	9	8	7	4
100 x 32	4 x 1 1/4	Cuadrada	295	18.0	10	9	8	7	6	3
100 x 38	4 x 1 1/2	Cuadrada	344	21.0	12	10	9	8	7	4
100 x 54	4 x 2 1/8	Cuadrada	497	30.3	17	15	13	12	10	6
120 x 32	4 11/16 x 1 1/4	Cuadrada	418	25.5	14	12	11	10	8	5
120 x 38	4 11/16 x 1 1/2	Cuadrada	484	29.5	16	14	13	11	9	5
120 x 54	4 11/16 x 2 1/8	Cuadrada	689	42.0	24	21	18	16	14	8
75 x 30 x 38	3 x 2 x 1 1/2	Dispositivo	123	7.5	4	3	3	3	2	1
75 x 50 x 50	3 x 2 x 2	Dispositivo	164	10.0	5	5	(4)	4	3	2
75 x 50 x 57	3 x 2 x 2 1/2	Dispositivo	172	10.5	6	5	4	4	3	2
75 x 50 x 65	3 x 2 x 2 1/2	Dispositivo	205	12.5	7	6	5	5	4	2
75 x 50 x 70	3 x 2 x 2 3/4	Dispositivo	230	14.0	8	7	6	5	4	2
75 x 50 x 90	3 x 2 x 3 1/2	Dispositivo	295	18.0	10	9	8	7	6	3
10 x 54 x 38	4 x 2 1/8 x 1 1/2	Dispositivo	169	10.3	5	5	4	4	3	2
10 x 54 x 48	4 x 2 1/8 x 1 1/2	Dispositivo	213	13.0	7	6	5	5	4	2
10 x 54 x 54	4 x 2 1/8 x 2 1/8	Dispositivo	283	14.5	8	7	6	5	4	2
95 x 50 x 65	3 3/4 x 2 x 2 1/2	Mampostería uso múltiple	230	14.0	8	7	6	5	4	2
95 x 50 x 90	3 3/4 x 2 x 3 1/2	Mampostería uso múltiple	344	21.0	12	10	9	8	7	4

Tabla 4.1 Número máximo de conductores en una caja metálica.

Cuando los conductores son del mismo calibre, las **tablas 4.1** y **4.2** permiten determinar el número de conductores en la caja o el tamaño de la caja para un número de conductores. A continuación estudiamos cómo se debe calcular el volumen ocupado por los conductores y demás elementos en el interior de una caja.

Podemos distinguir las siguientes situaciones cuando se trata de conductores que atraviesan, se empalman o forman bucles en una caja:

Calibre del conductor (AWG)	Espacio libre dentro de la caja para cada conductor	
	cm³	pulg³
16	28.7	1.75
14	32.8	2.00
12	36.9	2.25
10	41.0	2.50
8	49.2	3.00
6	81.9	5.00

Tabla 4.2 Volumen requerido por cada conductor.

1. *Cada conductor que pasa a través de una caja sin ser cortado o empatado con otros conductores o sin formar bucles se debe contar como un solo conductor. Ver* **Fig. 4.30**.

2. *Cuando un conductor entra a una caja, para realizar empalmes o para la conexión a luminarias o a dispositivos, al menos 150 mm de conductor libre se deben dejar desde el punto donde el conductor entra a la caja hasta el bucle. Es decir, los bucles deben*

CAPÍTULO 4: CAJAS ELÉCTRICAS

tener una longitud superior a 300 mm. Cada bucle se contará como dos conductores, a los efectos de determinar el número de conductores que están presentes en la caja. La **Fig. 4.31** *nos presenta esta situación.*

Conductores que atraviesan la caja sin empalmes y sin bucles

Dos conductores atraviesan la caja sin empalmes y sin bucles

Un conductor hace un bucle de longitud superior a 300 mm

Número de conductores: 3

Número de conductores: 4

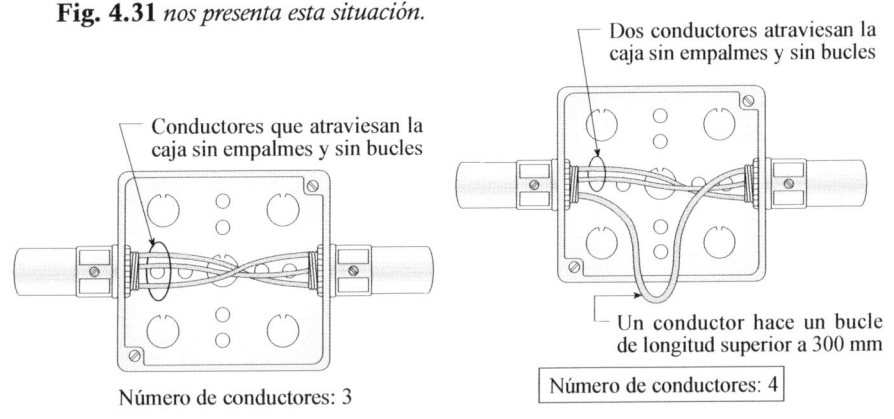

Fig. 4.30 Cada conductor que entra y sale cuenta como uno solo.

Fig. 4.31 Cada bucle de longitud superior a 300 mm cuenta como dos conductores.

3. *Cuando se producen empalmes dentro de una caja, cada uno de los conductores que forman el empalme y que entra y sale de ella se debe contar como un conductor. Es decir, cada empalme originará dos conductores a ser contados. Ver* **Fig. 4.32**.

4. *Aquellos conductores que se originan y terminan en una caja no se deben contar para los efectos de ocupación de la misma. Ver* **Fig. 4.33**.

2 conductores

Empalme
Dos conductores

2 conductores

3 conductores THHW
3 conductores THHW

N° de conductores: 6

Fig. 4.32 Cada empalme cuenta como dos conductores.

Estos conductores se originan y terminan en la caja. No se cuentan.

Estos conductores se originan y terminan en la caja. No se cuentan.

Puesta a tierra

3 conductores THHW
3 conductores THHW

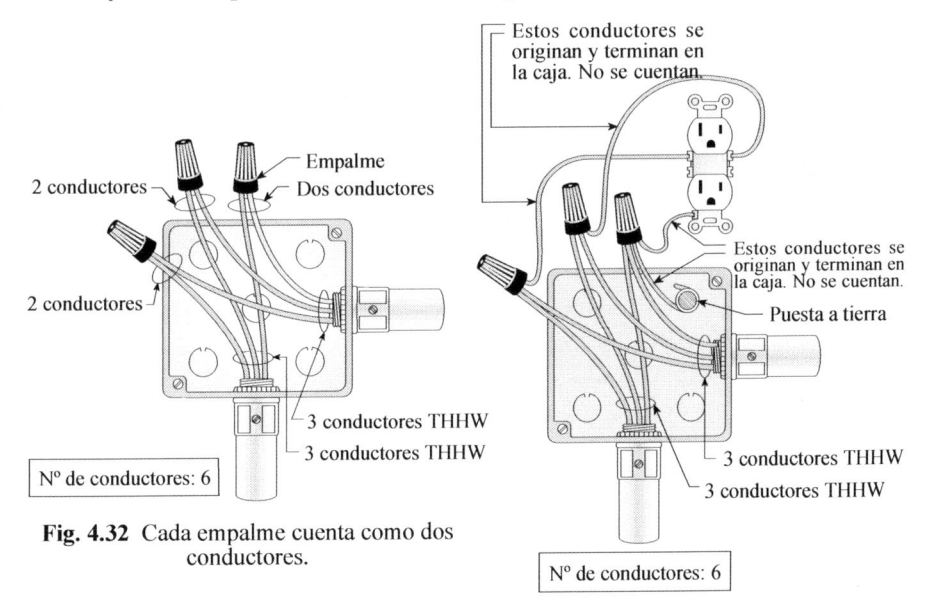

N° de conductores: 6

Fig. 4.33 Los conductores que se originan y terminan en la misma caja no se cuentan para efectos de la determinación de la capacidad de la misma.

5. *Los conductores de calibres superiores a 18 AWG, que provengan de las luminarias, se deben contar para determinar la capacidad de las cajas que soportarán las luminarias. Hay una excepción en relación con una luminaria: cuando el número de conductores de calibre inferior al 14 AWG es menor que 4 y están encerrados en un aplique con forma de cúpula, no se deben contar para calcular la capacidad de la caja. Ver* **Fig. 4.34**.

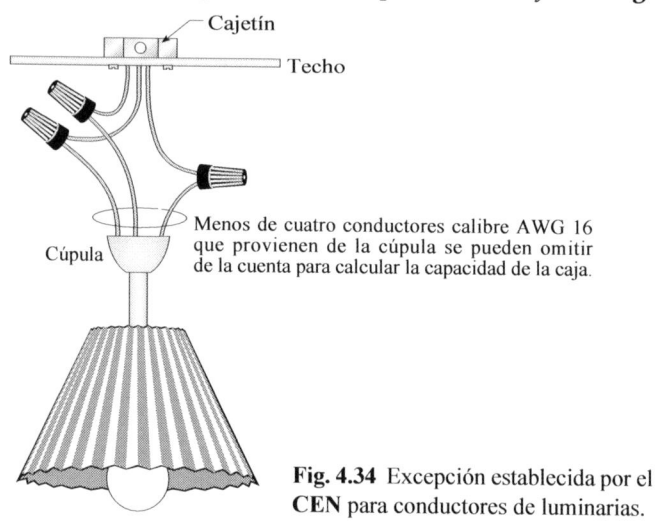

Fig. 4.34 Excepción establecida por el **CEN** para conductores de luminarias.

Ejemplo 4.1

Tres conductores THHW, calibre 12 AWG, se empalman en una caja a tres conductores THHN, calibre 12. Determina el tamaño de la caja para alojar a los seis conductores.

Solución

Este caso es similar al que se muestra en la **Fig. 4.32**: tres conductores THHW se empalman a otros tres conductores THHN. Todos los conductores son calibre 12. La norma no establece diferencia entre conductores de distintos aislamientos en cuanto al cálculo del volumen de la caja y solo sus calibres son tomados en cuenta. Como tenemos seis conductores calibre 12, la columna 8 de la **Tabla 4.1** (rectángulo) establece que se puede seleccionar una caja redonda/octogonal de 100 x 38 mm (4 x 1 1/2 pulg).

Ejemplo 4.2

a) ¿Cuántos conductores TW, calibre 12 AWG, pueden alojarse en una caja metálica rectangular de dimensiones estándar 75 x 50 x 50 cm?; *b)* ¿cuántos, si se trata de conductores THHN del mismo calibre?

Solución

a) Según la **Tabla 4.1**, la caja 75 x 50 x 50 cm puede alojar a cuatro conductores (óvalo en la **Tabla**).

CAPÍTULO 4: CAJAS ELÉCTRICAS   149

b) Las normas no establecen diferencias entre conductores basadas en su aislamiento. Por tanto, el número de conductores THHN es también cuatro.

La **Tabla 4.1** no tiene en cuenta el espacio ocupado por abrazaderas, accesorios, dispositivos (tomacorrientes, interruptores, luminarias) o conductores usados para conexión a tierra en las cajas. Sin embargo, estos elementos se deben tomar en consideración para el cálculo de las cajas. Para ello, se hace que el volumen ocupado por el elemento equivalga al que ocupa un conductor.

6. *Volumen ocupado por abrazaderas: Una o más abrazaderas, utilizadas dentro de las cajas para sostener cables o conductores, deben contarse como un solo conductor, teniendo en cuenta el conductor de mayor calibre que entra en la caja. Es decir, todas las abrazaderas se consideran como si fueran un único conductor para los efectos del cálculo del volumen de la caja. Ver* **Fig. 4.35**.

7. *Volumen de accesorios: Los pequeños accesorios, como conectores, tuercas y contratuercas y bujes (pasacables), no se tienen en cuenta para el cálculo del volumen de la caja. Ver* **Fig. 4.36**.

Los pequeños accesorios como conectores, bujes, tuercas y contratuercas, no se tienen en cuenta para calcular el volumen de las cajas

Pequeños accesorios

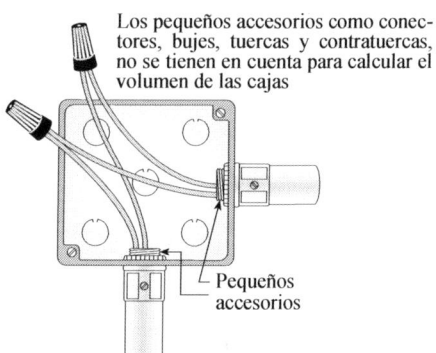

Una abrazadera se cuenta como un solo conductor

Fig. 4.36 Los pequeños accesorios no cuentan para el cálculo del volumen de las cajas.

Número de conductores: 3

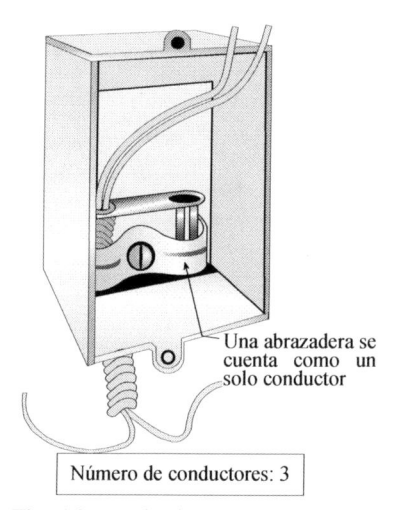

Fig. 4.35 Todas las abrazaderas deben contarse como si se tratara de un conductor del calibre más alto que entra en la caja.

Cajetín

Accesorio (conductores: 1)

Vástago (conductores: 0)

8. *Volumen de herrajes de sujeción: Cada uno de los herrajes de sujeción y otros accesorios presentes en una caja se contará como un conductor, basándose en el conductor de mayor calibre presente en la caja. Ver* **Fig. 4.37**.

Lámpara

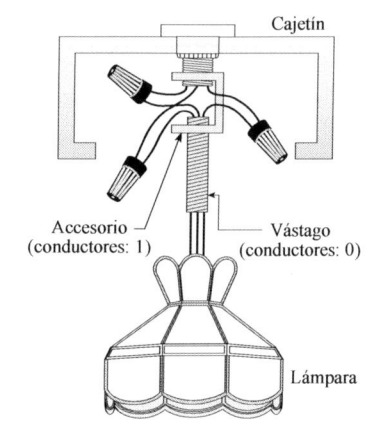

Fig. 4.37 Los herrajes de luminarias, con excepción del vástago que va a la lámpara, se cuentan como un conductor.

9. *Volumen de equipos y dispositivos: Cada horquilla o pletina (base donde se asientan tomacorrientes, interruptores y equipos) debe ser contada como dos conductores, basándose en el conductor de calibre mayor que entra en la caja. Ver* **Fig. 4.38**.

10. *Volumen de los conductores de puesta a tierra: Uno o más conductores de puesta a tierra de equipos se cuentan como un solo conductor, correspondiente al conductor de puesta a tierra de mayor calibre que entra en la caja. Ver* **Fig. 4.39**.

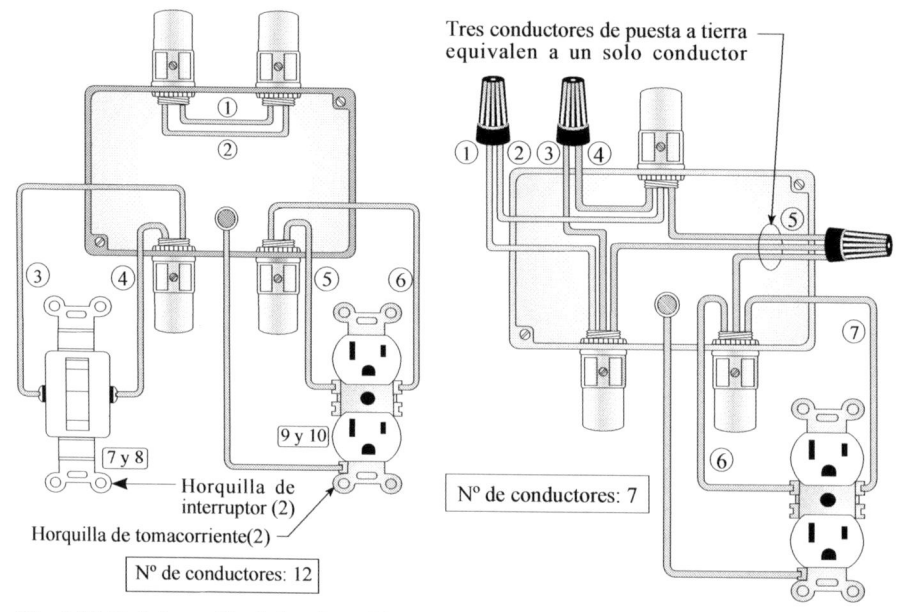

Fig. 4.38 Cada horquilla de los dispositivos (interruptor y tomacorriente) se debe contar como dos conductores, teniendo en cuenta el conductor de mayor calibre que entra en la caja.

Fig. 4.39 Cada tres o más conductores usados para conexión a tierra de equipos se cuentan como si fueran un solo conductor, referido al conductor de mayor calibre que entra en la caja metálica.

Todo lo antes expuesto se puede resumir en las siguientes reglas para seleccionar una caja de acuerdo con el número real de conductores o de los conductores equivalentes, correspondientes a accesorios, abrazaderas, conductores de tierra, tomacorrientes, interruptores y herrajes:

   a) Cada conductor que entra en la caja equivale a un conductor.

   b) Cada conductor que sale de la caja equivale a un conductor.

   c) Cada dispositivo (tomacorriente, interruptor) equivale a dos conductores del mayor calibre presentes en la caja.

   d) Todos los conductores de puesta a tierra en la caja equivalen a un solo conductor del mayor calibre presente en la caja.

   e) Todas las abrazaderas en la caja son equivalentes a un conductor del mayor calibre presente en la caja.

CAPÍTULO 4: CAJAS ELÉCTRICAS | 151

f) Cada accesorio para herraje de sujeción de luminarias, como manguitos, pasadores, etc., equivalen a un solo conductor del mayor calibre presente en la caja.

g) Los conductores que se originan en la caja, y que no salen de ella, no se deben tener en consideración para la cuenta del número de conductores presentes en la caja.

- Una vez que se determina el número de conductores, se utiliza la **Tabla 4.1** para seleccionar la caja, teniendo en cuenta que dicho número no debe superar al que allí figura.

- Si la caja contiene conductores de distintos calibres, se determina el volumen ocupado por los mismos (tomando en consideración los conductores reales o el equivalente de accesorios y dispositivos) y se usa la **Tabla 4.2** para seleccionar la caja.

- Cuando la caja metálica no aparezca en la lista de la **Tabla 4.1**, o se vaya a usar una caja plástica o de fibra de vidrio, se deben medir las dimensiones de la caja para determinar su volumen. Luego, se debe consultar la **Tabla 4.2** para escoger la caja.

Con el fin de calcular o seleccionar el tamaño apropiado de la caja para alojar un cierto número de conductores, se deben tomar en cuenta los conductores, las abrazaderas y otros elementos de herraje y los dispositivos (tomacorrientes, interruptores). Además, hay que ser cuidadoso con aquellos elementos que no se cuentan para determinar las dimensiones de la caja.

Ejemplo 4.3

Determina el número de conductores (todos calibre 12 AWG) o su equivalente para la caja de la **Fig 4.40**. A partir del resultado, determina la caja apropiada para esta aplicación

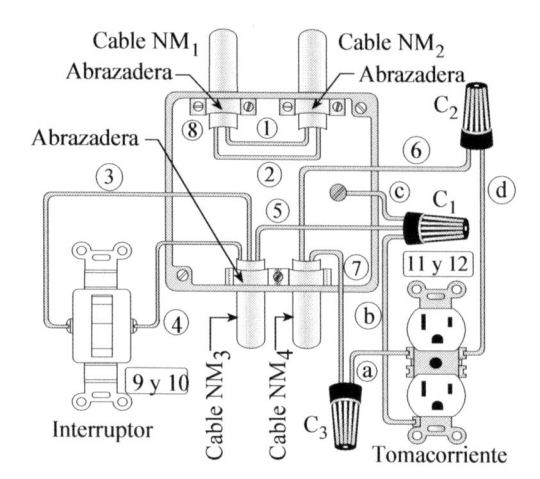

Fig. 4.40 Ejemplo 4.3.

Solución

A la caja entran cuatro cables NM. Los cables NM_1 y NM_2, que se encuentran en la parte superior de la **Fig. 4.40**, están sujetos por medio de abrazaderas y cada uno de ellos tiene dos conductores. Los otros dos cables NM (NM_3 y NM_4) tienen tres y dos conductores, respectivamente, y están sujetos a la caja mediante una sola abrazadera.

Conductores reales (ver siguiente tabla y la **Fig. 4.40**):

Conductor	Ubicado entre	N° conductores
1	NM_1 y NM_2	1
2	NM_1 y NM_2	1
3	Interruptor y NM_3	1
4	Interruptor y NM_3	1
5	NM_3 y C_1	1
6	NM_4 y C_2	1
7	NM_4 y C_3	1

Abrazaderas: Tres, que equivalen a 1 conductor.

Total conductores equivalentes (abrazaderas): 1

Dispositivos: Un interruptor y un tomacorriente, equivalentes a dos conductores N° 12 cada uno, para un total de cuatro conductores equivalentes.

Total conductores equivalentes (dispositivos): 4

Conductores que no se cuentan: Los conductores *a*, *b*, *c* y *d* no salen de la caja ni inciden sobre la cuenta de conductores.

Número de conductores: Corresponde a la suma de los señalados anteriormente:

Total conductores: 12

CAPÍTULO 4: CAJAS ELÉCTRICAS | 153

La **Tabla 4.1** nos indica que se pueden seleccionar cajas cuadradas de 100 x 54 mm, o de 120 x 38 cm, que son capaces de alojar a trece conductores.

Ejemplo 4.4

Se tiene una caja metálica rectangular, no listada, de dimensiones 100 x 54 x 40 mm, usada para alojar a dos cables *romex* (NM), uno de los cuales posee dos conductores calibre 12 AWG más el cable de tierra, y el otro tiene dos conductores calibre 14 AWG más el cable de tierra, tal como se indica en la **Fig. 4.41**. La caja posee dos abrazaderas para fijar los cables, de los que se alimenta un tomacorriente con conexión a tierra. Determina si la caja no listada es apropiada para el uso que se le quiere dar.

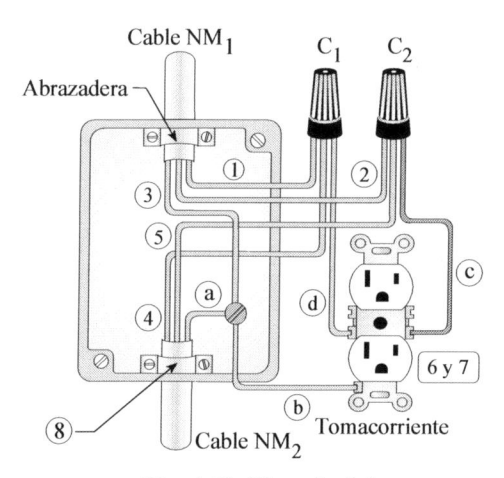

Fig. 4.41 Ejemplo 4.4.

Solución

Conductores reales (ver **Fig. 4.41**):

Conductor	Ubicado entre	N° conductores
1	NM$_1$ y C$_1$	1
2	NM$_1$ y C$_2$	1
3	NM$_1$ y Tierra	1
4	C$_1$ y NM$_2$	1
5	C$_2$ y NM$_2$	1

Total conductores reales: 5

Abrazaderas: Dos, que equivalen a 1 conductor.

Total conductores equivalentes (abrazaderas): 1

Dispositivos: Un tomacorriente, equivalente a dos conductores N° 12.

Total conductores equivalentes (dispositivos): 2

Conductores que no se cuentan: Los conductores *b*, *c* y *d* no salen de la caja ni inciden sobre la cuenta de conductores.

Conductores de tierra de equipos: Hay dos conductores de tierra designados como 3 y *a*, que entran y salen de la caja. Ambos son tenidos en cuenta como un solo conductor, el designado con el número 3, que ya fue incluido como conductor real.

Número de conductores: Corresponde a la suma de los señalados anteriormente, teniendo en cuenta el conductor de mayor calibre, en este caso el calibre 12 AWG.

Total conductores: 8

Haciendo uso de la **Tabla 4.2**, vemos que cada conductor calibre 12 AWG ocupa un volumen de 36.9 mm^3. Como tenemos ocho conductores, el volumen total será de 8 x 36.9 = 295.20 cm^3.

El volumen de la caja es: V = 10 x 5.4 x 4 = 216 cm^3

Se deduce que la caja no es adecuada para el uso que se aspira a darle, ya que el volumen representado por los conductores rebasa su capacidad.

Ejemplo 4.5

Dos cables *romex* tipos 2-14 AWG y 2-12 AWG, ambos con conductores de puesta a tierra, se interconectan en un cajetín octogonal donde están sujetos mediante cuatro abrazaderas. Los cables de cada calibre se unen en la caja, mediante conectores (*pigtails*), como lo indica la **Fig. 4.42**. Selecciona la caja octogonal apropiada.

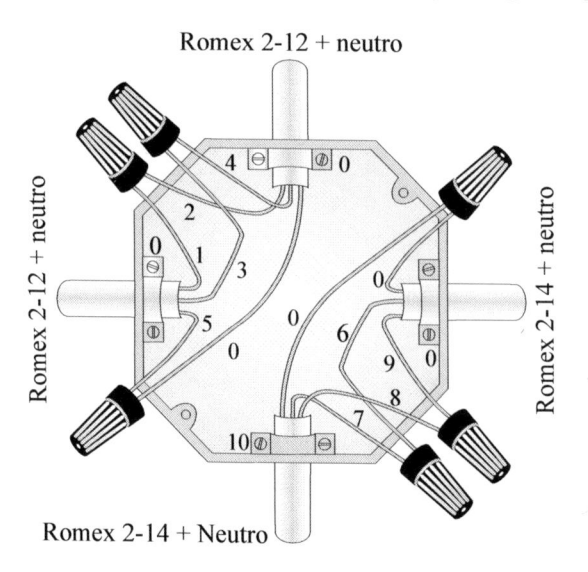

Fig. 4.42 Ejemplo 4.5.

CAPÍTULO 4: CAJAS ELÉCTRICAS

Solución

Según el enunciado del problema, se trata de conductores de distintos calibres. Por tanto, hay que determinar el volumen ocupado por cada conductor utilizando la **Tabla 4.2**.

Conductores de fase: Corresponden a aquellos numerados como 1, 2, 3, 4, 6, 7, 8 y 9. En total, ocho conductores a ser tenidos en cuenta, de los cuales cuatro son calibre 12 y cuatro calibre 14. Su volumen, de acuerdo con la **Tabla 4.2**, es:

$$4 \cdot 36.9 + 4 \cdot 32.8 = 278.8 \text{ cm}^3$$

Conductores de puesta a tierra: Corresponden a los conductores 5 y a los que tienen el número cero. Los numerados con cero, no se tienen en cuenta para la capacidad de la caja. En total, es un solo conductor a ser tenido en cuenta, según el conductor de mayor calibre, que es el 12 AWG. El volumen será, según la **Tabla 4.2**, de 36.9 cm^3.

Abrazaderas: Hay un total de cuatro abrazaderas que equivalen a un solo conductor calibre 12 AWG. El volumen a ser tenido en cuenta es de 36.9 cm^3.
El volumen total es: $V = 278.8 + 36.9 + 36.9 = 352.6$ cm^3

La **Tabla 4.1** indica que se puede usar una caja octogonal de dimensiones 100 x 54 cm, la cual tiene una capacidad de 353 cm^3.

4.12 CÁLCULO DE LAS CAJAS CUANDO LOS CONDUCTORES SON DE CALIBRE IGUAL O MAYOR QUE 4 AWG

Cuando los conductores sobrepasan el tamaño 4 AWG, se deben seguir las normas que a continuación se describen, con el fin de calcular las cajas y conduletas de conexión y de halado. El seguimiento de estas normas evita daños al aislamiento de los conductores o cables dentro de la caja. A continuación se describen las normas que se aplican a este caso.

Halado en tramos rectos

En los tramos rectos, la longitud de la caja no debe ser menor que ocho veces la designación métrica (tamaño comercial) del tubo de mayor diámetro que entra en la caja. Ver **Fig. 4.43**.

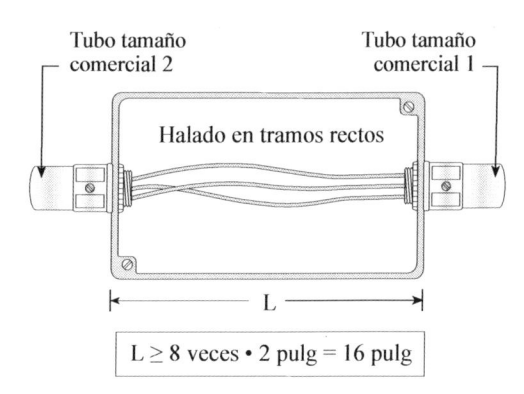

Fig. 4.43 Halado en tramo recto: la longitud de la caja debe ser igual o mayor que ocho veces la designación de la tubería de mayor diámetro.

Halado en ángulo

Se habla de halado en ángulo cuando los conductores de calibre igual o superior a 4 AWG entran por una cara de la caja y salen por otra cara, no opuesta a la anterior. Para halados en ángulos, la distancia entre cada entrada o salida de ducto en la caja y la distancia a la pared opuesta a la misma no serán inferiores a seis veces la designación métrica (tamaño comercial) del ducto de mayor diámetro de una fila. A esta cantidad hay que añadir los diámetros de los otros ductos en la misma pared y la misma fila. Ver **Fig. 4.44**. Cuando hay más de una fila de ductos en una cara de la caja, se debe calcular cada

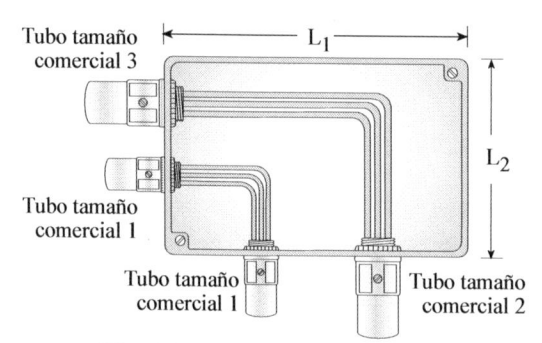

Nota: en realidad el ángulo de la curva no es como el mostrado, por cuanto en la práctica es difícil lograr un ángulo de 90° para conductores de calibre igual o mayor que 4 AWG. Esta nota es válida para otras figuras de esta sección.

$$L_1 \geq 6 \cdot 3 + 1 = 19 \text{ pulg}$$

$$L_2 \geq 6 \cdot 2 + 1 = 13 \text{ pulg}$$

Fig. 4.44 Halado en ángulo: Forma de calcular las longitudes de las caras.

fila separadamente y aquella con el mayor valor será la que prevalezca para obtener la longitud de la caja en una dirección. Ver **Fig. 4.45**.

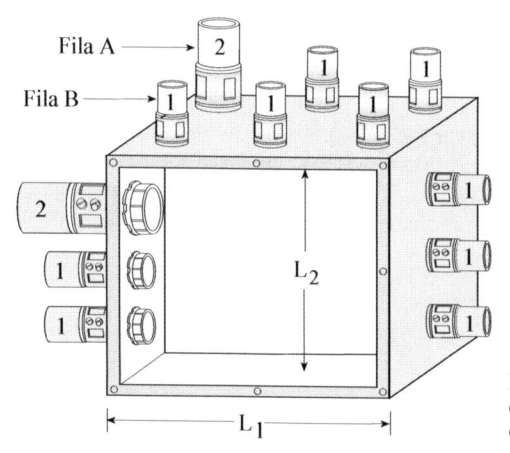

$$L_1 \geq 6 \cdot 2 + 1 + 1 = 14 \text{ pulg}$$

$$L_2 \geq 6 \cdot 2 + 1 + 1 = 14 \text{ pulg}$$

$$L_2 \geq 6 \cdot 1 + 1 + 1 = 8 \text{ pulg}$$

Fig. 4.45 Cálculo de las dimensiones de una caja cuando hay más de una fila de ductos en una de sus caras.

Como se puede observar en la **Fig. 4.45**, la cara superior de la caja tiene dos filas de ductos: las filas **A** y **B**. La **fila A** tiene un ducto de tamaño 2 y dos ductos de tamaño 1. Las dimensiones L_{2A} y L_{2B}, debidas a las filas **A** y **B**, son:

$$L_{2A} = 2 \cdot 6 + 1 + 1 = 14 \text{ pulg} \qquad L_{2B} = 1 \cdot 6 + 1 + 1 = 8 \text{ pulg}$$

Puesto que $L_{2A} > L_{2B}$, se toma L_{2A} como la dimensión L_1. La dimensión L_1 vendrá dada por:

$$L_1 = 2 \cdot 6 + 1 + 1 = 14 \text{ pulg}$$

Halado en U

El halado en **U** tiene lugar cuando los conductores entran y salen por la misma cara de la caja. En este caso, la distancia desde el punto donde el tubo entra en la caja hasta la cara opuesta debe ser mayor que seis veces la designación métrica o tamaño comercial del ducto que tenga mayor diámetro en una fila. Ver **Fig. 4.46**.

Distancia mínima entre ductos que alojan a los mismos conductores. La distancia entre ductos que alojan a los mismos conductores no debe ser menor que seis veces el tamaño comercial del ducto de mayor diámetro. Ver **Fig. 4.47**.

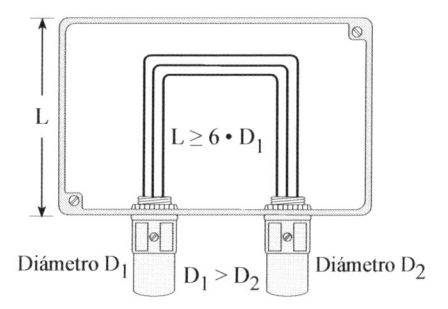

Fig. 4.46 Cálculo de las dimensiones de una caja cuando los conductores se halan en **U**.

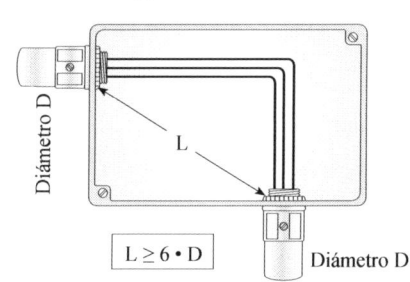

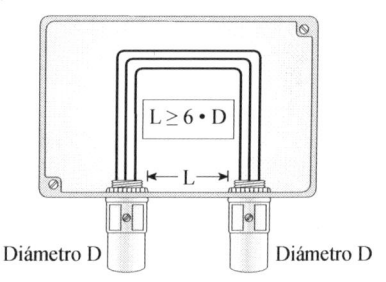

Fig. 4.47 Distancia mínima entre ductos con los mismos conductores.

Profundidad de cajas y conduletas. Cuando un conductor penetra a una caja o conduleta perpendicularmente a una tapa removible, la distancia desde el punto de entrada hasta dicha tapa debe ser mayor que la especificada en la **Tabla 4.3**. Ver **Fig. 4.48**

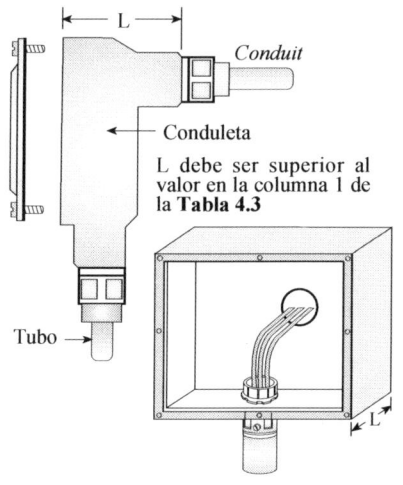

Fig. 4.48 Profundidad mínima en conduletas y cajas.

Calibre AWG o kcmil	Profundidad mínima (L) mm	pulg
8 – 6	38.1	1 1/2
4 – 3	50.8	2
2	63.5	2 1/2
1	76.2	3
1/0 – 2/0	88.9	3 1/2
3/0 – 4/0	102	4
250	114	4 1/2
300 – 350	127	5
400 – 500	152	6
750 – 900	203	8
1000 – 1250	254	10
1500 – 2000	305	12

Tabla 4.3

158 | JÚPITER FIGUERA – JUAN GUERRERO

Hola, soy Bombillín, amigo de Katherine, que conoce mucho sobre instalaciones eléctricas y quien me ha dicho que muchas de las fallas en los sistemas eléctricos residenciales se producen en las cajas y de allí la necesidad de calcular con holgura las dimensiones de las mismas.

Ejemplo 4.6

Observemos la **Fig. 4.49**. A la cara izquierda de una caja llegan dos ductos de tamaños 2 y 1 1/2. En su cara derecha hay un ducto de tamaño 2 y en la cara inferior hay ductos de tamaños 2 y 1 1/2. Los conductores de uno de los ductos de tamaño 2, situado a la izquierda, se halan hacia el ducto de tamaño 2 del lado derecho, y los conductores del otro ducto de tamaño 2 y del ducto de tamaño 1 1/2, situados en la cara izquierda, se halan hacia los ductos de la cara inferior. *a)* ¿Cuál debe ser la dimensión horizontal de la caja? *b)* ¿Cuál debe ser la dimensión vertical de la caja? *c)* ¿Cuál debe ser la mínima distancia entre los ductos de tamaño 2?

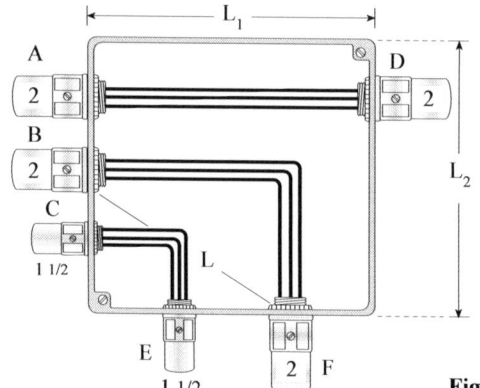

Fig. 4.49 Ejemplo 4.6.

Solución

a) Dimensión horizontal de la caja. Designamos a esta dimensión como L_1.

Halado en tramo recto (entre los ductos A y D): $L_1 = 8 \cdot 2 = 16$ pulg

Halado en ángulo recto (entre los ductos B y F): $L_1 = 6 \cdot 2 + 2 + 1\ 1/2 = 15.5$ pulg

Halado en ángulo recto (entre los ductos C y E): $L_1 = 6 \cdot 1\ 1/2 + 2 + 2 = 13$ pulg

Tomamos el valor mayor, de 16 pulgadas.

CAPÍTULO 4: CAJAS ELÉCTRICAS | 159

b) Dimensión vertical de la caja. Designamos a esta dimensión como L_2.

Halado en ángulo entre las caras superiores e inferiores: $L_2 = 6 \cdot 2 + 1\ 1/2 = 13.5$ pulg.

c) Distancia mínima entre los ductos de 2". Designamos a esta distancia como L en la **Fig. 4.49**. Así, tenemos: $L = 6 \cdot 2 = 12$ pulg.

Ejemplo 4.7

En una canalización eléctrica se requiere interconectar dos tubos de tamaño 4 con tres tubos de tamaño 2, los cuales forman un ángulo de 90°. Determina las dimensiones de la caja a utilizar y la mínima distancia entre los tubos que llegan a la caja. Ver **Fig. 4.50**.

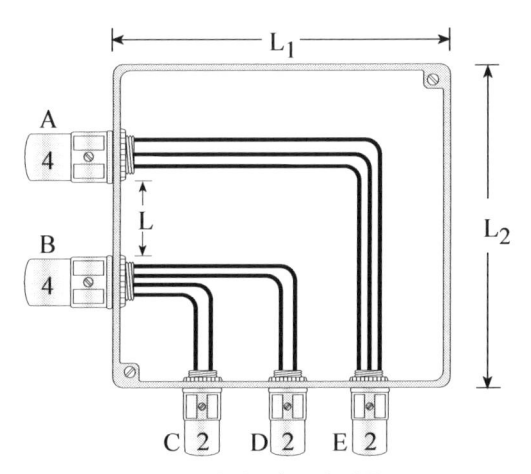

Fig. 4.50 Ejemplo 4.7.

Solución

Dimensión L_1: $L_1 = 6 \cdot 4 + 4 = 28$ pulg

Dimensión L_2: $L_2 = 6 \cdot 2 + 2 + 2 = 16$ pulg

Observa que los ductos A y B no alojan a los mismos conductores. Si este fuera el caso, la distancia sería de $L = 4 \cdot 6 = 24$ pulgadas, lo cual se puede tomar como referencia para separar los dos tubos de 4 pulgadas.

Distancia mínima entre los tubos B y C: $L_{BC} = 6 \cdot 4 = 24$ pulg

Distancia mínima entre los tubos B y D: $L_{BD} = 6 \cdot 4 = 24$ pulg

Distancia mínima entre los tubos A y E: $L_{AE} = 6 \cdot 4 = 24$ pulg

Los tres últimos cálculos indican que debe haber, al menos, 24 pulgadas entre los tubos de la cara izquierda y los tubos de la parte inferior de la caja.

Piense... Explique...

4.1 ¿Cuál es la función primaria de una caja eléctrica? ¿Por qué es necesario garantizar buenas conexiones en un cajetín?

4.2 ¿Cuáles son los materiales más comunes usados en la fabricación de las cajas eléctricas? ¿Cómo se comparan las cajas metálicas y no metálicas en cuanto a ventajas y desventajas?

4.3 Utilice Internet (buscador Google) para investigar la opinión de los instaladores sobre el uso de cajas plásticas o metálicas (utiliza las palabras claves *plastic* or *metal wiring box*).

4.4 Cite las dimensiones estándar de las cajas metálicas en instalaciones eléctricas.

4.5 ¿Para que se usan, principalmente, los cajetines rectangulares? ¿Para qué se usan, mayormente, los cajetines octogonales?

4.6 ¿Cuáles restricciones se establecen en cuanto a la incompatibilidad de cajetines no metálicos y la tubería usada para alojar a los conductores? ¿Cuándo se pueden utilizar cajas no metálicas con tubos metálicos?

4.7 ¿Cuál es el máximo peso que puede tener un ventilador de techo cuando se usan cajas octogonales para sostenerlo?

4.8 ¿Cuál es la importancia de fabricar cajetines cuyas dimensiones sean las citadas en la **Tabla 4.1**?

4.9 ¿Cuál es el volumen mínimo de un cajetín de dimensiones comerciales 72 x 50 x 57 mm, según lo estudiado en este capítulo?

4.10 ¿Cuál ventaja proporciona el hecho de que las cajas eléctricas sean conductivas? ¿Cuáles inconvenientes podría ocasionar la conductividad de las cajas en la seguridad de la instalación eléctrica?

4.11 ¿Cuál es la profundidad mínima que debe tener una caja eléctrica?

4.12 ¿A qué profundidad debe quedar el borde anterior de una caja eléctrica en relación con la superficie acabada de paredes o techos, cuando estos son de concreto, yeso, hormigón u otro material no combustible?

4.13 ¿A qué profundidad debe quedar el borde anterior de una caja eléctrica, en relación con la superficie acabada de paredes o techos, cuando estos son de materiales combustibles?

4.14 ¿Cuál es la distancia máxima entre los bordes de una caja y las paredes terminadas en láminas de yeso (*drywall*)?

4.15 Todas las cajas eléctricas deben tener una tapa. ¿Cuál es la relevancia de esta disposición?

4.16 ¿Cuál es el espesor mínimo que deben tener las láminas de las cajas eléctricas?

4.17 ¿Qué es un pasacable? ¿Cuál es su papel en las cajas eléctricas?

4.18 Cite los diferentes tipos de tapas de las cajas eléctricas.

4.19 ¿Para qué se utilizan los suplementos en las tapas eléctricas?

4.20 Describa los accesorios que se utilizan para acoplar cables NM a los cajetines y la forma como estos actúan.

4.21 Describa los accesorios que se utilizan para acoplar cables BX a los cajetines y la manera como estos actúan.

4.22 Describa los accesorios que se utilizan para acoplar conductores metálicos a los cajetines y el modo como estos actúan.

4.23 ¿Qué son las conduletas y en cuáles canalizaciones eléctricas son más comunes?

4.24 ¿Qué son las cajas de empalme y en qué se diferencian de los cajetines normales?

4.25 ¿Cuál debe ser la longitud de una caja de paso en relación con el tamaño comercial del tubo más grande que entra en la caja?

4.26 ¿Cuál debe ser la distancia entre el tubo que entra en una caja por una cara y la cara opuesta, según lo estudiado?

4.27 Describa el uso de las tapas a prueba de agua y los tipos comúnmente encontradas en el mercado. ¿Qué caracteriza a este tipo de tomacorriente?

4.28 Comente sobre los tomacorrientes para uso a ras de piso en una instalación.

4.29 ¿Por qué las cajas metálicas de una instalación deben ser puestas a tierra?

4.30 Las cajas y conduletas plásticas deben ser adecuadas a la temperatura nominal más baja de los conductores que entran en la caja. Explique por qué esto es así.

4.31 ¿Cuál es el máximo peso que puede tener una luminaria de techo soportada por una caja?

4.32 Explique las **tablas 4.1** y 4.2, relativas al número máximo de conductores, y el volumen requerido por cada conductor en una caja, respectivamente.

4.33 En el cálculo del volumen de una caja, mencione cómo se deben tener en cuenta los conductores en los siguientes casos:

a) En tramos rectos.
b) Cuando haya bucles cuya longitud sea superior a 300 mm.
c) En los empalmes dentro de la caja.
d) Conductores que comienzan y terminan en la misma caja.

4.34 En el cálculo del volumen de una caja, mencione cómo deben ser tenidos en cuenta los accesorios, en el interior de los cajetines, en los siguientes casos:

a) Abrazaderas.
b) Conectores, tuercas y contratuercas y pasacables.
c) Herrajes de sujeción.
d) Horquillas y pletinas de tomacorrientes, interruptores y equipos.
e) Conductores de tierra.

4.35 ¿Cuáles son las reglas que se aplican para conductores de calibre mayor al 4 AWG en cajas de conexión y halado?

Ejercicios

4.1 ¿Cuál debe ser el tamaño de una caja requerida para alojar ocho conductores THW, calibre 14 AWG, y cuatro conductores THHN, calibre 14 AWG?

4.2 ¿Cuántos conductores THHN, calibre 12, se pueden alojar en una caja octogonal de tamaño comercial 100 x 54 mm?

CAPÍTULO 4: CAJAS ELÉCTRICAS 163

4.3 ¿Qué espacio dentro de una caja ocupan, de acuerdo con la **Tabla 4.2**, cuatro conductores calibre 8 AWG y tres conductores calibre 14 AWG? ¿Cuál debe ser el volumen apropiado para la caja donde se encuentren?

4.4 Determine el número de conductores o su equivalente a ser tenidos en cuenta en una caja que recibe un cable 14/2 NM, que se conecta a un interruptor, y un cable 12/3 NM (fase, neutro y tierra) conectado a un tomacorriente y que está dotada de dos abrazaderas para sujetar a los cables.

4.5 ¿Cuántos conductores THW, calibre 12 AWG, puede alojar una caja octogonal de 100 x 38 mm si esta contiene un interruptor, un tomacorriente, dos contratuercas y dos conductores de tierra?

4.6 ¿Cuál es el volumen mínimo requerido para una caja donde dos conductores THHN, calibre 14, pasan directamente de un ducto a otro, cuatro conductores THW, calibre 14 AWG, terminan en un tomacorriente de la caja, y un cable de tierra se conecta desde el tomacorriente hasta el terminal de tierra de la caja?

4.7 La **Fig. 4.51** muestra una caja eléctrica que aloja a varios conductores THHN calibre 14 AWG. Determine el número de conductores a tomar en cuenta para calcular el volumen de la caja y selecciona la caja apropiada haciendo uso de la **Tabla 4.1**.

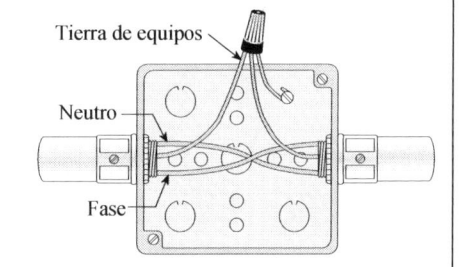

Fig. 4.51 Problema 4.7.

4.8 Determine el tamaño de la caja a usar en el caso de la **Fig. 4.52**.

4.9 ¿Cuál caja se puede utilizar en el caso de la **Fig. 4.53**?

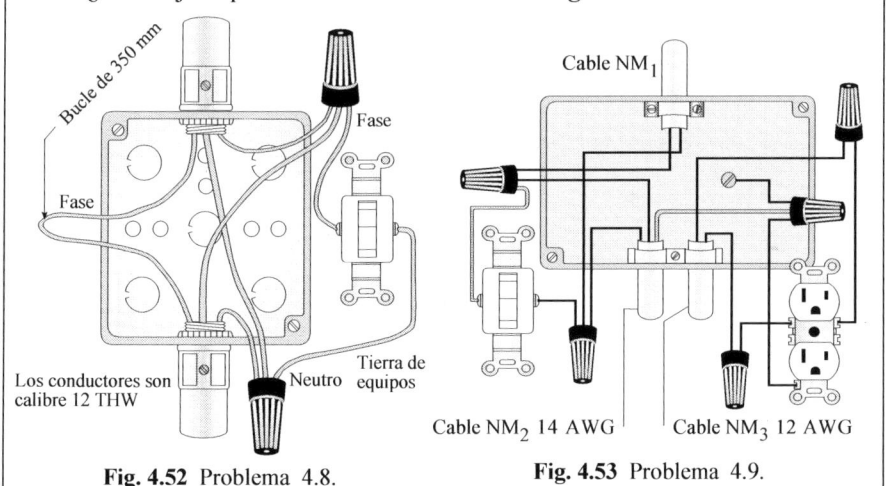

Fig. 4.52 Problema 4.8.

Fig. 4.53 Problema 4.9.

4.10 Se tiene una caja de PVC en la cual se instalarán dos tomacorrientes y un interruptor, como se indica en la **Fig. 4.54**. Determine la caja a utilizar.

4.11 Se va a utilizar una caja octogonal para soportar una luminaria que posee una cúpula, tal como se indica en la **Fig. 4.55**. Determine el tamaño de la caja octogonal a usar.

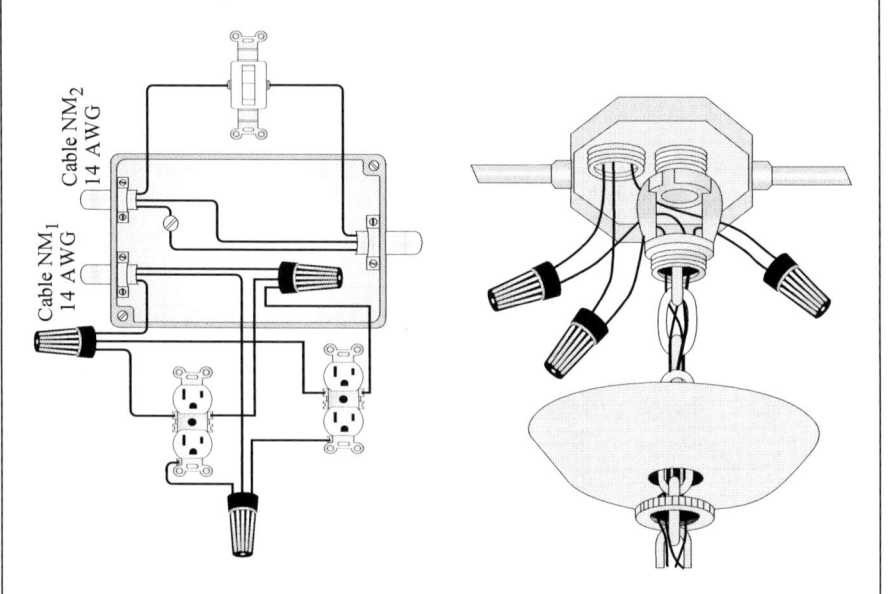

Fig. 4.54 Problema 4.10.

Fig. 4.55 Problema 4.11.

4.12 Seleccione una caja redonda o hexagonal para la instalación de la **Fig. 4.56**.

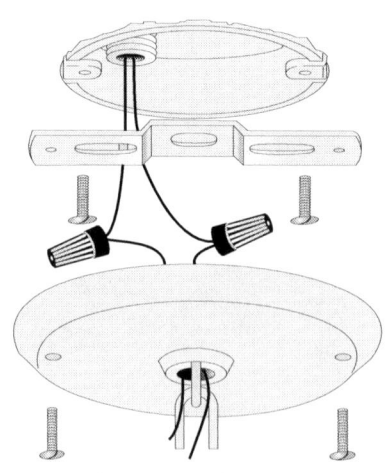

Fig. 4.56 Problema 4.12.

CAPÍTULO 4: CAJAS ELÉCTRICAS   165

4.13 A una caja octogonal se acoplan dos tubos de PVC. El primero de ellos aloja a tres conductores THHN, calibre 12 (fase, neutro y tierra), mientras que el otro aloja a tres conductores TW, calibre 14 (fase, neutro y tierra), como se ilustra en la **Fig. 4.57**. Seleccione la caja apropiada.

4.14 En una caja cuadrada se empalman cuatro conductores THHN, 10 AWG, con cuatro conductores THHN 12 AWG. Asimismo, se empalman los conductores de puesta a tierra de los tubos. Determine el tamaño de la caja a usar. Ver **Fig. 4.58**.

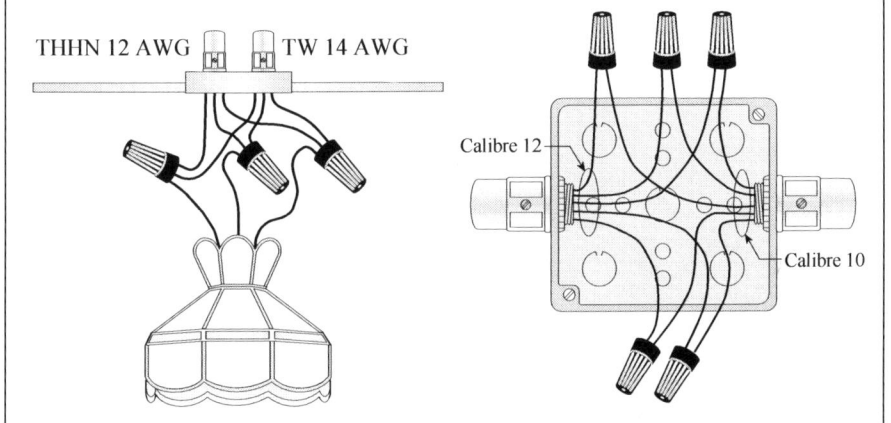

Fig. 4.57 Problema 4.13.   **Fig. 4.58** Problema 4.14.

4.15 Una caja rectangular recibe dos tubos EMT con conductores 12 AWG (**Fig. 4.59**). Se ha seleccionado un cajetín rectangular de dimensiones 75 x 50 x 38 mm. ¿Es adecuado para esta aplicación?

4.16 ¿Cuál debe ser la longitud L de la caja mostrada en la **Fig. 4.60**?

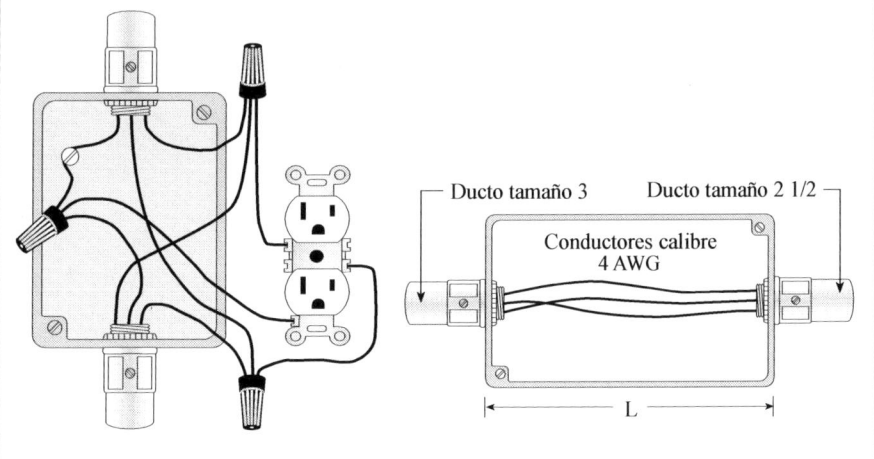

Fig. 4.59 Problema 4.15.   **Fig. 4.60** Problema 4.16.

4.17 Determine L_1 y L_2 para la **Fig. 4.61**?

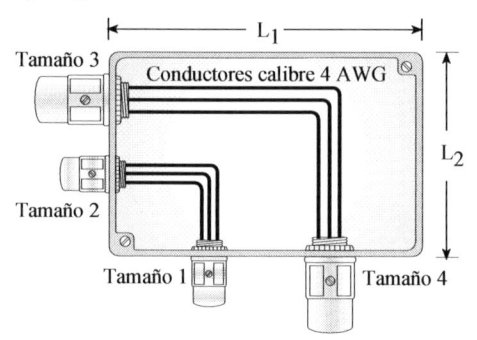

Fig. 4.61 Ejemplo 4.17.

4.18 ¿Cuál debe ser la distancia L para las cajas mostradas en la **Fig. 4.62** si los conductores alojados en los tubos son THW, calibre 4 AWG?

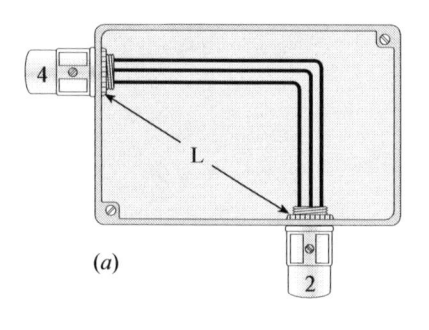

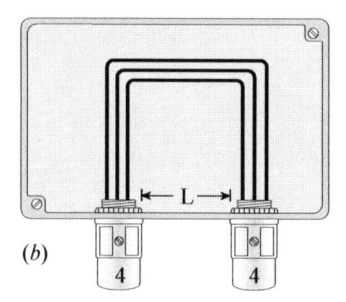

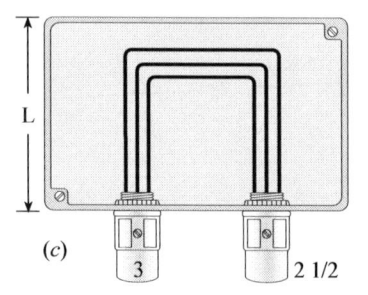

Fig. 4.62 Ejemplo 4.18.

4.19 A una caja de empalme llegan dos tubos de tamaño 2 en el lado izquierdo, un tubo de tamaño 2 en el lado derecho y un tubo de tamaño 2 en la cara inferior. Los conductores de uno de los tubos del lado izquierdo pasan directamente al tubo del lado derecho. Los conductores del otro tubo del lado izquierdo pasan al tubo del lado inferior. *a)* ¿Cuál debe ser la distancia entre las caras izquierda y derecha? *b)* ¿Cuál debe ser la distancia entre las caras superior e inferior de la caja? *c)* ¿Qué distancia debe haber entre tubos que contengan los mismos conductores?

4.20 A una caja de empalme llegan dos tubos EMT de tamaño 2 a la cara izquierda y dos tubos EMT de tamaño 2 a su cara inferior. *a)* ¿Cuál debe ser la distancia entre las caras derecha e izquierda? *b)* ¿Cuál debe ser la distancia entre las caras superior e inferior de la caja? *c)* ¿Qué distancia debe haber entre tubos que contengan los mismos conductores?

4.21 ¿Cuál debe ser la mínima capacidad de una caja requerida para alojar a tres conductores THHN, calibre 12 AWG, que pasan a través de la caja; cuatro conductores THW, calibre 14 AWG, que se empalman dentro de la caja y luego salen de la misma, y un tomacorriente conectado a dos conductores 14 AWG y a un conductor de tierra?

CAPÍTULO 5

TOMACORRIENTES

5.1 CARACTERÍSTICAS DE LOS TOMACORRIENTES

En toda residencia, oficina, comercio, industria o lugar donde se realicen actividades propias del ser humano es seguro encontrar tomacorrientes. Tales componentes eléctricos se definen como *dispositivos de contacto en los cuales se conecta un enchufe con el objeto de suministrar energía a artefactos y equipos que utilizan la electricidad*. Es decir, los tomacorrientes se utilizan para suministrar energía eléctrica a gran diversidad de artefactos eléctricos o electrónicos, entre los cuales podemos mencionar ventiladores, computadoras, neveras, lavadoras, microondas, radios, TV, equipos de sonido y equipos de aire acondicionado. Aunque visibles en una instalación eléctrica, los tomacorrientes poseen en su interior características que un especialista en el área de la electricidad debe conocer. De allí que sea importante estudiar las partes de los mismos y cómo se debe hacer la conexión con los conductores que les suministran energía.

Hay gran variedad de tomacorrientes cuya construcción obedece al uso a que están destinados. Básicamente, cuando se trata de uso residencial, podemos encontrar *tomacorrientes sencillos y tomacorrientes dobles*. Los primeros se utilizan para conectar un solo equipo o aparato, mientras que a los dobles se pueden conectar dos equipos. Actualmente no es común utilizar tomacorrientes sencillos a lo largo de una instalación eléctrica; se prefieren los dobles, por su más alta capacidad de conexión, salvo en aquellas aplicaciones especializadas que obligan a usarlos. Tal sería el caso de los tomacorrientes para equipos como acondicionadores de aire, secadoras, bombas eléctricas, cocinas eléctricas y calentadores de agua.

Para hacer uso de la energía eléctrica se utilizan enchufes cuyas formas se adaptan a la geometría de los tomacorrientes a fin de poder penetrar en los mismos. Básicamente, las partes anterior y posterior de los tomacorrientes son aislantes y están hechas de un material plástico o de nylon, mientras que sus partes internas son metálicas y a partir de ellas emergen los puntos de contactos para los conductores que se les conectan.

En la **Fig. 5.1** se muestra un tomacorriente de los que se encuentran frecuentemente en nuestros hogares. Se trata de un dispositivo con dos plaquitas, a las cuales se unen tornillos terminales para la conexión de los conductores de fase y neutro. En este tipo de tomacorriente *no polarizado* no existe un terminal de puesta a tierra y sus terminales pueden recibir, en forma intercambiada, los conductores de fase y neutro. Asimismo, las ranuras deben conectarse a un enchufe que posea dos clavijas de iguales dimensiones. La presencia de este tipo de tomacorriente en las instalaciones eléctricas residenciales es un peligro latente para las personas, porque no ofrece protección en el caso de que las armaduras de los equipos conectados entren en contacto con el conductor de fase. El riesgo por electrocución es alto y es necesario cambiar la acentuada costumbre de colocar este tipo de tomacorriente. *El término no polarizado se refiere al hecho de que los conductores de fase y neutro pueden conectarse a cualquiera de los tornillos del tomacorriente.* La falta de polarización introduce un factor adicional de inseguridad que discutiremos posteriormente.

Otra alternativa que se puede encontrar se ilustra en la **Fig. 5.2**. Se trata de un *tomacorriente polarizado, pero sin terminal de puesta a tierra.* No se debe intentar conectar mediante modificaciones mecánicas el conductor de fase al neutro o viceversa. Esta alternativa agrega cierta seguridad a la instalación, pero no soslaya el problema de posible electrocución derivado de la carencia del terminal de puesta a tierra. La diferencia en los tamaños de las ranuras y las dimensiones de las clavijas del enchufe que traen los equipos a conectar garantizan que no se producirá una inversión entre los terminales de fase y neutro, a menos que, mecánicamente, se obligue a cometer el error de producir la inversión. *Al terminal bronceado se debe conectar el conductor activo (fase), y al terminal plateado se debe conectar el neutro.*

Un tomacorriente más seguro que los anteriores se presenta en la **Fig. 5.3**. Su uso en instalaciones eléctricas reduce considerablemente el riesgo de electrocución. Como se puede ver, el tomacorriente posee dos ranuras de tamaños diferentes: *la pequeña corresponde a la fase y la mayor al neutro*. Además, destaca la presencia de un orificio semicircular al cual está conectado el terminal de puesta a tierra del dispositivo. Se trata entonces de un *tomacorriente doble, polarizado y con terminal de puesta a tierra*. Este último se pone en contacto, por medio del enchufe,

CAPÍTULO 5: TOMACORRIENTES 169

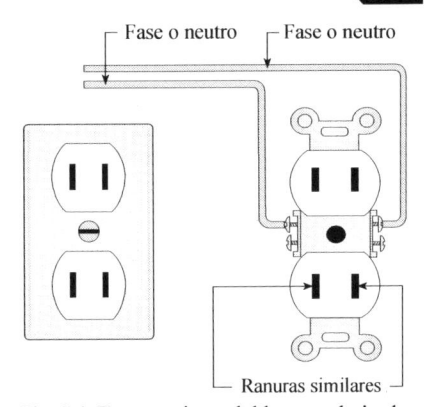

Fig. 5.1 Tomacorriente doble, no polarizado y sin terminal de puesta a tierra. Las ranuras de fase y neutro son de igual tamaño.

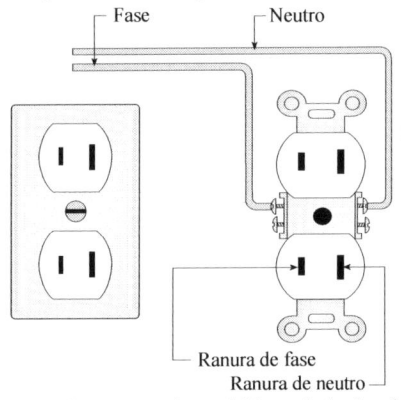

Fig. 5.2 Tomacorriente doble, polarizado, sin terminal de puesta a tierra. La ranura de la fase es más pequeña que la ranura del neutro.

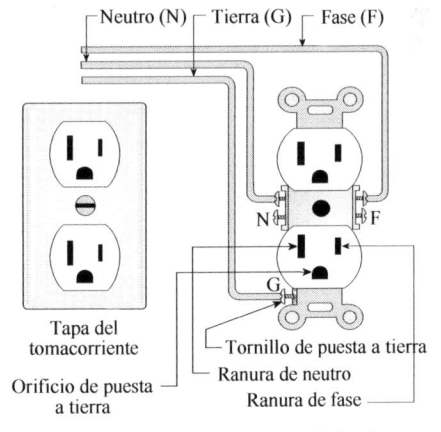

Fig. 5.3 Tomacorriente doble, polarizado, con terminal de puesta a tierra. Las ranuras de fase y neutro tienen distintos tamaños. Se añade un orificio correspondiente a la puesta a tierra.

a la tierra del equipo que se vaya a utilizar. De esta forma se disminuye el riesgo de la persona que hace uso de la electricidad al conectar un aparato doméstico o industrial.

No todos los tomacorrientes tienen la misma calidad. Los de baja calidad son proclives a resquebrajarse, a causar cortocircuitos y a crear conexiones pobres que pueden ser causa de incendios. Los de calidad media se pueden usar en pasillos y habitaciones, mientras que en la cocina, el lavadero y otros sitios donde su uso es frecuente, se deben emplear tomacorrientes de buena calidad. Un indicativo de la buena calidad de los tomacorrientes se encuentra en las marcas impresas en su cara anterior. Allí se indican el voltaje y la corriente para la cual fue diseñado (ver **Fig. 5.4**), según las normas de la **NEMA** (*National Electrical Manufacturers Asociation*) y el **estándar UL** (*Underwriters Laboratories*), que indica el sometimiento a rigurosas pruebas del dispositivo y su aprobación como elemento seguro.

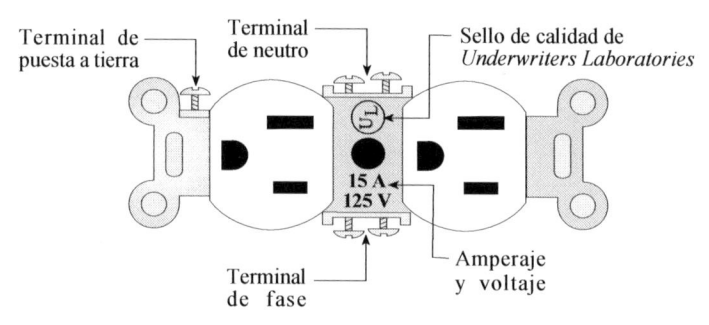

Fig. 5.4 En un tomacorriente deben estar presentes las marcas sobre amperaje y voltaje. El sello UL garantiza la calidad del mismo.

Los tomacorrientes se clasifican de acuerdo con el voltaje y la corriente que soportan. Así encontramos tomacorrientes de 125 V/15 A, que se deben usar en circuitos ramales de 120 voltios, así como la corriente de los equipos conectados a ellos no debe superar 15 amperios, aun cuando estén conectados a circuitos de 20 A*, que es lo corriente. Este es el tipo más comúnmente encontrado en las instalaciones eléctricas que hemos mostrado en las figuras anteriores de este capítulo. Otros modelos, como los que se indican en la **Fig. 5.5**, corresponden a tomacorrientes de mayores voltajes y corrientes. Es notoria la presencia del conductor de puesta a tierra en todos ellos, lo cual es indicio de la importancia de la seguridad eléctrica en la instalación.

La especificación NEMA está codificada para todos los tomacorrientes construidos de acuerdo con estas normas, que incluyen gran variedad de geometrías en los mismos.

Aparte de los mencionados, podemos citar la existencia de tomacorrientes especializados, entre los cuales se encuentran los interruptores de circuito por falla a tierra (GFCI, por las siglas en inglés de *Ground Fault Current Interrupter*) y los tomacorrientes que poseen terminales aislados de tierra. Los primeros se usan para evitar descargas eléctricas y proteger contra la electrocución, mientras que los segundos son adecuados para la protección de equipos electrónicos, sensibles a picos transitorios de voltaje; es decir, se utilizan para la reducción de ruidos eléctricos en esos equipos. Ambos son fácilmente distinguibles, como se puede apreciar en la **Fig. 5.6**. El tomacorriente aislado

---

* Normalmente, un enchufe de 15 A entra en un tomacorriente de 20 A; sin embargo, un enchufe de 20 A no entra, por su configuración, en un tomacorriente de 15 A.

CAPÍTULO 5: TOMACORRIENTES | 171 |

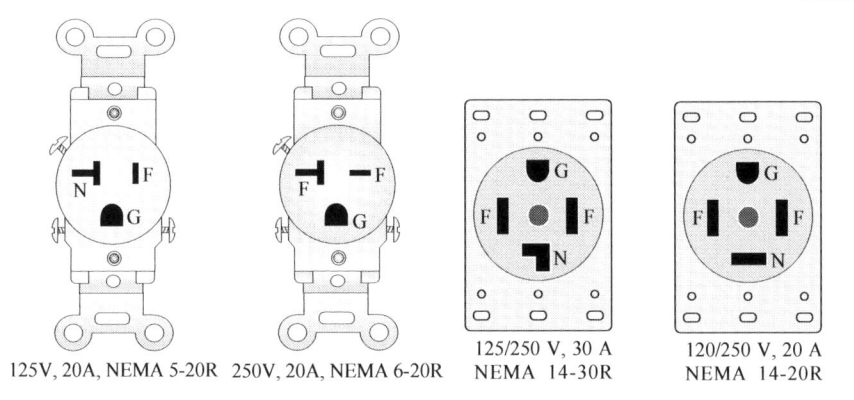

125V, 20A, NEMA 5-20R   250V, 20A, NEMA 6-20R   125/250 V, 30 A NEMA 14-30R   120/250 V, 20 A NEMA 14-20R

Fig. 5.5 Ejemplos de tomacorrientes construidos según las normas **NEMA**. Es notoria la presencia del terminal de puesta a tierra, denotado por la letra **G**. Los terminales de fase y de neutro se denotan por las letras **F** y **N**, respectivamente.

de tierra es, generalmente, de color anaranjado y, según las normas eléctricas, se debe identificar mediante un triángulo, también anaranjado, en su cara frontal.

Por supuesto, para tomar la energía que alimentará a los artefactos eléctricos, es necesario disponer de los enchufes adecuados que se insertan en los tomacorrientes. La **Fig. 5.7** presenta dos de ellos. Es claro que habrá tanto tipos de enchufes como tipos de tomacorrientes haya.

(a) GFCI
Interruptor circuital de falla a tierra

(b) Triángulo identificador
Tomacorriente con terminal aislado de tierra

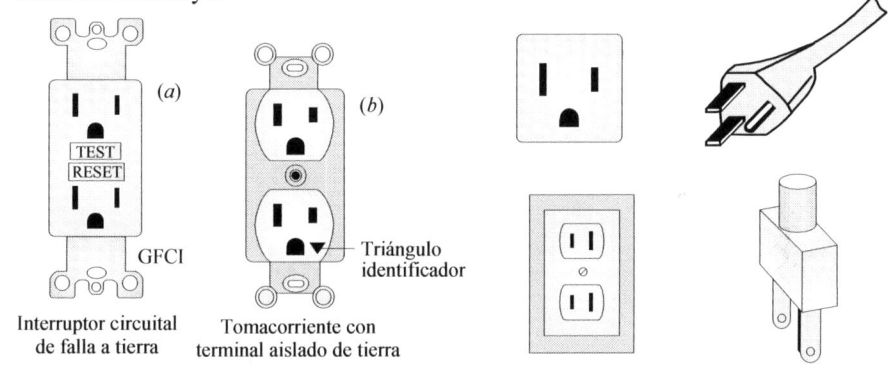

Fig. 5.6 (a) Interruptor de falla a tierra. (b) Tomacorriente con terminal aislado de tierra. Se observa el triángulo que identifica al tomacorriente aislado de tierra.

Fig. 5.7 Los enchufes son el puente entre el tomacorriente y el equipo eléctrico a utilizar. La forma de los enchufes dependerá del tipo de tomacorriente.

5.2 TOMACORRIENTES Y SEGURIDAD ELÉCTRICA

¿Sabías que los tomacorrientes y enchufes son causantes de gran cantidad de incendios y accidentes, incluyendo muertes por electrocución, en el uso de la electricidad? En un típico diagrama eléctrico, tal como se presenta en la **Fig. 5.8**, todos los tomacorrientes derivan su alimentación del tablero principal o de servicio que se encuentra en cada residencia, comercio o industria, y que, a su vez, es energizado por un transformador reductor, localizado en los exteriores de la edificación.

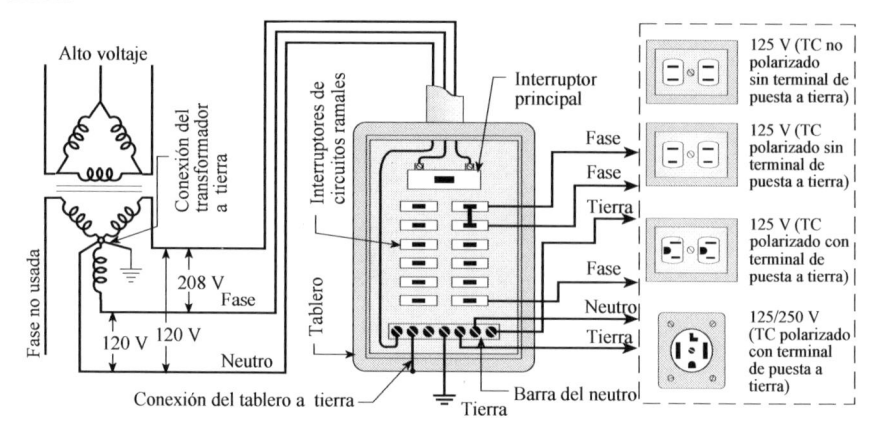

Fig. 5.8 Alimentación de varios tipos de tomacorrientes a partir del tablero principal de una residencia.

Veamos cómo cada tipo de tomacorriente y su conexión con el tablero principal pueden dar origen a una instalación riesgosa o a una instalación segura.

• *Tomacorriente no polarizado sin terminal de puesta a tierra*: Observemos la **Fig. 5.9**. El tomacorriente no polarizado se conecta entre conductores de fase y neutro provenientes del tablero principal. Sus terminales de fase y neutro están, asimismo, conectados a sus ranuras de fase y neutro. Como se trata de un tomacorriente no polarizado, con dos ranuras de iguales dimensiones, el enchufe, cuyas clavijas son también iguales, puede, indistintamente, ser conectado en una posición u otra. En este caso, el enchufe se introduce en el tomacorriente, en forma tal que la fase de la alimentación se une al conductor de fase de la tostadora, que conduce hasta su interruptor. Cuando la tostadora está apagada porque su interruptor está en posición abierta, en el interior de la misma hay poca posibilidad de que se produzca un accidente eléctrico, pues el conductor de fase está desactivado. En la parte derecha de la figura se muestra el diagrama unifilar. Supongamos que se invierte el enchufe en el tomacorriente, lo cual se expresa en la **Fig. 5.10**. La situación ahora es distinta, puesto que el conductor neutro se conecta al interruptor, por lo cual la tostadora queda conectada al conductor

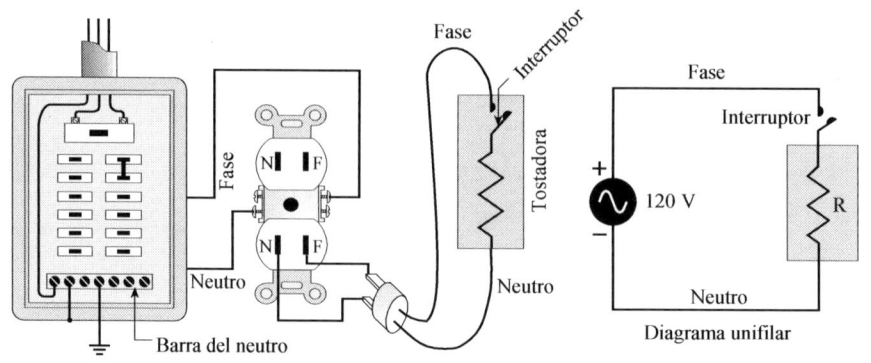

Fig. 5.9 Conexión de una tostadora a un tomacorriente no polarizado y su diagrama unifilar. Al desconectar la tostadora abriendo el interruptor, el conductor de fase se desactiva en el interior del artefacto eléctrico.

Capítulo 5: Tomacorrientes

de fase (conductor de fase en el diagrama unifilar). Como resultado, aun cuando se ha apagado el interruptor, hay un riesgo eléctrico latente en el artefacto.

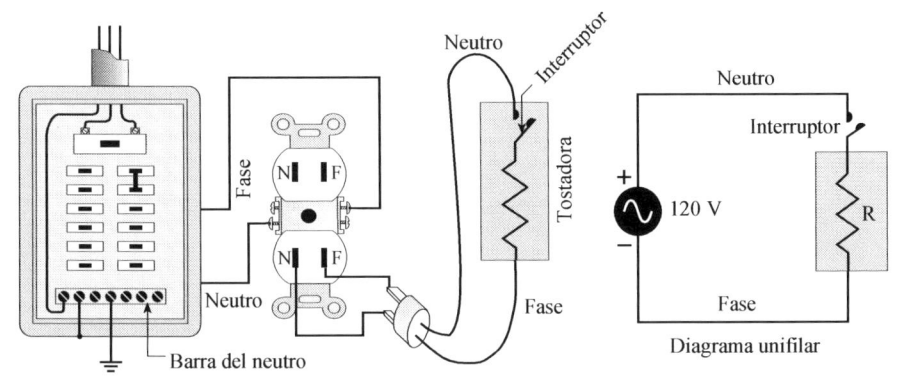

Fig. 5.10 Conexión de una tostadora a un tomacorriente no polarizado y su diagrama unifilar. Al desconectar la tostadora, abriendo el interruptor, el conductor de fase queda activo en el interior del artefacto eléctrico.

- *Tomacorriente polarizado sin terminal de puesta a tierra*: Esta configuración es más segura que la del caso anterior porque la presencia de ranuras y clavijas de distintos tamaños en el tomacorriente y el enchufe dificulta la conexión de los equipos en una posición diferente a la mostrada. Es decir, el conductor de fase siempre se corresponderá con el terminal de fase del interruptor y el neutro del tomacorriente siempre será conectado al otro terminal del artefacto. De esta forma la instalación es menos riesgosa. El diagrama unifilar, mostrado en la **Fig. 5.11**, será único.

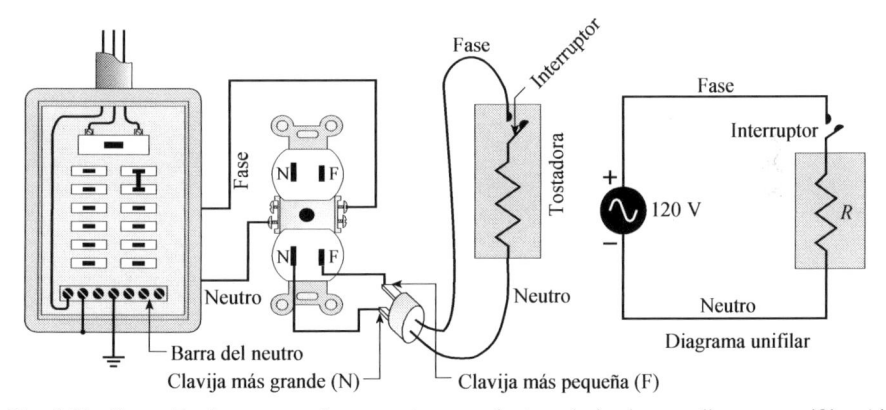

Fig. 5.11 Conexión de una tostadora a un tomacorriente polarizado y su diagrama unifilar. Al desconectar la tostadora abriendo el interruptor, el conductor de fase se desactiva en el interior del artefacto eléctrico. La única posibilidad de conexión se corresponde con lo que determina la combinación tomacorriente-enchufe, donde la ranura pequeña (fase) se conecta a la clavija pequeña y la ranura grande (neutro) a la clavija grande.

- *Tomacorriente polarizado con terminal de puesta a tierra*: A fin de entender la protección contra riesgos eléctricos que ofrece una instalación en la cual los tomacorrientes son polarizados y tienen un terminal de puesta a tierra, veamos qué sucedería cuando se tiene este tipo de tomacorriente y el enchufe no posee la clavija que conecta a tierra un artefacto eléctrico, como el de la **Fig. 5.12**. Tal como allí se sugiere, si se produce un contacto del conductor de fase con la cubierta metálica del artefacto, esta quedará energizada y el riesgo de electrocución podría ser alto, ya que la corriente seguiría el camino indicado por las flechitas negras mostradas. Una persona que tocare la cubierta metálica recibiría una descarga eléctrica que podría ser fatal. La corriente fluiría desde el tablero hasta el tomacorriente, y de allí a la tostadora; luego, a través de la persona y, finalmente, regresaría al tablero usando la tierra como conductor. El diagrama unifilar es el de la **Fig. 5.13**, donde se observa el camino que sigue la corriente, desde el terminal positivo de la fuente hasta su terminal negativo.

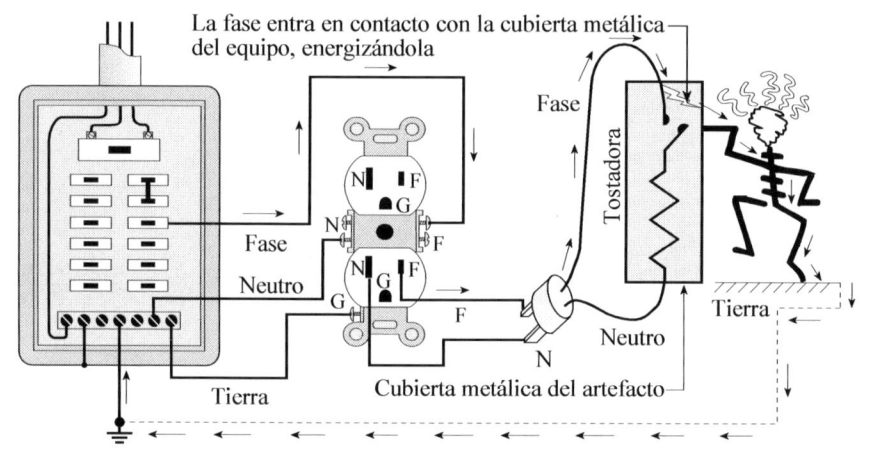

Fig. 5.12 Recorrido de la corriente en un circuito cuando se produce una falla de contacto que conecta el conductor de fase con la cubierta metálica del artefacto. Las flechitas negras señalan el camino de la corriente que pasa a través de la persona.

Diagrama unifilar de la **Fig. 5.12**.

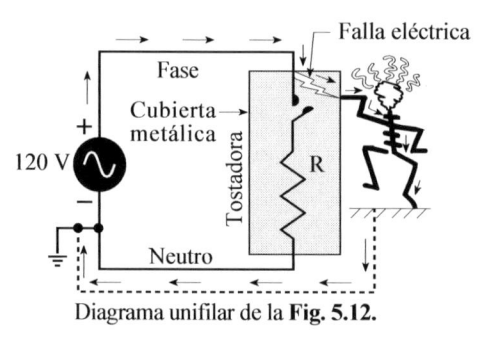

Fig. 5.13 Recorrido de la corriente para la **Fig 5.12**, en caso de contacto de la fase con la cubierta metálica del artefacto eléctrico, cuando el tomacorriente no posee la clavija de contacto a tierra.

Veamos ahora cuál es la situación cuando el tomacorriente es polarizado y tiene un terminal de puesta a tierra, el cual se conecta al terminal de puesta a tierra del enchufe y a la cubierta metálica del equipo. Nos referiremos a la **Fig. 5.14**. Si se produce un contacto entre el conductor de fase y la cubierta metálica, la corriente tiene dos caminos a seguir: a través de la persona o a través del metal y, de allí, al tablero de entrada.

CAPÍTULO 5: TOMACORRIENTES   175

El camino más fácil es el de la parte metálica de la tostadora, ya que presenta una resistencia mucho menor que la del cuerpo humano. Como consecuencia, la corriente se devuelve a su fuente, el tablero, siguiendo el conductor de puesta a tierra, que está en contacto con la parte metálica del artefacto. De esta manera se evita el shock eléctrico a la persona y se elimina el riesgo de electrocución. El exceso de corriente hace que el *braker* en el tablero se dispare, desconectando el conductor de fase del circuito. Las flechitas indican el flujo de la corriente. La **Fig. 5.15** muestra el diagrama unifilar.

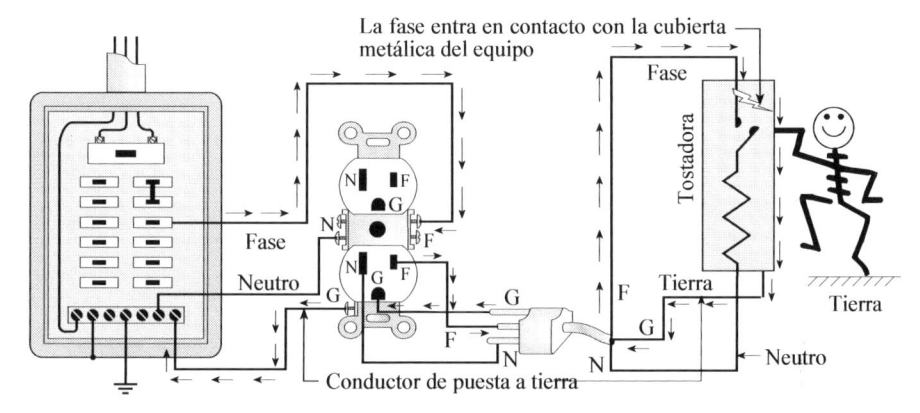

Fig. 5.14 Recorrido de la corriente en un circuito cuando se produce una falla que conecta el conductor de fase con la cubierta metálica del artefacto. La corriente sigue el camino señalado por las flechitas negras, que no pasa a través de la persona. En este caso, la corriente se devuelve a la fuente a través del conductor de puesta a tierra, provocando el disparo del interruptor (*breaker*) del tablero principal. De esta forma, la persona no corre peligro al producirse la falla.

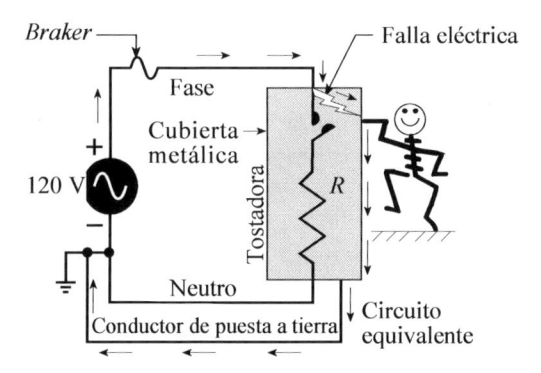

Fig. 5.15 Diagrama unifilar a la **Fig. 5.14**. Recorrido de la corriente, en caso de contacto de la fase a la cubierta metálica del artefacto eléctrico, cuando el tomacorriente y el enchufe poseen terminales de puesta a tierra y la cubierta metálica está, también, puesta a tierra.

• *Tomacorriente polarizado con terminal de puesta a tierra cuando el equipo conectado al circuito ramal es de 208 V*: En esta situación (ver **Fig. 5.16**) el tomacorriente y el enchufe poseen dos terminales de fase, uno de neutro y uno de puesta a tierra. Asimismo, tanto el tablero como la lavadora tienen sus envolturas metálicas conectadas a tierra. De producirse una falla del circuito, de manera que alguna de las fases entre en contacto con la cubierta metálica de la lavadora, la corriente circulará a través del cable de puesta a tierra, evitando el riesgo para las personas que entren en contacto con la cubierta de la lavadora. El interruptor del tablero se disparará por la presencia de una corriente excesiva, originada por la falla. El caso es parecido al discutido para la **Fig. 5.14**, salvo por la presencia de dos fases, cualquiera de las cuales podría causar el problema.

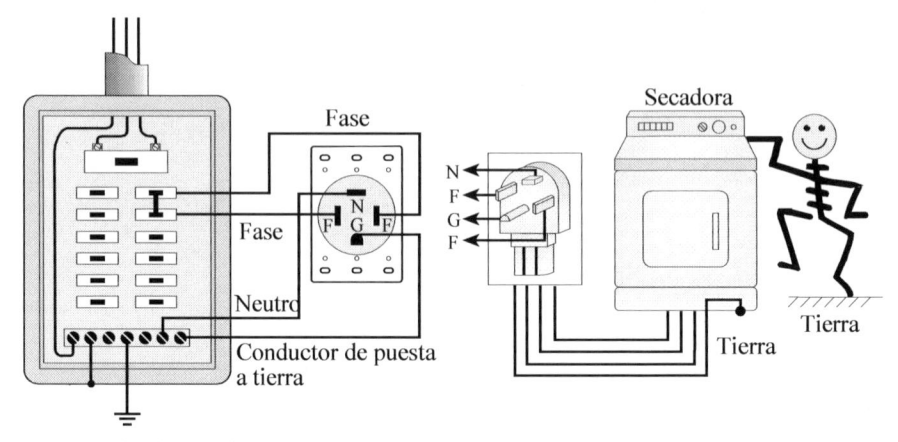

Fig. 5.16 Circuito ramal para una secadora que es alimentada por dos fases, un neutro y el cable de puesta a tierra que sirve de protección. De presentarse contacto de alguna de las fases con la armadura metálica de la secadora, se produciría una alta corriente, la cual circularía por el cable de puesta a tierra y accionaría el interruptor correspondiente en el tablero principal. De esta manera se evitaría que fuera electrocutada una persona que tocara la secadora.

5.3 INTERRUPTOR DE FALLA A TIERRA (GFCI)

Las fallas a tierra suceden cuando se produce una ruptura del aislamiento del conductor activo (fase) como consecuencia del desgaste por uso excesivo, malas prácticas de instalación o uso indebido de equipos y artefactos. Si ocurre la ruptura del aislante y el conductor de fase hace contacto con la armadura metálica del equipo conectado, se crea una situación altamente peligrosa.

• *¿Qué es una falla a tierra?*: El interruptor de falla a tierra, comúnmente conocido como GFCI por sus siglas en inglés *Ground Fault Current Interruptor*, es un dispositivo eléctrico diseñado para detectar fallas a tierra. Esta capacidad de interrupción protege a las personas de *shocks* eléctricos fatales y previene el daño a edificaciones y bienes.

Normalmente, el flujo de corriente en un circuito va desde el tablero principal hasta el conductor de fase; de allí, a la carga; finalmente, vuelve al tablero a través del conductor neutro. Si este camino no es seguido y alguna de las fases se pone en contacto con la cubierta metálica de la carga o con cualquier otra superficie o cuerpo conectado a tierra, como una tubería metálica, agua, concreto en contacto con la tierra o una lámpara con partes conductoras, se habla de una falla a tierra. Una situación fatal podría presentarse cuando en ese recorrido anormal se encuentra una persona. Cientos de personas perecen anualmente en el mundo por electrocución. Se estima que dos tercios de esas víctimas fatales no habrían fallecido si los circuitos ramales donde se produjo la falla a tierra hubieran estado protegidos por GFCI.

- *Efectos de un shock eléctrico*: El *shock* eléctrico en los seres vivos causa daños que pueden resultar irreversibles o fatales. Se pueden producir hemorragias internas y destrucción de tejido muscular y nervioso. Esto sin tener en cuenta los daños concurrentes producidos por caídas, quemaduras o fracturas óseas.

Cuando una persona se introduce en el camino de retorno de la corriente a la fuente, su cuerpo actúa como un elemento más del circuito. La corriente que lo atraviesa dependerá de condiciones internas y externas. El valor del voltaje, la resistencia de contacto con el objeto electrizado, la duración del contacto, el camino seguido por la corriente en el cuerpo y las condiciones de humedad son, entre otros, los factores que determinan el valor de la corriente. Los efectos de la corriente sobre el cuerpo humano han sido ampliamente estudiados y varían según se trate de una mujer o de un hombre. La **Tabla 5.1** es un compendio de tales efectos.

Efecto sobre el organismo humano	Corriente en mA (60 Hz)	
	Hombres	Mujeres
Imperceptible.	0.4	0.3
Cosquilleo, umbral de percepción,	1.1	0.7
Choque eléctrico, sin dolor, no hay contracción muscular.	1.8	1.2
Choque eléctrico, dolor, sin contracción muscular.	9.0	6.0
Choque eléctrico, dolor, umbral de contracción muscular.	16.0	10.5
Choque eléctrico, dolor severo. Contracción muscular con inmovilización. Paro respiratorio.	23	15
Fibrilación muscular después de tres segundos. Seguramente fatal.	> 100	> 100

Tabla 5.1 Efectos de la corriente sobre el cuerpo humano.

La **Tabla 5.1** muestra que una corriente superior a 100 mA es, generalmente, fatal, sobre todo si su duración supera los 3 segundos. Aun cuando la resistencia del cuerpo humano cambia según las condiciones internas y externas, se ha determinado que la misma puede variar desde unos cientos hasta miles de ohmios. Su valor, en un momento dado, puede ser el umbral entre la vida y la muerte. Esta variabilidad hace más difícil establecer las condiciones de seguridad eléctrica y un voltaje que, si bien puede producir una sensación de cosquilleo en una persona, puede ser fatal en otra, según las condiciones de humedad que presente la piel, principal punto de contacto entre un equipo o artefacto eléctrico y la tierra. El interior del cuerpo está constituido por agua con sales minerales y otros elementos buenos conductores de la electricidad, por lo que es la piel la que más incide en los valores de resistencia. La resistencia eléctrica corporal también varía según la forma del contacto entre el objeto energizado y la piel: de la mano al pie, entre las dos manos, entre los dos pies, etc.

Cuando la piel está seca, su resistencia puede ser tan alta como 500.000 Ω, siendo su valor alrededor de 100 Ω cuando la piel está humedecida o empapada de agua. Las mayores lesiones y la electrocución ocurren en este último caso. El caso más dramático tiene lugar en bañeras, donde la caída de un artefacto eléctrico, como un secador de pelo, podría convertirlas en trampas mortales. Si usamos los valores mencionados de resistencia y un voltaje de 120 V, los valores de corriente serán:

$$I_1 = \frac{120}{500\ 000} = 0.24\ mA \qquad I_2 = \frac{120}{100} = 1\ 200\ mA$$

En el primer caso, la corriente será imperceptible, mientras que en el segundo resultará fatal.

Generalmente, voltajes por encima de 50 voltios son considerados peligrosos. A partir de ese valor, deben tomarse las medidas que reduzcan los riesgos eléctricos. Hay que hacer notar, sin embargo, que es la corriente la que produce lesiones importantes y que su intensidad en el cuerpo humano debe limitarse a valores que no produzcan efectos dañinos.

• *¿Cómo funciona un interruptor de falla a tierra?*: Una vez sensibilizado el lector sobre la importancia de evitar choques eléctricos, veamos cómo un detector de falla a tierra (GFCI) aumenta la seguridad en los sistemas eléctricos. Un GFCI es un interruptor de falla a tierra que constantemente monitorea la diferencia en corriente entre la fase y el neutro de un circuito ramal. Si esta diferencia no es igual a cero, se dispara un interruptor que el GFCI posee en su interior y el circuito ramal se desconecta de la red.

El principio de funcionamiento es muy sencillo y puede entenderse observando la **Fig. 5.17**, en la cual, para ilustrar la operación, se utiliza una simple resistencia que representa a un artefacto eléctrico conectado al circuito.

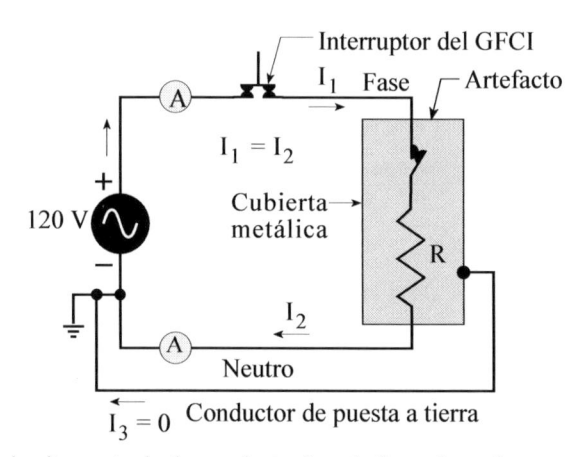

Fig. 5.17 En el circuito mostrado, las corrientes I_1 en la fase e I_2 en el neutro son iguales. La corriente I_3, en el conductor de puesta a tierra, es nula.

Bajo condiciones normales de funcionamiento, los amperímetros, que miden las corrientes I_1 e I_2, tienen las mismas lecturas. Es decir, $I_1 = I_2$. La corriente en el conductor de puesta a tierra, I_3, es igual a cero, puesto que no hay ninguna conexión al conductor activo (fase) del circuito. El interruptor externo al artefacto, que mantiene el flujo de corriente, está cerrado, garantizando la operación normal.

¿Qué sucede cuando en el interior del artefacto eléctrico conectado tiene lugar una falla a tierra? Esta situación se ilustra en la **Fig. 5.18**. La falla puede ser de naturaleza tal, que no necesariamente produzca el disparo del *breaker* en el tablero principal, por ser la corriente relativamente pequeña o porque, si lo produce, su tiempo de acción podría resultar relativamente grande. Esta condición es representada por la resistencia de la **Fig. 5.18**, que conecta el conductor activo (fase) a la cubierta metálica del artefacto eléctrico. Como resultado, las corrientes en la fase y el neutro, I_1 e I_2, no son iguales y se origina una corriente en el conductor de puesta a tierra. Es decir, entre fase y neutro hay un desbalance de corriente, producto de la falla a tierra. Es precisamente ese desbalance el que utiliza el GFCI para activar el interruptor de fase, como se ilustra en esa figura.

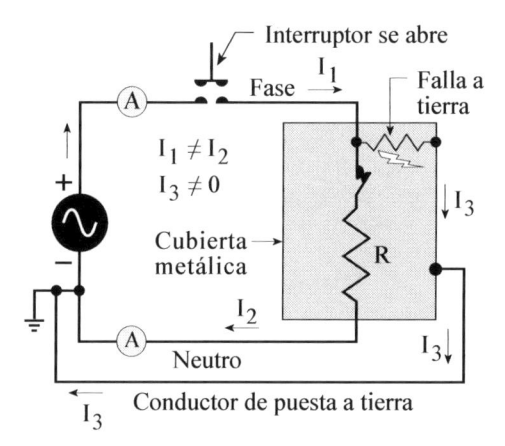

Fig. 5.18 Cuando se produce una falla a tierra, las corrientes I_1 en la fase e I_2 en el neutro son distintas. La corriente I_3, en el conductor de puesta a tierra, no es nula.

En el supuesto de que la falla a tierra no fuese un cortocircuito franco, la corriente I_3 podría no ser suficientemente intensa para disparar el interruptor del tablero principal que protege al circuito. En estas circunstancias, si una persona llegara a tocar la cobertura metálica del artefacto, seguramente recibiría una descarga eléctrica. El GFCI dispararía el interruptor y desconectaría el circuito, evitando de esta manera un desenlace fatal.

Los GFCI están calibrados para actuar cuando el desbalance de corriente es superior a 5 mA y su tiempo de respuesta está entre 1/25 a 1/30 segundos, 25 a 30 veces más rápido que el tiempo entre dos latidos sucesivos del corazón.

Uno podría pensar que bastaría con la protección ofrecida por el interruptor del tablero principal y la presencia de un conductor de puesta a tierra para tener una instalación eléctrica segura. De nuevo, se debe enfatizar que estos interruptores están diseñados para corrientes muy altas y que su papel fundamental es el de proteger las instalaciones eléctricas, las edificaciones civiles y los equipos conectados a las mismas. Los GFCI, por otro lado, están destinados principalmente a la protección de las personas que se interrelacionan con esas instalaciones. Esta protección, soslayada normalmente en las instalaciones eléctricas residenciales, es causa de lamentables accidentes eléctricos. De allí la necesidad de crear conciencia en quienes se encargan del diseño y cableado eléctrico en hogares.

Para precisar cómo el GFCI protege a una persona de un shock eléctrico, observemos la **Fig. 5.19**. Supongamos que la corriente que entra y sale del GFCI es 1.25 A en ausencia de cualquier falla a tierra. Si, por cualquier causa, el conductor activo (fase) se pone en contacto con la carcasa (cubierta metálica) del motor, se produce una falla en la instalación. Si este contacto no crea las condiciones de corriente para que se dispare el interruptor en el tablero principal, hay un peligro latente para quien toque la carcasa del motor. Por ejemplo, si el interruptor es de 30 A, no se disparará con una diferencia de corriente de 0.25 A (250 mA). Cuando una persona toca la envoltura metálica, añade un camino adicional para la corriente, que supondremos igual a 250 mA, capaz de producirle graves consecuencias, incluyendo la muerte (ver **Tabla 5.1**), si la duración de esa corriente es suficientemente prolongada. Es esa la gran ventaja del GFCI: al detectar que en el terminal de entrada la corriente difiere de la corriente de salida en 250 mA, inmediatamente desconecta la fase y el neutro. Por supuesto, dicha persona recibirá un shock eléctrico instantáneo que tal vez se reduzca, por su corta duración, a un simple susto, pero no perecerá electrocutada.

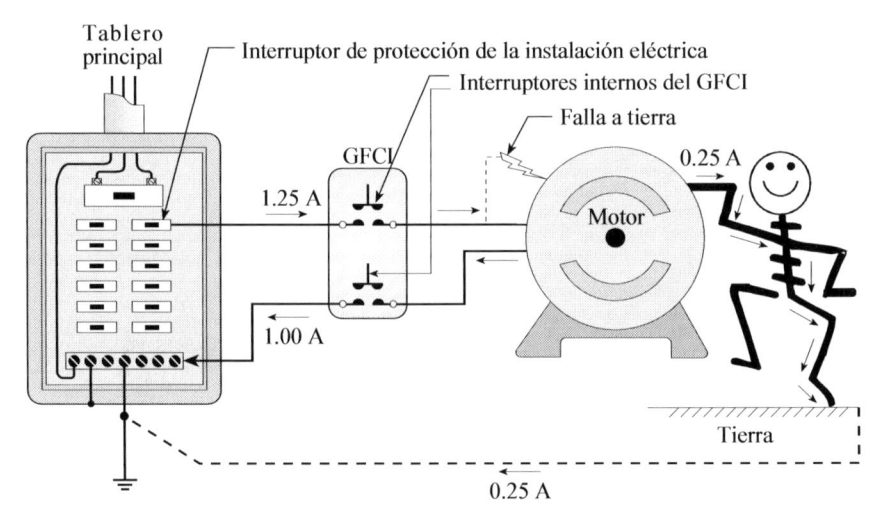

Fig. 5.19 El GFCI detecta la diferencia entre la fase y el neutro. Cuando esa diferencia alcanza 0,25 A, para la figura mostrada, el dispositivo desconecta los conductores de fase y neutro. De esta manera, la persona recibe solo una descarga instantánea al tocar la carcasa del motor.

5.4 CIRCUITO BÁSICO DE UN GFCI

El circuito básico de un GFCI se muestra en la **Fig. 5.20**. Su electrónica está constituida por amplificadores operacionales que detectan la diferencia en las dos bobinas del transformador diferencial. Esta corriente diferencial se dirige a un comparador electrónico, que activa el circuito de disparo cuando su corriente de salida es diferente de cero. De esta manera se desconectan tanto la fase como el neutro de la instalación que alimenta a la carga. Para que la salida del comparador no sea igual a cero, es necesario

CAPÍTULO 5: TOMACORRIENTES

que en el conductor de puesta a tierra se genere una corriente a través de la cubierta metálica de la carga conectada.

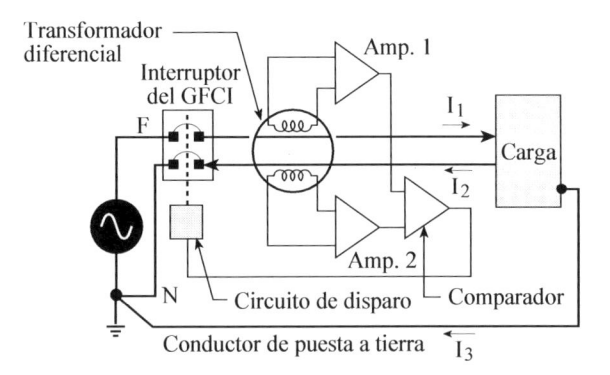

Fig. 5.20 Circuito básico de un GFCI. Cuando se produce una falla a tierra, las corrientes I_1 e I_2 son distintas, la corriente I_3 en el conductor de tierra no es nula y el GFCI se dispara.

5.5 ¿DÓNDE SE DEBEN USAR LOS GFCI?

Para proteger a las personas, todos los circuitos ramales monofásicos de 15A y 20 A, ubicados en las siguientes áreas, deben ser conectados a interruptores de corriente por falla a tierra (GFCI):

- Cuartos de baños.
- Ambientes exteriores a las residencias.
- Todos los tomacorrientes de la cocina sujetos a humedecerse y situados en los topes de muebles, islas y penínsulas.
- Fregaderos y sitios donde tenga lugar el lavado de la ropa y los tomacorrientes estén situados sobre el tope de los muebles y a una distancia menor de 1,83 m del borde exterior del fregadero.
- Casas botes.
- Sótanos no destinados a habitaciones y limitados a zonas de almacenamiento o trabajo.
- Garajes.
- Áreas cerca de piscinas y bañeras.

Los GFCI colocados en áreas externas deben ser protegidos contra factores ambientales, específicamente contra el agua, por lo que deben usar cubiertas plásticas que impidan la penetración en su interior.

Una buena regla para decidir sobre el uso de los GFCI en residencias consiste en conocer el estado del sitio donde se encuentre la salida de la instalación. En general, si se trabaja en un ambiente donde la presencia de agua es notoria y proclive a crear un camino de poca resistencia a la corriente eléctrica, se debe utilizar este tipo de tomacorriente.

Por otra parte, algunos artefactos o puntos de salida de tomacorrientes no requieren la presencia de interruptores de corriente por falla a tierra. Podemos citar las siguientes excepciones:

- Tomacorrientes no accesibles, como el que se encuentra debajo del sumidero de la cocina y alimenta a un triturador de desperdicios.

- Salidas de tomacorrientes colocados en el interior del techo de un garaje y usados para abrir automáticamente su puerta.

- Tomacorrientes simples de la cocina, dedicados únicamente a alimentar a un artefacto eléctrico específico, como una nevera o refrigerador.

Asimismo, como los GFCI son muy sensibles a la diferencia de corrientes en sus terminales de entrada y salida, no es conveniente colocarlos en salidas de tomacorrientes que alimentan a equipos médicos, refrigeradores, congeladores, etc., cuyo funcionamiento no admite una interrupción intermitente del servicio eléctrico.

5.6 LIMITACIONES EN EL USO DE GFCI

Vale la pena alertar sobre las limitaciones de los GFCI para no sobredimensionar las expectativas sobre los mismos. Estos límites de uso dependen de la comprensión que se tenga de su funcionamiento. Se debe enfatizar que, bajo condiciones normales, un GFCI actúa solo cuando se produce una falla a tierra, es decir, cuando se crea un camino de retorno a tierra por fallas en el circuito. Algunas situaciones en las cuales los GFCI no proporcionan protección personal o no tienen capacidad de respuesta son las siguientes:

- Un GFCI no protege contra shocks eléctricos cuando una persona, que descansa sobre una superficie no conductora, toca dos conductores activos (fases) o un conductor activo (fase) y el neutro. Bajo estas condiciones, no hay corriente de retorno a través de tierra y el GFCI no detecta diferencia de corrientes en sus terminales, como se indica en la **Fig. 5.21**.

- Cuando se produce una falla a tierra que involucra a un ser humano, este podría recibir una descarga eléctrica de considerable magnitud. La ventaja de un circuito conectado a un GFCI es que esa descarga, en su presencia, se produce por un tiempo muy pequeño que impide la electrocución.

- Un GFCI no detecta ni se dispara cuando se producen cortocircuitos entre fase y neutro o entre dos fases, puesto que la corriente es la misma en sus dos terminales. En este caso es el interruptor del circuito ramal, ubicado en el tablero principal, el que debe actuar.

CAPÍTULO 5: TOMACORRIENTES   183

- Un GFCI no actúa cuando se produce un exceso de corriente en el circuito ramal. La protección debe proveerla el interruptor correspondiente (*breaker*) del tablero principal.

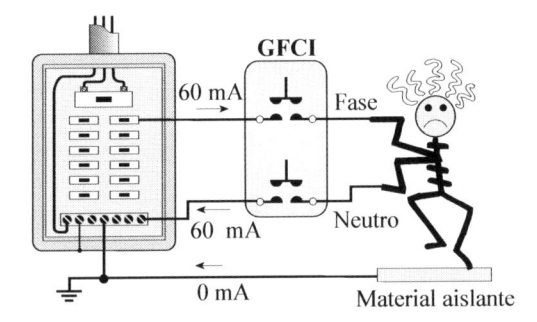

Fig. 5.21 Si alguien descansa sobre un material aislante (madera seca, por ejemplo) y toca a la vez la fase y el neutro, las corrientes en los terminales del GFCI son iguales y el circuito no se desconecta. Como consecuencia, la persona recibe una descarga eléctrica, 60 mA en esta figura, que puede ser mortal.

Aparte de las anteriores limitaciones, se debe decir que, en algunos casos, el GFCI puede estar sujeto a activación intermitente, creando molestas interrupciones en los ramales que protege. Esto se debe a corrientes de fugas a lo largo del recorrido del circuito, lo cual desbalancea al GFCI. Con base en esto, algunos fabricantes especifican la máxima longitud del circuito ramal. En oportunidades, estas corrientes tienen su origen en la acumulación de humedad en el cableado, en tomacorrientes o salidas de lámparas. Conviene mencionar que el continuo disparo del GFCI sugiere la revisión de los artefactos eléctricos conectados al ramal, ya que podría tratarse de equipos defectuosos y, por tanto, de un peligro eléctrico latente.

5.7 TIPOS DE GFCI

Las salidas de tomacorrientes situados en los exteriores de una residencia, en las salas de baños, en el garaje, en las áreas de trabajo y en la parte superior de los gabinetes de cocina deben estar protegidas por GFCI. Asimismo, los tomacorrientes de 120 V, de 15 o 20 amperios, que se encuentren dentro de 1,8 m de poncheras de lavado, deben ser del tipo GFCI. Hay tres tipos de GFCI disponibles para uso residencial y descritos a continuación.

- *Tipo tomacorriente*: Este tipo de GFCI se puede usar para reemplazar los tomacorrientes estándar que a menudo se consiguen en casas y apartamentos. Se adapta sin inconvenientes en las salidas de los tomacorrientes normales y protegen a personas de fallas a tierra cada vez que un equipo o artefacto eléctrico se conecta al ramal correspondiente. Cuando se produce una falla a tierra, el GFCI tipo tomacorriente desconecta las dos líneas, fase y neutro, del circuito ramal. Su apariencia es similar a la de los tomacorrientes normales, salvo que posee botones para prueba (*test*) y restablecimiento (*reset*) de la condición normal de funcionamiento del GFCI.

- *Tipo interruptor en tablero* (*breaker*): Este tipo de tomacorriente se instala en el tablero principal de la instalación eléctrica para proteger a ramales específicos. De esta forma, una falla a tierra que tenga lugar en cualquiera de las salidas del circuito protegido producirá la interrupción de la corriente. En este caso, el GFCI desconecta solo la fase del circuito alimentado. Como ventaja adicional, este tipo de GFCI actúa cuando ocurre un cortocircuito o una condición de sobrecarga. Posee un solo botón, el de prueba (*test*). Para restablecer el circuito (reset) se debe pasar el interruptor a la posición de apagado (*off*) y, luego, a la posición de encendido (*on*). Un GFCI de esta clase es más caro que el del tipo tomacorriente.

- *Tipo portátil*: Cuando no sea práctico el uso de GFCI permanentes, es posible recurrir a GFCI portátiles, los cuales poseen un enchufe que se conecta al tomacorriente normal. Algunos artefactos eléctricos, como las secadoras de pelo, incluyen GFCI en el interior de sus cables.

Todos los GFCIs se deben probar periódicamente para verificar su buen funcionamiento y garantizar, así, la protección que ofrecen cuando se produce una falla a tierra.

5.8 ALTURA Y POSICIÓN DE TOMACORRIENTES

Las normas no establecen estrictas regulaciones en cuanto a la altura de los tomacorrientes sobre el piso terminado. Son las condiciones de uso las que determinan la altura recomendada para colocarlos. Por ejemplo, un televisor colocado a cierta altura del piso en una habitación indica la posible ubicación del tomacorriente que lo alimentará. Asimismo, no es recomendable la ubicación de tomacorrientes por encima de unidades de calefacción, ya que cualquier artefacto conectado mediante un cordón o extensión eléctrica podría entrar en contacto con la superficie caliente y provocar un cortocircuito (ver **Fig. 5.22**). La **Tabla 5.2** presenta alturas típicas de los tomacorrientes según diferentes ambientes.

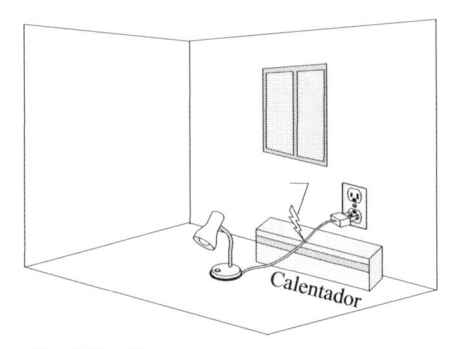

Fig. 5.22 El tomacorriente no debe ser colocado encima del calentador porque, de entrar en contacto el cable de la lámpara con la cubierta del mismo, se podría originar un cortocircuito al derretirse, por el calor, el aislamiento del cable.

Ambiente	Altura sobre el piso
General (cuartos, pasillos, etc)	30 cm
Gabinetes de cocina	1 m a 1.15 m
Exteriores	45 cm
Garajes	45 cm a 1.15 m

Tabla 5.2 Alturas típicas de tomacorrientes.

Capítulo 5: Tomacorrientes

Las normas eléctricas no especifican la posición del terminal de puesta a tierra y, por tanto, un tomacorriente puede ser orientado en cualquiera de las posiciones mostradas en la **Fig. 5.23**. En el primer caso, el terminal de puesta a tierra se encuentra en la parte inferior, mientras que en el segundo se ubica en la parte superior.

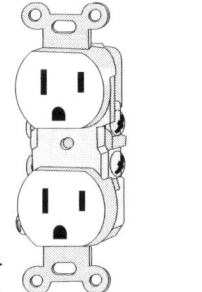

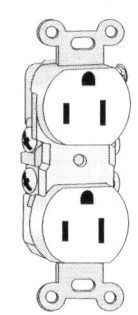

Fig. 5.23 Las normas permiten la orientación de un tomacorriente en cualquiera de las posiciones indicadas.

A pesar de que en las normas no hay ninguna objeción en cuanto a la orientación de los tomacorrientes, es recomendable orientarlos de manera que se minimicen las posibilidades de un cortocircuito cuando se conecta un enchufe de tres clavijas. El argumento detrás de la **Fig. 5.24**(*a*) es que si una tapa metálica se suelta y choca con un enchufe que no está bien ajustado al tomacorriente, el contacto tiene lugar entre el metal de la placa y la tierra, evitándose así un cortocircuito. Por el contrario, en la **Fig. 5.24**(*b*), si una tapa metálica se soltara pondría en contacto a las clavijas del enchufe correspondientes a fase y neutro, dando lugar a un cortocircuito, una chispa y, posiblemente, a un incendio.

Una tapa metálica suelta entraría en contacto con el terminal de puesta a tierra

Una tapa metálica suelta haría un corto entre fase y neutro.

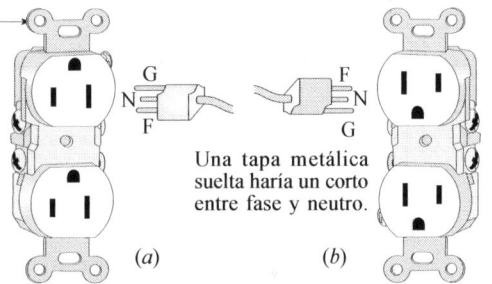

Fig. 5.24 La orientación del tomacorriente de la izquierda es más segura que la del que está a la derecha.

(*a*)   (*b*)

La **Fig. 5.25** presenta otras dos posibilidades de orientación de un tomacorriente. Como se explica en ella, la posición de la parte (*a*) es más segura que la de la parte (*b*).

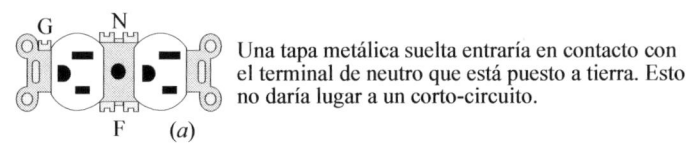

Una tapa metálica suelta entraría en contacto con el terminal de neutro que está puesto a tierra. Esto no daría lugar a un corto-circuito.

(*a*)

Para un circuito multiconductor, las dos partes del tomacorriente actúan en forma independiente al romperse el puente metálico entre ellas. Entonces, cada sección podría conectarse a 120 V, con un voltaje de 240 V entre las dos partes.

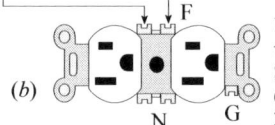

(*b*) Una tapa metálica suelta entraría en contacto con el terminal de fase, lo que podría ocasionar un cortocircuito. Si el tomacorriente se usa en un circuito ramal multiconductor (*multiwire*), el corto ocurriría a través de la línea de 240 V, lo que incrementaría el peligro de un incendio.

Fig. 5.25 La orientación del tomacorriente de arriba es más segura que la del tomacorriente de abajo.

5.9 CIRCUITOS RAMALES MULTICONDUCTORES

Un circuito ramal multiconductor (*multiwire*) es una instalación eléctrica en la cual dos circuitos diferentes utilizan el mismo neutro. La **Fig. 5.26** es el típico diagrama de un circuito multiconductor, conectado a cuatro tomacorrientes. Se observa que los dos tomacorrientes superiores están conectados a una fase, mientras que los dos inferiores están conectados a la otra fase. El neutro es común para los cuatro tomacorrientes. Es decir, en lugar de utilizar dos conductores para el neutro, uno para los tomacorrientes superiores y otro para los tomacorrientes inferiores, se usa solo un conductor, lo que conlleva un ahorro en el cableado de la instalación. El conductor de puesta a tierra es, también, común a ambos grupos de tomacorrientes.

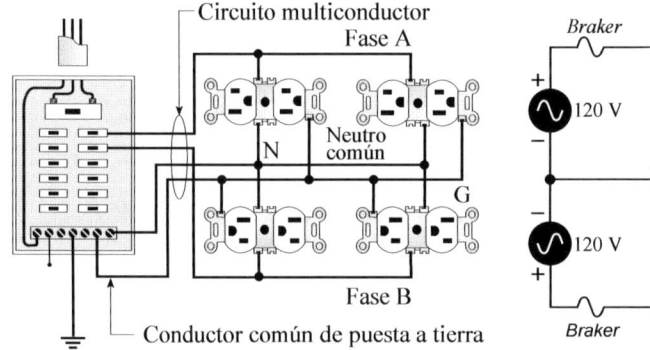

Fig. 5.26 Circuito ramal multiconductor (*multiwire*).

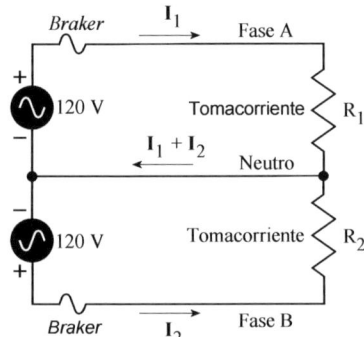

Fig. 5.27 Diagrama unifilar al de la **Fig. 5.26**.

Supongamos que en el circuito multiconductor de la **Fig. 5.26** hay una tensión entre fase y neutro de 120 V y entre fases de 240 V. Los voltajes de fase están desfasados 180°. Si conservamos solamente los dos tomacorrientes del lado izquierdo y se hace un diagrama unifilar de la **Fig. 5.26**, arribamos a la **Fig. 5.27**. Asumiremos que esos tomacorrientes alimentan las cargas resistivas R_1 y R_2. Se ha omitido el cable de puesta a tierra con el fin de simplificar la explicación que a continuación haremos.

La corriente en el neutro es la suma vectorial de las corrientes I_1 e I_2. Si las cargas R_1 y R_2 tienen igual magnitud, I_1 e I_2 son iguales, pero están desfasadas 180°. Como resultado, la corriente en el neutro será igual a cero. Esto implica que no hay caída de voltaje en el neutro y, por tanto, en un circuito *multiwire* la caída de voltaje se reduce con respecto a un circuito ramal normal. Entonces, no solo hay un ahorro en conductores, sino que la pérdida de energía se reduce. Esta reducción en la caída de voltaje también está presente si las cargas representadas por R_1 y R_2 son diferentes. Debemos añadir que la reducción en el número de conductores se traduce en tubos de menor calibre en las canalizaciones.

Los circuitos *multiwire* se utilizan no solo para tomacorrientes, sino que pueden alimentar cargas de otra naturaleza, como las de luminarias. Hay que destacar que su uso no es tan común en hogares.

A pesar de las ventajas mencionadas en relación con los circuitos *multiwire*, es conve-

CAPÍTULO 5: TOMACORRIENTES **187**

niente mencionar los peligros que subyacen en este tipo de instalación. Para tener idea de lo que afirmamos, observemos la **Fig. 5.28**. Una tostadora de 800 W se conecta a una de las fases del ramal, mientras que a la otra se conecta una lámpara eléctrica de 100 W. El circuito equivalente es el de la **Fig. 5.28**(*b*).

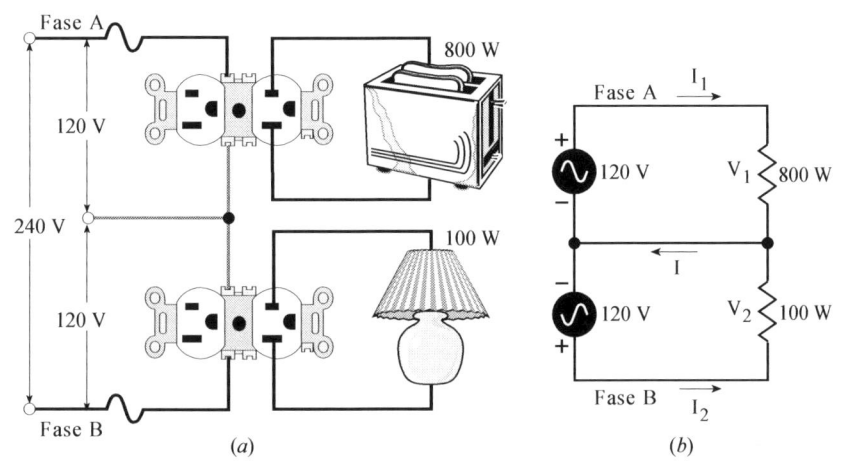

Fig. 5.28 Circuito ramal multiconductor (*multiwire*) al cual se conectan cargas de 800 W y 100 W.

Las resistencias equivalentes de ambos artefactos se pueden calcular usando la conocida relación entre la potencia, el voltaje y la resistencia:

$$P = \frac{V^2}{R} \quad \Rightarrow \quad R = \frac{V^2}{P}$$

Valores de R para la tostadora y la lámpara:

$$R_1 = \frac{120^2}{800} = 18 \qquad R_2 = \frac{120^2}{100} = 144$$

Para poner en evidencia la debilidad del circuito *multiwire*, supongamos que, por alguna razón, se desconecta el neutro, tal como podemos ver en la **Fig. 5.29**. Como resultado, la corriente en el neutro es igual a cero y el voltaje entre los terminales de los dos artefactos es de 240 V. La corriente total en el circuito se obtiene dividiendo el voltaje de 240 V entre la suma de las resistencias:

$$I = \frac{240}{18 + 144} = 1.48 \text{ A}$$

Los voltajes en la tostadora y la lámpara están dados ahora por:

$$V_{\text{Tostadora}} = 18 \cdot 1.48 = 26.64 \text{ V}$$

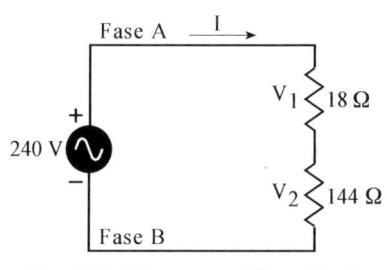

$$V_{\text{Lámpara}} = 144 \cdot 1.48 = 213.12 \text{ V}$$

Fig. 5.29 Diagrama unifilar al de la **Fig. 5.28**(*b*), al desconectar el neutro.

De los cálculos anteriores, observamos que el voltaje en la lámpara excede su voltaje normal de trabajo (120 V). En consecuencia, esta se dañará. Podemos concluir, entonces, que un neutro abierto en un circuito *multiwire* puede ocasionar daños irreparables a los artefactos conectados al ramal.

Otra situación que podría constituir un peligro latente es la conexión de un circuito ramal, como se indica en la **Fig. 5.30**, pensando erróneamente que de esa manera se tiene un circuito multiconductor.

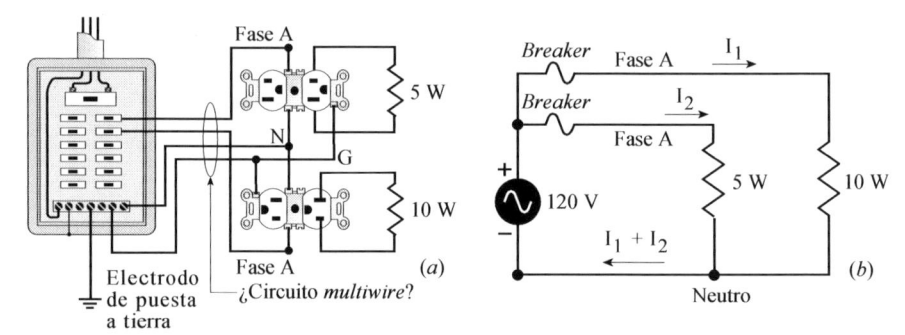

Fig. 5.30 Cuando se conectan las resistencias de carga a la misma fase, pensando que de esta forma se obtiene un circuito *multiwire*, la corriente del neutro puede exceder la capacidad del conductor.

En este caso, los dos conductores que alimentan a las cargas de 5 Ω y 10 Ω son conectados a la misma fase y, por tanto, su voltaje con respecto al neutro es de 120 V. Las corrientes en las cargas son:

$$I_5 = \frac{120}{5} = 24 \text{ A} \qquad I_{10} = \frac{120}{10} = 12 \text{ A}$$

La corriente en el neutro es la suma de las corrientes en las resistencias de carga:

$$I_N = 14 + 12 = 36 \text{A}$$

Esta corriente podría causar sobrecalentamiento en el neutro y deterioro en su aislamiento, así como, potencialmente, ser causa de un incendio.

Para resumir, las ventajas de un circuito multiconductor son las siguientes:

- Hay un ahorro en la cantidad de conductores utilizados en las instalaciones.
- Se reduce la caída de voltaje en los conductores.
- Se reduce la pérdida de energía en el cableado.

Asimismo, las desventajas son estas:

- Posibles daños a artefactos por desconexión del neutro.
- Está presente un voltaje de 240 V en las cajas de salidas.
- Si se comete un error en la conexión, usando una sola fase en lugar de dos fases diferentes, se puede sobrecargar el neutro.

CAPÍTULO 5: TOMACORRIENTES

Un tomacorriente doble puede ser utilizado en circuitos multiconductores. En este tipo de dispositivo, los dos tornillos de los terminales de fase y neutro están unidos por un puente metálico que se puede remover fácilmente, cortando la pequeña pletina que los une, tal como se observa en la **Fig. 5.31**. Al romperse la conexión entre las tuercas del terminal de fase, las partes superior e inferior del tomacorriente pueden ser cableadas en forma independiente. La pletina que une los tornillos del neutro se deja intacta. De esta forma, dos equipos que absorben cantidades grandes de corriente pueden ser conectados a un circuito multiconductor. Es común referirse a esta conexión como tomacorriente de fase partida.

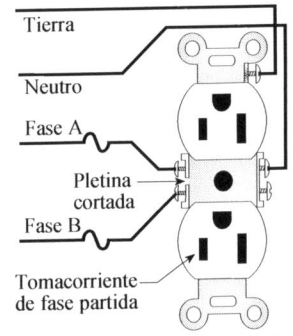

Fig. 5.31 Un tomacorriente de fase partida se puede usar en un circuito multiconductor.

En circuitos multiconductores, como el de la **Fig. 5.31**, no se pueden utilizar los tornillos del terminal correspondiente al neutro para empalmar otros circuitos al neutro de la instalación eléctrica. Entonces, mientras se permite la conexión mostrada en la **Fig. 5.32**(*a*), la de la **Fig. 5.32**(*b*) no se permite. Lo mismo se les aplica a otros dispositivos eléctricos como las lámparas. Esta medida hace más difícil que el neutro quede suelto en un circuito *multiwire*, ya que la conexión en un conector apropiado, dentro de la caja del tomacorriente, es más segura que la conexión en este último. Los movimientos a que puedan estar sujetos los tomacorrientes los hacen proclives a que el neutro se despegue del tornillo y provoque su desconexión, con las consecuencias que ya hemos examinado.

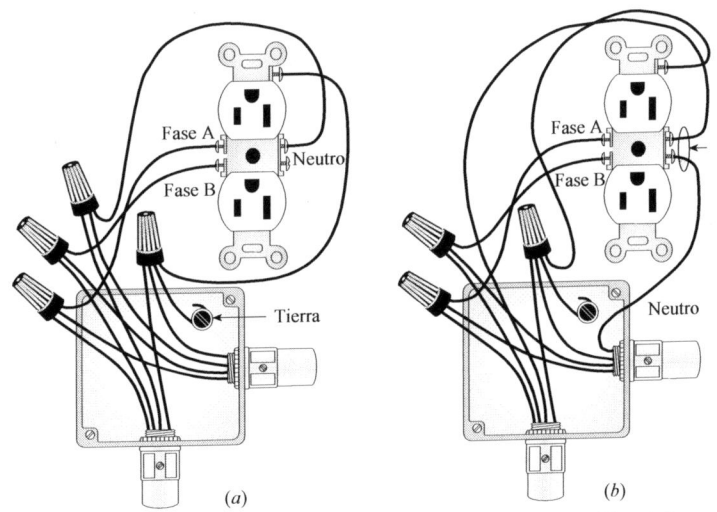

Fig. 5.32 Las normas eléctricas no permiten hacer empalme en los tornillos del neutro de un tomacorriente cuando se trata de circuitos multiconductores.

Cuando un circuito multiconductor alimenta a más de un dispositivo o equipo en el mismo yugo o base, se debe tener un medio para desconectar simultáneamente las dos fases en el lugar donde se origina el circuito ramal. Tal como lo indica la **Fig. 5.33**, la protección en el tablero de alimentación del circuito ramal multiconductor debe ser, o de dos *breakers* de un solo polo, unidos por una manija, o de un *breaker* de dos polos.

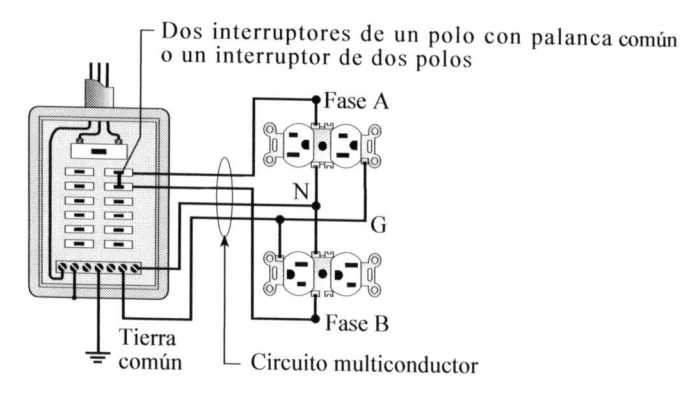

Fig. 5.33 En un circuito multiconductor se debe emplear un medio de desconexión simultáneo para las dos fases.

5.10 CABLEADO DE TOMACORRIENTES

En el cableado de tomacorrientes de 120 V se pueden presentar varias alternativas según el tipo de instalación eléctrica.

Cableado de un tomacorriente: Es el caso más elemental y corresponde al de la **Fig. 5.34**.

Cableado de dos o más tomacorrientes: La **Fig. 5.35** indica cómo sería el esquema eléctrico para dos tomacorrientes. El esquema es repetitivo para combinaciones de más de dos tomacorrientes.

Fig. 5.34 Cableado de un solo tomacorriente.

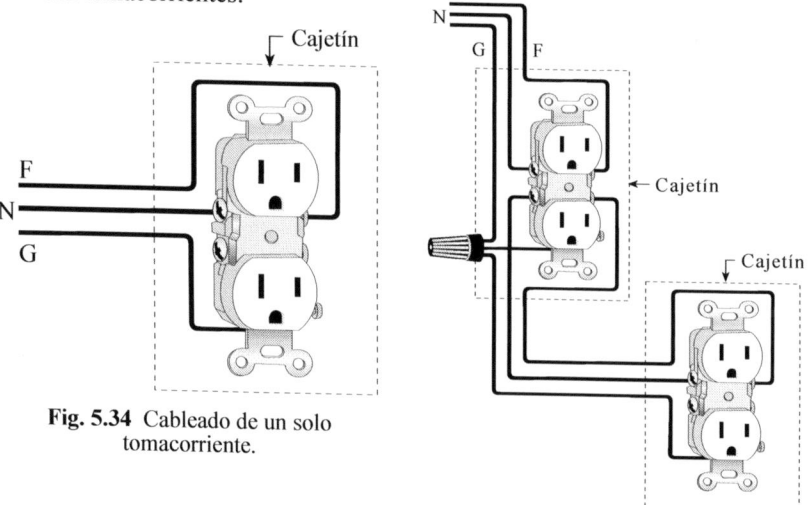

Fig. 5.35 Cableado de dos tomacorrientes.

Cableado de tres tomacorrientes con circuitos diferentes: Tal como se presenta en la **Fig. 5.36**, se utilizan dos fases, un neutro y el conductor de puesta a tierra para alimentar a tres tomacorrientes. El neutro es común a todos ellos. Las fases se alternan entre los tres tomacorrientes. El neutro y el conductor de puesta a tierra son comunes

CAPÍTULO 5: TOMACORRIENTES 191

a todos los tomacorrientes. La fase F_1 alimenta a los tomacorrientes 1 y 3, mientras que la fase F_2 alimenta al tomacorriente 2. El esquema presentado en la **Fig. 5.36** se puede extender fácilmente a un mayor número de tomacorrientes.

Cableado de un tomacorriente para artefactos de 240 V: Este tipo de tomacorriente consta de dos conductores de fase y un conductor de puesta a tierra, tal como se aprecia en la **Fig. 5.37**. Se debe notar la conexión a tierra del cajetín que alberga al tomacorriente.

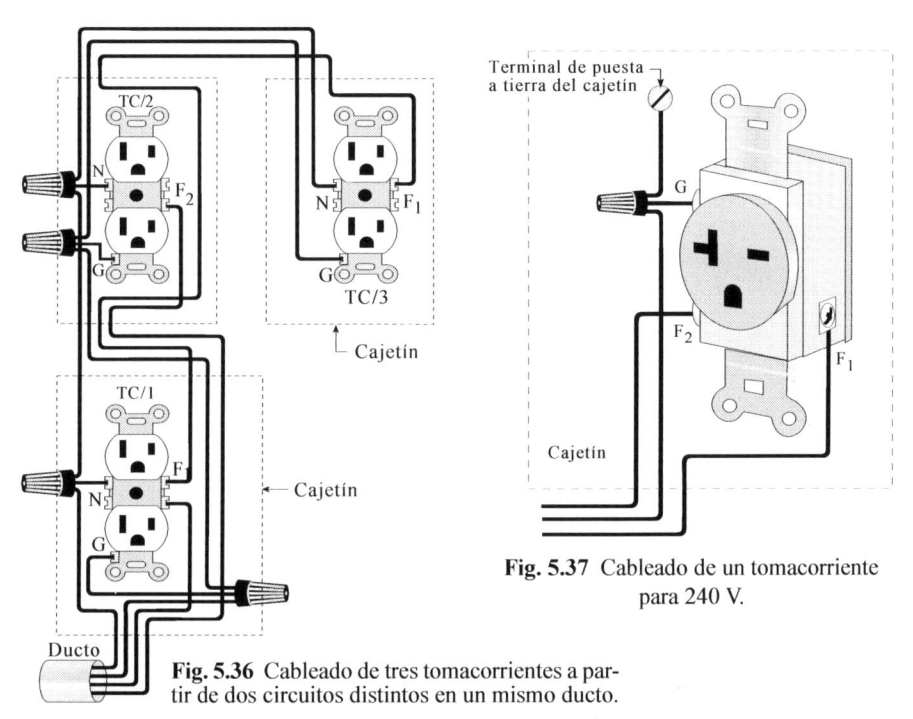

Fig. 5.37 Cableado de un tomacorriente para 240 V.

Fig. 5.36 Cableado de tres tomacorrientes a partir de dos circuitos distintos en un mismo ducto.

Cableado de los GFCI: Los interruptores de falla a tierra pueden conectarse para proteger artefactos individuales, el cual es su uso más difundido, o para proteger varios equipos o artefactos conectados en cascada al GFCI. La **Fig. 5.38** corresponde a un dibujo esquemático de un GFCI. El dispositivo posee las ranuras y el agujero de la fase, el neutro y la tierra, tal como si se tratara de un tomacorriente normal. Dos botones, *test* y *reset*, permiten comprobar el buen funcionamiento del GFCI y reiniciar su operación normal, respectivamente. Cinco tornillos se utilizan para cablear este dispositivo. Los dos superiores, marcados con la palabra Línea, se utilizan para la conexión a la fase y al neutro de la línea de alimentación de entrada de los GFCI, como si se tratara de un tomacorriente

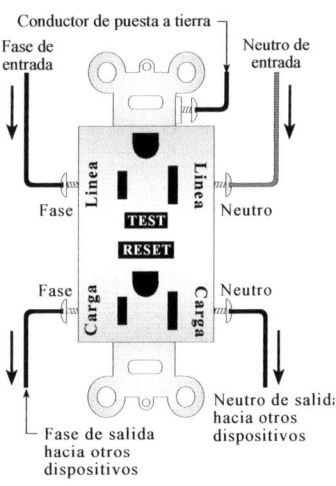

Fig. 5.38 Dibujo esquemático de un GFCI.

normal. Usado de esta manera, cada GFCI protege a los usuarios de un único artefacto o equipo eléctrico. Los tornillos inferiores, marcados con la palabra load, se usan para proteger, contra fallas a tierra, a otros dispositivos conectados en cascada a un GFCI. Es decir, de estos terminales salen conductores hacia lámparas, tomacorrientes normales, equipos, etc.

Cableado de un GFCI y un tomacorriente normal: Ver la **Fig. 5.39**. El GFCI solo protege a los equipos o artefactos conectados al mismo. El tomacorriente normal no está protegido por el GFCI.

Cableado de un GFCI para proteger a otros dispositivos, equipos y luminarias: La **Fig. 5.40** ilustra la conexión. Allí se observa que el primer dispositivo, un GFCI, recibe la energía de la línea en sus terminales (*line*). Los dos tomacorrientes normales se conectan a los terminales de carga (*load*) y, si se produce una falla a tierra en algunos de ellos, el GFCI se dispara.

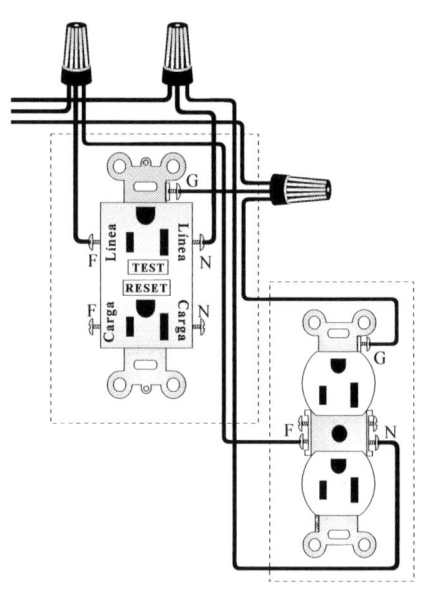

Fig. 5.39 Cableado de un GFCI y un tomacorriente normal.

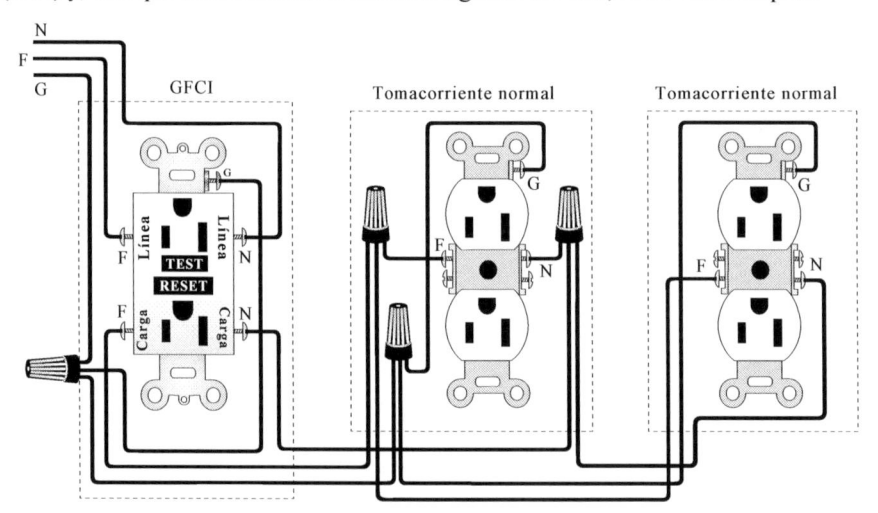

Fig. 5.40 Protección de dos tomacorrientes normales mediante un GFCI. Este último detecta cualquier falla a tierra que se pueda producir en los tomacorrientes y se dispara. Los artefactos conectados al GFCI no se limitan a tomacorrientes, sino que podrían ser luminarias o cualquier otro dispositivo conectado entre los terminales de carga (load) del GFCI.

5.11 INTERRUPTOR PARA FALLAS DE ARCO

Cuando una fase hace un contacto firme con el conductor neutro o tierra, la corriente generada es de tal magnitud, que produce el disparo del *breaker* protector del circuito ramal. Sin embargo, cuando ese contacto es intermitente, debido a una pobre conexión o a falla de aislamiento de un conductor, se produce una chispa o arco cuya frecuencia podría ser tal que el calor generado diera lugar a muy altas temperaturas, en el rango de miles de grados centígrados. Las partículas metálicas calientes, expulsadas por el arco, son suficientes para causar la combustión de muchos materiales. A esto se le conoce como *falla de arco*. Si este fenómeno se mantuviere y en la cercanía se encontraren materiales combustibles (plásticos, madera, papel, líquidos inflamables, etc.), se podrían originar incendios inesperados.

El interruptor de circuito contra fallas de arco (Arc-Fault Circuit Interrupters): este tipo de interruptor desconecta el circuito si tiene lugar una situación que pudiera generar chispas intermitentes y, como consecuencia, incendios en una circuito ramal. El AFCI diferencia las chispas de operaciones circuitales normales, como cuando se conecta o desconecta un artefacto al ramal, de aquellas situaciones donde el chisporreteo intermitente es producto de un comportamiento anormal de la línea. El AFCI está diseñado para reconocer la típica característica de un arco peligroso, detectando las rápidas fluctuaciones de corriente propias de esta situación.

Debido a la gran cantidad de incendios originados por chisporreteos, algunos códigos, entre ellos el **National Electric Code** (EE UU), establecen lo siguiente:

> *Todos los circuitos ramales que alimenten a cargas de 125 V, monofásicos, de 15 y 20 A, en dormitorios, comedores, salas,* closets, *pasillos o áreas similares de unidades de viviendas, se deben conectar a interruptores contra fallas de arco para dar protección al circuito ramal completo.*

Los AFCI se instalan en la misma forma en que se instalan los *breakers* normales y su aspecto es parecido a un GFCI. De allí que sea importante leer las instrucciones, grabadas en el cuerpo del dispositivo, que los identifican como un GFCI o un AFCI, para evitar una instalación errónea. Encontramos los siguientes tipos de AFCI:

AFCI para circuitos ramales y alimentadores: Se instala en el tablero principal y protege a todo el circuito ramal. Es el tipo más común usado actualmente.

AFCI para salidas eléctricas: Es, básicamente, un AFCI para sustituir tomacorrientes y protege a los dispositivos que se conectan mediante enchufes a dichos tomacorrientes.

Combinación AFCI-GFCI: Usa las ventajas de un AFCI y un GFCI en un solo dispositivo.

AFCI portátil: Similar al GFCI portátil, protege a los cordones que se conectan a la unidad.

Algunos tipos de AFCI están diseñados para detectar arcos, que se producen en ambas direcciones del circuito ramal, hacia la entrada y hacia la salida. Aunque los AFCI tienen un precio relativamente alto, se espera que, en un futuro, la conciencia sobre la protección a la vida de personas incremente su uso y haga bajar su precio.

5.12 PROTECTORES CONTRA SOBRETENSIONES

Actualmente encontramos en uso una gran variedad de equipos electrónicos, como computadoras, televisores, impresoras, hornos de microondas, equipos musicales, etc., que poseen componentes electrónicos, sensibles a los picos transitorios de voltaje. Estas sobretensiones pueden tener su origen en el interior de las instalaciones y son producidas, entre otros equipos, por motores, copiadoras, impresoras láser, calentadores de agua, cocinas eléctricas. También se pueden originar en factores externos, como rayos o fluctuaciones rápidas en los voltajes de la compañía de suministro eléctrico. En ambos casos, los picos de voltaje pueden dañar o causar un mal funcionamiento de los equipos.

Los códigos eléctricos prestan atención a estos picos de voltaje y establecen que, para la protección de equipos sensibles, se puede usar un *supresor de picos de voltajes transitorios* (TVSS: por las siglas en inglés de *Transient Voltage Surge Suppressor*). El diagrama de conexión se ilustra en la **Fig. 5.41**. Los supresores de picos transitorios basan su funcionamiento en el uso de *varistores* de óxido metálico, que absorben la mayor parte de la energía presente en los picos. Solo una parte, de poco poder destructivo, alcanza a la carga. Los varistores actúan en menos de 1 nanosegundo, lo que garantiza una seguridad contra los picos de voltaje.

Los TVSS tienen la apariencia de un tomacorriente sencillo o múltiple y se pueden instalar en forma fija o portátil. Los TVSS múltiples permiten conectar varios equipos a la vez. El número de equipos a conectar dependerá de la capacidad del TVSS.

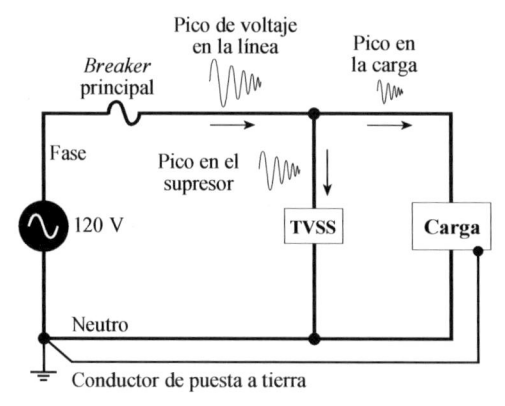

Fig. 5.41 Conexión de un supresor de picos de voltaje transitorios para proteger a la carga de sus efectos dañinos.

5.13 CAPACIDAD DE TOMACORRIENTES

Recordemos aquí que los circuitos ramales se designan de acuerdo con los dispositivos de protección a los cuales están conectados en el tablero de alimentación. Así, por ejemplo, un circuito ramal de 20 A estará protegido por un breaker de 20 A y uno de

40 A se protegerá con un *breaker* de 40 A. Se dijo antes que, salvo los circuitos ramales individuales, los circuitos ramales serán de 15, 20, 30, 40 y 50 A. Asimismo, podemos afirmar lo siguiente en relación con la capacidad de corriente de los tomacorrientes:

> *Los tomacorrientes, como dispositivos de salida, tendrán una capacidad de corriente no menor que la carga a servir.*

Por ejemplo, si un tomacorriente alimenta una carga de 12 A, su capacidad mínima deberá ser de 12 amperios. Por supuesto que estos valores mínimos están sujetos a las especificaciones de corriente de los tomacorrientes existentes comercialmente. En este caso, se debe seleccionar un tomacorriente de 15 amperios.

> *Un tomacorriente simple, instalado en un circuito ramal individual, debe tener una capacidad de corriente no inferior a la de dicho circuito.*

Así, si se conecta un equipo individual que consuma 35 A, el tomacorriente debe tener una capacidad de, al menos, 35 amperios.

> *Cuando se conecte a un circuito ramal que alimente a dos o más tomacorrientes o salidas, un tomacorriente no debe suministrar a una carga conectada al mismo, mediante un enchufe y cordón, un exceso del máximo especificado en la **Tabla 5.2**.*

Como se puede notar en esa tabla, se limita la corriente máxima en la carga al 80% de la capacidad del tomacorriente. También se puede ver en la **Tabla 5.2** que a un circuito ramal protegido por un *breaker* de 20 A se puede conectar un tomacorriente de capacidad 15 A, siempre y cuando la carga máxima a conectar, mediante enchufe y cordón, no supere 12 A.

> *Cuando estén conectados a un circuito ramal que alimenta a dos o más tomacorrientes o salidas, la capacidad de corriente de los tomacorrientes corresponderá a la **Tabla 5.3**. Si se tratare de cargas superiores a 50 A, la capacidad de corriente del tomacorriente no será inferior a la del circuito ramal.*

Clasificación del circuito según la protección	Capacidad (A) del tomacorriente	Carga máxima (A)
15 o 20	15	12
20	20	16
30	30	24

Tabla 5.2 Máxima corriente en cargas conectadas a tomacorrientes mediante enchufe y cordón.

Clasificación del circuito según la expresión (A)	Capacidad del tomacorriente (A)
15	No mayor de 15
20	15 o 20
30	30
40	40 o 50
50	50

Tabla 5.3 Capacidad de corriente de tomacorrientes según el tipo de circuito.

La **Fig. 5.42** recoge lo establecido en cuanto a normas sobre la capacidad que deben tener los tomacorrientes.

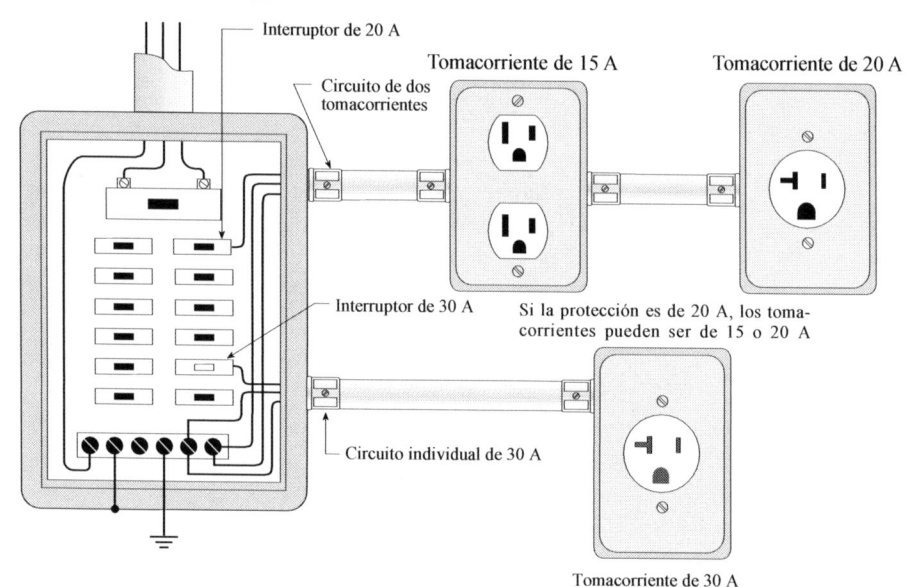

Fig. 5.42 Capacidad que deben tener los tomacorrientes en relación con la clasificación de los circuitos ramales.

5.14 SÍMBOLOS USADOS PARA REPRESENTAR A LOS TOMACORRIENTES

Cuando se diseña una instalación eléctrica, se hace uso de planos eléctricos para indicar dónde van colocados los diferentes elementos que la conforman. Es necesario entonces contar con los símbolos que representen a los tomacorrientes, las lámparas, los interruptores, los tableros, etc. En el caso de los tomacorrientes, la **Fig. 5.43** ilustra los símbolos más comúnmente utilizados. Se debe enfatizar que, en todo caso, el diseñador de la instalación debe plasmar en los planos la lista de símbolos utilizados para representar a los elementos de la instalación. Quien interprete o estudie los planos debe referirse a esa lista con el fin de efectuar una instalación segura.

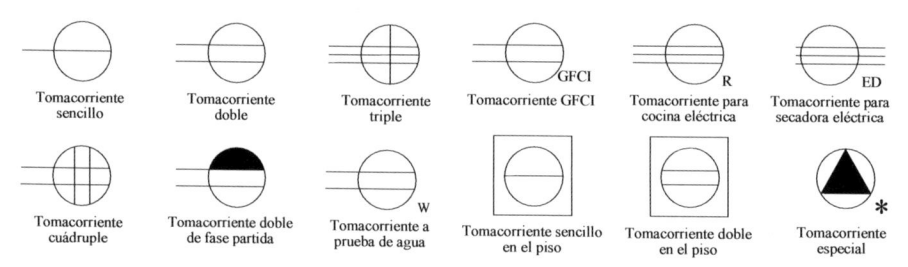

* **Tomacorriente especial**: el asterisco puede ser reemplazado por una letra tal como a, b, c, o por un conjunto de letras como DW, ED, para indicar lavaplatos y secadora eléctrica. También se pueden utilizar otros símbolos cuyos significados se deben especificar en los planos de la instalación.

Fig. 5.43 Símbolos para representar a tomacorrientes con diferentes usos.

Piense... Explique...

5.1 Enuncie la definición de un tomacorriente según las normas eléctricas.

5.2 ¿Qué es un tomacorriente sencillo? ¿Qué es un tomacorriente doble? ¿Qué es un tomacorriente individual?

5.3 ¿Qué es un tomacorriente no polarizado y cuáles son sus características?

5.4 Describa las características de un tomacorriente doble, polarizado y con terminal para tierra.

5.5 En un tomacorriente polarizado, ¿corresponde la ranura más pequeña al conductor de fase o al de neutro?

5.6 ¿Cómo se indica, en un tomacorriente, que se trata de un dispositivo de calidad?

5.7 ¿Por qué los tomacorrientes de un circuito ramal deben poseer un terminal de tierra?

5.8 Desde el punto de vista eléctrico, ¿cómo se clasifican los tomacorrientes?

5.9 ¿Cómo se identifican los interruptores de circuito por falla a tierra y los interruptores aislados de tierra?

5.10 Explique detalladamente el riesgo eléctrico presente cuando se utilizan tomacorrientes no polarizados.

5.11 Explique la operación de un tomacorriente polarizado cuando se conecta a un enchufe y cómo la geometría de ambos elementos mejora la seguridad de una instalación eléctrica. Haz referencia a las **figuras 5.9** y **5.10**.

5.12 Explique por qué un tomacorriente polarizado, con terminal de puesta a tierra, es inseguro cuando se conecta a un enchufe que no posee clavija de puesta a tierra. Haz referencia a la **Fig. 5.12**.

5.13 Explique, haciendo referencia a la **Fig. 5.14**, por qué un tomacorriente polarizado y con terminal de puesta a tierra ofrece seguridad a las personas en caso de producirse un contacto entre la fase y la envoltura metálica del equipo.

5.14 ¿Qué es una falla a tierra? ¿Cuándo se produce una falla a tierra y cómo esta puede ser fatal para una persona?

5.15 ¿Qué es un interruptor de falla a tierra (GFCI)?

5.16 Mencione los factores que determinan el valor de la corriente a través de una persona cuando esta entra en contacto con un conductor energizado.

5.17 ¿Cuál es el rango de variación de la resistencia del cuerpo humano?

5.18 Describa los efectos de la magnitud de la corriente sobre el cuerpo humano.

5.19 De los efectos eléctricos sobre una persona, ¿cúal factor es más importante: el voltaje o la corriente?

5.20 Describa cómo funciona un detector de falla a tierra.

5.21 ¿Cómo se compara el GFCI con un *breaker* normal en cuanto a la velocidad de respuesta y el valor de corriente que los activan?

5.22 ¿Es cierto que, aun con el uso de un GFCI, una persona puede recibir una descarga relativamente alta y no ser electrocutada? Explique.

5.23 Describa la operación del circuito básico de un GFCI con base en la **Fig. 5.20**.

5.24 Según las normas eléctricas, ¿en cuáles sitios de una residencia es obligatorio el uso de los GFCI?

5.25 Mencione las condiciones anormales en un circuito ramal donde intervenga un GFCI y que no provoquen el disparo del mismo.

5.26 ¿Cuáles podrían ser las causas de una operación intermitente en un GFCI?

5.27 Describa los distintos tipos de GFCI estudiados en este capítulo.

5.28 ¿A cuáles valores de corriente se dispara por lo general un GFCI?

5.29 Si una persona entra en contacto con la fase y el neutro de un circuito ramal que está protegido por un GFCI, ¿se activará este último?

5.30 ¿Se puede reemplazar un tomacorriente defectuoso, que no posee terminal de tierra, con un GFCI? Explica.

5.31 ¿Cuáles restricciones se establecen con respecto a la altura de ubicación de tomacorrientes sobre el piso?

5.32 Mencione las alturas típicas de los tomacorrientes sobre el nivel del piso.

5.33 Aunque la orientación que debe tener un tomacorriente, en relación con el piso, no está regulada por las normas, explique por qué es más segura una orientación donde el agujero de tierra del tomacorriente se coloca hacia arriba.

5.34 ¿Qué es un circuito multiconductor? Dibuje un diagrama que permita entender tu explicación.

5.35 Explique las ventajas y desventajas de un circuito multiconductor en relación con dos circuitos ramales que alimentan a cargas distintas.

5.36 Describa cómo se puede usar un tomacorriente en un circuito multiconductor (tomacorriente de fase partida).

5.37 ¿Por qué no se permite hacer empalmes en los tornillos del neutro de un tomacorriente en circuitos multiconductores?

5.38 ¿Cómo debe ser el medio de desconexión para un circuito multiconductor?

5.39 A partir del diagrama esquemático para un GFCI, explique el uso de los diferentes botones y tornillos de conexión.

5.40 ¿Qué es un interruptor para fallas de arco (AFCI)?

5.41 ¿Cómo funciona un interruptor para fallas de arco?

5.42 ¿Dónde se deben usar los interruptores para fallas de arco? Describa los distintos tipos de AFCI.

5.43 ¿Qué es un supresor de picos transitorios (TVSS)?

5.44 ¿Cómo funciona un TVSS?

5.45 De acuerdo con lo establecido en las normas, ¿cuál es la carga máxima que se puede conectar a un tomacorriente mediante enchufe y cordón?

Ejercicios

5.1 ¿Hay en la **Fig. 5.44** riesgo eléctrico para quien que toca la cubierta metálica? Explique.

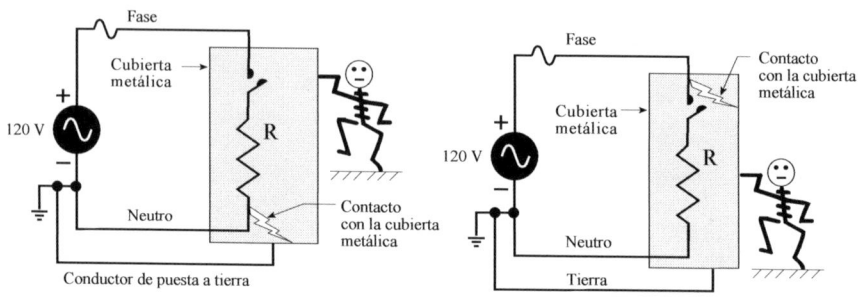

Fig. 5.44 Ejercicio 5.1.

Fig. 5.45 Ejercicio 5.2.

5.2 ¿Hay en la **Fig. 5.45** riesgo eléctrico para quien que toca la cubierta metálica? Explique.

5.3 ¿Hay en la Fig. **5.46** riesgo eléctrico para quien toca la cubierta metálica? Explique.

5.4 Un GFCI está diseñado para dispararse a una corriente de 5 mA. ¿Cuál es la resistencia de falla a tierra que generará esa corriente para un voltaje de 120 V?

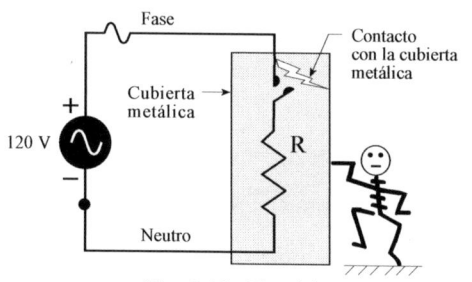

Fig. 5.46 Ejercicio 5.3.

5.5 En la **Fig. 5.47** se han confundido, por error, el conductor de puesta a tierra con el de fase. ¿Cuál es el riesgo eléctrico?

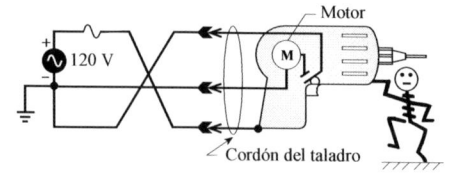

Fig. 5.47 Problema 5.5.

5.6 En el circuito multiconductor de la **Fig. 5.48** se conectan artefactos eléctricos de 1.200 W

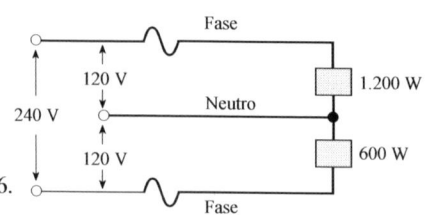

Fig. 5.48 Ejercicio 5.6.

y 600 W y de 120 V. *a*) Calcule la corriente en cada artefacto. *b*) Si se desconectara el neutro, ¿cuál sería el voltaje en cada artefacto?; ¿se dañaría alguno de ellos?

5.7 A un circuito multiconductor de 120 V se conectan dos tostadoras de 800 W. Si, accidentalmente, se desconectara el neutro, ¿se dañaría alguna de las tostadoras?

5.8 En el circuito multiconductor de la **Fig. 5.49**: *a*) Determine la corriente en cada una de las cargas. *b*) Determine la corriente en el neutro. *c*) Si el neutro se desconecta, ¿cuáles son las corrientes y los voltajes en las cargas?

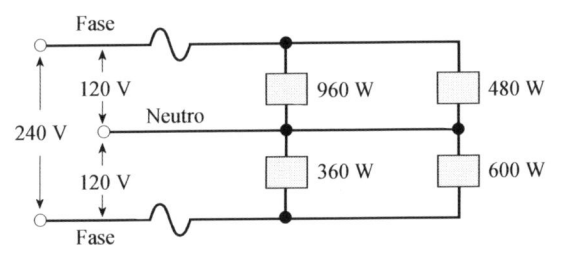

Fig. 5.49 Ejercicio 5.8.

5.9 Tal como se describe en este capítulo, un GFCI posee un botón de prueba (*TEST*) que permite verificar su buen funcionamiento. En la **Fig. 5.50** se ha añadido el circuito de prueba. Explique cómo funciona este último de acuerdo con lo estudiado.

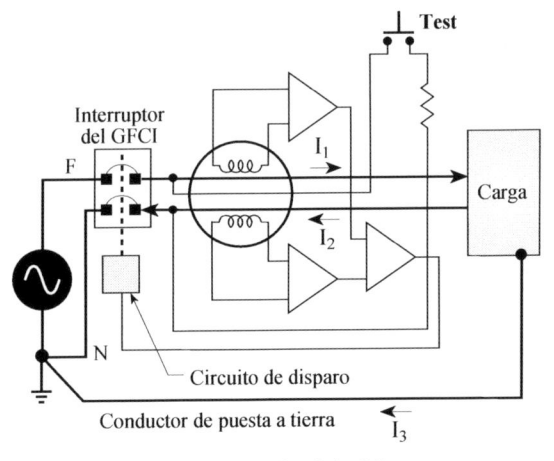

Fig. 5.50 Ejercicio 5.9.

CAPÍTULO 6

INTERRUPTORES

6.1 ASPECTOS GENERALES

Las instalaciones eléctricas hacen un uso intensivo de interruptores electromecánicos manuales, operados a voluntad, cuando se desea conectar o desconectar un elemento del circuito, principalmente lámparas o bombillos de alumbrado. La **Fig. 6.1** corresponde a la imagen de un interruptor eléctrico común.

> *En el contexto anterior, un interruptor o suiche es un dispositivo operado manualmente para interrumpir la corriente que alimenta a una carga eléctrica.*

Los interruptores son, básicamente, elementos binarios: o están completamente abiertos o completamente cerrados; no hay una posición intermedia. Esta característica: abierto o cerrado, se ha hecho extensiva a otros tipos de interruptores, usados en una gran variedad de aplicaciones. Así, se han diseñado interruptores que actúan por presión, diferencias de nivel, temperatura, flujo, etc. Otra categoría la constituyen los interruptores electrónicos, de amplio uso en equipos electrónicos.

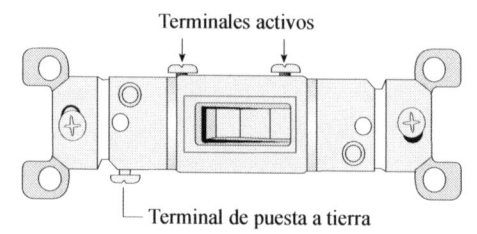

Fig. 6.1 Interruptor electromecánico utilizado en instalaciones eléctricas para apagar o encender una lámpara, o para activar una carga desde un solo sitio.

Los interruptores comunes poseen la estructura básica de la **Fig. 6.2**. El mecanismo consta de una lámina metálica que, al pegarse o despegarse del punto de contacto, conecta o desconecta, respectivamente, la corriente que va hacia la carga. El movimiento manual de la palanca del interruptor entre las posiciones conectado o desconectado (*ON* y *OFF*) provoca el desplazamiento de la lámina metálica, conectando o desconectando la energía que alimenta a la carga. Por supuesto, la palanca es de un material aislante para evitar que se produzcan accidentes por contacto eléctrico.

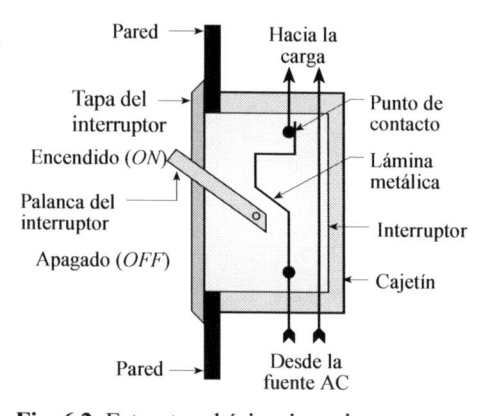

Fig. 6.2 Estructura básica de un interruptor.

6.2 TIPOS DE INTERRUPTORES

El tipo más elemental de interruptor es el llamado *interruptor de cuchilla*, actualmente en desuso y cuya aplicación se reduce a propósitos de demostración o a aplicaciones industriales de gran potencia. Aunque su estructura es muy sencilla, como se observa en la **Fig. 6.3**(*a*), se puede utilizar para ilustrar la forma de operación de cualquier otro tipo de interruptor. En esa misma figura se presenta el símbolo circuital, que se usa para representar al interruptor de cuchilla.

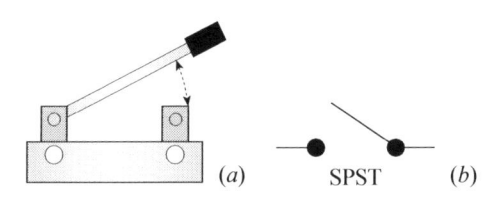

Fig. 6.3 (*a*) Estructura básica de un interruptor SPST (un polo, un tiro). (*b*) Diagrama esquemático.

Fig. 6.4 Circuito elemental para encender una lámpara mediante un interruptor SPST (*simple polo, simple tiro*).

Al interruptor de cuchilla de la **Fig. 6.3** (*a*) se le conoce como *interruptor de un solo polo y un solo tiro* y se le identifica, por lo general, como suiche SPST (de las iniciales en inglés *Single Pole, Single Throw*). Su diagrama se muestra en la **Fig. 6.3**(*b*). La corriente se corta cuando el interruptor se abre y se establece en la carga cuando el interruptor se cierra. Un circuito elemental con este tipo de suiche se muestra en la **Fig. 6.4**.

Otro tipo de interruptor es el conocido como SPDT (*Single Pole, Double Throw*) o *interruptor de un solo polo y doble tiro*. Un interruptor de cuchilla se puede utilizar para explicar su funcionamiento. Para ello nos referiremos a la **Fig. 6.5**.

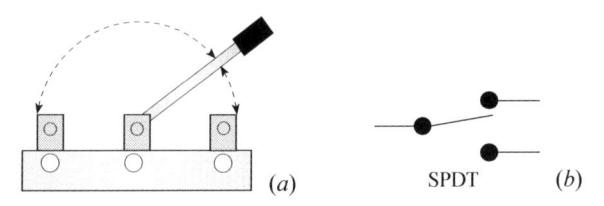

Fig. 6.5 Estructura básica de un interruptor SPDT (un polo, doble tiro). (*b*) Diagrama esquemático.

Se observa, en las **Fig. 6.5** (*a*) y (*b*), que el interruptor posee dos posiciones distintas y que la cuchilla puede oscilar alrededor del punto medio, interconectando el punto central con los extremos. A este tipo de interruptor se le conoce como *interruptor de tres vías* (o *three way switch*, como se le designa en inglés). Una designación más correcta sería la de *interruptor de tres terminales*, ya que, realmente, son dos vías las que se activan cuando el brazo móvil se mueve de un punto al otro. Sin embargo, la costumbre ha prevalecido y quienes trabajan en las instalaciones eléctricas han impuesto la de *interruptor de tres vías*. La **Fig. 6.6** ilustra el circuito de un suiche SPDT para controlar dos lámparas distintas desde una misma posición. Posteriormente estudiaremos cómo se utilizan los suiches de tres vías para controlar lámparas desde dos posiciones

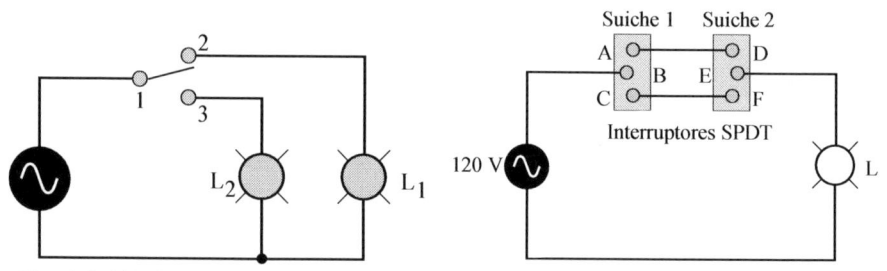

Fig. 6.6 Circuito elemental para encender dos lámparas mediante un interruptor SPDT.

Fig. 6.7 Circuito elemental para encender una lámpara mediante dos interruptores SPDT.

distintas. Las lámparas L_1 y L_2 se encienden cuando el interruptor SPDT está en las posiciones 2 y 3, respectivamente.

Los interruptores SPDT tienen un *terminal común* para los dos circuitos (terminal 1 de la **Fig. 6.6**) y dos terminales que se conectan a las dos lámparas que controlan, a los cuales se les conoce como *terminales viajeros* (terminales 2 y 3 de la **Fig. 6.6**). En un interruptor de tres vías no hay identificación de la posición de encendido (*ON*) o apagado (*OFF*), ya que sus dos posiciones se pueden utilizar para encender o apagar una lámpara. En instalaciones eléctricas residenciales, el uso más difundido de este tipo de interruptor es el de apagar o encender una lámpara desde dos puntos lejanos entre sí. Esta situación ocurre en casos como los siguientes:

1. Cuando se tiene una lámpara en el medio de una escalera y se desea encenderla cuando se comienza a subir la escalera y apagarla cuando se llega a su extremo superior.

2. Cuando la luz de una habitación se desea encender a la entrada y apagarla desde la cama. Los interruptores de tres vías se colocan cerca de la puerta y al lado de la cama.

Veamos la **Fig. 6.7**, donde una lámpara está controlada por los interruptores 1 y 2. Para entender cómo el circuito funciona, supongamos que el suiche 1 está situado en el extremo inferior de una escalera y el suiche 2 en su extremo superior. Cuando se conectan los puntos B y C del suiche 1 y el suiche 2 está en la posición superior (D y E conectados), la lámpara L está apagada (**Fig. 6.8**).

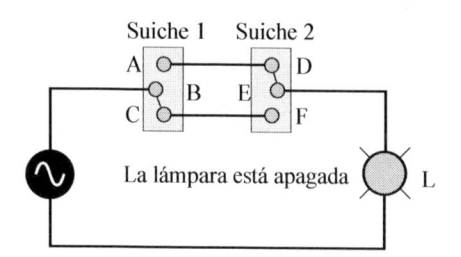

Fig. 6.8 Control de una lámpara desde dos sitios: el suiche 1 está en la posición inferior, el suiche 2 está en la posición superior y la lámpara está apagada.

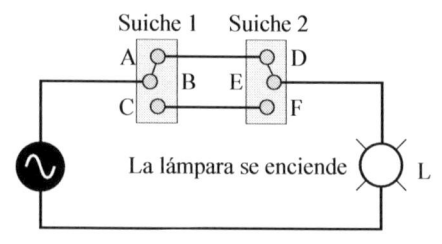

Fig. 6.9 Control de una lámpara desde dos sitios: el suiche 1 está en la posición superior, el suiche 2 está en la posición superior y la lámpara se enciende.

Si alguien se aproxima a la parte baja de la escalera y pasa el suiche 1 hacia arriba, conectando los puntos A y B (**Fig. 6.9**), se establece una corriente en el circuito a través del camino BADE y la lámpara se enciende. Cuando la persona llega a la parte superior de la escalera, apaga la lámpara, pasando el suiche 2 hacia abajo, lo que conduce a la **Fig. 6.10**. Como se puede notar, el circuito se interrumpe al conectarse los puntos E y F.

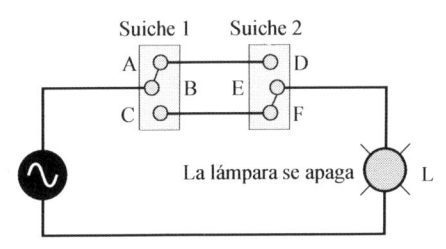

Fig. 6.10 Control de una lámpara desde dos sitios: el suiche 1 está en la posición superior, el suiche 2 está en la posición inferior, el circuito se abre y la lámpara se apaga.

En los circuitos de las **figuras 6.8** a **6.10** se observa que el mecanismo es repetitivo, pudiéndose apagar o encender la lámpara, por tanto, desde cualquier extremo de la escalera.

En la realidad, un interruptor de tres vías se presenta como se muestra en la **Fig. 6.11**. El suiche posee cuatro terminales: los que se utilizan para el cableado de la instalación (el terminal común y los terminales viajeros) y el terminal de puesta a tierra. El terminal común se distingue de los terminales viajeros por tener un color oscuro.

Finalmente, debemos mencionar a los interruptores de cuatro vías (*four way stwitches*), los cuales, usados en conjunción con dos interruptores de tres vías, permiten encender o apagar una lámpara desde tres sitios distintos. La **Fig. 6.12** corresponde a las dos posiciones que puede adoptar un interruptor de cuatro vías.

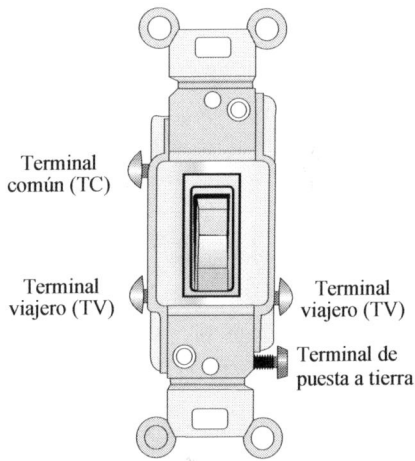

Fig. 6.11 Interruptor de tres vías. El terminal común, por lo general, es de color oscuro, mientras que los terminales viajeros son, también por lo general, de color claro.

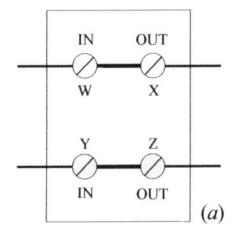

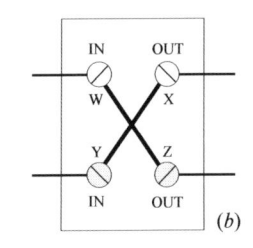

Fig. 6.12 Formas de conectar un interruptor de cuatro vías: *a*) La entrada y la salida se conectan directamente (W con X y Y con Z). *b*) La entrada y la salida se conectan en forma entrecruzada (W con Z y Y con X).

Los dos terminales de entrada (*IN*) se encuentran a la izquierda y los de salida (*OUT*) se encuentran a la derecha. La **Fig. 6.13** es una imagen de un interruptor de cuatro vías, donde se observan los dos terminales de entrada y los dos terminales de salida, en la práctica de colores distintos. El terminal de puesta a tierra debe ser de color verde.

Fig. 6.13 Interruptor de cuatro vías. Los terminales de entrada y de salida están marcados mediante colores distintos.

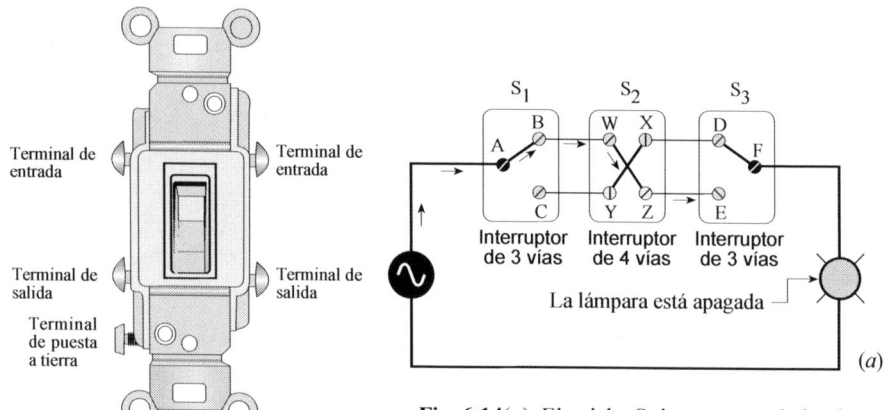

Fig. 6.14(a) El suiche S_3 interrumpe el circuito.

Cuando se trata de controlar una lámpara desde tres puntos distintos, se deben emplear dos interruptores de tres vías y un interruptor de cuatro vías. Este último se debe colocar entre los interruptores de tres vías. A tales efectos, nos referiremos a la **Fig. 6.14** para ilustrar cómo funciona un interruptor de cuatro vías en conjunción con dos interruptores de tres vías. En la **Fig. 6.14(a)** la lámpara está apagada, puesto que el suiche S_3 interrumpe el circuito.

La lámpara puede ser encendida o apagada desde cualquier interruptor. Partiendo de la figura anterior, la **Fig. 6.14(b)** muestra cómo la lámpara es encendida desde S_1. Al pasar el brazo móvil del suiche S_1 desde el punto B hasta el punto C, se establece el circuito cerrado indicado por las flechas. Si, luego, cualquiera de los brazos móviles de uno de los interruptores cambia de posición, la lámpara se apagará al abrirse el circuito.

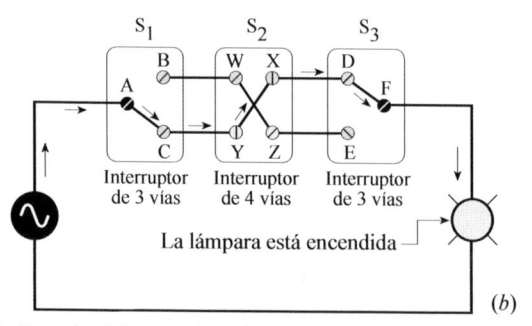

Fig. 6.14(b) Cuando el brazo móvil de S_1 pasa desde el punto B hasta el punto C, el circuito se cierra y la lámpara se enciende. El desplazamiento posterior del brazo móvil de cualquier interruptor abrirá el circuito y la lámpara se apagará.

Si, nuevamente, partimos de la **Fig. 6.14(a)**, la lámpara se puede encender desde el interruptor de cuatro vías, S_2. Esto se deduce de la **Fig. 6.14(c)**. Al accionar el interruptor S_2, se conectan los puntos W y X y se crea el camino ABWXDF, por donde circula la corriente y la lámpara se enciende.

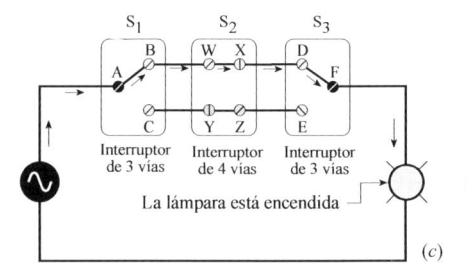

Fig. 6.14(c) Cuando el interruptor S$_2$ se acciona, los puntos W y X se unen, al igual que los puntos Y y Z. Como resultado, el circuito se cierra, siguiendo el camino ABWXDF, y la lámpara se enciende.

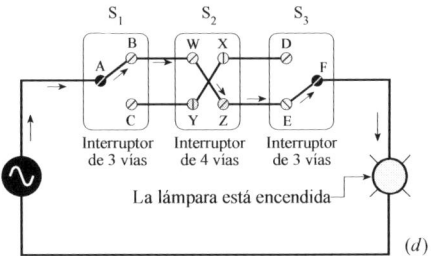

Fig. 6.14(d) Partimos de la **Fig. 6.14(a)**. Cuando el interruptor S$_3$ se acciona, los puntos F y E se unen. Como resultado, el circuito se cierra siguiendo el camino ABWZEF, y la lámpara se enciende.

Finalmente, a partir de la **Fig. 6.14(d)**, se puede ver cómo la lámpara se enciende mediante el interruptor S$_3$. Al pasar el brazo móvil del punto D al punto E, se establece el camino ABWZEF, que permite la circulación de corriente y el encendido de la lámpara.

6.3 CABLEADO DE INTERRUPTORES. DIAGRAMAS PICTÓRICOS.

Los conductores entran por un interruptor SPST: La **Fig. 6.15** muestra este caso. La alimentación entra primero por el interruptor y se dirige a la lámpara que controla. Observa el uso de conectores para empalmar los conductores en los cajetines del interruptor y de la lámpara. La disposición física del cableado se indica en la misma figura.

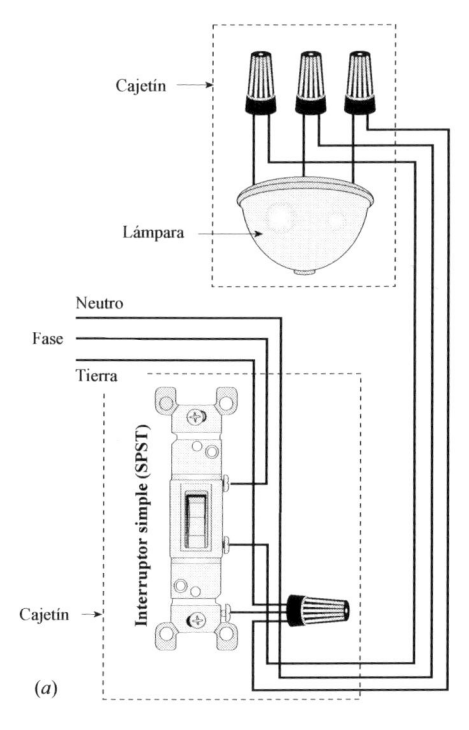

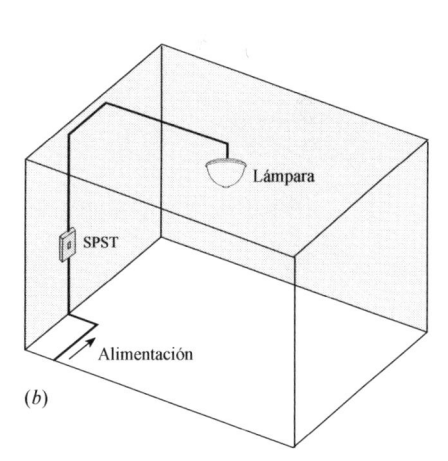

Fig. 6.15 (*a*) Cableado de un interruptor sencillo (SPST) cuando los conductores de alimentación entran por el interruptor. (*b*) Diagrama pictórico de la instalación en una habitación.

Los conductores entran por la lámpara controlada por un interruptor SPST: En la **Fig. 6.16** se indica este caso. Puesto que la alimentación entra por la lámpara, el conductor de fase debe ir directamente al interruptor para, luego, devolverse hasta la lámpara.

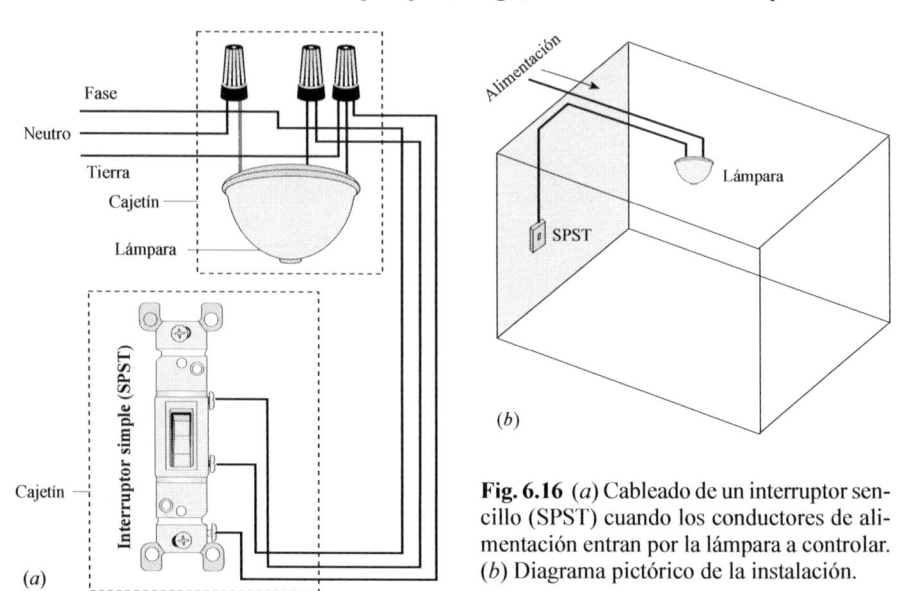

Fig. 6.16 (*a*) Cableado de un interruptor sencillo (SPST) cuando los conductores de alimentación entran por la lámpara a controlar. (*b*) Diagrama pictórico de la instalación.

Cableado de dos interruptores de tres vías para controlar una lámpara cuando la energía entra por uno de los interruptores y la lámpara está al final del recorrido: A menudo en el cableado de interruptores de tres vías se cometen errores. De allí la importancia de prestar atención a la conexión de los conductores a estos suiches. Los terminales viajeros se conectan entre sí en la forma indicada en la **Fig. 6.17**. Uno de los terminales comunes se conecta a la fase de la entrada, mientras que el otro terminal común va a la lámpara. En la **Fig. 6.18** se presenta un diagrama pictórico de la instalación.

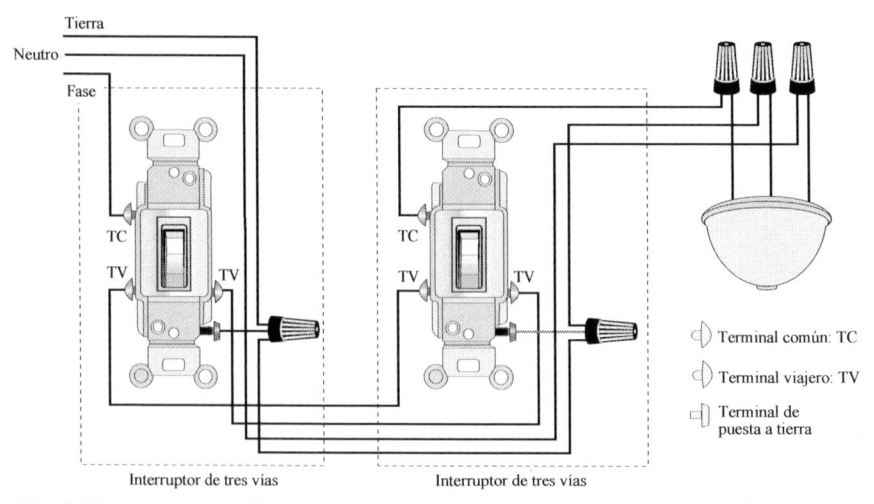

Fig. 6.17 Control de una lámpara mediante dos interruptores de tres vías. La alimentación entra por un interruptor.

CAPÍTULO 6: INTERRUPTORES

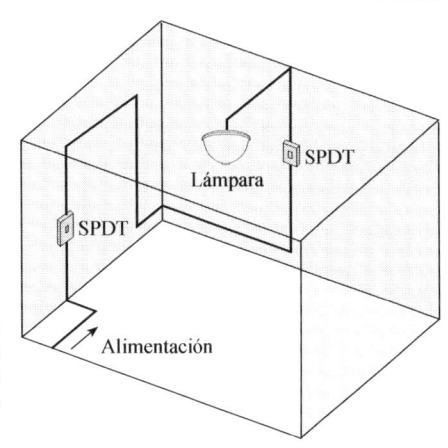

Fig. 6.18 Diagrama pictórico de la instalación para el control de una lámpara desde dos puntos distintos, mediante el uso de los interruptores de tres vías. La alimentación entra por uno de los interruptores.

Cableado de dos interruptores de tres vías para controlar una lámpara cuando la corriente entra por la lámpara: En la **Fig. 6.19** se indica el cableado. La fase va directamente al interruptor 1 para conectarse a su terminal común. Asimismo, el terminal común del interruptor 2 se conecta directamente a la lámpara. El conductor de puesta a tierra se distribuye a lo largo de la instalación, conectándose a la lámpara y a todos los interruptores. Los terminales viajeros de los interruptores de tres vías se conectan entre sí de la manera que muestra la **Fig. 6.19**. El neutro entra en la lámpara y no se extiende a los interruptores. El diagrama pictórico corresponde a la **Fig. 6.20**.

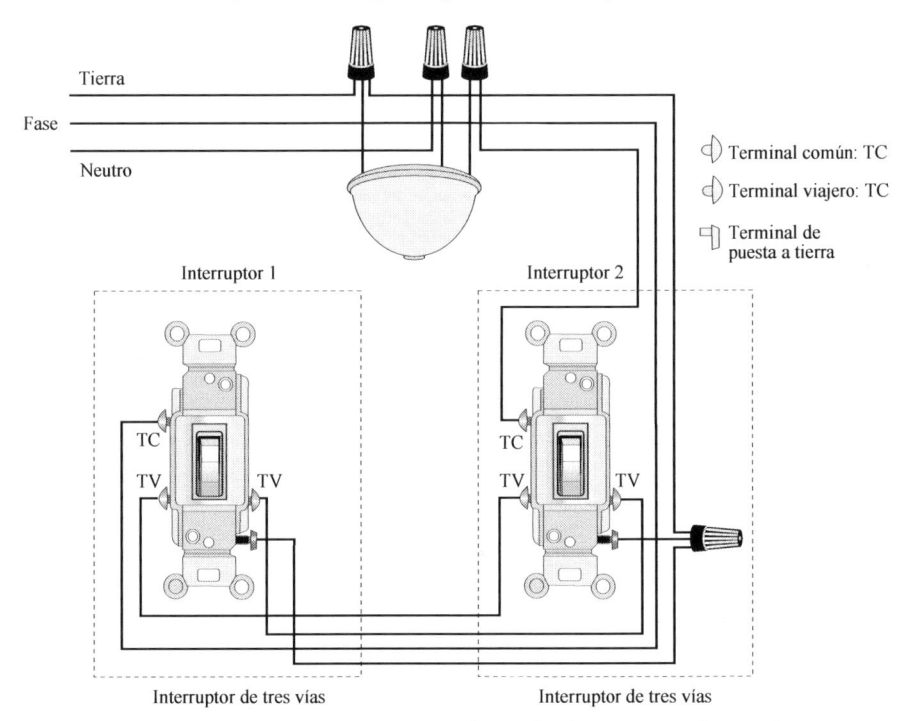

Fig. 6.19 Control de una lámpara mediante dos interruptores de tres vías. La alimentación entra por la lámpara.

Fig. 6.20 Diagrama pictórico de la instalación para el control de una lámpara desde dos puntos distintos, mediante dos interruptores de tres vías. La alimentación entra por la lámpara.

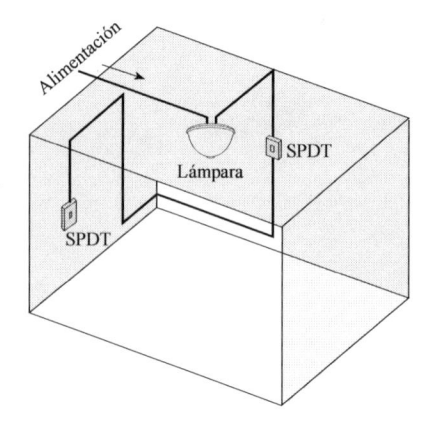

Cableado de dos interruptores de tres vías para controlar una lámpara cuando la corriente entra por un interruptor y la lámpara se encuentra entre los dos interruptores: La **Fig. 6.21** presenta este caso. En el cajetín de la lámpara confluyen varios conductores unidos mediante conectores. La corriente entra por el interruptor N° 1, donde se conecta al terminal común. Los terminales viajeros se conectan entre sí, como lo hemos visto antes (conductores activos). El terminal común del interruptor N° 2 va, también, conectado directamente a la lámpara. El conductor de puesta a tierra se distribuye a lo largo de toda la instalación, conectándose a los dos interruptores y a la lámpara.

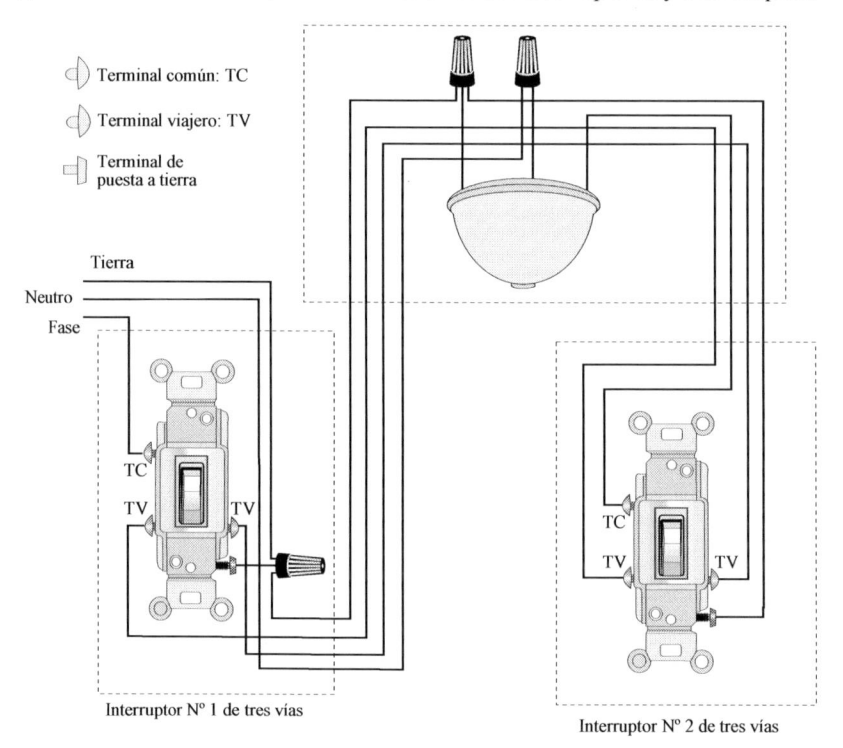

Fig. 6.21 Control de una lámpara por dos interruptores de tres vías. La alimentación entra por un interruptor.

En la **Fig. 6.22** se observa el diagrama pictórico que corresponde a la **Fig. 6.21**.

Fig. 6.22 Diagrama pictórico de la instalación para el control de una lámpara desde dos puntos distintos, mediante dos interruptores de tres vías. La alimentación entra por un interruptor y la lámpara se encuentra entre los dos interruptores.

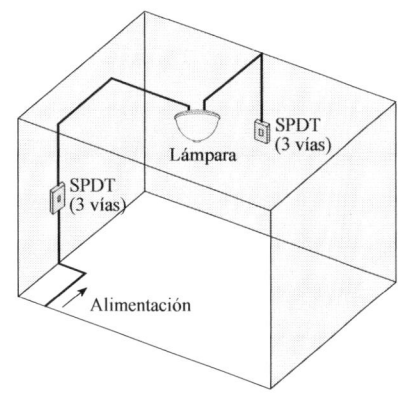

Cableado de dos interruptores de tres vías y uno de cuatro vías para controlar una lámpara desde tres lugares distintos: Para apagar o encender una lámpara, o para dar y quitar energía a un tomacorriente desde tres sitios diferentes, se puede utilizar un interruptor de cuatro vías, colocado entre dos interruptores de tres vías, tal como lo indica la **Fig. 6.23**. Como se puede ver, los terminales viajeros del interruptor de tres vías S_1 se conectan a los terminales inferiores del interruptor de cuatro vías S_2. Los terminales superiores de S_2 se conectan a los terminales viajeros de S_3. La fase se conecta al terminal común de S_1 y el terminal común de S_3 va a la lámpara. El conductor neutro no va conectado a ningún terminal de los interruptores: va directamente a la lámpara, luego de pasar por los cajetines de los mismos, donde se usan conectores para hacer los empalmes.

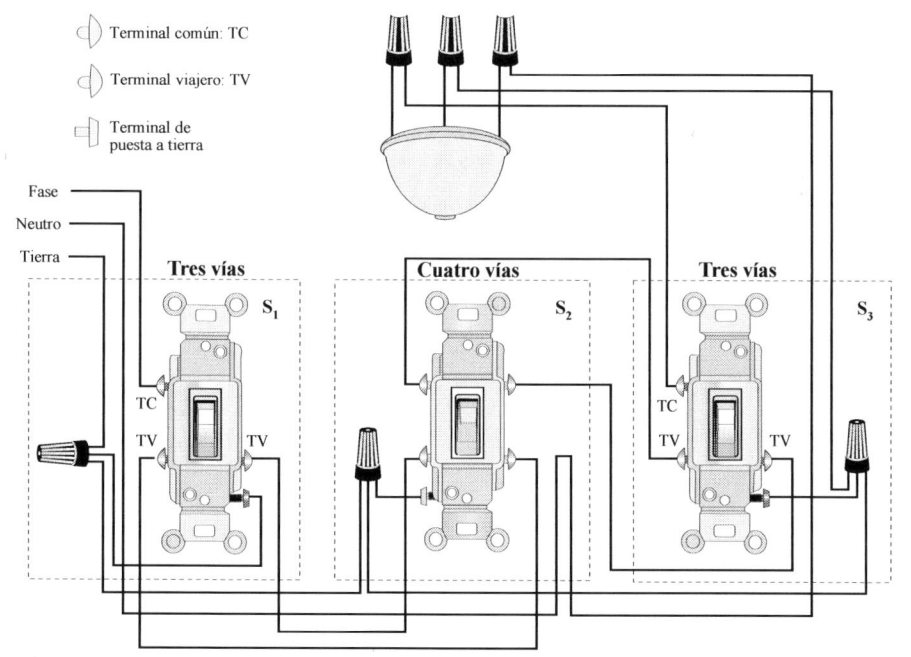

Fig. 6.23 Control de una lámpara desde tres sitios distintos, mediante dos interruptores de tres vías y un interruptor de cuatro vías. La alimentación entra por el interruptor S_1.

Cuando la lámpara se controla desde más de tres puntos distintos, se agregan más interruptores de cuatro vías entre los interruptores de tres vías, como lo muestra el diagrama simplificado de la **Fig. 6.24**.

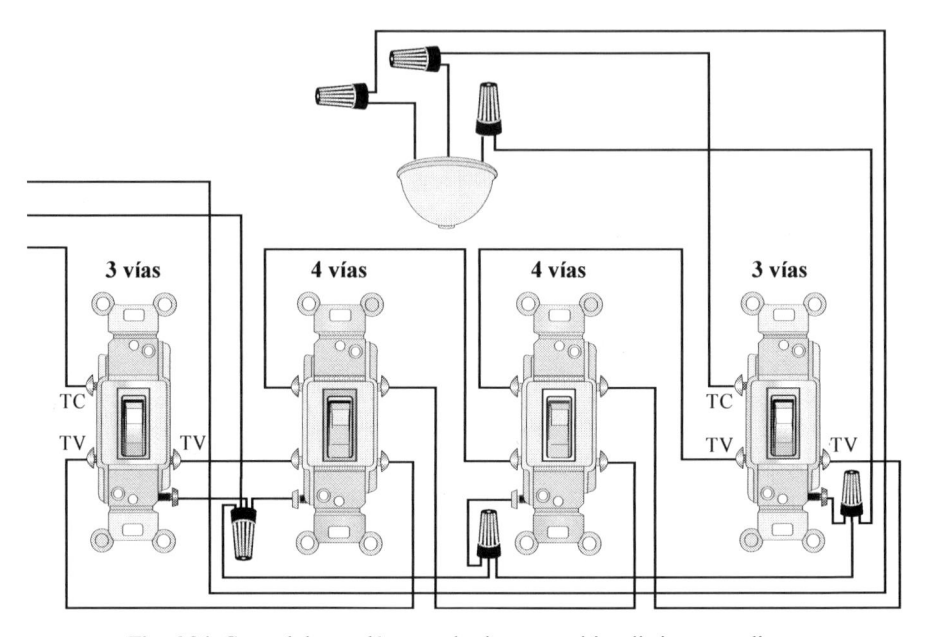

Fig. 6.24 Control de una lámpara desde cuatro sitios distintos, mediante dos interruptores de tres vías y dos de cuatro vías.

6.4 ESPECIFICACIONES DE INTERRUPTORES

Los interruptores utilizados en las instalaciones eléctricas se especifican de acuerdo con el voltaje de uso y la máxima corriente que puede pasar a través de los mismos. A tales efectos, se puede mencionar lo siguiente:

Marcaje: *Los interruptores se deben marcar con los valores máximos de corriente y voltaje y, a veces, de los hp que puede soportar.*

Asimismo, cuando se utiliza un interruptor se debe tener en cuenta lo siguiente:

(1) *La corriente resistiva o inductiva, incluyendo la de lámparas de descarga, no debe exceder el máximo régimen de trabajo del interruptor para el voltaje de operación.*

(2) *Las lámparas de filamento de tungsteno no deben absorber una corriente superior a la corriente máxima soportada por el interruptor al voltaje de operación.*

(3) *La corriente en los motores controlados por interruptores no debe exceder el 80% de la corriente máxima del interruptor al voltaje nominal de operación.*

CAPÍTULO 6: INTERRUPTORES **213**

En relación con el punto (2) anterior, se debe comentar que las lámparas de tungsteno absorben una corriente grande cuando se encienden. Esto se debe a que, al principio, antes de calentarse, la resistencia del filamento de tungsteno es relativamente pequeña si se compara con la resistencia que posee cuando la lámpara alcanza su temperatura normal de trabajo. Valores típicos de esta resistencia para un bombillo de 100 W y 120 V son:

$$R_{Caliente} = 144 \ \Omega \qquad R_{Frio} = 10 \ \Omega$$

La corriente, en los dos casos anteriores, es:

$$I_{Caliente} = \frac{120}{144} = 0.83 \ A \qquad I_{Frio} = \frac{120}{12} = 12 \ A$$

lo que indica una corriente mayor cuando el bombillo comienza a calentarse. Aun cuando el cambio de temperatura, de frío a caliente, tiene lugar muy rápidamente, los contactos del interruptor deben ser capaces de manejar la corriente de 12 amperios que se presenta inicialmente. Por lo general, a los interruptores que certifican el manejo de esta corriente se les marca con la letra **T**.

6.5 OTRAS CONSIDERACIONES EN RELACIÓN CON LOS INTERRUPTORES

A continuación se indican algunos aspectos relativos al uso adecuado y seguro de los interruptores:

Interruptores de tres y cuatro vías: *Los suiches de tres y cuatro vías se deben cablear de modo que todo el proceso de conexión y desconexión se haga en el conductor activo de fase. Cuando se usen canalizaciones metálicas o cables de armadura metálica, se debe hacer el cableado para evitar el calentamiento del metal por inducción.*

Según el aspecto anterior, los conductores implicados en la conexión y desconexión de energía estarán conectados al conductor activo (fase).

El calentamiento por inducción, en ductos metálicos ferrosos*, se produce cuando las corrientes que circulan en la canalización, en ambas direcciones (entrando y saliendo), no se compensan al no cancelarse sus campos magnéticos. En la **Fig. 6.25** se presentan

Es importante adquirir experiencia con el cableado de los interruptores de tres y cuatro vías. Es frecuente encontrar instalaciones eléctricas donde las conexiones entre esos interruptores, al ser mal hechas, no cumplen correctamente su función.

---
* El calentamiento también se produce en cables con armadura metálica.

dos maneras (correcta o incorrecta) de cablear interruptores de tres vías para controlar una lámpara. Suponiendo que se utilizan ductos metálicos ferrosos, el de la **Fig. 6.25**(*a*) no produce calentamiento por inducción, pues la corriente que fluye en una dirección es igual a la que fluye en dirección contraria. Sin embargo, en la **Fig. 6.25**(*b*) se producirá calentamiento en los ductos, puesto que las corrientes, cuando se trata de un solo conductor, crean campos magnéticos no compensados. En ambas figuras se han omitido el cable de puesta a tierra y los conectores en los cajetines.

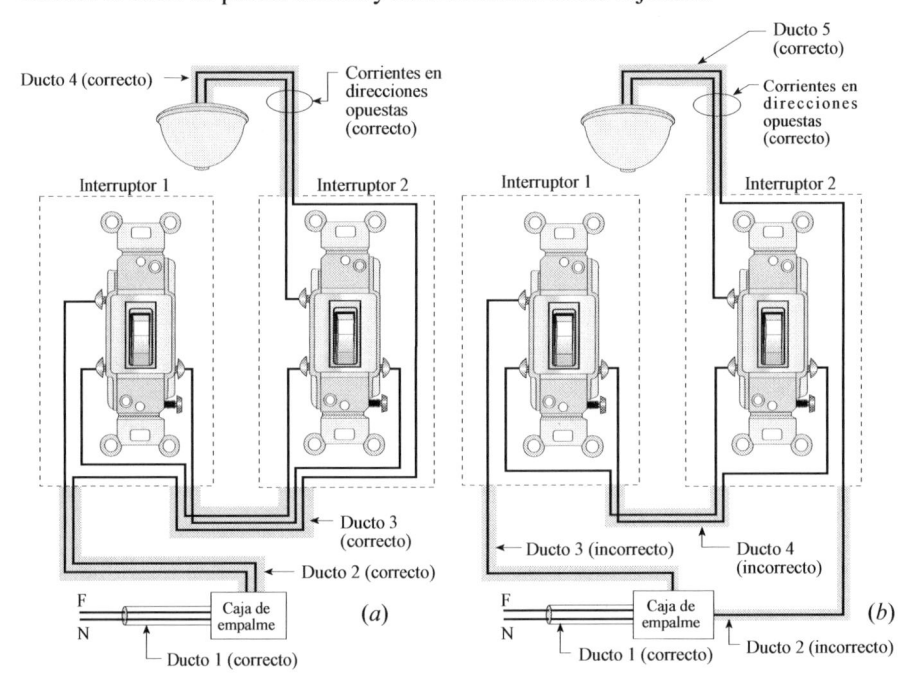

Fig. 6.25 (*a*) Cableado adecuado de dos interruptores de tres vías para evitar calentamiento por inducción en los ductos metálicos. (*b*) El cableado no adecuado produce calentamiento por inducción.

Como se puede observar en la **Fig. 6.25**(*a*), en cada uno de los ductos 1, 2 y 4 se alojan una fase y un neutro, que transportan corriente en direcciones opuestas, lo cual anula el efecto magnético que origina calentamiento por inducción. En el ducto 3, aunque contiene tres conductores, solo dos de ellos transportan corriente al mismo tiempo, puesto que, de los conductores en su interior, únicamente conduce uno al efectuarse la conexión de los interruptores de tres vías con la lámpara.

En el cableado de la **Fig. 6.25**(*b*), los ductos 2, 3 y 4 alojan a un solo conductor que transporta corriente y, por tanto, producirán calentamiento por inducción en las canalizaciones metálicas. Los ductos 1 y 5 no presentan este problema, ya que tienen conductores que transportan corrientes en direcciones contrarias. Ya dijimos que en el ducto 4, aunque contiene dos conductores, solo uno de ellos transporta corriente al mismo tiempo.

Los interruptores deben cumplir con lo señalado a continuación:

Conductor de puesta a tierra*: Los interruptores no deben desconectar el conductor de puesta a tierra de un circuito.*

Excepción*: Se permitirá que un interruptor desconecte un conductor puesto a tierra cuando todos los conductores del circuito se desconecten simultáneamente o cuando el dispositivo esté instalado y el conductor de puesta a tierra no pueda ser desconectado antes que todos los conductores activos del circuito hayan sido desconectados.*

Con respecto al uso de interruptores en zonas húmedas, se debe considerar lo siguiente:

Protección contra intemperie*: Los interruptores instalados superficialmente en lugares húmedos se deben encerrar en una caja o en un gabinete a prueba de intemperie. Los mismos no se deben instalar en ambientes húmedos de bañeras o duchas. Si se montan a ras de una superficie serán equipados con una tapa a prueba de agua.*

Cuando, por alguna razón, se deban instalar suiches de cuchilla (lo cual no es tan común para una residencia), se debe tener en cuenta:

Colocación*: Los suiches SPST se instalarán de manera que la gravedad no tienda a cerrarlos.*

En cuanto a la altura de colocación de los interruptores (ver **Fig. 6.26**), se establece lo siguiente:

Altura*: Todos los interruptores se deben colocar de manera que puedan ser accionados desde un sitio fácilmente accesible. Se deben instalar de modo que el centro de las palancas de activación, cuando se encuentren en su posición más alta, no estén a una distancia mayor de 2 m (6 pies 2 pulgadas) sobre el piso o la plataforma de trabajo.*

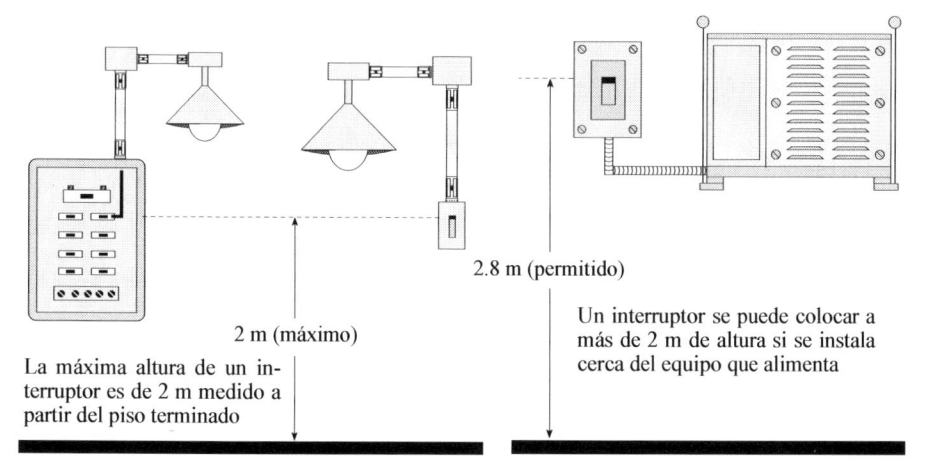

Fig. 6.26 Alturas máximas de los interruptores.

Excepción 2: *Los interruptores instalados de un modo adyacente a motores, artefactos u otros equipos a los cuales alimentan, pueden ser colocados a una altura mayor de 2 m y serán accesibles por medios portátiles.*

> *Siguiendo lo establecido en los párrafos anteriores, es común colocar los interruptores a una altura de 120 cm a 140 cm desde el piso terminado hasta el medio de la caja que aloja al interruptor.*

En relación con la puesta a tierra, se tendrá en cuenta el siguiente aspecto:

Puesta a tierra. *Los suiches, incluyendo los dimmers, se deben poner a tierra y tendrán los medios para poner a tierra las tapas metálicas frontales. Un suiche estará efectivamente puesto a tierra si cumple con lo siguiente:*

(1)   El suiche está sujeto con tornillos metálicos a una caja metálica o a una caja no metálica que posea los medios para la puesta a tierra.

(2)   Un conductor de puesta a tierra de equipos se conecta a una terminación de puesta a tierra del suiche.

La **Fig. 6.27** ilustra las dos situaciones anteriores.

En cuanto a los detalles sobre la fabricación de los interruptores, es importante considerar lo siguiente: *las tapas metálicas frontales de los interruptores serán de metal ferroso con no menos de 0.76 mm de espesor, o de material no ferroso con espesor no menor a 1.02 mm. Las tapas no metálicas frontales de material aislante deben ser no combustibles y de un espesor no inferior a 2.54 mm, pero se permitirá que sean de un espesor inferior a 2.54 mm si están reforzadas para brindar una resistencia mecánica adecuada.*

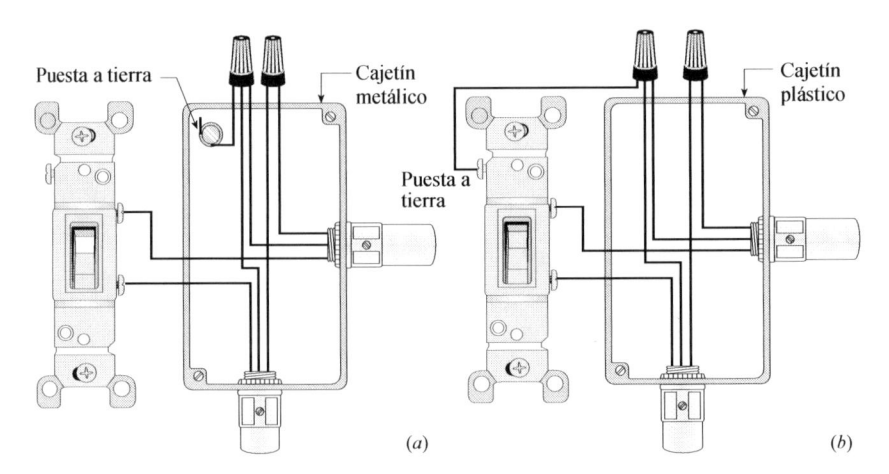

Fig. 6.27 (*a*) Al sujetar el suiche, con tornillos, al cajetín metálico, se asegura la puesta a tierra. (*b*) Cuando el cajetín es de plástico, el conductor de puesta a tierra se conecta al tornillo de puesta a tierra del suiche.

6.6 SÍMBOLOS ELÉCTRICOS DE INTERRUPTORES

Los símbolos utilizados para representar a los interruptores en los planos eléctricos son:

S : Interruptor de un polo. S_3 : Interruptor de tres vías.

S_4 : Interruptor de cuatro vías.

Piense...
Explique...

6.1 ¿Qué es un interruptor eléctrico?

6.2 ¿Por qué se dice que un interruptor es un elemento binario?

6.3 Dibuje la estructura básica de un interruptor y explica su funcionamiento.

6.4 Explique el funcionamiento de interruptores SPST y SPDT.

6.5 Describa la forma de encender dos lámpara mediante un interruptor SPDT.

6.6 ¿Qué es un interruptor de tres vías? ¿Cómo funciona?

6.7 Explique cómo se puede usar un interruptor de tres vías para encender o apagar una lámpara, un tomacorriente o un artefacto eléctrico desde dos puntos distintos.

6.8 ¿Qué es un interruptor de cuatro vías? ¿Cómo funciona?

6.9 Explique cómo se puede usar un interruptor de cuatro vías para encender o apagar una lampara desde tres o más puntos.

6.10 ¿Cómo se especifican las características eléctricas de un interruptor?

6.11 Explique todo lo relacionado con los regímenes de uso para los interruptores, incluyendo los interruptores de una, dos y tres vías.

6.12 ¿Cuál es la corriente típica de un bombillo de tungsteno cuando está frío o caliente? ¿Cómo afecta esto la selección de un interruptor?

6.13 ¿Qué es el calentamiento por inducción en ductos metálicos ferrosos? ¿Cómo se produce este calentamiento?

6.14 Explique cómo el cableado de suiches de tres vías puede originar el calentamiento por inducción en ductos metálicos. ¿Pueden calentarse por inducción los ductos no metálicos?

6.15 ¿Por qué un suiche no debe desconectar el conductor de puesta a tierra?

6.16 Describa lo que establecen las normas con respecto al uso de interruptores en zonas húmedas.

6.17 Explique lo relativo a la posición de instalación de los interruptores de cuchilla.

6.18 ¿Qué establecen las normas respecto a la altura de colocación de los suiches?

6.19 ¿Qué determinan las normas en relación con la puesta a tierra de los suiches?

6.20 ¿Qué establecen las normas en cuanto a características de las tapas frontales de los interruptores?

6.21 Cuando se conectan interruptores de tres vías, ¿a cuáles terminales del otro interruptor se deben conectar los terminales viajeros de uno de los interruptores?

6.22 ¿Es siempre necesario conectar el conductor de puesta a tierra de equipos de un cable con cubierta no metálica al tornillo de tierra del cajetín del interruptor? Mencione detalles al respecto.

6.23 ¿Cómo se conecta a tierra la tapa frontal de un interruptor?

CAPÍTULO 6: INTERRUPTORES

Ejercicios

En los problemas siguientes, utilice las imágenes de interruptores, lámparas, conductores, canalizaciones, tomacorrientes y cajetines ya mostradas en este libro.

6.1 En el circuito de la **Fig. 6.28**, donde la lámpara es controlada por un interruptor, la alimentación entra por el interruptor. Dibuje el cableado correspondiente.

6.2 En el circuito de la **Fig. 6.29**, donde la lámpara es controlada por un interruptor, la alimentación entra por la lámpara. Dibuje el cableado correspondiente.

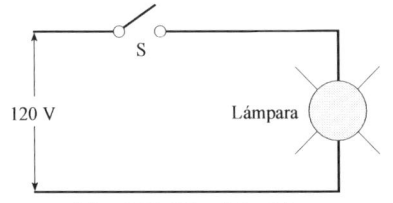

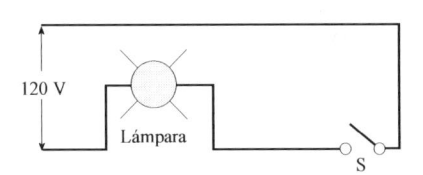

Fig. 6.28 Ejercicio 6.1.

Fig. 6.29 Ejercicio 6.2.

6.3 La **Fig. 6.30** corresponde al cableado de una lámpara controlada por un interruptor simple con la alimentación en el mismo. Esa alimentación, también sin interrupción, se dirige a un tomacorriente. Dibuje el diagrama circuital de cableado. Se omite el cable de puesta a tierra.

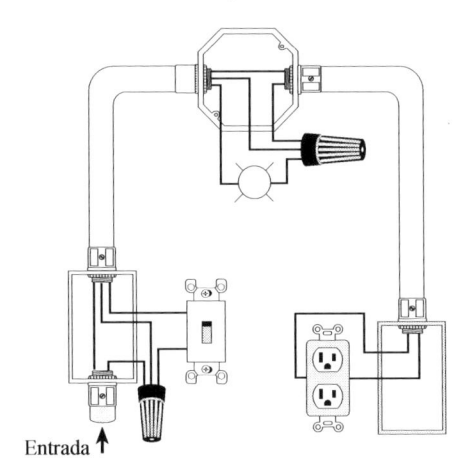

Fig. 6.30 Ejercicio 6.3.

6.4 A partir del circuito eléctrico de la **Fig. 6.31**, donde se usan interruptores de tres vías, dibuje el cableado correspondiente.

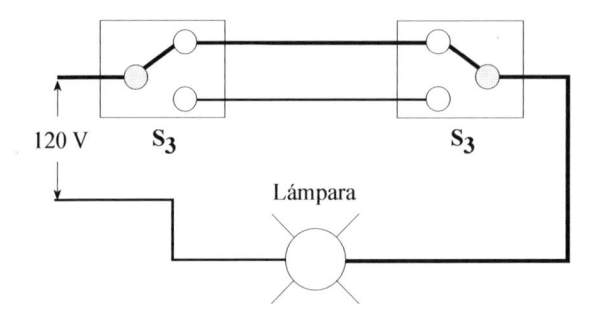

Fig. 6.31 Ejercicio 6.4.

6.5 Dibuje el diagrama elemental de la instalación eléctrica cuyo cableado se muestra en la **Fig. 6.32**. La alimentación de 120 V entra por la lámpara.

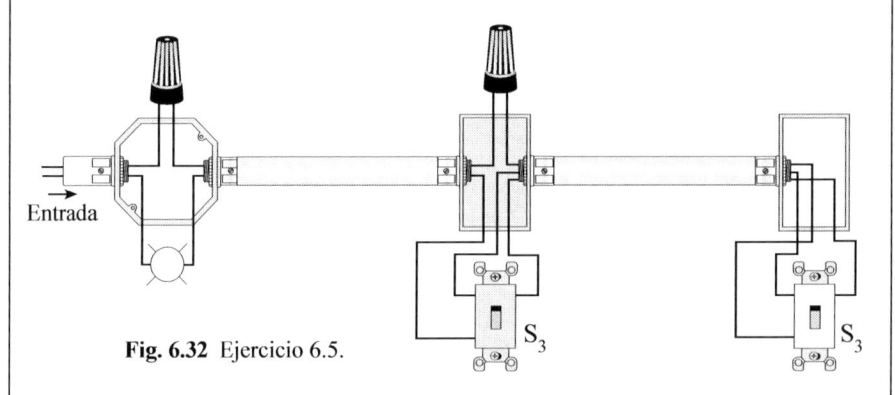

Fig. 6.32 Ejercicio 6.5.

6.6 Una lámpara es controlada desde tres puntos distintos, como se indica en la **Fig. 6.33**. A partir del diagrama de cableado mostrado, dibuje el diagrama elemental. La alimentación entra por uno de los interruptores de tres vías.

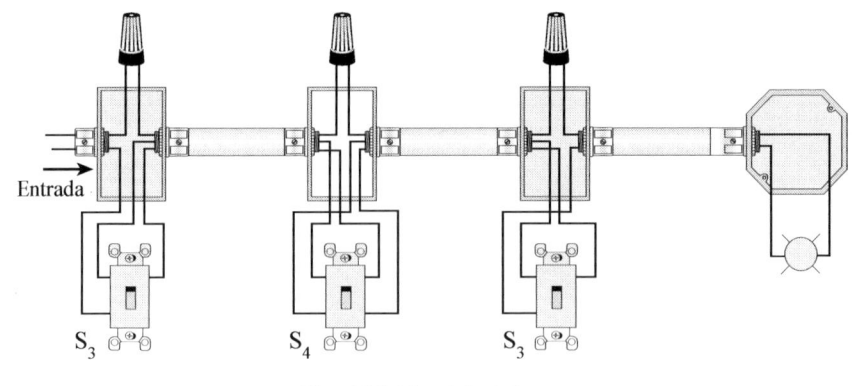

Fig. 6.33 Ejercicio 6.6.

6.7 Algunos interruptores utilizan una luz piloto que indica cuándo una lámpara está encendida o apagada. Esta luz se obtiene de un tubo de neón en serie con una resistencia. Explique cómo funciona este sistema, refiriéndote a la **Fig. 6.34**.

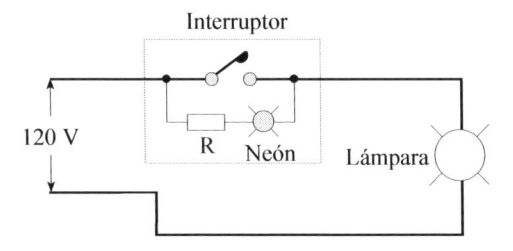

Fig. 6.34 Ejercicio 6.7.

6.8 Explique cómo funciona el circuito cuyo cableado se muestra en la **Fig. 6.35**. Dibuje el diagrama circuital elemental.

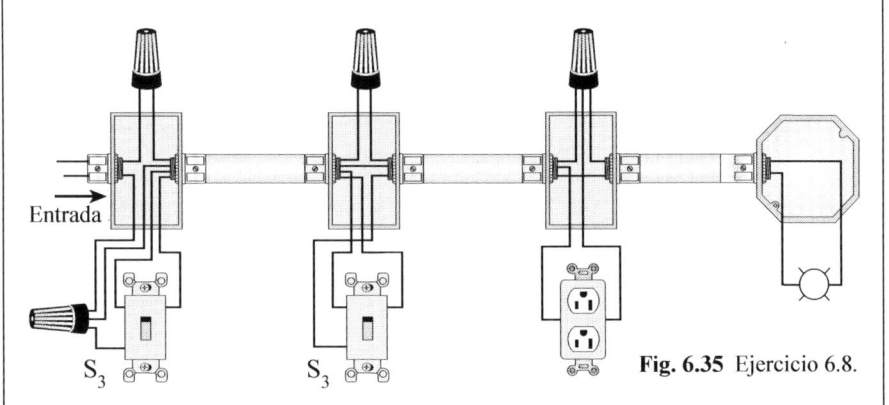

Fig. 6.35 Ejercicio 6.8.

6.9 Explique cómo funciona el circuito cuyo cableado se muestra en la **Fig. 6.36**. Dibuje el diagrama circuital.

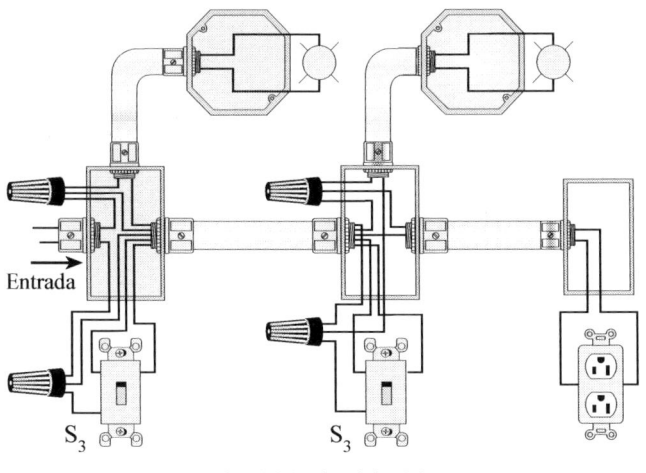

Fig. 6.36 Ejercicio 6.9.

6.10 Dibuje el diagrama de cableado para la **Fig. 6.37** de modo que las lámparas puedan ser controladas por los interruptores. Asimismo, el tomacorriente debe ser energizado. Use los conductores, las cajas y los conectores apropiados.

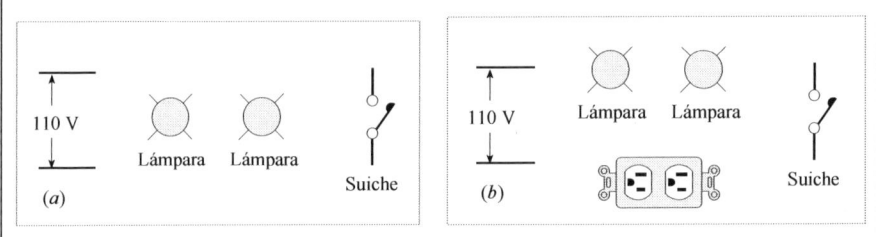

Fig. 6.37 Ejercicio 6.10.

6.11 Complete las conexiones para el control de las dos lámparas, en la **Fig. 6.38**, desde dos puntos distintos y mediante el uso de dos interruptores de tres vías.

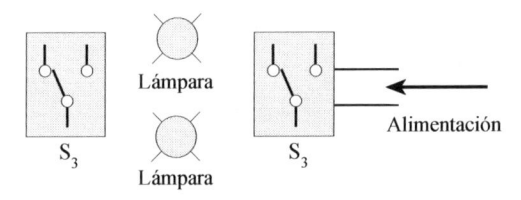

Fig. 6.38 Ejercicio 6.11.

6.12 Dibuje el diagrama de cableado para la **Fig. 6.39** de modo que las lámparas puedan ser controladas por los interruptores. Asimismo, el tomacorriente debe ser energizado. Use los conductores, las cajas y los conectores apropiados.

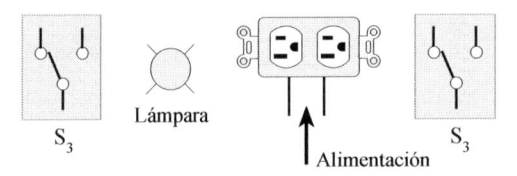

Fig. 6.39 Ejercicio 6.12.

6.13 Complete las conexiones en la **Fig. 6.40** y dibuja el diagrama de cableado para el control de la lámpara desde tres puntos distintos, usando interruptores de tres y cuatro vías. La línea de alimentación de 110 V entra por la lámpara.

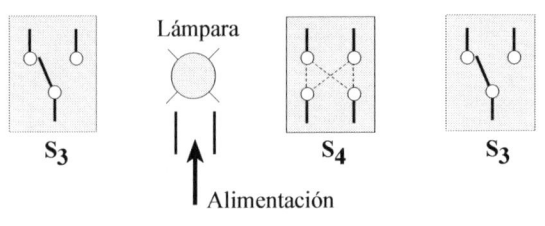

Fig. 6.40 Ejercicio 6.13.

CAPÍTULO 6: INTERRUPTORES | 223

6.14 Completa las conexiones en la **Fig. 6.41** y dibuja el diagrama de cableado para controlar la lámpara desde tres puntos distintos, usando interruptores de tres y cuatro vías. La alimentación de 110 V entra por el interruptor de cuatro vías.

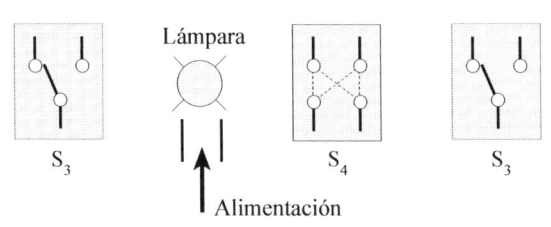

Fig. 6.41 Ejercicio 6.14.

6.15 Completa las conexiones en la **Fig. 6.42** y dibuja los diagramas de cableado para el control de la lámpara desde tres puntos distintos, usando interruptores de tres y cuatro vías.

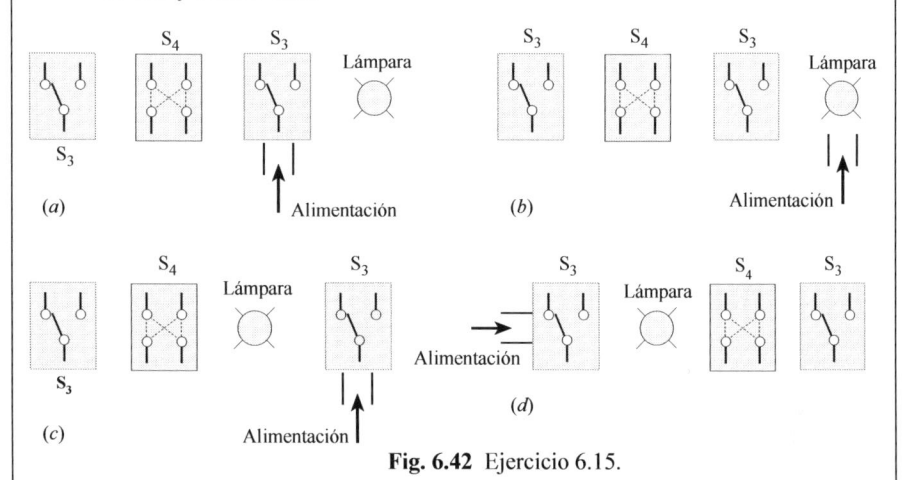

Fig. 6.42 Ejercicio 6.15.

6.16 Haciendo uso de la **Fig. 6.43**, explica cómo se puede controlar la lámpara desde cuatro puntos distintos y mediante el uso de dos interruptores de tres vías y dos de cuatro vías.

6.17 Explica cómo funciona el circuito de la **Fig. 6.44**.

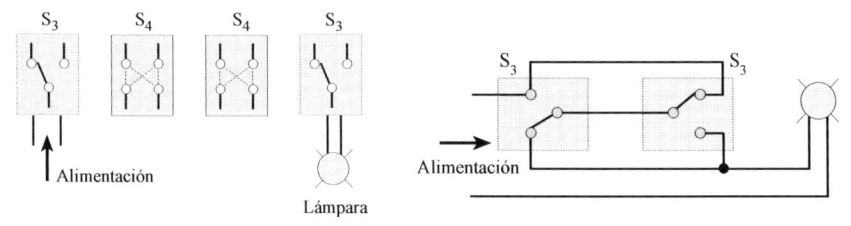

Fig. 6.43 Ejercicio 6.16.   **Fig. 6.44** Ejercicio 6.17.

CAPÍTULO 7

UBICACIÓN DE TOMACORRIENTES Y LUMINARIAS

7.1 EL PROYECTO ELÉCTRICO. GENERALIDADES.

La planificación y el proyecto de una instalación eléctrica es el resultado de una amplia consulta, que incluye al propietario de la edificación, al arquitecto de la obra y al ingeniero electricista que desarrollará el proyecto eléctrico. Este último debe tener en cuenta los hábitos y requerimientos de quienes ocuparán la edificación, así como los artefactos y equipos eléctricos necesarios para garantizar la comodidad y calidad de vida de los usuarios. Para ello, el ingeniero observará estrictamente los requerimientos de una buena instalación eléctrica, señalados en la sección 1.3 del Capítulo 1 de este libro: seguridad, capacidad, accesibilidad, flexibilidad y economía. En este capítulo se enfatiza en la ubicación de tomacorrientes y luminarias en unidades residenciales.

A menudo, en países con importantes índices de pobreza, hay la tendencia a sacrificar los requerimientos mencionados con el fin de obtener una drástica reducción en los costos. Como el objetivo fundamental es velar por la seguridad de las personas que interactúan con la electricidad, no hay que establecer diferencias entre viviendas de interés social, viviendas rurales, viviendas para la clase media o viviendas para la clase alta. En tal sentido, se valora la seguridad del ser humano, independientemente de su estrato social. Esa perversa tendencia de poner en peligro la vida de quienes menos tienen debe ser revertida en la práctica, diseñando sistemas eléctricos que garanticen la seguridad de todos aquellos que, a diario, se exponen a los peligros de la electricidad. Lo que debe diferenciar el diseño eléctrico es el uso más o menos extensivo de aquellos equipos y artefactos que están presentes en hogares de distintos niveles de ingresos. El ingeniero electricista ha de enfrentar este reto, reflejando en su diseño lo importante que es la seguridad para cualquier usuario de la energía eléctrica, sin que las barreras económicas intervengan para poner en peligro la vida del ser humano.

Un buen proyecto eléctrico se ciñe, al menos, a las siguientes características:

1. El uso de materiales de calidad aprobados para la instalación. Esto incluye los materiales utilizados en la fabricación de conductores, canalizaciones, cajas, tomacorrientes, interruptores, luminarias, etc.

2. Cantidad suficiente de tomacorrientes, puntos de luz e interruptores ubicados en aquellos sitios que faciliten el uso de la instalación eléctrica.

3. Tableros con capacidad para responder a ampliaciones futuras.

CAPÍTULO 7: UBICACIÓN DE TOMACORRIENTES Y LUMINARIAS

4. Tubería adicional para posibles ampliaciones de la instalación eléctrica.

5. Acometida capaz de soportar la carga de diseño presente y futura.

6. Uso de conductor de puesta a tierra en la instalación y de puesta a tierra de las cubiertas metálicas de equipos, ambos para evitar choques eléctricos.

7. Uso de interruptores de falla a tierra (GFCI) y de falla de arco (AFCI) para desconectar los circuitos cuyo conductor activo se ponga a tierra o que produzcan chispas capaces de ocasionar un incendio.

Junto con su consumo en vatios, vale la pena hacer una lista de los equipos que por lo general se encuentran en los diversos ambientes de una residencia. Aunque no todos ellos podrán hallarse en una instalación eléctrica específica, mencionarlos puede servir de orientación para el diseño de los circuitos ramales residenciales. El consumo de los artefactos puede diferir de los que en la **Tabla 7.1** se presentan*.

Equipo Eléctrico/Artefacto	Consumo (W)	Equipo Eléctrico/Artefacto	Consumo (W)
A.A. central 24000 BTU (2 ton)	1900	Cocina (4 hornillas)	8000
A.A. central 30000 BTU (2.5 ton)	2800	Cocina (horno + 4 hornillas)	12000
A.A. central 36000 BTU (3 ton)	2900	Computadora	60–250
A.A. central 60000 BTU (5 ton)	4900	Congelador (14 pies cúbicos)	350
A.A. tipo *split* 9000 BTU	820	Cuchillo eléctrico	360
A.A. tipo *split* 12000 BTU	1260	Deshumecedor portátil	90
A.A. tipo *split* 15000 BTU	1410	Ducha eléctrica	3500
A.A. tipo *split* 18000 BTU	1840	Equipo de sonido	100
A.A. tipo *split* 24000 BTU	2300	Esterilizador de teteros	500
A.A. tipo *split* 36000 BTU	2660	Horno grande	4000–8000
A. A. ventana 12000 BTU	800	Humificador	40
A. A. ventana 15000 BTU	1410	Impresora *deskjet*	20
A. A. ventana 18000 BTU	1840	Impresora láser	400
A. A. ventana 24000 BTU	2300	Lavadora automática	500
Abridor de latas	120	Lavaplatos	1200–1500
Aspiradora	650	Licuadora	300
Batidora	200	Máquina de afeitar	20
Bomba de agua 1.5 HP	1120	Máquina de coser	100
Bomba de agua 1/3 HP	250	Microondas	600–1500
Cafetera	800	Olla arrocera	1000
Calentador de agua	3000	Plancha	360
Calentador de teteros	350	Procesador de alimentos	360

Tabla 7.1 Equipos y artefactos usados comúnmente en una residencia y su consumo típico en vatios.

---

* Los consumos mostrados son solo ilustrativos. El consumo real puede variar de acuerdo con los avances tecnológicos.

Equipo Eléctrico/Artefacto	Consumo (W)	Equipo Eléctrico/Artefacto	Consumo (W)
Pulidora de pisos	300	Taladro 1/2 pulg.	750
Radio	20–70	Taladro 1/4 pulg.	250
Refrigerador	400	Televisor 19 pulg.	200
Sandwichera	650	Televisor 25 pulg.	250
Sartén eléctrica	1300	Tostadora de pan	800–1500
Secador de pelo	1875	Tostiarepa	1200
Secadora de ropa (120 V)	1600	Triturador de desperdicios	10–50
Secadora de ropa (220 V)	5000	Ventilador de techo	10–50
Taladro 1 pulg.	1000	Ventilador portátil de mesa	10–25

Tabla 8.1 *Continuación*. Equipos y artefactos usados comúnmente en una residencia y su consumo típico en vatios.

Para optimizar la instalación eléctrica en una residencia, es recomendable que el diseño del proyecto comprenda los siguientes pasos:

1. Asegurar que el suministro de energía eléctrica esté disponible.

2. Establecer conversaciones con el dueño de la residencia, si se trata de un desarrollo individual, o con el grupo de familias, si se trata de proyectos colectivos o de interés social, con el fin de precisar los equipos y artefactos a utilizar en el hogar. Tomar las previsiones para futuras ampliaciones.

3. Precisar dónde se van a colocar los distintos puntos de tomacorrientes, lámparas, interruptores y todas aquellas salidas necesarias para desarrollar el cableado de la instalación en los planos arquitectónicos. Esto se deberá hacer en estrecha colaboración con el arquitecto y los propietarios residenciales. Aquí es necesario distinguir entre los tomacorrientes de uso general y los que alimentarán artefactos y equipos individuales.

4. Ubicar los sitios de colocación del tablero principal y de los subtableros.

5. Calcular el número de circuitos de alumbrado y de tomacorrientes. Añadir circuitos de reservas para futuras ampliaciones.

6. Dibujar el cableado de los circuitos de alumbrado y de tomacorrientes, así como establecer la forma de conectarlos a los tableros y subtableros.

7. Calcular el calibre de los conductores y de los ductos de la instalación eléctrica.

8. Determinar las protecciones de cada uno de los circuitos de la instalación eléctrica.

9. Verificar que la caída de tensión no supere lo sugerido por las normas.

10. Seleccionar el tipo de acometida: aérea o subterránea.

CAPÍTULO 7: UBICACIÓN DE TOMACORRIENTES Y LUMINARIAS

11. Calcular el calibre de la acometida.

12. Diseñar los sistemas de comunicación y de señales.

En este capítulo nos concentraremos en el tercero de los pasos anteriores. Para ello consideraremos los distintos ambientes de las residencias y la ubicación de los tomacorrientes, puntos de luz e interruptores que conforman la instalación.

7.2 GENERALIDADES SOBRE LA UBICACIÓN DE TOMACORRIENTES, LÁMPARAS E INTERRUPTORES EN LOS DIFERENTES AMBIENTES DE UNA RESIDENCIA

Antes de abordar el objetivo específico de esta sección, es conveniente hacer algunas observaciones generales que optimizan el diseño de la instalación eléctrica:

1. Cuando hay ambientes contiguos, se obtendrá un ahorro notable colocando dos tomacorrientes uno enfrente del otro, tal como se indica en la **Fig. 7.1**.

2. Es conveniente, cuando se pueda, colocar uno de los tomacorrientes debajo del interruptor que controla la luz del ambiente. Esta previsión impide que ese tomacorriente quede escondido detrás de cualquier mueble, ya que es improbable que debajo del interruptor se coloque mueble alguno (ver **Fig. 7.2**).

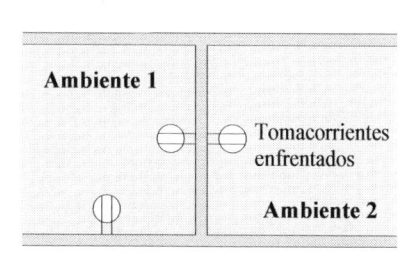

Fig. 7.1 Colocación de tomacorrientes en espacios contiguos.

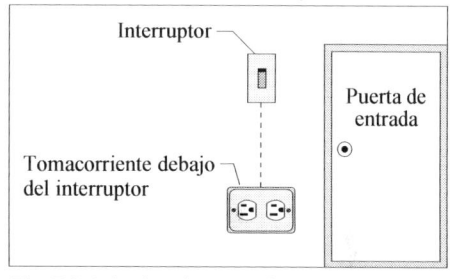

Fig. 7.2 A fin de evitar que el tomacorriente pueda ser ocultado por un mueble, es conveniente colocarlo debajo del interruptor que controla la luz del ambiente.

3. Aun cuando no está expresamente prohibido por las normas, los interruptores de lámparas no deben colocarse detrás de las puertas de los distintos ambientes. Esto facilita el encendido o apagado de las lámparas. Ver **Fig. 7.3**.

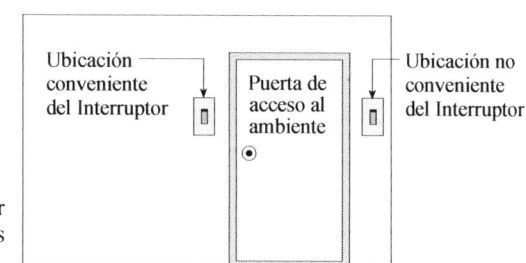

Fig. 7.3 No es conveniente colocar los interruptores de lámparas detrás de las puertas de acceso.

4. A pesar de que se han establecido distancias máximas entre dos tomacorrientes, un buen diseño debe prever la inclusión de suficientes tomas por debajo de esas distancias, evitando que las mismas se conviertan en reglas limitantes. Asimismo, el intercambio de información con el propietario y el arquitecto o ingeniero civil debe definir dónde se va a colocar el mobiliario dentro de ambientes específicos, de manera que los muebles no oculten los tomacorrientes.

5. Colocación de tomacorrientes de propósito general: Se deben instalar tomacorrientes en los distintos ambientes de una residencia (cocina, comedor, sala de estar, biblioteca, dormitorios, pasillos, etc.), de manera que ningún punto, medido horizontalmente a lo largo de la línea del piso, en cualquier *espacio de pared*, esté a más de 1.80 m (6 pies) de un tomacorriente. Esto significa que la distancia máxima entre un tomacorriente y otro no puede ser mayor que 3.60 m, como lo indica la **Fig. 7.4**. Esta regla no se aplica a salas de baño, cuartos de lavadero o garajes, ambientes donde haya situaciones específicas desde el punto de vista de la instalación eléctrica. Hay que mencionar que *un espacio de pared se define como aquel con una longitud igual o mayor que 60 cm (2 pies), incluyendo la distancia alrededor de las esquinas, no interrumpida a lo largo de la línea del piso, por puertas, chimeneas u otras aberturas similares.*

En la **Fig. 7.4** se observa que entre los tomacorrientes A-B, B-C y C-D las distancias son 3.6 m, mientras que la distancia D-A es de 2.2 m, longitud menor que la máxima distancia permitida. Una forma de comenzar la ubicación de los tomacorrientes en una habitación es medir 1.8 m a partir de ambos extremos de la puerta de entrada y, luego, tomar intervalos de pared iguales a 3.6 m para poner los otros tomacorrientes, tal como se muestra en la **Fig. 7.5**. Los tomacorrientes generales se colocarán a una altura de 30 cm sobre el piso terminado.

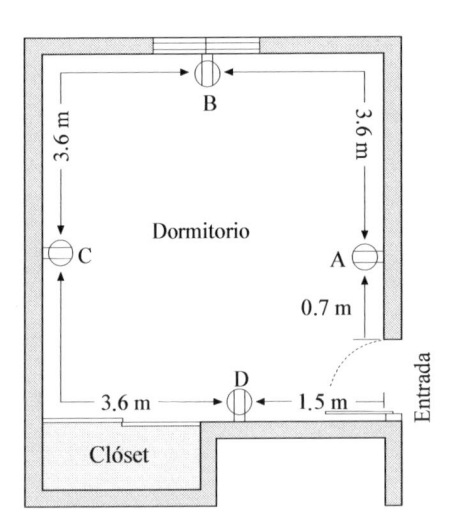

Fig. 7.4 Entre un tomacorriente y otro la distancia, medida a lo largo de la pared, no debe ser mayor que 3.6 m (12 pies).

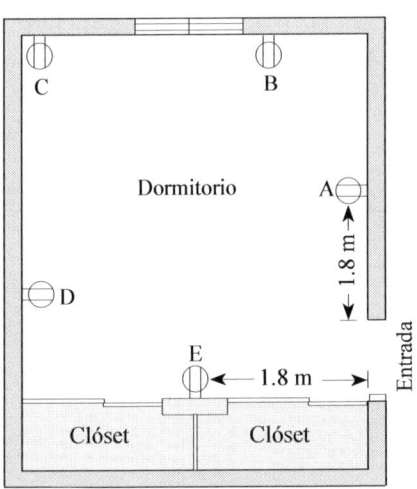

Fig. 7.5 Una buena práctica para iniciar la ubicación de los tomacorrientes es colocar los dos primeros a una distancia de 1.8 m, a ambos lados de la abertura de la puerta de entrada, y, a partir de allí, ubicar el resto de los tomacorrientes.

Capítulo 7: Ubicación de Tomacorrientes y Luminarias   **229**

Es bueno mencionar que la colocación de los tomacorrientes en el dormitorio de las **figuras 7.4** y **7.5** solo trata de subrayar las distancias entre los mismos, sin tener en cuenta la conveniencia de su ubicación en determinados puntos. La ubicación más conveniente de los tomacorrientes debe tomar en consideración la colocación del mobiliario dentro de la habitación y será discutida más adelante en este capítulo.

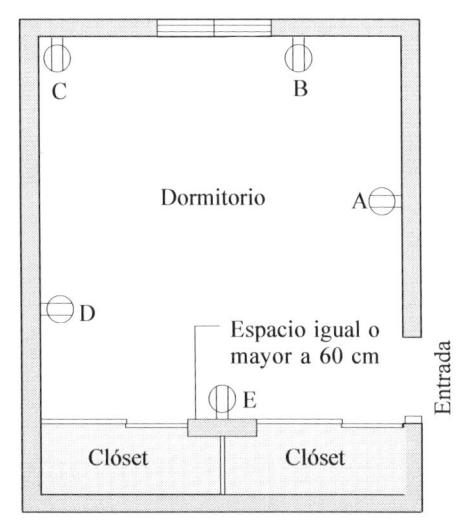

6. En cualquier espacio de pared con una longitud de 60 cm o más, se debe colocar un tomacorriente. Ver **Fig. 7.6**.

7. Los tomacorrientes de piso, colocados a menos de 45 cm de la pared, se deben tener en cuenta para los efectos de la distancia de 3.6 m discutida en los puntos anteriores.

Fig. 7.6 Se debe colocar un tomacorriente en cualquier espacio de pared con longitud igual o mayor que 60 cm.

8. En los pasillos de longitud igual o superior a 3 m se debe colocar, al menos, un tomacorriente. A los efectos de medir esa distancia, se tendrá en cuenta la línea media del pasillo, como se indica en la **Fig. 7.7**.

9. Con el fin de garantizar el mantenimiento apropiado a los equipos de calentamiento, de aire acondicionado o de refrigeración, se debe instalar un tomacorriente a una distancia no inferior a 7.5 m de dichos equipos.

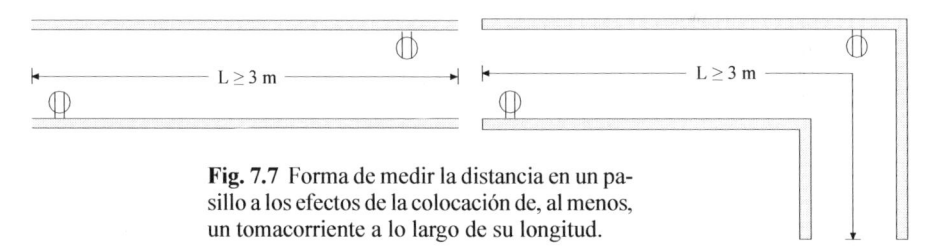

Fig. 7.7 Forma de medir la distancia en un pasillo a los efectos de la colocación de, al menos, un tomacorriente a lo largo de su longitud.

7.3 SALIDAS EN LA COCINA Y EN EL COMEDOR

La cocina es una de las áreas de una residencia que requiere más atención en cuanto a la instalación eléctrica. Un buen diseño eléctrico contemplará lo siguiente en relación con la cocina:

Circuitos para pequeños artefactos: *En la cocina,* pantry, *sala de desayuno* (breakfast room), *comedor o áreas similares, dos o más circuitos de pequeños artefactos deben alimentar a todos los tomacorrientes de pared y piso, a todos los tomacorrientes en los topes de los muebles de cocina y a los tomacorrientes para refrigeración.*

Excepción: El tomacorriente para equipos de refrigeración se puede alimentar a partir de un circuito individual de 15 A o más.

Interpretemos la norma anterior. De la misma se deduce que para la cocina se deben destinar, al menos, dos circuitos de 20 A para pequeños artefactos (licuadora, tostadora, etc.), los cuales alimentarán a los tomacorrientes que van en las paredes y pisos de los ambientes descritos arriba (cocina, *pantry*, sala de desayuno, comedor, etc.), a los tomacorrientes ubicados por encima del mueble de cocina y a los tomacorrientes de los equipos de refrigeración (nevera y congelador).

Por otra parte, la excepción mencionada establece que el refrigerador puede tener un tomacorriente conectado a un circuito individual. Esto se prevé para evitar que las fluctuaciones de voltaje, cuando el equipo de refrigeración arranca, puedan afectar a otros circuitos ramales de la instalación.

Como se mencionó anteriormente (punto 5), los tomacorrientes generales de la cocina se deben instalar de modo que ningún punto, a lo largo de la línea del piso en una pared no interrumpida, esté a más de 1.8 m de un tomacorriente. *Los dos o más circuitos para pequeños artefactos no deben alimentar a artefactos como lavaplatos automático, cocina eléctrica, trituradores de desperdicios, compactador de basura, horno de microondas o tomacorrientes externos a la cocina.* Se exceptúan los tomacorrientes para relojes eléctricos y los usados en el encendido de cocinas y hornos a gas y eléctricos, los cuales pueden conectarse a los circuitos de pequeños artefactos.

También está reglamentada la colocación de tomacorrientes sobre los gabinetes de cocina:

Distancia: Se instalará un tomacorriente en cualquier espacio sobre los gabinetes de cocina que tengan una longitud igual o superior a 30 cm. Se deben instalar tomacorrientes en forma tal que ningún punto a lo largo de la línea esté a más de 60 cm (24 pulgadas), medido horizontalmente, desde un tomacorriente, en ese espacio de pared.

*Excepción: No se requiere un tomacorriente en una pared que quede directamente detrás de una cocina o fregadero y que tenga una longitud igual o menor que 30 cm (ver **Fig. 7.9**). El espacio detrás de esos artefactos no cuenta para los efectos de la distancia arriba descrita.*

Según lo anterior, la distancia entre dos tomacorrientes consecutivos no debe superar 1.20 m (48 pulgadas). Observa que se habla de un espacio de pared, tal como se le definió anteriormente. Por tanto, los espacios ocupados por los equipos de cocina, sumideros (poncheras), lavaplatos y equipos similares no se tienen en cuenta para la medición de la distancia entre tomacorrientes.

Los espacios de la cocina entre los cuales se encuentren topes de cocina, refrigerador, congelador y fregadero (poncheras) deben ser considerados como espacios separados.

Todos los tomacorrientes colocados encima de los muebles de cocina deben ser del tipo GFCI. Por otra parte, los tomacorrientes que queden detrás de equipos eléctricos como refrigeradores, congeladores y lavaplatos automáticos no necesitan ser protegidos por GFCI.

CAPÍTULO 7: UBICACIÓN DE TOMACORRIENTES Y LUMINARIAS   **231**

A cada lado de artefactos como lavaplatos automático, cocinas y fregadero se dejará una distancia menor o igual a 60 cm entre el artefacto y el tomacorriente. Esto constituye un criterio para empezar a distribuir los tomacorrientes en los topes de los gabinetes.

En la **Fig. 7.8** se presenta la distribución de toma-corrientes en la sala de cocina considerando los criterios descritos anteriormente. En tal figura se puede ver que solo los tomacorrientes que se encuentran visibles sobre el tope del gabinete de cocina y correspondientes a pequeños artefactos (identificados como T_{6PA}, T_{7PA}, T_{8PA}, T_{9PA}, T_{10PA} y T_{11PA}) son del tipo GFCI. Cualquier salida que se encuentre detrás de la cocina, y se use para el encendido electrónico, las luces de la campana de la misma o cualquier otro uso, no requiere protección por un GFCI.

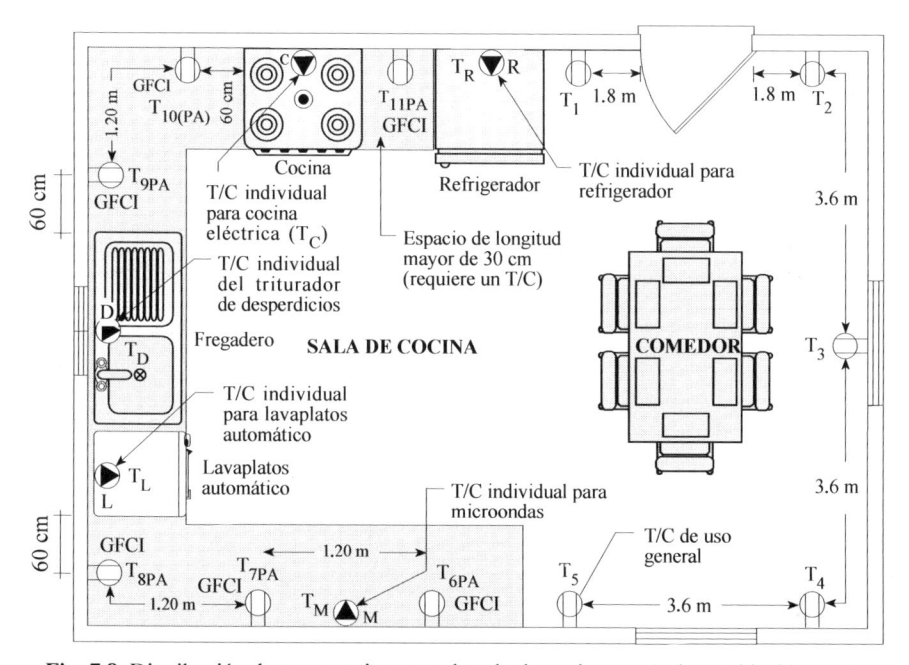

Fig. 7.8 Distribución de tomacorrientes en la sala de cocina, según lo establecido por las normas eléctricas.

Los tomacorrientes T_{8PA} y T_{9PA} se colocan a 60 cm, al lado del lavaplatos y del fregadero. El tomacorriente T_{10PA} está a 60 cm de la cocina. Entre la cocina y el refrigerador hay una superficie de trabajo con ancho superior a los 30 cm y que requiere, por tanto, la presencia de un tomacorriente (T_{11PA}). Observa que la distancia entre los tomacorrientes T_{9PA} y T_{10PA} puede ser igual o inferior a 1,20 m. Hemos asumido que es de 1,20 m, pero podría ser menor. Entre los tomacorrientes $(T_{6PA} - T_{7PA})$ y $(T_{7PA} - T_{8PA})$ hay 1,20 m.

En la sala de cocina hay cinco tomacorrientes individuales (T_M, T_L, T_D, T_C y T_R), que corresponden al microondas, al lavaplatos automático, al triturador de desperdicios, a la cocina eléctrica y a la nevera, respectivamente.

Cinco tomacorrientes de uso general (T_1, T_2, T_3, T_4, y T_5) sirven para alimentar al comedor, separados entre sí 3.6 m. Para hacer la distribución en esta área, se partió de dos tomacorrientes (T_1 y T_2) colocados a 1.8 m, a partir de los extremos de la puerta de acceso al comedor.

La **Fig. 7.9** esclarece lo contemplado en la excepción citada últimamente: cuando la distancia X no supere los 30 cm, no es necesario instalar un tomacorriente detrás del artefacto.

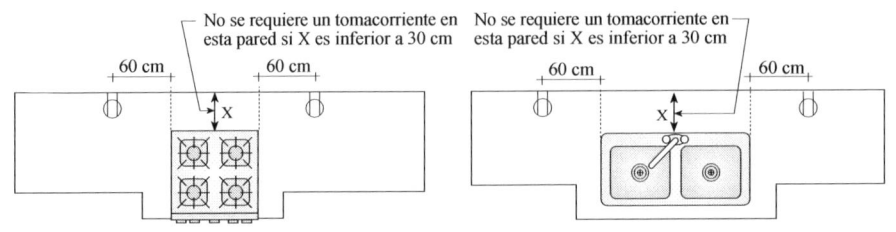

Fig. 7.9(*a*) Colocación de tomacorrientes sobre la pared de los gabinetes de cocina: No es necesario colocar un tomacorriente detrás de una cocina o un fregadero, cuya instalación esté como se muestra en la figura, cuando la distancia X no sea superior a 30 cm.

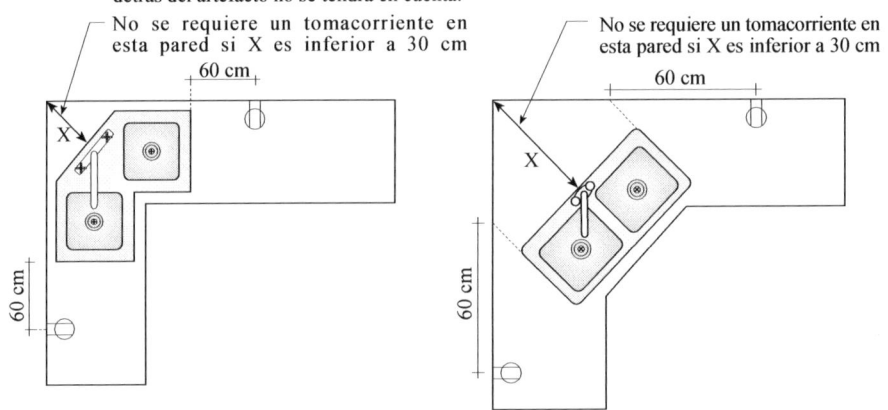

Fig. 7.9(*b*) Colocación de tomacorrientes sobre la pared de los gabinetes de cocina: No es necesario colocar un tomacorriente detrás de una cocina o un fregadero, cuya instalación esté como se muestra en la figura, cuando la distancia X no supere 30 cm.

Otra situación a ser considerada en una sala de cocina tiene que ver con los muebles aislados que no forman parte integral de los gabinetes de cocina. A estos muebles aislados se les conoce como *penínsulas e islas* y presentan como característica distintiva el no poseer paredes detrás o delante de los mismos, tal como se indica en la **Fig. 7.10**. Se deben alimentar de acuerdo con lo establecido por las reglas que a continuación consideramos.

Se instalará, al menos, un tomacorriente en cada espacio peninsular que tenga un largo mínimo de 60 cm o un ancho mínimo de 30 cm. El espacio peninsular se mide a partir del lado que lo conecta con el resto del mueble de cocina. En las penínsulas e islas los tomacorrientes se instalarán a una distancia no mayor de 30 cm por debajo de su tope.

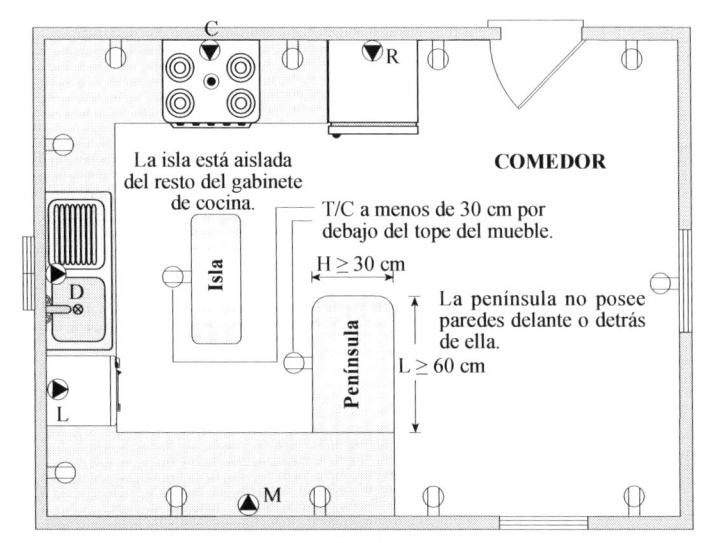

CAPÍTULO 7: UBICACIÓN DE TOMACORRIENTES Y LUMINARIAS   **233**

Fig. 7.10 Sala de cocina con península e isla. Estas se distinguen por no poseer paredes detrás de ellas.

En cuanto a las islas, se debe instalar un tomacorriente en cada isla que tenga un largo mínimo de 60 cm o un ancho mínimo de 30 cm.

Otras consideraciones, respecto a los tomacorrientes de la cocina, incluyen:

1. No se permite colocar tomacorrientes con la cara hacia arriba sobre los muebles de la cocina. Esto tiene como objeto evitar la penetración de líquidos y otras sustancias por las ranuras del tomacorrientes. Ver **Fig. 7.11**.

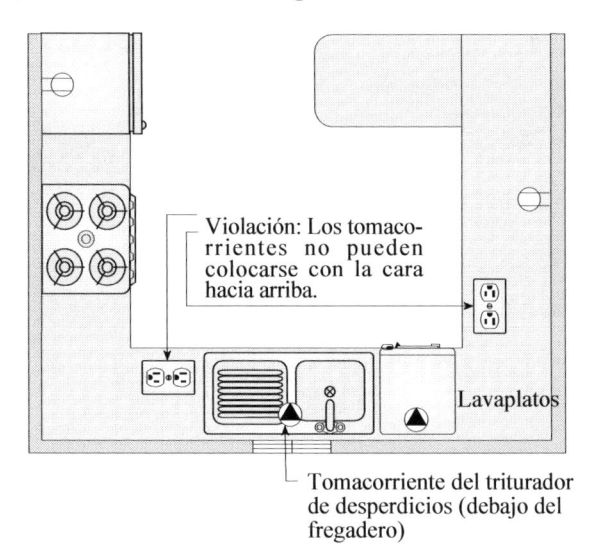

Fig. 7.11 No se permite la instalación de tomacorrientes con la cara hacia arriba en los muebles de la cocina.

2. Los tomacorrientes no se deben colocar a una altura superior a los 50 cm por encima de los topes de cocina. Ver **Fig. 7.12**.

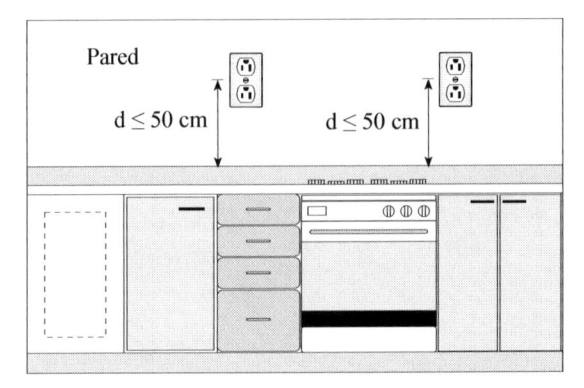

Fig. 7.12 No se permite la instalación de tomacorrientes a una altura menor que 50 cm de los topes de la cocina.

3. Los tomacorrientes que no sean accesibles fácilmente, como los que están detrás de un refrigerador, de un lavaplatos automático o de un triturador de desperdicios, no se consideran como parte de los tomacorrientes que van a colocarse sobre los gabinetes de cocina y no requieren, por tanto, ser del tipo GFCI. Ver **Fig. 7.13**.

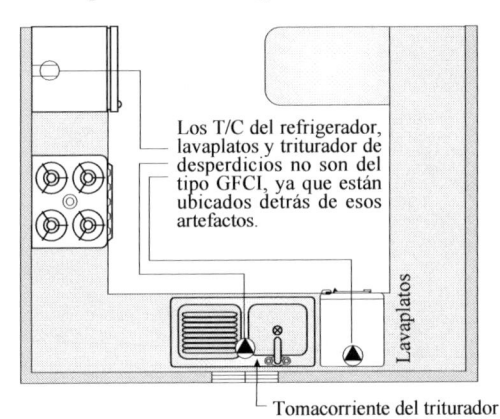

Fig. 7.13 No se requieren tomacorrientes tipos GFCI para el refrigerador, el lavaplatos y el triturador de desperdicios porque no son tomacorrientes del tope de la cocina.

4. No se deben instalar tomacorrientes debajo de un tope de cocina, isla o península que se extienda más de 15 cm sobre su gabinete de base. Ver **Fig. 7.14**.

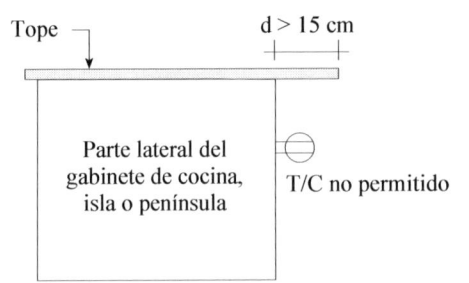

Fig. 7.14 No se permite la instalación de tomacorrientes debajo del tope de un gabinete de cocina, isla o península cuando este se extiende más de 15 cm sobre su gabinete de base. Cuando el tope sobresale menos de 15 cm se permite instalar tomacorrientes a una distancia de 30 cm del tope.

CAPÍTULO 7: UBICACIÓN DE TOMACORRIENTES Y LUMINARIAS **235**

5. Todo horno de microondas se debe conectar a un tomacorriente individual. La cocina eléctrica debe poseer también su propio tomacorriente individual. **Fig. 7.15**.

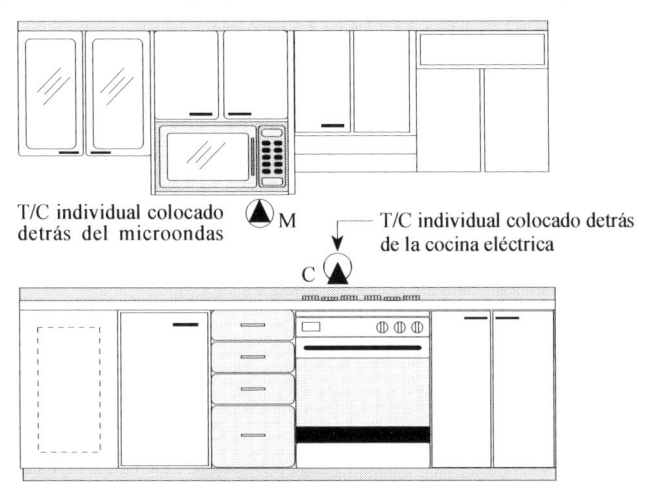

Fig. 7.15 Tanto el horno de microondas como la cocina eléctrica deben tener tomacorrientes individuales.

6. En una península o una isla se pueden instalar tomacorrientes por encima del nivel del tope mediante el uso de la estructura adecuada. **Fig. 7.16**.

7. Es conveniente dejar una salida para un tomacorriente debajo del fregadero de la sala de cocina, para la instalación de un filtro eléctrico de agua.

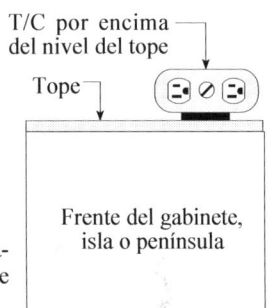

Fig. 7.16 Los tomacorrientes en el tope de los gabinetes de cocina se deben colocar de manera que sus caras sobresalgan por encima del mismo.

En relación con la iluminación en la sala de cocina, se recomienda dejar salidas para lámparas en los sitios que a continuación se describen. Asimismo, es recomendable utilizar lámparas fluorescentes o lámparas de LED en todos los ambientes. Esto redundará en un ahorro significativo de energía.

a) Comedor y sala de cocina: Luces generales de techo que permitan alumbrar la zona central.

b) Lavaplatos (fregadero): Luz focalizada para facilitar la tarea en esta área.

c) Gabinetes: Luces colocadas sobre aquellas superficies de gabinetes no cubiertas apropiadamente por el alumbrado general.

d) Zonas de comida: Se debe prestar atención a los sitios de la sala de cocina que sirven como áreas eventuales de comida, tales como sitios de desayuno o cena.

Estos pueden estar localizados sobre el mismo gabinete de cocina y se deben iluminar adecuadamente.

e) En algunos casos, puede ser necesario iluminar el interior de los gabinetes de piso en la cocina. Es importante conversar al respecto con el propietario, el constructor o el arquitecto.

La cocina, cuando posee la campana para recoger los gases que se desprenden de las sartenes y ollas, tiene normalmente una iluminación propia.

Para los ambientes de la sala de cocina y el comedor de la **Fig. 7.10**, se puede hacer una distribución de luminarias y sus respectivos interruptores de control como la que se presenta en la **Fig. 7.17**.

Nota 1: L_4 y L_5 pueden ser lámparas fluorescentes colocadas debajo del gabinete superior de la cocina, como lo muestran los detalles 1 y 2.

Nota 2: Los interruptores de las lámparas L_3, L_4 y L_5 se pueden colocar debajo del tope del gabinete de piso o en la pared, como lo muestra el detalle 3 (esto depende de la estructura de los gabinetes de la sala de cocina).

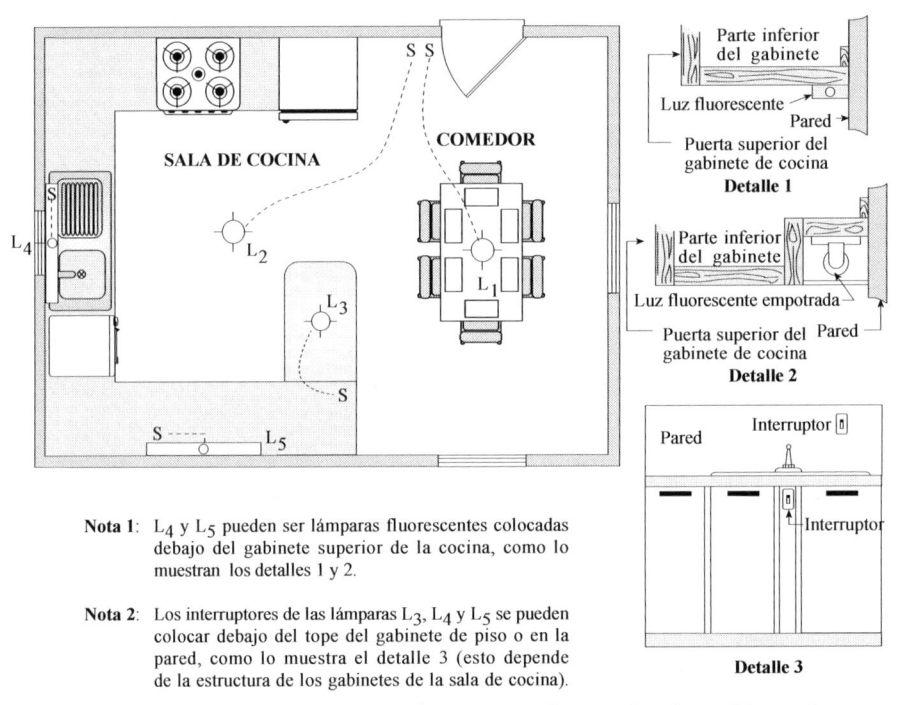

Fig. 7.17 Distribución de lámparas e interruptores de control en los ambientes de comedor y sala de cocina.

Las lámparas L_1 y L_2 corresponden al alumbrado general de la sala de cocina y del comedor. Están controladas por interruptores colocados del lado móvil de la puerta.

En la parte superior de la península, sitio que eventualmente se puede utilizar para comer, se ha previsto una luz de techo (L_3) controlada por un interruptor ubicado por debajo del tope del gabinete (ver **Detalle 3**). Con el fin de iluminar la zona donde se encuentra el fregadero, se prevé una lámpara fluorescente (L_4) encima del mismo, controlada por un interruptor que se puede colocar o por debajo del tope del gabinete, si el mueble de cocina lo permite, o en la parte de la pared que queda encima del gabinete, como se indica en el detalle 3 de la **Fig. 7.17**.

CAPÍTULO 7: UBICACIÓN DE TOMACORRIENTES Y LUMINARIAS 237

Se instalará una lámpara fluorescente (L$_5$) en la parte más larga del gabinete de cocina. Se controlará según el Detalle 3 de la **Fig. 7.17** o con un suiche ubicado convenientemente.

Las lámparas L$_4$ y L$_5$ se pueden instalar como lo muestran los detalles 1 y 2 de la **Fig. 7.17**. En el primer caso se colocan superficialmente, mientras que en el segundo se empotran entre la pared y la parte trasera del mueble superior del gabinete de cocina.

7.4 SALIDAS ELÉCTRICAS EN LA SALA DE BAÑO

Una sala de baño se define como un área que incluye al lavamanos con uno o más de los siguientes elementos adicionales: poceta, bañera y regadera. Las siguientes disposiciones se aplican a las salas de baño:

1. Se debe instalar al menos un tomacorriente.

2. Los tomacorrientes deben ser de tipo GFCI.

3. Los tomacorrientes se deben instalar a una distancia inferior a los 90 cm de los lados exteriores de los lavamanos, sea en la pared de atrás o en cualquier pared que sirva de división entre el lavamanos y la ducha o la poceta. **Fig. 7.18**.

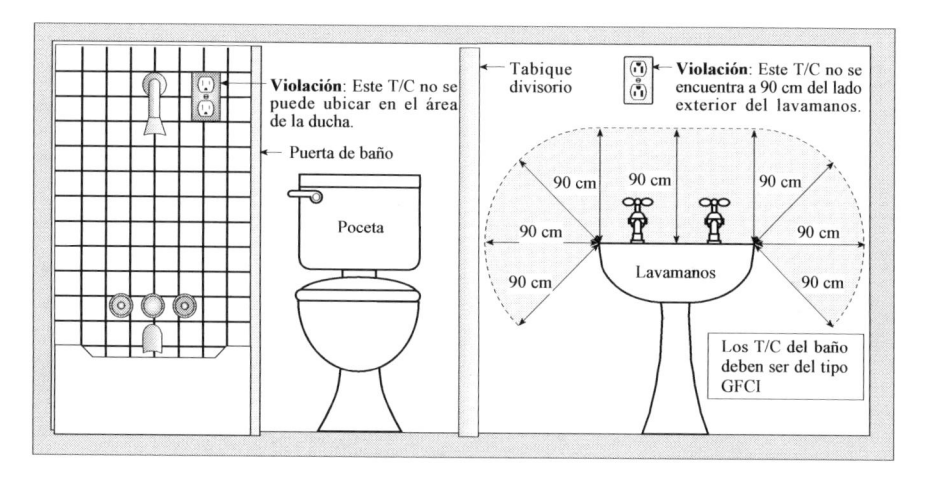

Fig. 7.18 En la sala de baño se debe instalar un tomacorriente a una distancia menor de 90 cm del lavamanos.

La sala de baño es uno de los sitios que deben ser diseñados con base en los criterios de seguridad, por tratarse de un lugar donde el agua se conjuga con la presencia de artefactos eléctricos. De allí la importancia del uso de los GFCI en ese ambiente.

4. Si el lavamanos está empotrado en un mueble, se puede colocar en la parte frontal del mismo, a una distancia que no sea superior a los 30 cm por debajo del tope del mueble. **Fig. 7.19**.

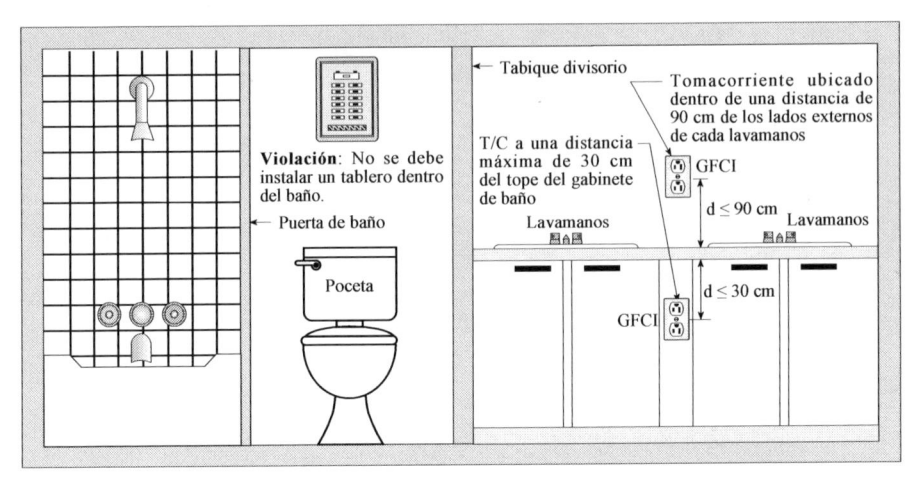

Fig. 7.19 Cuando el lavamanos está empotrado, se puede colocar un tomacorriente a menos de 30 cm debajo del tope.

5. Los tomacorrientes se deben alimentar a partir de un circuito ramal individual y no deben suministrar energía a otras cargas, como las salidas para lámparas. Ese mismo circuito puede alimentar a otra sala de baño, aunque no se recomienda por el uso que se les da al alimentar secadores de pelo de alto consumo. Se recomienda usar circuitos ramales individuales para cada sala de baño.

6. No se permite colocar los tomacorrientes con la cara frontal hacia arriba en los gabinetes de baño. **Fig. 7.20**.

Fig. 7.20 En una sala de baño, un tomacorriente no se debe colocar con su cara frontal hacia arriba.

7. No se permite instalar tomacorrientes, sean normales o a prueba de agua, dentro del área de la ducha o de la bañera. **Fig. 7.18**.

8. Los tableros eléctricos no se deben instalar en las salas de baño. **Fig. 7.19**.

CAPÍTULO 7: UBICACIÓN DE TOMACORRIENTES Y LUMINARIAS   **239**

En cuanto al alumbrado de la sala de baño, las normas establecen que se debe tener, al menos, una salida de iluminación controlada por un interruptor. Por lo general, se colocan luminarias de propósito general para toda la sala de baño y lámparas encima del espejo. Estas últimas se ubican frente al mismo o en la pared que queda detrás. Algunos gabinetes de baño ya tienen incorporadas las luminarias y su interruptor, y solo se necesita dejar la salida para conectar a 120 V. La **Fig. 7.21** muestra las salidas de iluminación para una sala de baño típica.

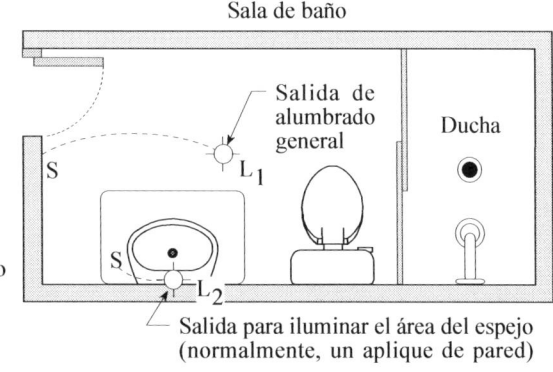

Fig. 7.21 Salidas de alumbrado en la sala de baño.

Se prohíbe la colocación de luminarias suspendidas mediante un cordón, rieles de alumbrado, apliques o ventiladores de techos suspendidos en una zona comprendida entre 90 cm horizontales y 2.5 m verticales del borde superior de una bañera o cubículo de la ducha, tal como lo indica la **Fig. 7.22**. Sin embargo, se pueden colocar luminarias, montadas superficialmente o empotradas, dentro de la zona de restricción.

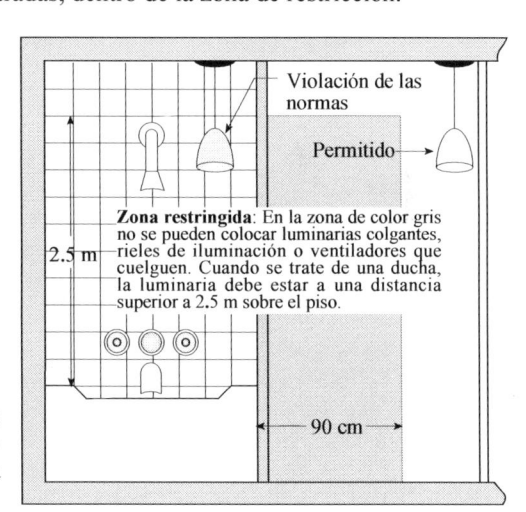

Fig. 7.22 La colocación de luminarias colgantes, rieles de iluminación y ventiladores colgantes está restringida según la zona sombreada.

Es conveniente mencionar que la luminaria utilizada para iluminar el espejo del baño se debe colocar de manera que facilite las actividades que se realizan frente al mismo. Si se coloca de modo que la luz caiga directamente sobre la cabeza de la persona, se originan sombras en la cara que no permitirán tener una buena imagen al afeitarse, peinarse, etc. En la **Fig. 7.23** se muestran las posiciones incorrecta y correcta de ubicar la luminaria para lograr un buen efecto. Otra variante de la iluminación de techo o empotrada en el espejo consiste en colocar varios bombillos a ambos lados del espejo, adicionales a la iluminación por encima del mismo.

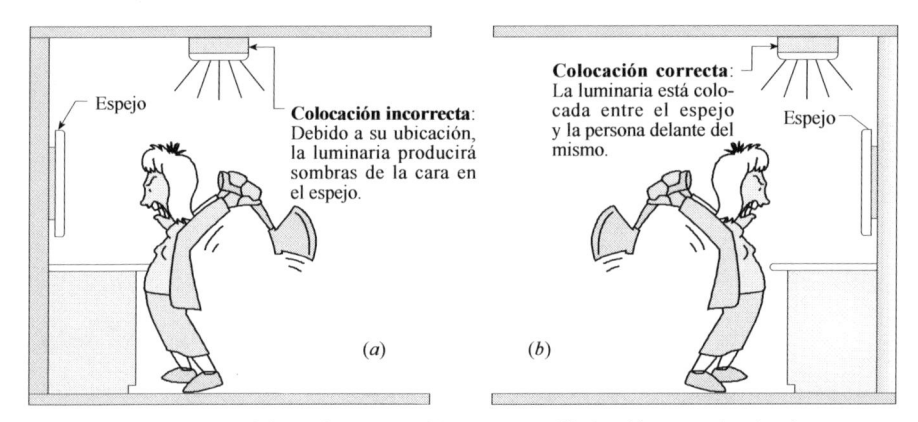

Fig. 7.23 Posiciones incorrecta (a) y correcta (b) de ubicar una luminaria frente al espejo del baño.

Finalmente, debemos mencionar que está prohibida la instalación de interruptores en lugares húmedos, como bañeras y duchas, a menos que los mismos estén instalados como parte integral del conjunto que viene con la bañera o la ducha.

7.5 SALIDAS ELÉCTRICAS EN DORMITORIOS

Las variadas actividades que se realizan en los dormitorios requieren una instalación eléctrica adecuada y versátil. Las distintas posiciones que puede tener el mobiliario dentro de las habitaciones de dormir condicionan la distribución de luces, tomacorrientes e interruptores.

Hemos mencionado que en una vivienda ningún punto, medido horizontalmente a lo largo de la línea del piso, en cualquier espacio de pared, debe estar a más de 1.8 m de un tomacorriente. Esto también es válido para las habitaciones de una residencia. Como se ha destacado antes, lo último implica que la distancia máxima entre tomacorrientes sea de 3.6 m. Es decir, se pueden colocar tomacorrientes a distancias entre sí menores de 3.6 m, lo cual permite jugar un poco con la posible ubicación de las camas y otros muebles propios de los dormitorios. A fin de evitar remodelaciones futuras en las instalaciones eléctricas de las habitaciones, es conveniente distribuir los tomacorrientes en forma tal que los mismos no queden escondidos detrás de las camas cuando, por cualquier circunstancia, se varíe su posición.

Entre las consideraciones a tener en cuenta en el diseño de la instalación eléctrica en un dormitorio, podemos mencionar las siguientes:

1. Es conveniente instalar interruptores de tres vías para encender o apagar la lámpara de alumbrado general desde la entrada del cuarto y desde la cama.

2. Se debe prever un tomacorriente para conectar el televisor y cualquier equipo de reproducción de video.

CAPÍTULO 7: UBICACIÓN DE TOMACORRIENTES Y LUMINARIAS | 241

3. Estudiar la posibilidad de iluminar el interior de los armarios.

4. Prever la salida para un acondicionador de aire de ventana o tipo *split*.

5. Prever la salida de un ventilador de techo.

6. Estudiar el uso de interruptores para fallas por arco (AFCI).

7. Incluir dentro de la habitación interruptores para controlar luces externas de alumbrado de la vivienda, con el fin de mejorar su seguridad.

8. Es conveniente, aunque no obligatorio, usar tomacorrientes de fase partida para asegurar la continuidad del servicio en caso de falla de una fase.

En la **Fig. 7.24** se muestra un dormitorio y las alternativas de ubicación de la cama matrimonial en dos posiciones diferentes.

En el primer caso, la cama se pega a la pared opuesta al baño y podríamos pensar en las siguientes opciones en cuanto a la colocación de los tomacorrientes: 1) el T/C para conectar un televisor podría colocarse en la pared del baño; 2) la salida del equipo de aire acondicionado de ventana, o la consola de una unidad tipo *split*, se podría colocar al lado de la ventana.

En el segundo caso, la cama matrimonial se coloca delante de la ventana y tendríamos estas opciones: 1) el tomacorriente para el televisor se podría colocar en el armario, para lo cual el diseño de este debe ser apropiado; 2) la salida para el equipo de aire acondicionado de ventana, o la consola de una unidad tipo *split*, se podría colocar en la pared que está al lado derecho de la cama.

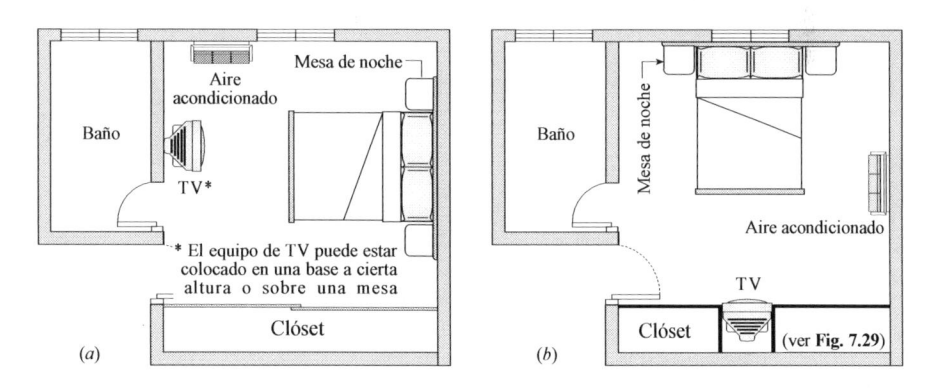

Fig. 7.24 Distribución espacial en un dormitorio con una cama matrimonial.

En ambos casos se deben colocar tomacorrientes a los lados de la cama matrimonial para poder conectar, cómodamente, lámparas de iluminación en las mesas de noche.

Si en lugar de una cama matrimonial se utilizan dos camas individuales, la **Fig. 7.25** muestra dos posibilidades de ubicación. Se observa, en este caso, que se podría usar un solo tomacorriente para alimentar a las dos mesas de noche. Las salidas para el acondicionador de aire y para el televisor se mantienen en la misma ubicación de la **Fig. 7.24**.

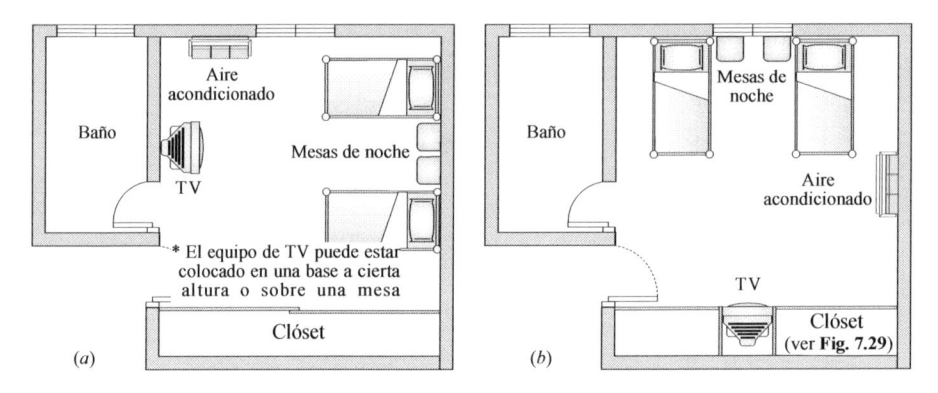

Fig. 7.25 Distribución espacial en un dormitorio con dos camas individuales.

Con base en las distribuciones espaciales mostradas en las figuras anteriores, procederemos a colocar los tomacorrientes en el dormitorio de la **Fig. 7.24**. Esto da origen a la **Fig. 7.26**, donde se han contemplado las dos alternativas ya descritas. Para empezar a colocar los tomacorrientes se tienen dos posibilidades: *a*) Se arranca desde la puerta de entrada y, a partir de allí, se les ubica, siguiendo las reglas estudiadas, ciñéndose a la regla de que la distancia entre los mismos no sea mayor de 3.6 m entre dos tomacorrientes. *b*) Se ubican los tomacorrientes teniendo en cuenta la probable distribución de los muebles y equipos, y, posteriormente, se aplica la normativa establecida a fin de hacer las correcciones necesarias cuando no se cumpla con lo allí exigido. Se adoptará como criterio de diseño la segunda opción y analizaremos los dos casos a continuación.

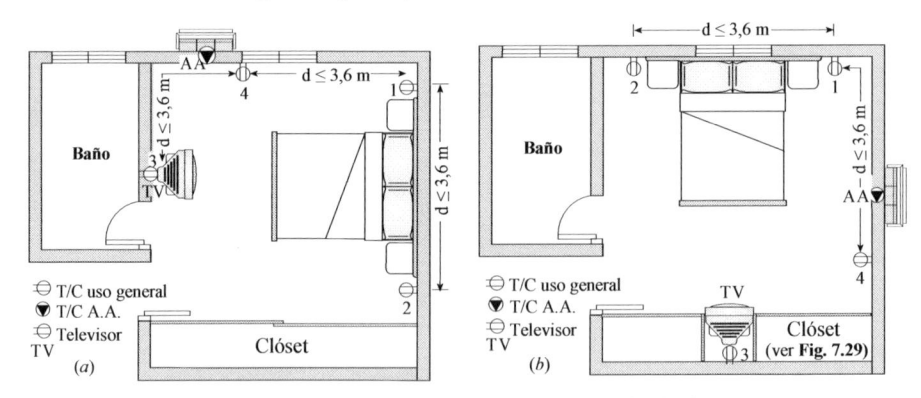

Fig. 7.26 Distribución de los tomacorrientes en el dormitorio de la **Fig. 7.24**.

Para la **Fig. 7.26**(*a*), se seguirán los siguientes pasos:

1. *Tomacorrientes de uso general*: Comenzamos por ubicar los tomacorrientes 1 y 2, de uso general, a ambos lados de la cama matrimonial, teniendo en cuenta que

la distancia entre los mismos no debe ser mayor de 3.6 m. Los tomacorrientes se colocan a una altura de 30 cm sobre el piso terminado. Estos tomacorrientes se pueden usar tanto para las lámparas de las mesas de noche como para conectar en el dormitorio cualquier artefacto: una afeitadora eléctrica, una aspiradora, etc. Los tomacorrientes de uso general podrían ser de fase partida, mencionados en el **Capítulo 5** (ver **Fig. 5.31**), que permiten alimentar a un mismo tomacorriente con dos fases distintas. Se garantizaría así que, al producirse una falla en una de las fases, se mantenga el servicio. Esto no es obligatorio y se deja al criterio del diseñador.

Luego, ubicamos el tomacorriente 3 del televisor, el cual se coloca en frente de la cama y a una altura que dependerá de la decisión del propietario. Si se coloca una base aérea, la altura debe estar alrededor de 1.70 m, mientras que si se usa una mesa como soporte del televisor, el tomacorriente se puede dejar a 30 cm por encima del piso terminado.

El tomacorriente 4 se coloca a una distancia menor o igual a 3.6 m del tomacorriente 1. Los espacios correspondientes a la puerta de entrada y al clóset no se toman en cuenta a los efectos de la medición de estas distancias. De acuerdo con esto último, los tomacorrientes 1 y 4 deberían tener entre sí una distancia inferior a 3.6 m.

2. *Tomacorriente individual*: AA simboliza la salida para el aire acondicionado. Su altura sobre el piso terminado es de aproximadamente 2 m. Si se trata de un acondicionador de aire de ventana, este tomacorriente puede ser de 120 V, 220 o 240 V. Si se trata de una consola (evaporador), el voltaje del tomacorriente es, por lo general, de 208 o 240 V.

Para la **Fig. 7.26**(*b*), los pasos son estos:

1. *Tomacorrientes de uso general*: Comenzamos por ubicar los tomacorrientes 1 y 2 a ambos lados de la cama. La distancia entre ellos no debe ser mayor a 3.6 m.

   Se coloca el tomacorriente 3 del televisor, empotrado en el clóset, a una altura conveniente, frente a la cama. El mueble del clóset se debe diseñar para alojar al televisor.

   Los tomacorrientes 1, 2 y 4 se distribuirán de manera que la distancia entre los mismos no supere 3.6 m.

2. *Tomacorriente individual*: Se ubica el tomacorriente AA del acondicionador de aire a una altura conveniente y de un voltaje adecuado al equipo seleccionado.

En el caso de la **Fig. 7.25**, el dormitorio es ocupado por dos camas individuales, dando lugar a las distribuciones eléctricas de la **Fig. 7.27** (ver siguiente página). Para la **Fig. 7.27**(*a*), seguimos los siguientes pasos:

1. *Tomacorrientes de uso general*: Se coloca el tomacorriente 1 entre las dos mesitas de noche, lo cual garantiza que las camas individuales sean servidas por esa salida.

   A partir del tomacorriente 1, se colocan las salidas 2 y 3 a distancias d ≤ 3.6 m.

   El tomacorriente 4 del televisor se pone en frente de las dos camas y su posición por encima del piso sigue lo ya mencionado.

2. *Tomacorriente individual*: La salida para el acondicionador de aire (tomacorriente AA) se coloca como se ha descrito.

La distribución de tomacorrientes en la **Fig. 7.27**(*b*) sigue los mismos criterios esbozados para los casos anteriores. Para estos dos últimos casos, se utilizan tomacorrientes de fase partida.

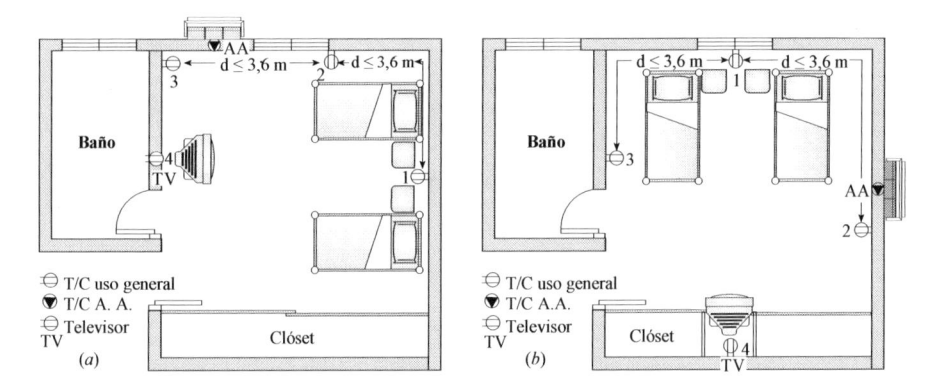

Fig. 7.27 Distribución de los tomacorrientes en el dormitorio de la **Fig. 7.25**.

Se debe enfatizar, nuevamente, la conveniencia de conversar con el arquitecto y el propietario de la residencia para decidir, definitivamente, sobre la ubicación final de las salidas eléctricas.

La **Fig. 7.28** resume las cuatro alternativas presentadas anteriormente y que establecen la ubicación de los tomacorrientes de una habitación en el caso de camas matrimoniales o individuales. En el diseño de la instalación eléctrica de los dormitorios se debe recordar lo establecido en cuanto a la protección de los circuitos ramales que alimentan a las habitaciones. Allí se establece que, por motivos de seguridad, todos estos circuitos ramales se deben proteger con interruptores contra fallas de arco (AFCI).

Prestemos atención al alumbrado de los dormitorios, para lo cual continuaremos usando la habitación mostrada en las figuras anteriores. En relación con el mismo, señalamos los siguientes aspectos:

1. Por lo menos se debe instalar, para iluminación en los dormitorios, una salida controlada por su interruptor. Por conveniencia, la lámpara del dormitorio, que puede ser de techo o de pared*, según se haya conversado con el arquitecto y el propietario de la obra, se puede controlar mediante interruptores de tres vías,

---

* Si el techo es de platabanda, generalmente la luminaria se instala en el centro de la habitación; si es de madera, las luminarias son, generalmente, apliques de pared.

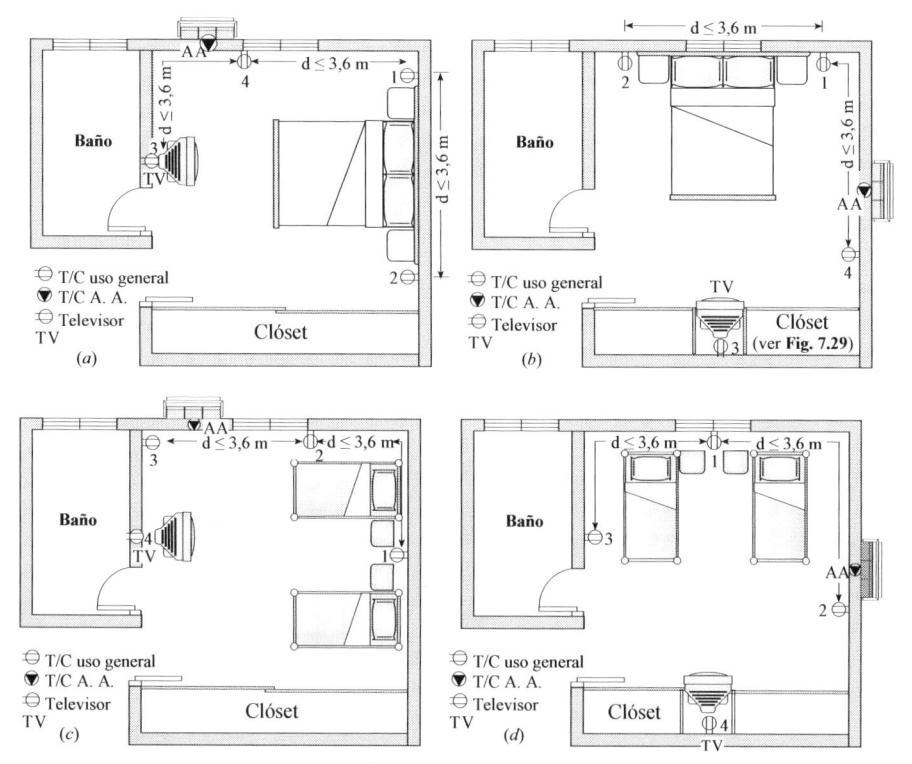

CAPÍTULO 7: UBICACIÓN DE TOMACORRIENTES Y LUMINARIAS **245**

Nota: El tomacorriente del televisor es un tomacorriente de uso general.

Fig. 7.28 Resumen de las alternativas para la ubicación de tomacorrientes en un dormitorio con camas matrimoniales o individuales.

desde la entrada de la habitación y desde un punto cercano a la cama matrimonial o entre las dos camas individuales. Así, la persona, una vez que se ha acostado, puede apagar la lámpara desde su sitio de reposo. Igualmente, cuando alguien entra, puede encender la lámpara de la habitación.

2. Para mejorar la seguridad de la vivienda, dentro de la habitación principal se debe tener un interruptor que controle el alumbrado externo de la residencia. Cuando se sospeche la presencia de extraños en los predios residenciales, sería posible, encendiendo las luces externas, disuadirlos en cuanto a su intrusión en los mismos.

3. Podría ser importante que los clósets dentro de la habitación sean iluminados para facilitar la selección de la ropa por parte del usuario. Esto requiere cumplir con los requisitos establecidos al respecto, los cuales parten de la definición de lo que es área o espacio de almacenamiento de un clóset, con el propósito de ubicar las luminarias en el interior del mismo. El espacio de almacenamiento contiene ropa, zapatos y otros artículos de vestir, y se determina según lo ilustrado en la **Fig. 7.29**. En la parte inferior del clóset, el espacio de almacenamiento mide 60 cm de ancho a partir de la pared interior del mismo y 1.80 m de alto a la altura del tubo donde se cuelga la ropa. En los gabinetes de arriba, el espacio de almacenamiento tiene un mínimo de 30 cm de ancho o el ancho real del gabinete si este sobrepasa 30 cm.

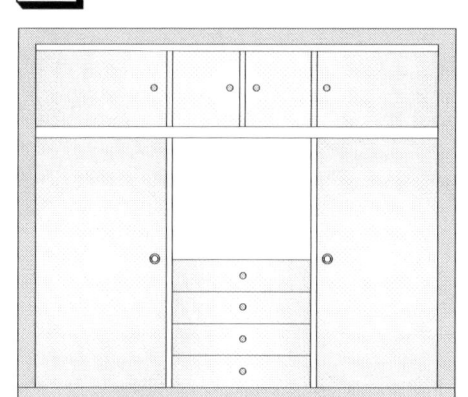

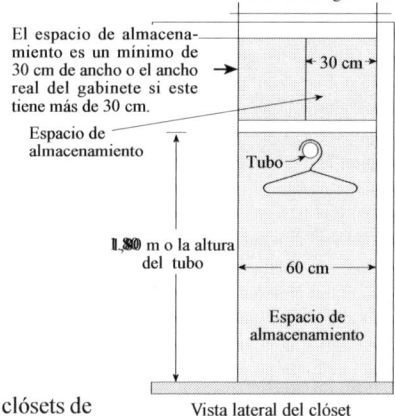

Fig. 7.29 Espacio de almacenamiento en los clósets de ropa, según lo establecido por las normas eléctricas.

En el clóset no se permite la instalación de luminarias incandescentes con bombillos parcial o completamente expuestos, pegados a las superficies del techo o de la pared, o colgando de las mismas (ver **Fig. 7.30**).

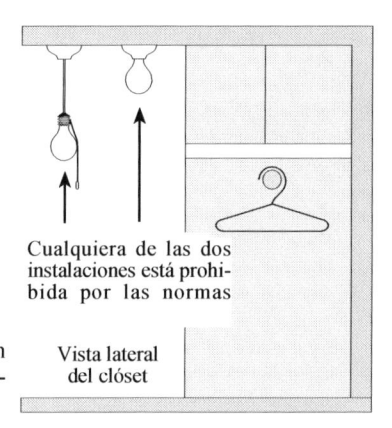

Fig. 7.30 Violaciones a las normas en cuanto a colocación de luminarias incandescentes expuestas o colgantes.

Se permite la instalación de luminarias en los clósets según los siguientes criterios:

- Luminarias incandescentes, montadas superficialmente en el techo o en la pared, siempre y cuando exista un espacio mínimo de 30 cm entre la luminaria y el espacio de almacenamiento (ver **Fig. 7.31**).

- Luminarias fluorescentes, montadas superficialmente en el techo o en la pared, siempre y cuando se deje un espacio mínimo de 15 cm entre la luminaria y el espacio de almacenamiento (ver **Fig. 7.31**).

- Luminarias incandescentes empotradas en el techo o en la pared, con una lámpara completamente encerrada, siempre y cuando haya un espacio mínimo de 15 cm entre la luminaria y el espacio de almacenamiento (ver **Fig. 7.32**).

- Luminarias fluorescentes empotradas en el techo o en la pared, con una lámpara completamente encerrada, siempre y cuando haya un espacio mínimo de 15 cm entre la luminaria y el espacio de almacenamiento (ver **Fig. 7.32**).

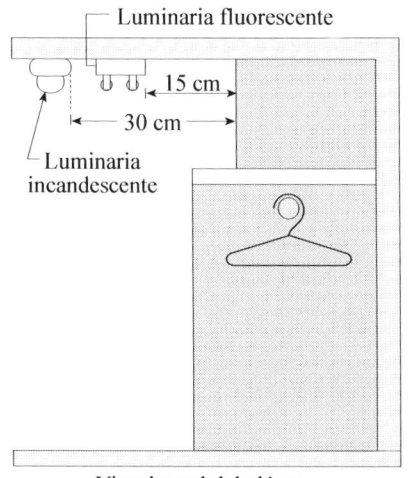

CAPÍTULO 7: UBICACIÓN DE TOMACORRIENTES Y LUMINARIAS **247**

Vista lateral del clóset

Fig. 7.31 Distancias mínimas para ubicar luminarias superficiales, incandescentes o fluorescentes, en un clóset de ropa.

Vista lateral del clóset

Fig. 7.32 Distancias mínimas para ubicar luminarias empotradas, incandescentes o fluorescentes, en un clóset de ropa.

> *Hay que reiterar que en el diseño final de una instalación eléctrica es muy importante intercambiar opiniones con el arquitecto de la edificación y los propietarios de la misma. De esta manera, se logrará un proyecto óptimo de ingeniería.*

En los planos correspondientes al diseño eléctrico se utilizan con frecuencia una variedad de símbolos, indicativos de los distintos elementos que conformarán la instalación eléctrica. Entre esos símbolos están los que se muestran a continuación:

S   Interruptor sencillo

S_3 Interruptor de tres vías

—◯— Salida para luminaria

Ventilador + luminaria

——————— Tubería en techo o pared

- - - - - - - Tubería empotrada en piso

A medida que avancemos en el diseño de las instalaciones eléctricas residenciales, añadiremos otros símbolos eléctricos.

Tomemos como modelo de distribución del mobiliario el presentado en la **Fig. 7.33**, en el cual la cama matrimonial o las camas individuales aparecen colocadas delante de la pared donde se encuentra la ventana.

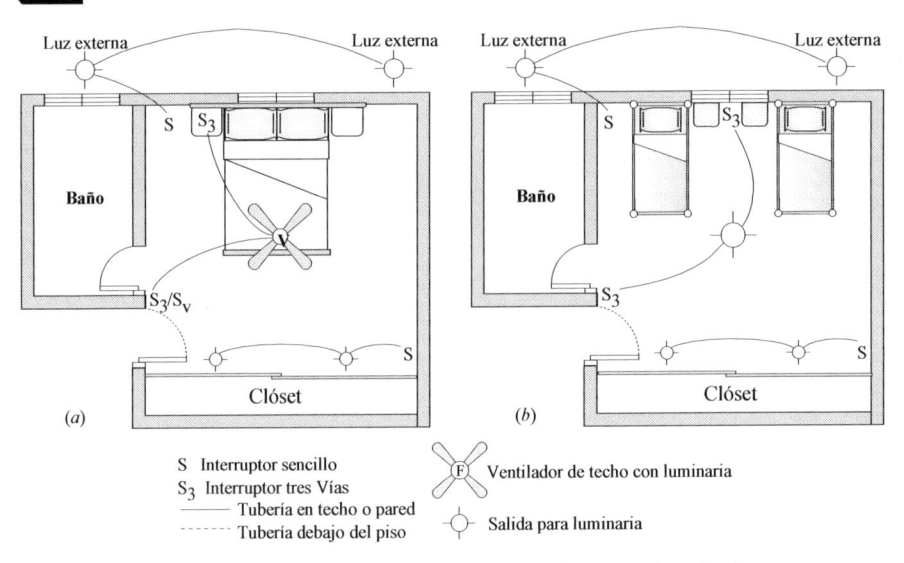

Fig. 7.33 Iluminación y control de luminarias en un dormitorio.

Veamos los detalles de la disposición de luminarias y sus interruptores en el dormitorio:

Figura 7.33(*a*): Se coloca un ventilador con luminaria en el centro de la habitación, con un control (interruptor S) del ventilador en la entrada del cuarto (también se podría colocar el interruptor sencillo al lado de la cama). La luminaria incorporada al ventilador se controla desde la puerta de entrada, y desde la cama, mediante los dos interruptores S_3, de tres vías.

Las dos luces externas se controlan desde el interior de la habitación mediante el interruptor sencillo S.

Las luminarias, colocadas delante de las puertas del clóset y siguiendo las normas ya estudiadas con respecto a su ubicación, se controlan con un interruptor sencillo S colocado en la pared del cuarto. También es posible utilizar un interruptor que se active cuando la puerta del clóset se abra.

Figura 7.33(*b*): En lugar de un ventilador de techo con luminaria incorporada, se utiliza una lámpara de techo (fluorescente o incandescente). Las demás lámparas y sus interruptores están distribuidas de manera similar a la de la **Fig. 7.33**(*a*).

7.6 SALIDA ELÉCTRICAS EN LA SALA

La **Fig. 7.34** muestra la ubicación de tomacorrientes y salidas de las luminarias. Se proponen en la sala cuatro tomacorrientes de propósito general, uno de los cuales se puede usar para el televisor. Asimismo, se deja una salida para la conexión de un acondicionador de aire de ventana o una consola de un equipo tipo *split*.

La sala es iluminada por dos luminarias con salidas en el techo y controladas por interruptores de tres vías, colocados en la puerta de entrada a la casa y en la entrada

CAPÍTULO 7: UBICACIÓN DE TOMACORRIENTES Y LUMINARIAS | **249**

a la sala desde los cuartos. Esto es muy conveniente para el acceso a la sala, cuyas luces se pueden encender desde dos puntos distintos. Las luminarias del garaje se controlan mediante un interruptor S desde el interior de la sala. Las luminarias del porche se controlan con el interruptor S desde el mismo porche. Esto permite que, al llegar una persona a la puerta de entrada, pueda ver con facilidad la cerradura de la puerta. Las luces del porche y del garaje podrían también ser controladas, cada una, por interruptores de tres vías, desde el interior y el exterior de la residencia. Observa que se han añadido nuevos símbolos en el diagrama del sistema eléctrico.

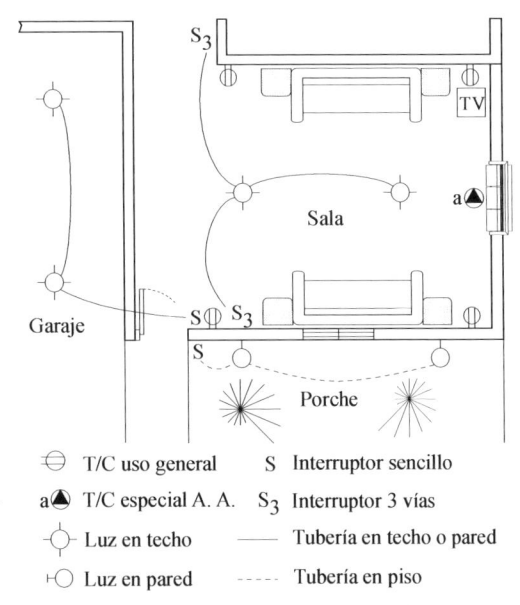

Nota: Uno de los T/C de la sala se usará para el televisor.

Fig. 7.34 Distribución de luminarias con sus interruptores de control y tomacorrientes en la sala.

7.7 SALIDAS ELÉCTRICAS EN EL LAVADERO

Es corriente ubicar el lavadero en un espacio donde se efectúen todas las labores de limpieza y planchado de la ropa. Entre los artefactos eléctricos típicos de este ambiente, los cuales utilizan tomacorrientes individuales, encontramos:

- Lavadora
- Secadora
- Plancha
- Calentador de agua

En la **Fig. 7.35** se muestra una distribución para el área del lavadero. Se utiliza una luminaria en el centro del área, controlada por un interruptor a la entrada. Se instalan tomacorrientes individuales para conectar la plancha, el calentador de agua, la lavadora y la secadora. Dos tomacorrientes de uso general se utilizan para cualquier artefacto que se desee conectar en el lavadero, uno detrás de la puerta y otro en la mitad de la pared posterior. Su ubicación minimiza la posibilidad de que, si se colocan muebles en este ambiente, queden detrás de los mismos. Las siguientes disposiciones se refieren al lavadero:

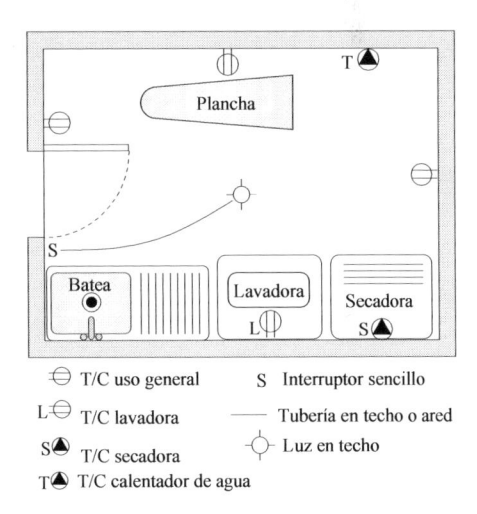

Fig. 7.35 Luces y tomacorrientes en el lavadero.

1. Al menos un circuito de 20 A debe suministrar energía a los tomacorrientes del lavadero. El mismo no debe conectarse a ningún otro tomacorriente fuera del lavadero.

2. Al menos un tomacorriente debe haber en el área del lavadero. Se exceptúan aquellas viviendas multifamiliares donde hay facilidades para lavar la ropa en el mismo edificio.

3. Los tomacorrientes que alimentan a equipos o artefactos específicos, como los del lavadero (lavadora y secadora a gas, entre otros), se deben instalar a no más de 1.8 m de la posible ubicación de estos artefactos.

4. Los tomacorrientes del lavadero, ubicados a una distancia inferior a 1.8 m del lado externo de la batea, deben ser del tipo GFCI (ver **Fig. 7.36**).

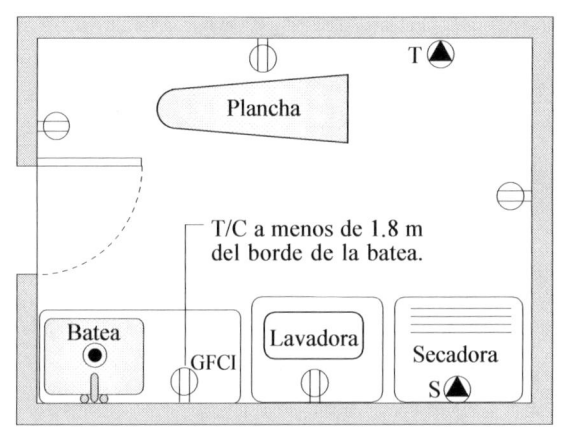

Fig. 7.36 Los tomacorrientes ubicados a menos de 1.8 m del borde de la batea deben ser del tipo GFCI.

En algunos casos, la lavadora y la secadora son combinadas a fin de ahorrar espacio en el lavadero. En este caso, se debe reservar un tomacorriente individual para el conjunto.

7.8 SALIDAS ELÉCTRICAS EN PASILLOS

Todo pasillo de longitud mayor o igual a 3 m debe tener al menos un tomacorriente. La longitud del pasillo se refiere a la longitud de la línea central del mismo. Además, se debe instalar, al menos, una salida para luz, controlada por un interruptor. Ver **Fig. 7.37**.

7.8 SALIDAS ELÉCTRICAS EN EL GARAJE

Al menos un tomacorriente se debe instalar en el garaje de viviendas unifamiliares. Se requiere que todos los tomacorrientes monofásicos de 15 y 20 amperios, instalados en el garaje, sean del tipo GFCI para la protección del personal (ver **Fig. 7.38**).

Se exceptúan del requerimiento anterior los tomacorrientes que no sean de fácil acceso, como los que se utilizan para los controles que abren automáticamente las puertas

CAPÍTULO 7: UBICACIÓN DE TOMACORRIENTES Y LUMINARIAS   **251**

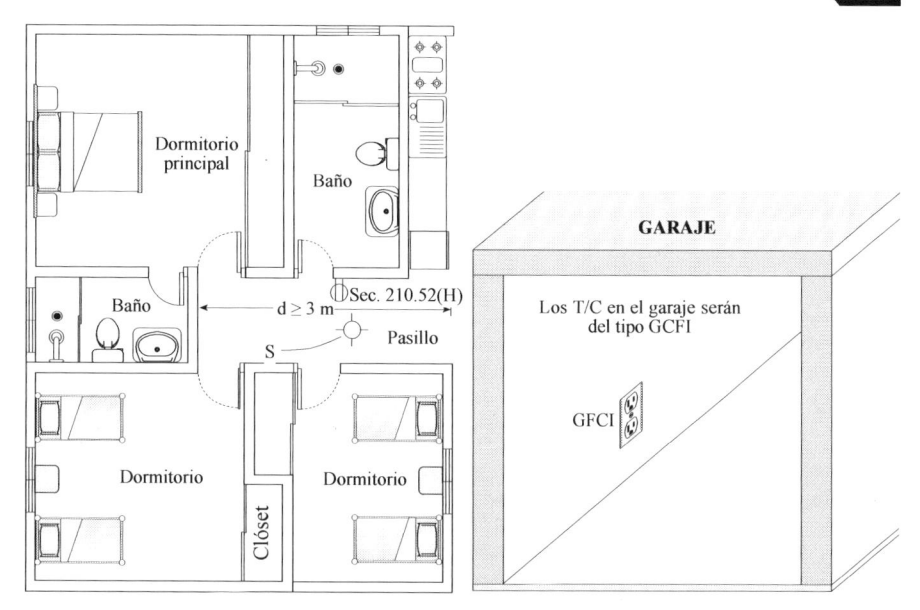

Fig. 7.37 En los pasillos se debe dejar, al menos, un tomacorriente y una salida para lámpara, controlada por un interruptor.

Fig. 7.38 Los tomacorrientes en el garaje, con las excepciones citadas en el texto, deben ser del tipo GFCI.

que se deslizan verticalmente en un garaje. Estos tomacorrientes normalmente se fijan en el techo del garaje, cerca del motor y sus controles*. Asimismo, se exceptúan los tomacorrientes destinados a conectar en forma permanente, y en un espacio prefijado, a equipos que, en uso normal y conectados mediante enchufe y cordón, no sean fácilmente movidos de un lugar a otro dentro del garaje, como una nevera, una lavadora o un congelador (ver **Fig. 7.39**).

Se pueden utilizar tomacorrientes de propósito general (no GFCI) cuando los artefactos eléctricos se colocan en un espacio dedicado a ellos; se conectan mediante enchufe y cordón dentro del garaje y no se pueden mover fácilmente. Los T/C pueden ser sencillos o dobles.

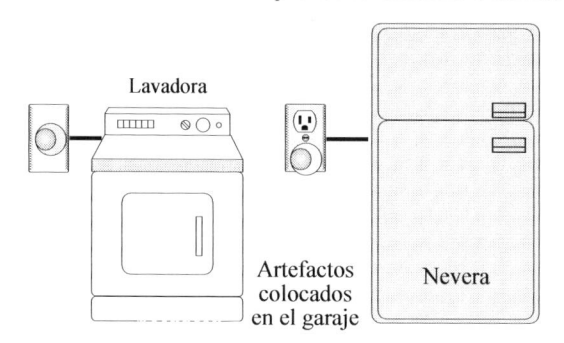

Fig. 7.39 Uso de tomacorrientes específicos en un garaje.

* El **Código Eléctrico Nacional** (EE UU) establece que todos los tomacorrientes en el garaje serán del tipo GFCI.

En cuanto a la iluminación, hay que prestar atención a la colocación del automóvil dentro del garaje. Si es un garaje para un vehículo, se deben dejar dos salidas de iluminación a ambos lados del mismo, a partir del eje central y al final del garaje. Esto garantiza una buena iluminación cerca del capó en caso de que se requiera hacer algún servicio al carro. Las lámparas a colocar pueden ser fluorescentes. De igual manera, es conveniente colocar, en la zona central del garaje, una salida de lámpara que permita iluminarlo en caso normal, cuando no se necesite concentrar la luz sobre el capó.

La **Fig. 7.40** indica la colocación de tomacorrientes y de las salidas de iluminación en un garaje para un vehículo. Se colocaron dos tomacorrientes al comienzo del garaje y dos al final del mismo. Estos últimos permiten conectar cualquier artefacto eléctrico que se vaya a usar para reparar el carro. El tomacorriente 1 es del tipo GFCI y se debe conectar en cascada a los tomacorrientes 2, 3 y 4. No está previsto el uso de artefactos individuales, como refrigeradores o lavadoras, en el garaje y, por tanto, no se incluyen tomacorrientes para tal fin. Aunque no se muestra en esta figura, es necesario prever la instalación de un sistema para cerrar automáticamente la puerta del garaje. Este sistema puede cerrar la puerta deslizándose verticalmente, en cuyo caso el tomacorriente se puede colocar en el techo y no requiere ser del tipo GFCI, o, también, puede ser horizontal y, de estar el tomacorriente dentro del área del garaje, se debe utilizar un GFCI. Observa que cuando se describió la distribución de los tomacorrientes en una sala (**Fig .7.34**), se colocó un interruptor sencillo para controlar las luces del garaje. El nuevo diseño presentado ahora perfecciona al anterior.

Se colocaron dos salidas para lámparas, al final del garaje, para facilitar la visualización del motor del vehículo. Esas salidas son controladas mediante interruptores de tres vías ubicados en el interior de la vivienda y a la entrada del garaje. Asimismo, se dejó

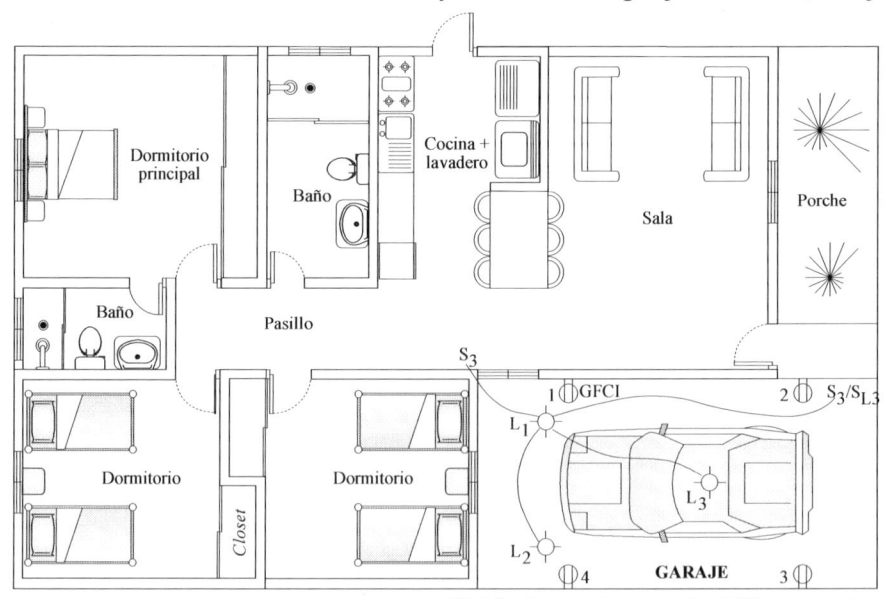

Los T/C 2, 3 y 4 se conectan en cascada al T/C 1, que es del tipo GFCI, por lo que actúa como protección de los primeros.

Fig. 7.40 Tomacorrientes y salidas de iluminación en un garaje.

CAPÍTULO 7: UBICACIÓN DE TOMACORRIENTES Y LUMINARIAS   **253**

una salida para una lámpara (L_3), ubicada cerca del medio del garaje y controlada por un interruptor sencillo, S_{L3}, instalado en el mismo cajetín de S_3. Esta luz proporciona alumbrado general en caso de que no se requiera encender las lámparas L_1 y L_2.

7.9 SALIDAS ELÉCTRICAS EN EL PORCHE

En el porche se contemplan (ver **Fig. 7.41**) dos tomacorrientes del tipo GFCI por tratarse de tomacorrientes externos a la casa. Uno de estos tomacorrientes está controlado por un interruptor ubicado en la sala y podría se usado para conectar un árbol navideño o luces decorativas en Navidad.

Las lámparas del porche se controlan mediante dos interruptores de tres vías (compara con la **Fig. 7.34**). Esto tiene un doble propósito. Una persona que llega de noche a la residencia puede encender la lámpara con el fin de ver la cerradura de la puerta. Por otro lado, quien está dentro de la casa puede encender la luz del porche para observar lo que sucede fuera de la residencia sin necesidad de abrir la puerta principal.

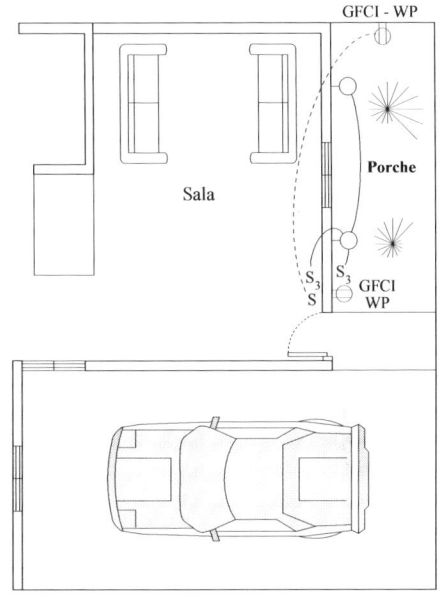

Fig. 7.41 Tomacorrientes y salida para luz en el porche.

Observa que los tomacorrientes del porche son protegidos contra la humedad (de allí las letras WP: *weather proof*), ya que esta zona, exterior a la residencia, puede estar sometida a factores climáticos como la lluvia. El porche se considera como un lugar húmedo, abierto, techado y no expuesto a lluvia batiente o al agua que se escurre por sus paredes.

7.8 SALIDAS EXTERNAS A UNA RESIDENCIA

En todas las viviendas unifamiliares que estén a nivel del suelo se instalarán por lo menos dos tomacorrientes en el exterior de una vivienda, uno en la parte delantera y otro en la parte trasera, a una altura no mayor de 2 m por encima del suelo.

La regla anterior expresa que el número mínimo de tomacorrientes en el exterior de una residencia unifamiliar es dos. Es decir, se pueden colocar más de dos tomacorrientes, cuya ubicación se distribuirá según el criterio del diseñador de la instalación, en consulta con el arquitecto y el propietario de la residencia. Estas salidas no pueden estar a una altura mayor de 2 m sobre el piso.

Las salidas para tomacorrientes exteriores deben ser del tipo GFCI.

No se debe poner a un lado esta última afirmación en una instalación eléctrica residencial, ya que dejar de observarla puede conducir a accidentes fatales. Aun aquellos tomacorrientes que estén a una altura mayor de 2 m (por ejemplo, los que se usan para las luces navideñas o en balcones de una residencia), pero en el exterior de la casa, deben ser del tipo GFCI.

Es importante volver a mencionar lo referente al tipo de tomacorriente y sus accesorios cuando estemos en presencia de lugares húmedos (*damp*) y mojados (*wet*), espacios que por lo general se encuentran en los exteriores de una residencia:

Lugares húmedos: Un tomacorriente instalado en el exterior de una residencia, protegido de la intemperie o en otro lugar húmedo, debe tener una cubierta a prueba de intemperie cuando el tomacorriente esté tapado (sin enchufe insertado y con la tapa cerrada).

Se considerará que un tomacorriente está protegido contra la intemperie cuando esté colocado bajo techo en porches abiertos, cúpulas y similares, y no sea expuesto a la lluvia batiente ni al agua que se escurre en las superficies que lo alojan.

De acuerdo con lo anterior, los tomacorrientes colocados bajo techo, en el exterior de una residencia, deben tener una cubierta externa y tapa a prueba de intemperie.

Lugares mojados: Los tomacorrientes de circuitos de 15 y 20 amperios y de 125 voltios y 250 voltios deben tener cubiertas a prueba de intemperie, ya sea que el enchufe del equipo esté conectado o no lo esté.

Todos los demás tomacorrientes instalados en lugares mojados deben cumplir con lo siguiente:

(*a*) Un tomacorriente instalado en un lugar mojado, donde el artefacto a conectar no esté vigilado mientras se usa, deberá tener una cubierta a prueba de intemperie con el enchufe insertado o no.

(*b*) Un tomacorriente instalado en un lugar mojado, donde el artefacto a conectar esté vigilado mientras se usa (por ejemplo, herramientas portátiles), deberá tener una cubierta a prueba de intemperie cuando el enchufe no esté conectado.

Los tomacorrientes citados antes como no vigilados incluyen, entre otros, a los que se usan para conectar las luces de Navidad, las bombas de agua y algunos de los motores para abrir los portones de los garajes.

El diseño de la instalación eléctrica en los exteriores de una residencia requiere un estudio minucioso de los posibles artefactos a conectar. La existencia de distintos ambientes y posibilidades fuera del interior de una vivienda crea diversas alternativas de diseño. De allí la necesidad de explorar todas las posibilidades de confort, en estrecha colaboración con el responsable del proyecto arquitectónico y el propietario. Las viviendas más sofisticadas constan, entre otros, de espacios como piscinas, postes de alumbrado, parrilleras, churuatas y reflectores, que necesitan las salidas eléctricas apropiadas. Además, las salidas eléctricas de algunos acondicionadores de aire se colocan en los exteriores de las casas.

CAPÍTULO 7: UBICACIÓN DE TOMACORRIENTES Y LUMINARIAS

De lo anterior se deduce que los tomacorrientes externos, sujetos a la inclemencia de factores ambientales, no solo tienen que ser del tipo GFCI, sino que requieren estar protegidos contra la penetración de agua en su interior. En la **Fig. 7.42** se muestra el ensamblaje típico para un tomacorriente colocado en las afueras de una vivienda, así como se muestran las profundidades a que se deben enterrar los tomacorrientes.

Se observa, en la figura anterior, que se utilizan dos tubos para sostener el tomacorriente: uno de ellos aloja internamente al cable UF, mientras que el otro está vacío y solo le da estabilidad a la estructura. Se recuerda que el cable UF es resistente a la humedad y al calor y se puede enterrar directamente en el suelo. Es retardante a la llama y puede exponerse directamente al sol.

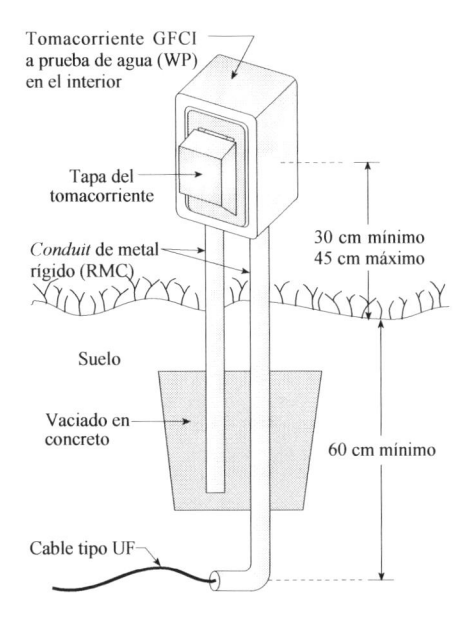

Fig. 7.42 Estructura para montar sobre el suelo un tomacorriente en el exterior de una vivienda.

Se observa, en la figura anterior, que se utilizan dos tubos para sostener el tomacorriente: uno de ellos aloja internamente al cable UF, mientras que el otro está vacío y solo le da estabilidad a la estructura. Se recuerda que el cable UF es resistente a la humedad y al calor y se puede enterrar directamente en el suelo. Es retardante a la llama y puede exponerse directamente al sol.

Veamos algunos aspectos de la iluminación externa. La iluminación, aparte de proveer seguridad durante las horas nocturnas, se convierte en un importante factor de decoración en patios y jardines. Ya discutimos la ubicación de las luminarias en el porche, que es también un área externa. Otras áreas externas se han de estudiar individualmente para decidir las salidas para las luminarias.

La iluminación externa, sobre todo en jardines expuestos a la intemperie, a merced del agua y otros agentes deteriorantes, requiere el uso de luminarias apropiadas para tales ambientes, las cuales deben estar fabricadas y autorizadas para lugares que, bajo las condiciones de lluvia, nieve o riego, no permitan la penetración de agua en su interior. Igualmente, los interruptores para controlar las luces externas, si se colocan a la intemperie, deben ser del tipo resistente a la misma (WP).

Para iluminación exterior de propósito general, los reflectores (R) o reflectores parabólicos aluminizados (PAR) son lámparas apropiadas que vienen en conjuntos de una a tres unidades. En particular, los últimos no son afectados por factores climáticos. Los *sockets* de estas lámparas deben ser a prueba de agua. Es común, también, usar postes de iluminación colocados en forma conveniente.

En el caso de luces decorativas, se encuentran en el mercado lámparas para 120 V y unidades de bajo voltaje de 12 V. Si se decide colocar una instalación de bajo voltaje, se necesita un transformador reductor de 120 V a 12 V, que se coloca en la pared externa de la vivienda (ver **Fig. 7.43**).

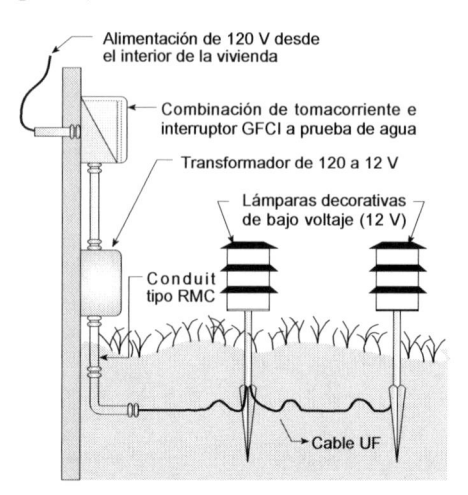

Fig. 7.43 Alumbrado exterior de bajo voltaje.

La **Tabla 7.2** especifica las profundidades mínimas a que se deben enterrar los cables o tubos utilizados en patios y jardines en lo que concierne a una residencia.

Tipo de instalación	Columna 1 Tubo RMC o IMC	Columna 2 Conductores o cables directamente enterrados	Columna 3 Canalizaciones no metálicas aprobadas para ser directamente enterradas sin estar embutidas en concreto.	Columna 4 Circuitos ramales residenciales de 120 V o menos con protección GFCI y máxima protección contra sobrecorriente de 20 A.	Columna 5 Circuitos para control de irrigación e iluminación limitados a no más de 30 V e instalados con cable UF o con otro tipo de cable o canalización.
Canalizaciones eléctricas no colocadas en zanjas.	60 cm	15 cm	45 cm	30 cm	30 cm
Canalizaciones en zanjas debajo de una capa de concreto de 50 mm de espesor.	45 cm	15 cm	30 cm	5 cm	5 cm

Tabla 7.2 Profundidades mínimas a las cuales se deben enterrar los cables o los tubos usados en patios y jardines.

Es permisible el uso de árboles como medios de soporte de las luminarias externas Sin embargo, se prohíbe el uso de árboles como soportes de conductores colgantes. Las dos situaciones se ilustran en la **Fig. 7.44**.

A partir de lo tratado hasta ahora en esta sección, concluimos que el diseño de las instalaciones eléctricas externas a una vivienda requiere una planificación cuidadosa, la

CAPÍTULO 7: UBICACIÓN DE TOMACORRIENTES Y LUMINARIAS   257

Conduit

Reflectores

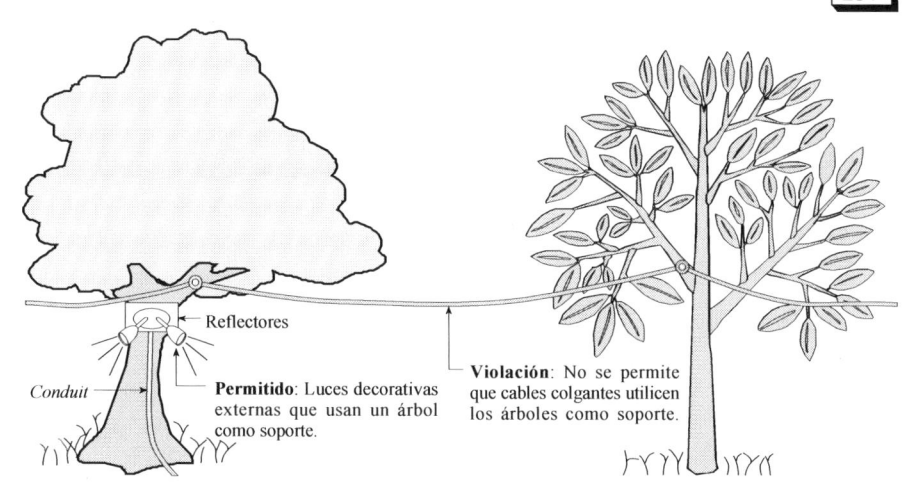

Permitido: Luces decorativas externas que usan un árbol como soporte.

Violación: No se permite que cables colgantes utilicen los árboles como soporte.

Fig. 7.44 Los árboles se pueden usar como medios de soporte de luminarias, pero no de cables colgantes.

cual incluye factores relacionados con la seguridad personal y la seguridad eléctrica, con la necesidad de ubicar tomacorrientes en lugares apropiados y con el embellecimiento de jardines, caminerías y espacios de esparcimiento dentro de los límites de la propiedad.

> *Las normas utilizadas en este libro se atienen a los códigos eléctricos de muchos países latinoamericanos. Los conceptos estudiados son, en general, aplicables a la mayoría de las naciones. Aunque pueda haber algunas variantes con respecto a lo tratado en este libro, según normas específicas de diferentes regiones, mucho de lo estudiado se puede adaptar a otras normativas eléctricas.*

Como ejemplo de la distribución de salidas eléctricas en los exteriores de una residencia, presentamos la **Fig. 7.45** (ver página siguiente). Se trata de una vivienda unifamiliar aislada, de tres habitaciones y dos baños, cocina y sala-comedor. Externamente, tiene un porche techado en el frente, con dos pequeñas zonas de jardín y un patio trasero, donde están colocados los compresores que suministran aire acondicionado a la sala y a las habitaciones. La vivienda está cercada con paredes de bloque y las áreas laterales son abiertas, y cada una de ellas se puede usar como garaje o como lugar de esparcimiento. Analicemos las partes anterior, laterales y posterior de la instalación eléctrica exterior.

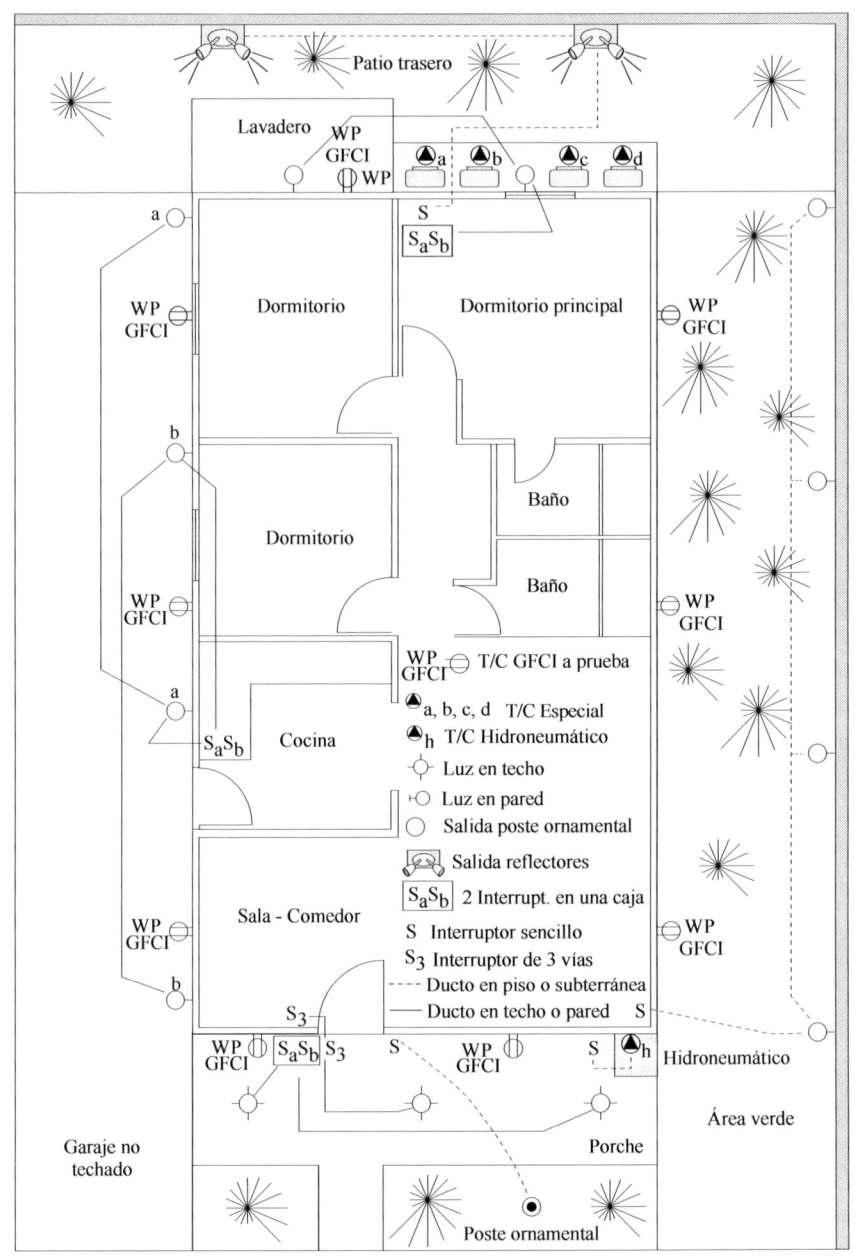

Fig. 7.45 Distribución de salidas para luces y tomacorrientes en el exterior de una residencia.

Parte anterior (porche)

Tenemos los siguientes elementos:

a) Un poste ornamental, colocado en el jardín y controlado por un interruptor S que se ubica al lado de la puerta de entrada.

CAPÍTULO 7: UBICACIÓN DE TOMACORRIENTES Y LUMINARIAS

b) Una lámpara ubicada en el centro del porche, controlada por dos interruptores de tres vías, que pueden encenderla o apagarla exteriormente, desde el porche o, internamente, desde la sala. La idea detrás de este doble control es que una persona que llegue en la noche pueda fácilmente introducir la llave en la cerradura. Asimismo, si se desea iluminar el porche sin salir de la casa, se usa el interruptor interno de tres vías.

c) Las dos lámparas de los extremos del porche completan el trío de luces que lo ilumina. Están controladas individualmente por un interruptor doble, S_a y S_b, colocado al lado de la puerta. De esta forma, se pueden encender de una a tres lámparas en el porche, garantizando una buena iluminación y un ahorro en el consumo, cuando no se necesite una cobertura luminosa completa.

d) Se encuentran en el porche dos tomacorrientes de propósito general, a prueba de agua y protegidos contra fallas a tierra.

e) Como el sistema hidroneumático se encuentra en el porche, se coloca un tomacorriente especial con un interruptor que controla el motor del equipo. En este caso, se trata de un motor monofásico de 120 V y 1/2 HP.

Parte posterior (patio)

Se distinguen los siguientes elementos:

a) Tenemos dos lámparas de pared que iluminan el área del lavadero y la zona encementada, donde están los compresores de los acondicionadores de aire de los dormitorios y de la sala. Estas salidas, controladas por un interruptor doble en el cuarto principal, sirven también como luces de seguridad durante la noche.

b) Un interruptor GFCI, protegido contra la humedad, se coloca en el área del lavadero, donde se puede conectar una lavadora o cualquier otro artefacto eléctrico.

c) Para iluminar el patio trasero se usan dos reflectores dobles controlados por un interruptor sencillo desde el cuarto principal.

Parte lateral izquierda (garaje)

La superficie lateral izquierda se puede usar como garaje o como zona de esparcimiento; de allí que sea necesario colocar suficiente iluminación y los tomacorrientes que permitan conectar equipos de sonido y artefactos eléctricos:

a) Se cuenta con cuatro luminarias externas de pared, controladas, en grupos de dos, por un interruptor doble colocado en la cocina. Esto permite ahorrar energía, al tenerse la opción de no encender todas las lámparas a la vez.

b) Tres tomacorrientes GFCI, a prueba de agua, se ubican a lo largo del garaje.

Parte lateral derecha (área verde)

La superficie lateral derecha se puede usar como garaje o como zona verde. Los elementos eléctricos que se destacan son:

a) Cuatro lámparas de pared iluminan la zona a lo largo de la misma. Estas luces se controlan desde la sala. Se pueden apagar todas a la vez o se puede usar un interruptor doble para controlarlas en pares.

b) Tres tomacorrientes GFCI a prueba de agua se colocan para suministrar energía a cualquier artefacto eléctrico que se desee conectar en ese espacio.

7.12 SALIDAS ELÉCTRICAS EN ESCALERAS

En los dos niveles que están unidos por una escalera se deben colocar interruptores para controlar la iluminación de la misma. Aquí desempeñan un papel importante los interruptores de tres vías, que permitirán apagar o encender la lámpara desde los niveles inferior y superior de la escalera, tal como se muestra en la **Fig. 7.46**.

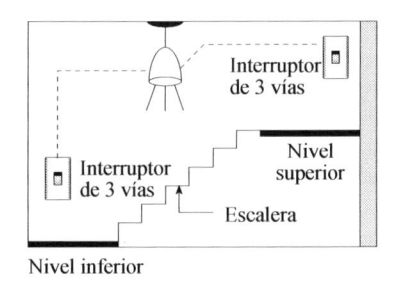

Fig. 7.46 Alumbrado en escaleras.

7.13 SALIDAS ALREDEDOR DE CUERPOS DE AGUA

Los alrededores de cuerpos de agua, como piscinas, fuentes de agua y *jacuzzis*, son lugares particularmente sensibles a los accidentes eléctricos, pues combinan la corriente eléctrica con la humedad y la ausencia de calzado como parte de la vestimenta usual del ser humano. Se han establecido severas limitaciones en cuanto a tomacorrientes y alumbrado alrededor de piscinas, fuentes de agua y otras instalaciones similares. Ningún tomacorriente de propósito general debe estar dentro de una distancia de 1.83 m de la pared interna de una piscina, fuente de agua o *jacuzzi*. Esto evita que se conecte cualquier artefacto eléctrico al tomacorriente y a una distancia muy cerca del agua, y, de esta manera, se disminuyen los riesgos de accidentes eléctricos. Ver la **Fig. 7.47**.

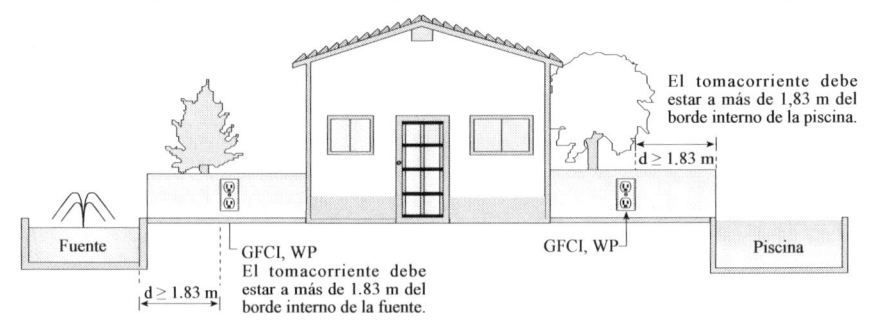

Fig. 7.47 Ningún tomacorriente de propósito general debe estar dentro de una distancia de 1.83 m respecto a la pared interna de una piscina o fuente de agua.

CAPÍTULO 7: UBICACIÓN DE TOMACORRIENTES Y LUMINARIAS | 261

Asimismo, las normas obligan a que en una vivienda se coloque, al menos, un tomacorriente para 15 o 20 A y 125 V, a una distancia entre 1.83 m y 6 m de la pared interna de una piscina permanentemente instalada, tal como lo muestra la **Fig. 7.48**. Dichos tomacorrientes no deben tener una altura superior a 2 m por encima del nivel del piso.

Se debe colocar cuando mínimo un tomacorriente a una distancia entre 1.83 m y 6 m del borde interno de una piscina y a una altura no superior a 2 m sobre el piso.

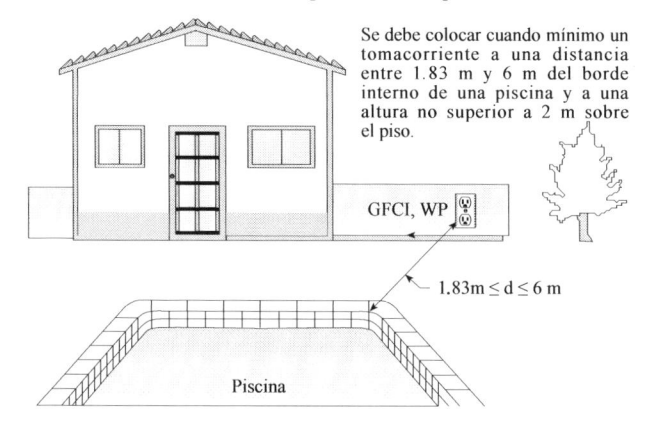

GFCI, WP

1.83m ≤ d ≤ 6 m

Piscina

Fig. 7.48 Debe haber un tomacorriente cercano a la piscina, a una distancia que esté entre 1.83 m y 6 m del borde interno de la misma.

En relación con las bombas para el agua usadas en las piscinas, se establece que el tomacorriente al cual se conecta una bomba estará a una distancia mínima de 3 m de la pared interna de la piscina. Se permite colocar este tomacorriente a una distancia no menor de 1.83 m si cumple con las siguientes condiciones: (1) El tomacorriente es sencillo. (2) Es del tipo de cerradura (*locking*). (3) Se puede conectar a tierra. (4) Tiene protección GFCI. Ver **Fig. 7.49**.

La distancia del tomacorriente para la bomba debe ser como mínimo 1.83 m para un tomacorriente sencillo con conexión a tierra y con sistema de cerradura de seguridad.

La distancia del tomacorriente para la bomba debe ser como mínimo 3 m para un tomacorriente doble y sin sistema de cerradura de seguridad.

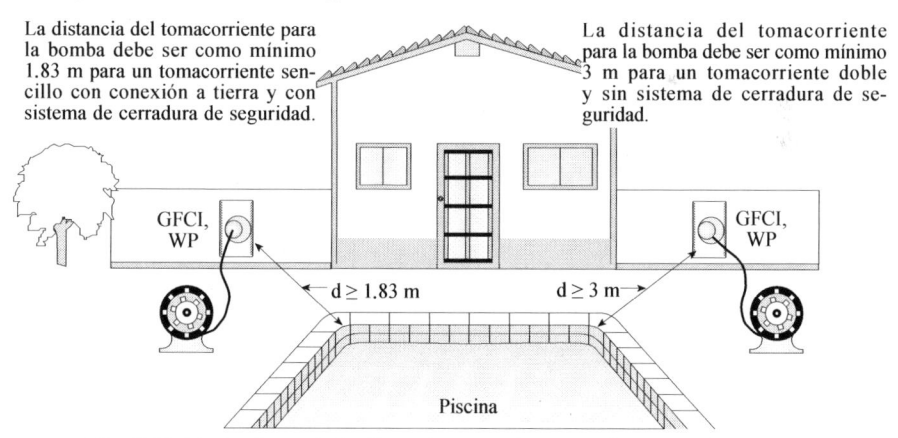

GFCI, WP

GFCI, WP

d ≥ 1.83 m   d ≥ 3 m

Piscina

Fig. 7.49 Limitaciones de la distancia entre el tomacorriente para la conexión de la bomba de agua y el borde interno de la piscina.

Se permite iluminar las piscinas siempre que se cumplan ciertos requisitos. Los más relevantes en cuanto a piscinas son los siguientes:

1. *Las luminarias encima de piscinas situadas en los exteriores de una residencia se instalarán fuera de un área que se extienda horizontalmente 1.5 m de las paredes* internas de la piscina y a una altura no inferior a 3.7 m por encima del nivel del agua. Ver **Fig. 7.50**.

2. *Los interruptores cercanos a una piscina se ubicarán por lo menos a 1.5 m, medidos horizontalmente desde su pared interna, a menos que estén separados mediante una valla sólida, pared u otra barrera permanente. Se permite la instalación de un interruptor a una distancia menor a la mencionada, siempre que el mismo aparezca como adecuado para este uso.* Ver **Fig. 7.51**.

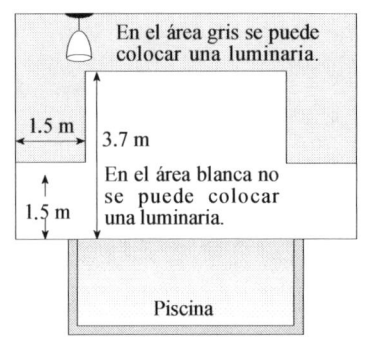

Fig. 7.50 Delimitación del área donde se puede colocar una luminaria encima de una piscina.

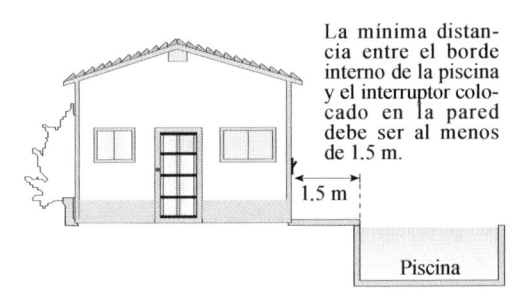

Fig. 7.51 Delimitación de la distancia entre un interruptor y el borde interno de una piscina.

Piense... Explique...

7.1 Explique la conveniencia de discutir con el propietario y el dueño de una vivienda el proyecto eléctrico de la misma.

7.2 ¿Se discrimina entre viviendas para personas de distintas clases sociales en la reglamentación que rige el diseño de los proyectos eléctricos? Explique por qué son importantes las normas de esta reglamentación cuando se diseña un proyecto eléctrico.

7.3 Cite las características de un diseño eléctrico adecuado y seguro.

7.4 Mencione los pasos que se deben seguir para optimizar el diseño de una instalación eléctrica.

7.5 ¿Por qué es conveniente tratar de colocar dos tomacorrientes enfrentados aun cuando estén ubicados en ambientes distintos (**Fig. 7.1**)?

7.6 Explique por qué es ventajoso colocar uno de los tomacorrientes de un ambiente debajo del interruptor que controla la luz en el interior del mismo.

7.7 ¿Puede colocarse el interruptor de la luminaria de un dormitorio detrás de su puerta de entrada? ¿Es esto conveniente?

7.8 ¿Cómo se define un espacio de pared? ¿Es importante esta definición?

7.9 ¿Cuál es el mínimo espacio de pared en que se debe instalar un tomacorriente en una vivienda?

7.10 ¿Pueden las puertas de vidrio deslizantes ser consideradas como un espacio de pared?

7.11 ¿Cuál es la distancia mínima entre tomacorrientes en ambientes como dormitorios, sala y comedor? ¿Cómo se relaciona esto con el requerimiento de que ningún punto, medido horizontalmente sobre la línea del piso, puede estar a más de 1.80 m de un tomacorriente?

7.12 ¿Se puede instalar un tomacorriente encima de un equipo de calefacción? Razona tu respuesta.

7.13 ¿Se deben tener en cuenta aquellos tomacorrientes que forman parte integral de un equipo para determinar el número de los mismos a ser instalados en una vivienda?

7.14 Un tomacorriente se encuentra a una altura de 2.20 m. ¿Se debe tener en cuenta esta circunstancia para determinar el número de los mismos en una vivienda?

7.15 ¿A qué distancia de la pared se debe ubicar un tomacorriente de piso para ser tomado en consideración al determinar el número de los mismos a ser instalados en una vivienda?

7.16 ¿Qué es un tomacorriente de fase partida? ¿Cómo se conecta este tipo de tomacorriente a los conductores de alimentación? Haga el dibujo correspondiente.

7.17 En la cocina de una vivienda se encuentra un espacio en una pared de 40 cm. ¿Es obligatorio colocar un tomacorriente de propósito general en este espacio?

7.18 Hay un pasillo de 2 m en el interior de una residencia. ¿Se debe colocar un tomacorriente en ese pasillo?

7.19 ¿A qué distancia máxima de un equipo de aire acondicionado se debe instalar un tomacorriente?

7.20 Explique lo relativo a los tomacorrientes en la sala de cocina.

7.21 ¿Cuántos circuitos de pequeños artefactos deben alimentar a los tomacorrientes de la sala de cocina?

7.22 ¿Deben el refrigerador o el congelador de una sala de cocina tener un tomacorriente individual? Si la respuesta es positiva, ¿cuál es la razón?

7.23 ¿Se puede usar el circuito de pequeños artefactos para alimentar a los tomacorrientes de propósito general ubicados en las paredes de la sala de cocina?

7.24 Diga cuál de los siguientes equipos se puede conectar a los circuitos de pequeños artefactos de la sala de cocina:

a) Licuadora.   *b)* Lavadora automática de platos.   *c)* Reloj eléctrico.
d) Triturador de desperdicios.   *e)* Sistemas de encendido de cocinas.

7.25 ¿Cuál debe ser la distancia entre dos tomacorrientes consecutivos colocados sobre el tope de los gabinetes de una sala de cocina?

7.26 ¿Se deben tener en cuenta los espacios ocupados por lavaplatos, cocina y fregadero para medir la distancia entre tomacorrientes en el tope de un gabinete de cocina?

7.27 ¿Cuáles tomacorrientes deben ser del tipo GFCI en una sala de cocina?

7.28 Para un refrigerador o un congelador ubicado en la sala de cocina, ¿se necesita un tomacorriente tipo GFCI?

7.29 De acuerdo con lo mencionado en este capítulo, ¿cuáles son los equipos eléctricos que consumen más energía?

7.30 ¿Cuáles circuitos individuales se encuentran corrientemente en la sala de cocina?

7.31 ¿Cómo se definen una península y una isla en una sala de cocina? ¿Cuáles son los requisitos establecidos con respecto a la instalación de tomacorrientes allí?

7.32 ¿Por qué no se permite colocar tomacorrientes con la cara frontal hacia arriba en los gabinetes de cocina?

7.33 ¿A qué altura, por encima de los topes del gabinete de cocina, se deben colocar los tomacorrientes?

7.34 ¿Bajo qué forma se pueden instalar tomacorrientes encima de una península o una isla en una sala de cocina?

7.35 Describa los puntos de iluminación a considerar en una sala de cocina y en el comedor de una vivienda.

7.36 ¿Cuántos tomacorrientes se pueden instalar en una sala de baño?

7.37 En una sala de baño se coloca un tomacorriente detrás de la puerta de entrada. ¿Tiene que ser del tipo GFCI?

7.38 ¿A qué distancia máxima de los bordes de un lavamanos se puede colocar un tomacorriente?

7.39 ¿A qué distancia máxima, por debajo del tope de un gabinete de baño, se puede colocar un tomacorriente?

7.40 ¿Puede un circuito ramal alimentar a los tomacorrientes de una sala de baño y a los de la habitación contigua a la misma?

7.41 ¿Qué establecen las normas respecto a la ubicación de tomacorrientes dentro del área de la ducha?

7.42 Describa cómo debe ser el alumbrado en una sala de baño.

7.43 Explique las limitaciones sobre la colocación de luminarias en la sala de baño.

7.44 Comente sobre el sitio donde se van a colocar las luminarias dentro del baño en relación con la ubicación del espejo.

7.45 ¿Bajo cuáles condiciones se permiten interruptores dentro del área de la bañera o de la ducha en una sala de baño?

7.46 En un dormitorio, la separación máxima entre tomacorrientes en las paredes es de 3.6 m. ¿Cómo se compagina esta norma con la ubicación del mobiliario propio de una habitación, el cual, eventualmente, puede dar lugar a considerar distancias menores que la señalada?

7.47 ¿Cuál es la utilidad de los interruptores de tres vías en los dormitorios?

7.48 Describa los puntos más importantes a considerar en el diseño de la instalación eléctrica de un dormitorio, teniendo en cuenta la ubicación de tomacorrientes y luminarias con sus respectivos interruptores de control.

7.49 ¿Qué son los interruptores por fallas de arco y por qué es importante su uso en los dormitorios de una vivienda?

7.50 Describa la característica de un tomacorriente de fase partida y la importancia que tienen en una instalación eléctrica.

7.51 Comente sobre la utilidad de tener interruptores dentro de la habitación principal de una residencia para controlar sus luces externas.

7.52 Describa las características de la iluminación en los dormitorios de una vivienda.

7.53 En el alumbrado del clóset de una habitación, defina lo que es espacio de almacenamiento en relación con la instalación de luminarias.

7.54 ¿Se permite la instalación de lámparas o bombillos incandescentes para iluminar los clósets de ropa? En caso negativo, explique cuál es la causa de esta prohibición.

7.55 ¿Se permite la instalación de lámparas o bombillos fluorescentes para iluminar los clósets de ropa? En cualquier caso, explique tu respuesta.

7.56 Mencione, en términos generales, las salidas eléctricas que conviene tener en la sala con respecto a luminarias, tomacorrientes e interruptores.

7.57 Dibuje los símbolos eléctricos utilizados en los diagramas arquitectónicos de este capítulo. Investiga sobre otros símbolos eléctricos utilizados en los planos.

7.58 Enumere los artefactos típicos utilizados en los lavaderos de ropa.

7.59 ¿Puede el circuito que alimenta al lavadero suministrar energía a tomacorrientes situados en otros ambientes?

7.60 ¿A qué distancia máxima de un artefacto específico se debe colocar un tomacorriente en el lavadero?

7.61 ¿Todos los tomacorrientes del lavadero deben ser del tipo GFCI? Explica.

7.62 ¿Cuáles tomacorrientes en el garaje deben ser del tipo GFCI?

7.63 Indique cómo debe ser la iluminación en un garaje con respecto a la ubicación de las lámparas y en relación con un automóvil estacionado en su interior.

7.64 Describa cómo debe ser el sistema de tomacorrientes e iluminación en el porche de una residencia. ¿Cuáles factores hay que tener en cuenta?

7.65 ¿Cuántas salidas de tomacorrientes se deben colocar en el exterior de una residencia? ¿Dónde deben colocarse?

7.66 ¿Cuáles tomacorrientes deben ser del tipo GFCI en el exterior de una residencia? ¿Cuáles deben ser a prueba de agua?

7.67 ¿Qué establecen las normas en cuanto a los tomacorrientes que se deben colocar en lugares húmedos o mojados situados en el exterior de una residencia?

Capítulo 7: Ubicación de Tomacorrientes y Luminarias   267

7.68 Comente sobre la iluminación decorativa que se coloca en el exterior de una residencia, citando las características que deben tener las luces y los interruptores a utilizar.

7.69 ¿Se pueden usar los árboles como medios de soporte para cables en el exterior de una residencia?

7.70 ¿Se pueden usar los árboles como medios de soporte para luminarias externas?

7.71 Explique el sistema de iluminación en la escalera de una vivienda.

7.72 ¿Cuáles restricciones se han establecido para la distancia entre los tomacorrientes y las paredes de una piscina o de una fuente de agua?

7.73 ¿Cuáles restricciones se han establecido para la distancia entre un interruptor y una piscina ubicada en el exterior de una residencia?

7.74 Explique la restricción con respecto a las luminarias ubicadas encima de una piscina.

Ejercicios

En las figuras correspondientes a los problemas es recomendable ampliar los dibujos a fin de colocar los distintos elementos de la instalación eléctrica. La escala de los mismos es aproximada y, aunque se trata de vistas desde arriba, el lector debe imaginar la presencia de otros elementos, como microondas y triturador de desperdicios.

7.1 Las **figuras 7.52** a **7.55** corresponden a distintas distribuciones de espacios en salas de cocina y comedor. Con base en lo estudiado en este capítulo, coloque la salida para tomacorrientes, luminarias e interruptores.

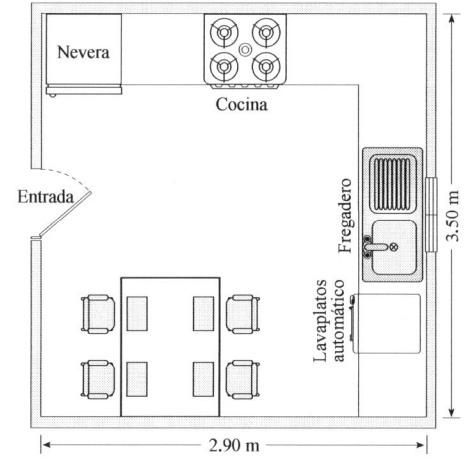

Fig. 7.52 Ejercicio 7.1. Parte (*a*)

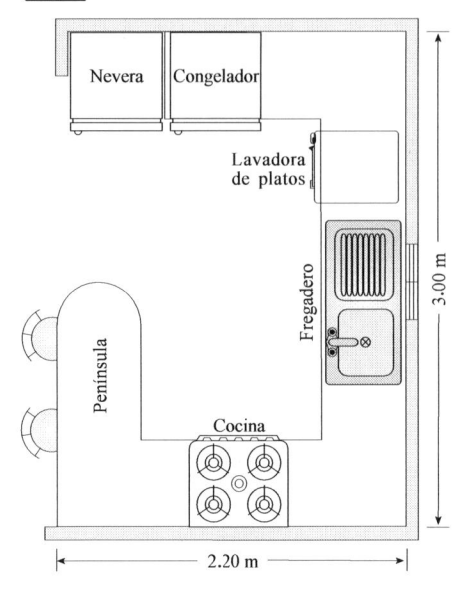

Fig. 7.53 Ejercicio 7.1. Parte (b)

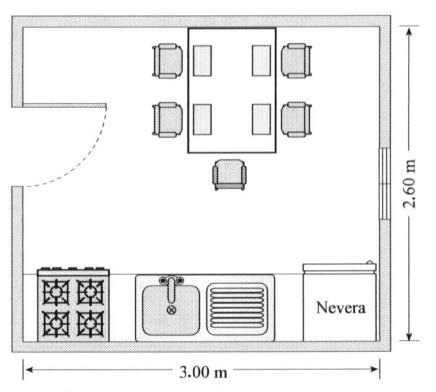

Fig. 7.54 Ejercicio 7.1. Parte (c)

7.2 Las salas de baño de las **figuras 7.56** a **7.58** requieren instalaciones eléctricas adaptadas a lo establecido por las normas. Muestre, en un dibujo, la ubicación de tomacorrientes y salidas de iluminación y de interruptores.

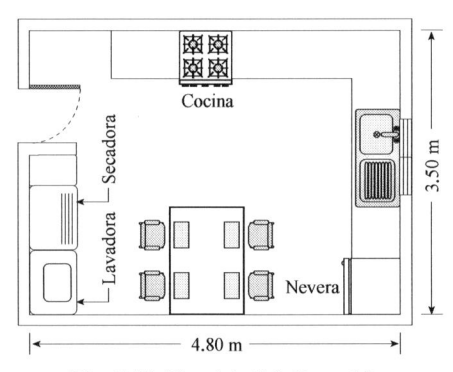

Fig. 7.55 Ejercicio 7.1. Parte (d)

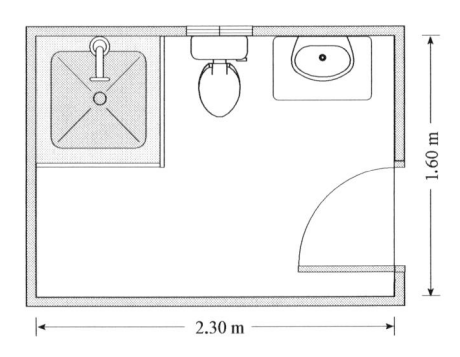

Fig. 7.56 Ejercicio 7.2. Parte (a)

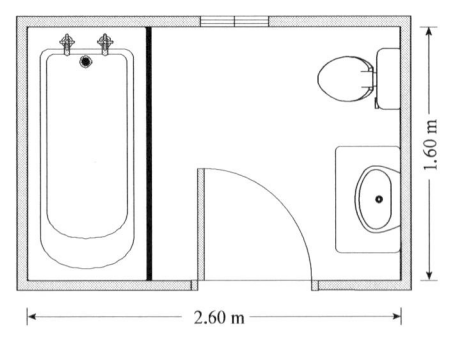

Fig. 7.57 Ejercicio 7.2. Parte (b)

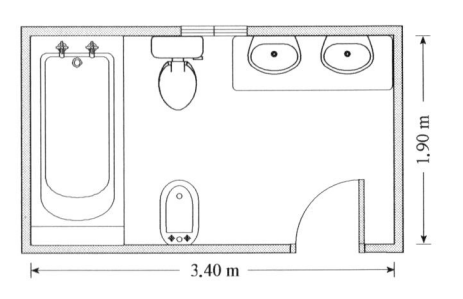

Fig. 7.58 Ejercicio 7.2. Parte (c)

CAPÍTULO 7: UBICACIÓN DE TOMACORRIENTES Y LUMINARIAS **269**

7.3 Ubique tomacorrientes, luminarias e interruptores para los dormitorios de las **figuras 7.59 a 7.62**.

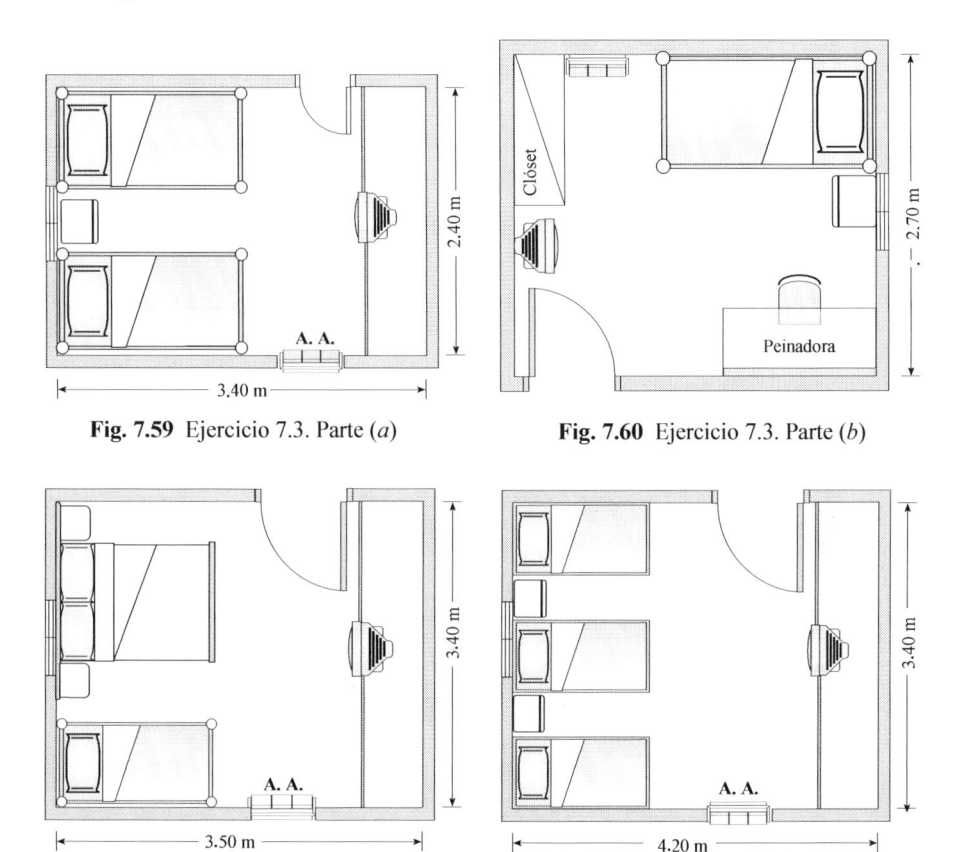

Fig. 7.59 Ejercicio 7.3. Parte (*a*)

Fig. 7.60 Ejercicio 7.3. Parte (*b*)

Fig. 7.61 Ejercicio 7.3. Parte (*c*)

Fig. 7.62 Ejercicio 7.3. Parte (*d*)

7.4 En los planos de las páginas siguientes, **figuras 7.63 a 7.65**, ubique, de acuerdo con lo estudiado en este capítulo, los tomacorrientes, luminarias e interruptores adecuados. (Las medidas, en metros, son aproximadas.)

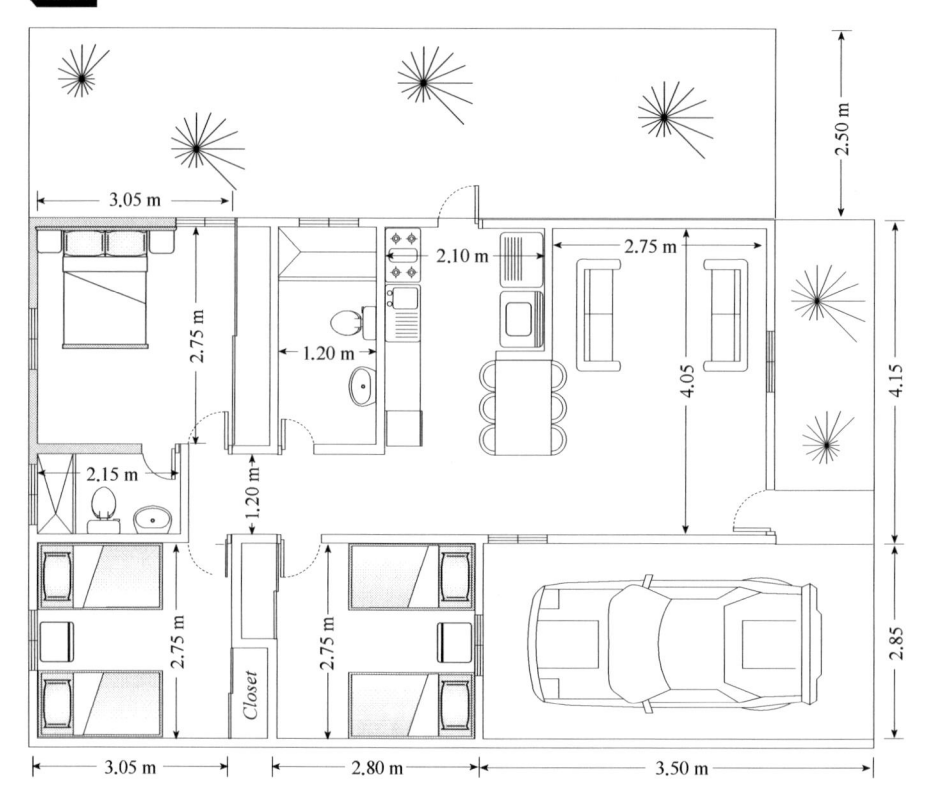

Fig. 7.63 Ejercicio 7.4. Parte (*a*).

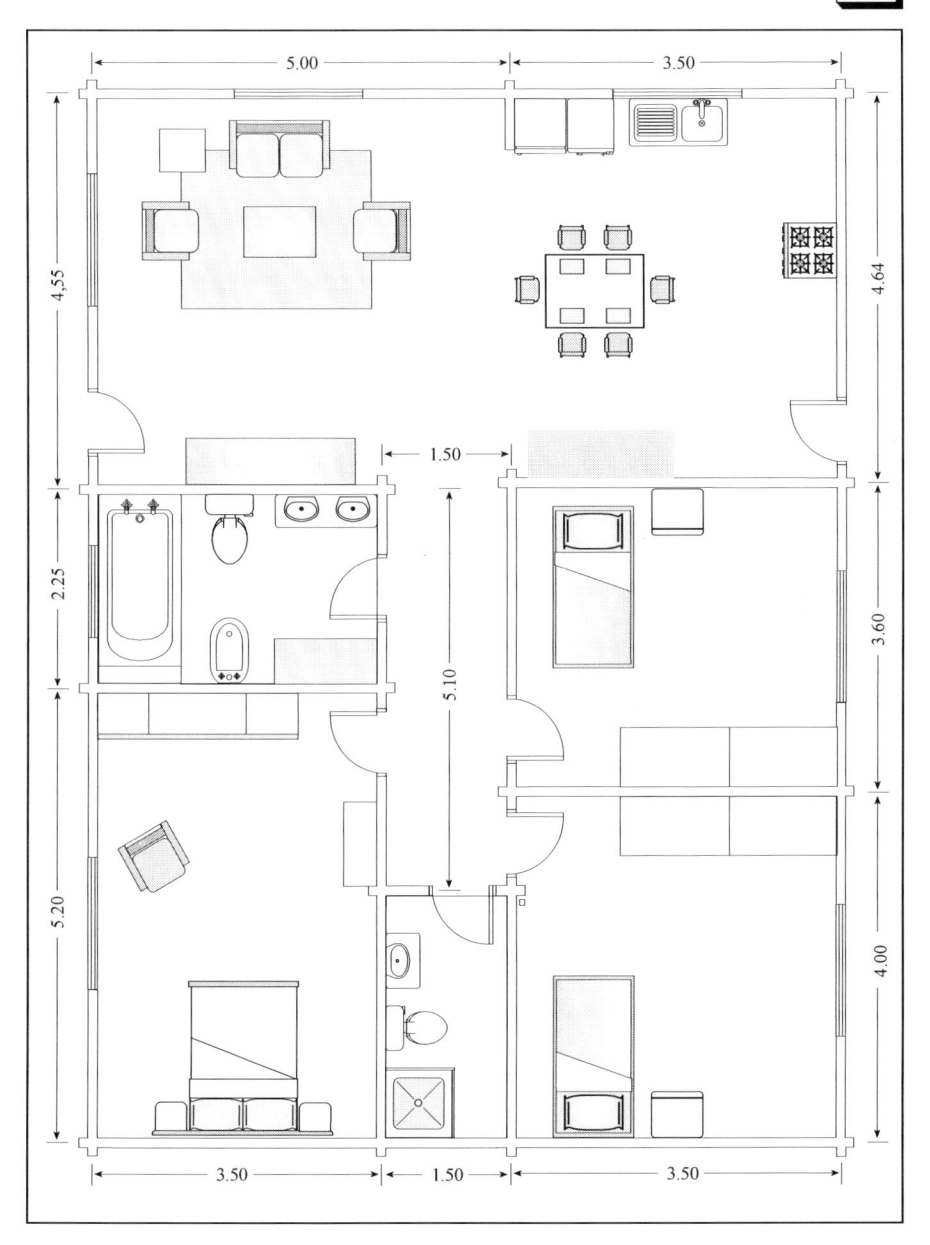

Fig. 7.64 Ejercicio 7.3. Parte (*b*).

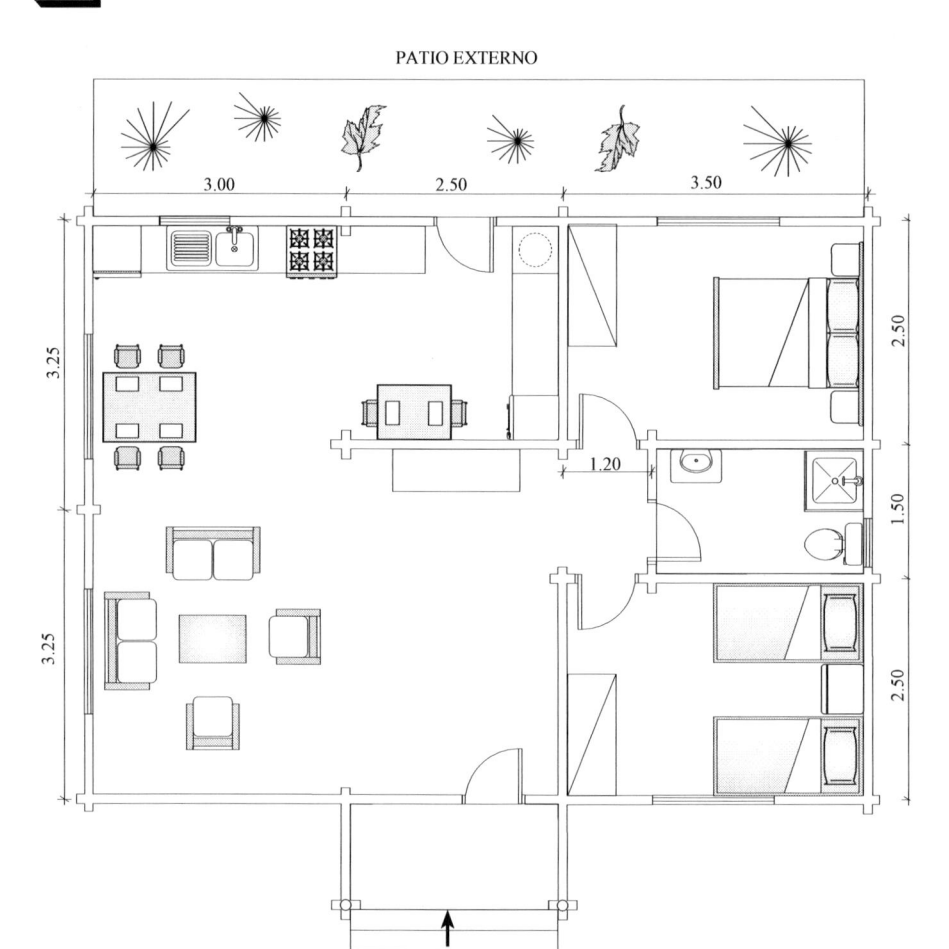

Fig. 7.65 Ejercicio 7.3. Parte (c).

CAPÍTULO 7: UBICACIÓN DE TOMACORRIENTES Y LUMINARIAS | 273

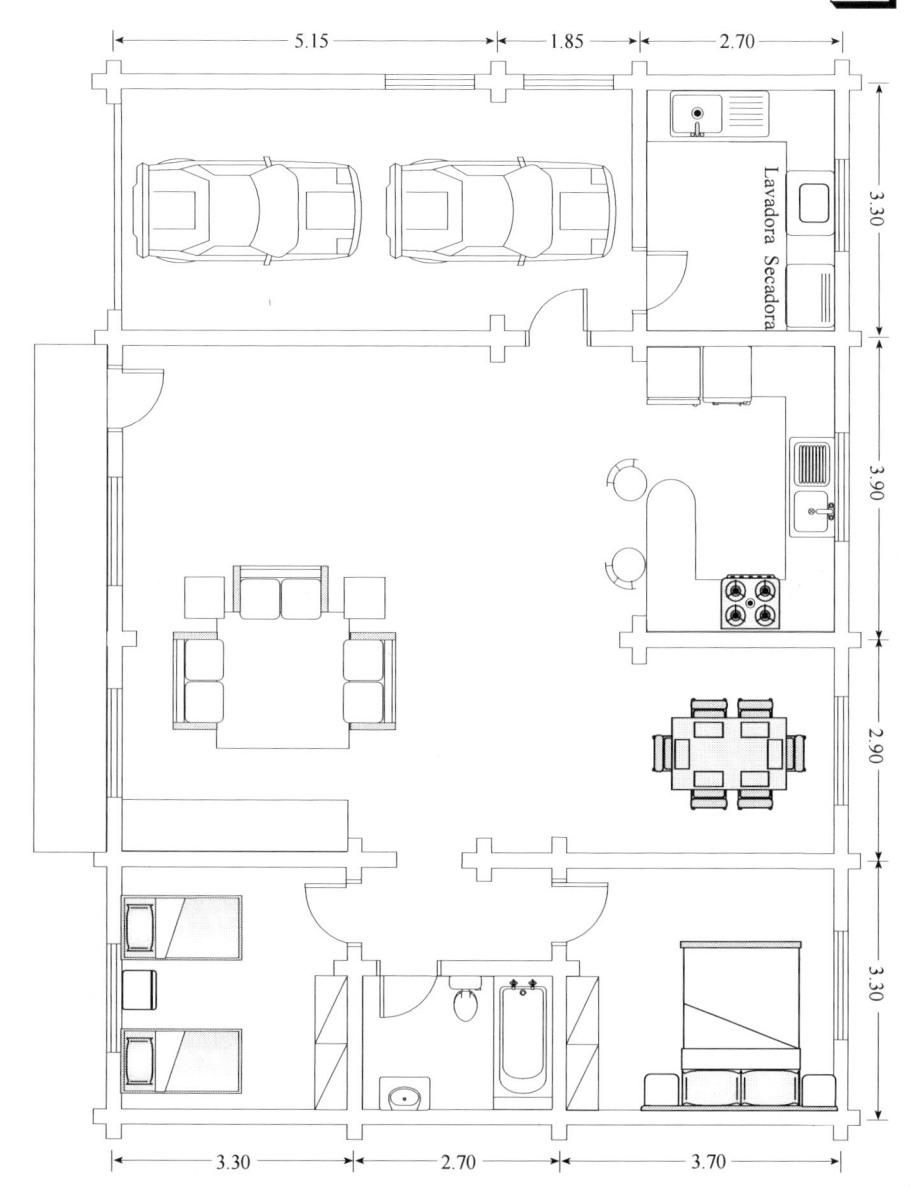

Fig. 7.66 Ejercicio 7.3. Parte (*d*).

APÉNDICE A

Calibre (AWG o kcmil)	mm²	CM	Conductor trenzado N° alambres	Diámetro cada alambre mm	pulg	Conductor completo (según N° de hilos) Diámetro mm	pulg	Área mm²	pulg²
18	0.823	1620	1	–	–	1.02	0.040	0.823	0.001
18	0.823	1620	7	0.39	0.015	1.16	0.046	1.06	0.002
16	1.31	2580	1	–	–	1.29	0.051	1.31	0.002
16	1.31	2580	7	0.49	0.019	1.46	0.058	1.68	0.003
14	2.08	4110	1	–	–	1.63	0.064	2.68	0.003
14	2.08	4110	7	0.62	0.024	1.85	0.073	2.68	0.004
12	3.31	6530	1	–	–	2.05	0.081	3.31	0.005
12	3.31	6530	7	0.78	0.030	2.32	0.092	4.25	0.006
10	5.261	10380	1	–	–	2.588	0.102	5.26	0.008
10	5.261	10380	7	0.98	0.038	2.95	0.116	6.76	0.011
8	8.367	16510	1	–	–	3.264	0.128	8.37	0.013
8	8.367	16510	7	3.71	0.049	3.710	0.146	10.76	0.017
6	13.30	26240	7	1.56	0.061	4.67	0.184	17.09	0.027
4	21.15	41740	7	1.96	0.077	5.89	0.232	27.19	0.042
2	33.62	66360	7	2.47	0.097	7.41	0.292	43.23	0.067
1/0	53.49	105600	19	1.89	0.074	9.45	0.372	70.41	0.109
2/0	67.43	133100	19	2.13	0.084	10.62	0.418	88.74	0.137
4/0	107.20	211600	19	2.68	0.106	13.41	0.528	141.10	0.219
250	127.00	–	37	2.09	0.082	14.61	0.575	168.00	0.260
500	253.00	–	37	2.95	0.116	20.65	0.813	336.00	0.519
750	380.00	–	61	2.82	0.111	25.35	0.998	505.00	0.782
2000	1013.00	–	127	3.19	0.126	41.45	1.632	1349.00	2.092

Tabla A1 Características geométricas de los conductores eléctricos desnudos que se usan con más frecuencia.

Tamaño AWG o kcmil	Máxima temperatura de operación		
	60°	75°	90°
	TW, UF	RHW, THHW, THW, THWN, XHHW, XHHW, USE	SA, MI, RHH, THHN, THW-2, THWN-2, USE-2, XHH, XHHW, XHHW-2
16	–	–	18
14	20	20	25
12	25	25	30
10	30	35	40
8	40	50	55
6	55	65	75
4	70	85	95
2	95	115	130
1	110	130	150
1/0	125	150	170
2/0	145	175	195
3/0	165	200	225
4/0	195	230	260
250	215	255	290
300	240	285	320
350	260	310	350
400	280	335	380
500	320	380	430
600	355	420	474
700	385	460	520
750	400	475	535
800	410	490	555
900	435	520	585
1000	455	545	615
1250	495	590	665
1500	520	625	705
1750	545	650	735
2000	560	665	750

Tabla A2 Ampacidad de conductores aislados de cobre a temperatura ambiente de 30°C y no más de tres conductores en una canalización o conformando un cable. La tabla se aplica para voltajes de hasta 2000 voltios.

Temperatura ambiente (°C)	TW, UF	RHW, THHW, THW, THWN, XHHW, XHHW, USE	SA, MI, RHH, THHN, THW-2, THWN-2, USE-2, XHH, XHHW, XHHW-2
21 – 25	1.08	1.05	1.04
26 – 30	1.00	1.00	1.00
31 – 35	0.91	0.94	0.96
36 – 40	0.82	0.88	0.91
41 – 45	0.71	0.82	0.87
46 – 50	0.58	0.75	0.82
51 – 55	0.41	0.67	0.76
56 – 60	–	0.58	0.71
61 – 70	–	0.33	0.58
71 – 80	–	–	0.41

Tabla A3 Factores de corrección de la ampacidad por temperatura ambiente para distintos tipos de aislamiento.

Número de conductores portadores de corriente	Factor por el cual se deben multiplicar los valores de la Tabla 2.11 para obtener la ampacidad de conductores en una canalización.
4 – 6	0.80
7 – 9	0.70
10 – 20	0.50
21 – 30	0.45
31 – 40	0.40
Más de 40	0.35

Tabla A4 Factores de corrección por agrupamiento.

Calibre (AWG)	Protección (A)	Aplicaciones típicas
14	15	Circuitos ramales de luminarias y tomacorrientes de uso general.
12	20	Circuitos ramales de pequeños artefactos en sala de cocina, comedor, lavadero, luminarias y tomacorrientes de uso general.
10	30	Secadoras de ropa, cocinas y hornos eléctricos, acondicionadores de aire, calentadores de agua.
8	40	Cocinas y hornos eléctricos, acondicionadores centrales de aire, grandes secadores de ropa.
6	50	Cocinas eléctricas, alimentadores de subtableros.
4	70	Cocinas eléctricas, alimentadores de subtableros.

Tabla A5 Calibres de los conductores de circuitos ramales, protecciones contra sobrecorriente y aplicaciones típicas.

| Área y resistencia de conductores ||||||
| Calibre AWG o kcmil | Área || N° de alambres | Resistencia (Ω/km) |
	mm²	CM		
18	0.823	1620	1	25.5
18	0.823	1620	7	26.1
16	1.31	2580	1	16.0
16	1.31	2580	7	16.4
14	2.08	4110	1	10.1
14	2.08	4110	7	10.3
12	3.31	6530	1	6.34
12	3.31	6530	7	6.50
10	5.261	10380	1	3.984
10	5.261	10380	7	4.070
8	8.367	16510	1	2.506
8	8.367	16510	7	2.551
6	13.30	26240	7	1.608
4	21.15	41740	7	1.01
2	33.62	66360	7	0.634
1/0	53.49	105600	19	0.399
2/0	67.43	133100	19	0.3170
4/0	107.20	211600	19	0.1996
250	127.0	–	37	0.1687
500	253.0	–	37	0.0845
750	380.0	–	61	0.0563
2000	1013.0	–	127	0.0211

Tabla A6 Área y resistencia en corriente continua a 75°C de algunos conductores de cobre no recubiertos.

Calibre AWG o kcmil	Tubería de PVC	Tubería de aluminio	Tubería de acero
14	10.2	10.2	10.2
12	6.6	6.6	6.6
10	3.9	3.9	3.9
8	2.56	2.56	2.56
6	1.61	1.61	1.61
4	1.02	1.02	1.02
2	0.62	0.66	0.66
1	0.49	0.52	0.52
1/0	0.39	0.43	0.39
2/0	0.33	0.33	0.33
3/0	0.253	0.269	0.259
4/0	0.203	0.220	0.207
250	0.171	0.187	0.177
300	0.144	0.161	0.148
350	0.125	0.141	0.128
400	0.108	0.125	0.115
500	0.089	0.105	0.095
600	0.075	0.092	0.082
750	0.062	0.079	0.069
1000	0.049	0.062	0.059

Tabla A7 Resistencia (Ω/km) en corriente alterna para conductores de cobre a 600 V y frecuencia de 60 Hz a 75°C.

APÉNDICES TOMO I INSTALACIONES ELÉCTRICAS RESIDENCIALES

Calibre AWG o kcmil	Tubería no metálica	Tubería metálica
2	1	1.01
1	1	1.01
1/0	1.001	1.02
2/0	1.001	1.03
3/0	1.002	1.04
4/0	1.004	1.05
250	1.005	1.06
300	1.006	1.07
350	1.009	1.08
400	1.011	1.10
500	1.018	1.13
600	1.025	1.16
750	1.039	1.21
1000	1.067	1.30

Tabla A8 Factor de multiplicación para obtener la resistencia *ac* a 60 Hz utilizando el valor de la resistencia *dc*.

Calibre AWG o kcmil	Reactancia en tubos PVC o de aluminio	Resistencia en tubo PVC	Factor de potencia 0.80	0.85	0.90	0.95
14	0.190	10.20	8.274	8.770	9.263	9.749
12	0.177	6.60	5.386	5.703	6.017	6.325
10	0.164	3.90	3.218	3.401	3.581	3.756
8	0.171	2.56	2.151	2.266	2.379	2.485
6	0.167	1.61	1.388	1.456	1.522	1.582
4	0.157	1.02	0.910	0.950	0.986	1.018
2	0.148	0.62	0.585	0.605	0.623	0.635
1/0	0.144	0.39	0.398	0.407	0.414	0.415
2/0	0.141	0.33	0.349	0.355	0.358	0.358

Tabla A9 Valores de la constante K para determinar la caída de voltaje según la relación (2.40).

APÉNDICE B

Tamaño comercial	PVC rígido estándar 80 Diámetro interno (mm)	Área (mm²)	PVC rígido estándar 40 Diámetro interno (mm)	Área (mm²)	PVC rígido tipo A Diámetro interno (mm)	Área (mm²)	PVC rígido tipo EB Diámetro interno (mm)	Área (mm²)
1/2	13.4	141	15.3	184	17.8	249	–	–
3/4	18.3	263	20.4	327	23.1	419	–	–
1	23.8	445	26.1	535	29.8	696	–	–
1 1/2	37.5	1104	40.4	1282	43.7	1500	–	–
2	48.6	1855	52.0	2124	54.7	2350	56.4	2498
2 1/2	58.2	2660	62.1	3029	66.9	3515	–	–
4	96.2	7268	101.5	8091	106.2	8858	108.9	9314
6	145	16153	153.2	18433	–	–	160.9	20333

Tabla B1 Diámetro interno y área interna para distintos tubos de PVC.

Tamaño AWG	RHH, RHW Diámetro (mm)	Área (mm²)	TW, THHW, THW, THW–2 Diámetro (mm)	Área (mm²)	THHN, THWN, THWN-2 Diámetro (mm)	Área (mm²)	XHHW, XHHW-2, XHH Diámetro (mm)	Área (mm²)
14	4.902	18.90	3.378	8,968	28.19	6.258	3.378	8.968
12	5.385	22.77	3.861	11.68	3.302	6.581	3.861	11.68
10	5.994	28.19	4.470	15.68	4.166	13.61	4.470	15.68
8	8.280	53.87	5.994	28.18	5.486	23.61	5.994	28.19
6	9.246	67.16	7.722	46.84	6.452	32.71	6.960	38.06
4	10.46	86.00	8.941	62.77	8.230	53.16	8.179	52.52
2	11.99	112.90	10.46	86.00	9.754	74.71	9.703	73.94
1/0	15.80	196.10	13.51	143.40	12.34	119.7	12.24	117.7
2/0	16.97	226.10	14.68	169.30	13.51	143.4	13.41	141.3
4/0	19.76	306.70	17.48	239.90	16.31	208.8	16.21	206.3

Tabla B2 Diámetro y área transversal para conductores más comunes en instalaciones eléctricas residenciales.

APÉNDICES TOMO I INSTALACIONES ELÉCTRICAS RESIDENCIALES

Tamaño comercial	PVC rígido estándar 80 (áreas y porcentajes de la sección transversal interna en mm²)				
	Área	60%	Un conductor 53%	Dos conductores 31%	Más de dos conductores 40%
1/2	141	85	75	44	56
3/4	263	158	139	82	105
1	445	267	236	138	178
1 1/4	799	480	424	248	320
1 1/2	1104	663	585	342	442
2	1855	1113	983	575	742
2 1/2	2660	1596	1410	825	1064
3	4151	2491	2200	1287	1660
3 1/2	5608	3365	2972	1738	2243
4	7268	4361	3852	2253	2907
5	11518	6911	6105	3571	4607
6	16513	9908	8752	5119	6605

Tabla B3 Área y porcentaje de relleno para tubos rígidos de PVC, estándar 80.

Tamaño comercial	PVC rígido estándar 40 y tubos de polietileno (áreas y porcentajes de la sección transversal interna en mm²)				
	Área	60%	Un conductor 53%	Dos conductores 31%	Más de dos conductores 40%
1/2	184	110	97	57	74
3/4	327	196	173	101	131
1	535	321	284	166	214
1 1/4	935	561	495	290	374
1 1/2	1282	769	679	397	513
2	2124	1274	1126	658	849
2 1/2	3029	1817	1605	939	1212
3	4693	2816	2487	1455	1887
3 1/2	6277	3766	3327	1946	2511
4	8091	4855	4228	2508	3237
5	12748	7649	6756	3952	5099
6	18433	11060	9770	5740	7373

Tabla B4 Área y porcentaje de relleno para tubos rígidos de PVC, estándar 40, y tubos de polietileno

Tamaño comercial	PVC rígido tipo A (áreas y porcentajes de la sección transversal interna en mm^2)				
	Área	60%	Un conductor 53%	Dos conductores 31%	Más de dos conductores 40%
1/2	249	149	132	77	100
3/4	419	251	220	130	168
1	697	418	370	216	279
1 1/4	1140	684	604	353	456
1 1/2	1500	900	795	465	600
2	2350	1410	1245	728	940
2 1/2	3515	2109	1863	1090	1406
3	5281	3169	2799	1637	2112
3 1/2	6896	4137	3655	2138	2758
4	8858	5315	4695	2746	3543
5	–	–	–	–	–
6	–	–	–	–	–

Tabla B5 Área y porcentaje de relleno para tubos rígidos de PVC, tipo A.

Tamaño comercial	PVC tipo EB (áreas y porcentajes de la sección transversal interna en mm^2)				
	Área	60%	Un conductor 53%	Dos conductores 31%	Más de dos conductores 40%
1/2	–	–	–	–	–
3/4	–	–	–	–	–
1	–	–	–	–	–
1 1/4	–	–	–	–	–
1 1/2	–	–	–	–	–
2	2498	1 499	1324	774	999
2 1/2	–	–	–	–	–
3	5621	3373	2799	1743	2248
3 1/2	7329	4397	3884	2272	2932
4	9314	5589	4937	2887	3726
5	14314	8588	7586	4437	5726
6	20333	12200	10776	6303	8133

Tabla B6 Área y porcentaje de relleno para tubos rígidos de PVC, tipo EB.

Las siguientes notas se refieren a las tablas **B3** a **B6** del **Apéndice B**:

Nota 1: Las tuberías de las canalizaciones eléctricas, sea cual fuere el material utilizado en su fabricación, se designan de acuerdo con el diámetro interno de las mismas. Estos diámetros internos no coinciden con la respectiva designación y, en general, son mayores que los marcados sobre los tubos. Así, por ejemplo, un tubo marcado como 3/4 y que supuestamente tiene un diámetro interno de 3/4 pulg (0.75 pulg), tiene, realmente, un diámetro interno de 0.824 pulg. Esta disparidad es general para tubos de cualquier diámetro interno y ha determinado que las normas eléctricas, al referirse a cualquier tubería eléctrica, lo hagan sin mencionar sus dimensiones, sea en el sistema métrico (mm) o en el sistema inglés (pulgadas). Entonces, un tubo marcado como de 2 pulgadas se designa como *tubo de tamaño comercial 2*. Asimismo, a un tubo marcado con un diámetro de 3/4 pulg. se le designa como tubo de *tamaño comercial 3/4* o su equivalente en el sistema métrico: *tamaño comercial 21*. De esta manera se evita caer en inconvenientes inexactitudes.

Nota 2: De acuerdo con estándares eléctricos internacionales, se reconocen cuatro clases de tuberías rígidas de PVC. Ellas son: *estándar 40, estándar 80, tipo A y tipo EB*. Los estándares 40 y 80 se fabrican en los tamaños comerciales de 2 a 6; el tipo A, en tamaños comerciales entre 1/2 y 4, y el tipo EB, en tamaños comerciales entre 2 y 6. Todos los tipos mencionados tienen en común el mismo diámetro externo para la misma designación comercial. Difieren, sin embargo, en sus diámetros internos, lo que da lugar a distintas aplicaciones para estos tubos. Tomemos como ejemplo un tubo de tamaño comercial 2. El diámetro externo es el mismo para todos los tipos e igual a 2.575 pulgadas. En cambio, los diámetros internos varían según el tipo de tubo: para el estándar 40, $d_i = 2.067$ pulg, para el tubo estándar 80, $d_i = 1.939$ pulg, para el tubo tipo A, $d_i = 2.175$, y para el tubo tipo EB, $d_i = 2.255$ pulg. El tubo estándar 40 es uno de los más utilizados en instalaciones residenciales, locales comerciales y edificios de oficinas. También se utiliza en instalaciones subterráneas, sea enterrado directamente o en concreto, dentro de los alrededores de una casa o edificio. Puede ser instalado a la vista, siempre que haya garantías de que no sufrirán daños físicos. El estándar 80 se puede usar en las mismas instalaciones del estándar 40; sin embargo, dada la robustez de sus paredes, su utilización se reserva a lugares con severas condiciones físicas, posiblemente sujetos a fuertes impactos, como cuando se adosan a postes eléctricos en instalaciones industriales de servicio pesado, en el cruce de puentes o en instalaciones subterráneas que cruzan avenidas o calles, sujetas al impacto vehicular continuo. El tubo tipo EB solo es utilizado en instalaciones subterráneas, en bancadas fuera de edificios, pero siempre envuelto en cemento. El tubo tipo A se utiliza, como el EB, en cualquier sitio. En cuanto a la temperatura de trabajo, los estándares 40 y 80 están diseñados para una temperatura ambiente de 50°C o menor, y pueden alojar conductores con aislamiento de 90°C. Los tipos A y EB pueden trabajar a temperaturas ambientes de 75°C o menos, pudiendo alojar, también, conductores con aislamiento de 90°C.

Nota 3: El tubo de polietileno de alta densidad (HDPE) es una canalización semirrígida y lisa con sección transversal circular. El HDPE es un polímero derivado del petróleo. Entre sus propiedades figuran: resistencia a las bajas temperaturas, alta resistencia a compresiones y tracciones, impermeable, baja reactividad y no tóxico. Se permite su uso en: *a*) longitudes cortas o longitudes largas, a partir de carretes; *b*) en ambientes sometidos a severas condiciones corrosivas; c) en instalaciones enterradas directamente en la tierra o en concreto, y *d*) encima de la tierra, encapsulado en una capa no menor de 5 cm de concreto. Su uso está prohibido en: *a*) instalaciones expuestas a la vista; *b*) dentro de edificios; *c*) en lugares clasificados como peligrosos; *d*) donde la temperatura ambiente supere 50°C, y *e*) cuando se utilicen conductores cuya máxima temperatura de operación supere la temperatura de régimen del tubo HDPE.

Tipo	AWG	\multicolumn{11}{c	}{Tamaño comercial para tubos de PVC rígido estándar 80}
		1/2	3/4	1	1 1/4	1 1/2	2	2 1/2	3	3 1/2	4	5	6
RHH* RHW* RHW-2*	14	4	8	13	23	32	55	79	123	166	215	341	490
	12	3	6	10	19	26	44	63	99	133	173	274	394
	10	2	5	8	15	20	34	49	77	104	135	214	307
	8	1	3	5	9	12	20	29	46	62	81	128	184
	6	1	1	3	7	9	16	22	35	48	62	98	141
	4	1	1	3	5	7	12	17	26	35	46	73	105
	2	1	1	1	3	5	8	12	19	26	33	53	77
	1/0	–	1	1	1	3	5	7	11	15	20	32	46
	2/0	–	1	1	1	2	4	6	10	13	17	27	39
	4/0	–	–	1	1	1	3	4	7	9	12	19	27
TW	14	6	11	20	35	49	82	118	185	250	324	514	736
	12	5	9	15	27	38	63	91	142	192	248	394	565
	10	3	6	11	20	28	47	67	106	143	185	294	421
	8	1	3	6	11	15	26	37	59	79	103	163	234
	6	1	1	3	7	9	16	22	35	48	62	98	141
	4	1	1	3	5	7	12	17	26	35	46	73	105
	2	1	1	1	3	5	8	12	19	26	33	53	77
	1/0	–	1	1	1	3	5	7	11	15	20	32	46
	2/0	–	1	1	1	2	4	6	10	13	17	27	39
	4/0	–	–	1	1	1	3	4	7	9	12	19	27
THHW THW	14	4	8	13	23	32	55	79	123	166	215	341	490
	12	3	6	10	19	26	44	63	99	133	173	274	394
	10	2	5	8	15	20	34	49	77	104	135	214	207
	8	1	3	5	9	12	20	29	46	62	81	128	184
	6	1	1	3	7	9	16	22	35	48	62	98	141
	4	1	1	3	5	7	12	17	26	35	46	73	105
	2	1	1	1	3	5	8	12	19	26	33	53	77
	1/0	–	1	1	1	3	5	7	11	15	20	32	46
	2/0	–	1	1	1	2	4	6	10	13	17	27	39
	4/0	–	–	1	1	1	3	4	7	9	12	19	27
THHN THWN THWN-2	14	9	17	28	51	70	118	170	265	358	464	736	1.065
	12	6	12	20	37	51	86	124	193	261	338	537	770
	10	4	7	13	23	32	54	78	122	164	213	338	485
	8	2	4	7	13	18	31	45	70	95	123	195	279
	6	1	3	5	9	13	22	32	51	68	89	141	202
	4	1	1	3	6	8	14	20	31	42	54	86	124
	2	1	1	2	4	6	10	14	22	30	39	61	88
	1/0	–	1	1	2	3	6	9	14	28	24	38	55
	2/0	–	1	1	1	3	5	7	11	15	20	32	46
	4/0	–	–	1	1	1	3	5	8	10	14	22	31
XHH XHHW XHHW-2	14	6	11	20	35	49	82	118	185	250	324	514	736
	12	5	9	15	27	38	63	91	142	192	248	394	565
	10	3	6	11	20	28	47	67	106	143	185	294	421
	8	1	3	6	11	15	26	37	59	79	103	163	234
	6	1	2	4	8	11	19	28	43	59	76	121	173
	4	1	1	3	6	8	14	20	31	42	55	87	125
	2	1	1	2	4	6	10	14	22	30	39	62	89
	1/0	–	1	1	2	3	6	9	14	19	24	39	56
	2/0	–	1	1	1	3	5	7	11	16	20	32	46
	4/0	–	–	1	1	1	3	5	8	11	14	22	32

* Sin cubierta exterior.

Tabla B.7 Máximo número de conductores para tubos rígidos de PVC estándar 80.

Tipo	AWG	Tamaño comercial para conduit de PVC rígido estándar 40 y *conduits* HDPE										
		1/2	3/4	1	1 1/4	1 1/2	2	2 1/2	3	3 1/2	4	5	6
RHH*	14	5	9	16	28	38	63	90	139	186	240	378	546
RHW*	12	4	8	12	22	30	50	72	112	150	193	304	439
RHW-2*	10	3	6	10	17	24	39	56	87	117	150	237	343
	8	1	3	6	10	14	23	33	52	70	90	142	205
	6	1	2	4	8	11	18	26	40	53	69	109	157
	4	1	1	3	6	8	13	19	30	40	51	81	117
	2	1	1	2	4	6	10	14	22	29	37	59	85
	1/0	–	1	1	2	3	6	8	13	17	22	35	51
	2/0	–	1	1	1	3	5	7	11	15	19	30	43
	4/0	–	–	1	1	1	3	5	8	10	13	21	
TW	14	8	14	24	42	57	94	135	209	280	361	568	822
	12	6	11	18	32	44	72	103	160	215	277	436	631
	10	4	8	13	24	32	54	77	119	160	206	325	470
	8	2	4	7	13	18	30	43	66	89	115	181	261
	6	1	2	4	8	11	18	26	40	53	69	109	157
	4	1	1	3	6	8	13	19	30	40	51	81	117
	2	1	1	2	4	6	10	14	22	29	37	59	85
	1/0	–	1	1	2	3	6	8	13	17	22	35	51
	2/0	–	1	1	1	3	5	7	11	15	19	30	43
	4/0	–	–	1	1	1	3	5	8	10	13	21	30
THHW	14	5	9	16	28	38	63	90	139	186	240	378	546
THW	12	4	8	12	22	30	50	72	112	150	193	304	439
	10	3	6	10	17	24	39	56	87	117	150	237	343
	8	1	3	6	10	14	23	33	52	70	90	142	205
	6	1	2	4	8	11	18	26	40	53	69	109	157
	4	1	1	3	6	8	13	19	30	40	51	81	117
	2	1	1	2	4	6	10	14	22	29	37	59	85
	1/0	–	1	1	2	3	6	8	13	17	22	35	51
	2/0	–	1	1	1	3	5	7	11	15	19	30	43
	4/0	–	–	1	1	1	3	5	8	10	13	21	30
THHN	14	11	21	34	60	82	135	193	299	401	517	815	1 178
THWN	12	8	15	25	43	59	99	141	218	293	377	594	859
THWN-2	10	5	9	15	27	37	62	89	137	184	238	374	541
	8	3	5	9	16	21	36	51	79	106	137	216	312
	6	1	4	6	11	15	26	37	57	77	99	156	225
	4	1	2	4	7	9	16	22	35	47	61	96	138
	2	1	1	3	5	7	11	16	25	33	43	68	98
	1/0	1	1	1	3	4	7	10	15	21	27	42	61
	2/0	–	1	1	2	3	6	8	13	17	22	35	51
	4/0	–	1	1	1	2	4	6	9	12	15	24	35
XHH	14	8	14	24	42	57	94	135	209	280	361	568	822
XHHW	12	6	11	18	32	44	72	103	160	215	277	436	631
XHHW-2	10	4	8	13	24	32	54	77	119	160	206	325	470
	8	2	4	7	13	18	30	43	66	89	115	181	261
	6	1	3	5	10	13	22	32	49	66	85	134	193
	4	1	2	4	7	9	16	23	35	48	61	97	140
	2	1	1	3	5	7	11	16	25	34	44	69	99
	1/0	1	1	1	3	4	7	10	16	21	27	43	62
	2/0	–	1	1	2	3	6	8	13	17	23	36	52
	4/0	–	1	1	1	2	4	6	9	12	15	24	35

* Sin cubierta exterior.

Tabla B.8 Máximo número de conductores para tubos rígidos de PVC estándar 40 y tubos HDPE.

Tipo	AWG	\multicolumn{9}{c}{Tamaño comercial para tubos de PVC rígido tipo A}
		1/2	3/4	1	1 1/4	1 1/2	2	2 1/2	3	3 1/2	4
RHH*	14	5	9	15	24	31	49	74	112	146	187
RHW	12	4	7	12	20	26	41	61	93	121	155
RHW-2*	10	3	6	10	16	21	33	50	75	98	125
	8	1	3	5	8	11	17	26	39	51	65
	6	1	2	4	6	9	14	21	31	41	52
	4	1	1	3	5	7	11	16	24	32	41
	2	1	1	2	4	5	8	12	18	24	31
	1/0	–	1	1	2	3	5	7	10	14	18
	2/0	–	1	1	1	2	4	6	9	12	15
	4/0	–	–	1	1	1	3	4	7	9	11
TW	14	11	18	31	51	67	105	157	235	307	395
	12	8	14	24	39	51	80	120	181	236	303
	10	6	10	18	29	38	60	89	135	176	226
	8	3	6	10	16	21	33	50	75	98	125
	6	1	3	6	9	13	20	30	45	59	75
	4	1	2	4	7	9	15	22	33	44	56
	2	1	1	3	5	7	11	16	24	32	41
	1/0	1	1	1	3	4	6	10	14	19	24
	2/0	–	1	1	2	3	5	8	12	16	21
	4/0	–	1	1	1	2	4	6	9	11	14
THHW	14	7	12	20	34	44	70	104	157	204	262
THW	12	6	10	16	27	35	56	84	126	164	211
	10	4	8	13	21	28	44	65	98	128	165
	8	2	4	8	12	16	26	39	59	77	98
	6	1	6	3	9	13	20	30	45	59	75
	4	1	2	4	7	9	15	22	33	44	56
	2	1	1	3	5	7	11	16	24	32	41
	1/0	1	1	1	3	4	6	10	14	19	24
	2/0	–	1	1	2	3	5	8	12	16	21
	4/0	–	1	1	1	2	4	6	9	11	14
THHN	14	16	27	44	73	96	150	225	338	441	566
THWN	12	11	19	32	53	70	109	164	246	321	412
THWN-2	10	7	12	20	33	44	69	103	155	202	260
	8	4	7	12	19	25	40	59	89	117	150
	6	3	5	8	14	18	28	43	64	84	108
	4	1	3	5	8	11	17	26	39	52	66
	2	1	1	3	6	8	12	19	28	37	47
	1/0	1	1	2	4	5	8	11	17	23	29
	2/0	1	1	1	3	4	6	10	14	19	24
	4/0	–	1	1	1	3	4	6	10	13	17
XHH	14	11	18	31	51	67	105	157	235	307	395
XHHW	12	8	14	24	39	51	80	120	181	236	303
XHHW-2	10	6	10	18	29	38	60	89	135	176	226
	8	3	6	10	16	21	33	50	75	98	125
	6	2	4	7	12	15	24	37	55	72	93
	4	1	3	5	8	11	18	26	40	52	67
	2	1	1	3	6	8	12	19	28	37	48
	1/0	1	1	2	4	5	8	12	18	23	30
	2/0	1	1	1	3	4	6	10	15	19	25
	4/0	–	1	1	1	3	4	7	10	13	17

* Sin cubierta exterior.

Tabla B.9 Máximo número de conductores para tubos rígidos de PVC tipo A.

APÉNDICES TOMO I INSTALACIONES ELÉCTRICAS RESIDENCIALES   287

Tipo	AWG	\multicolumn{10}{c	}{Tamaño comercial para tubería eléctrica metálica (EMT)}
		1/2	3/4	1	1 1/4	1 1/2	2	2 1/2	3	3 1/2	4
RHH*	14	4	7	11	20	27	46	80	120	157	201
RHW*	12	3	6	9	17	23	38	66	100	131	167
RHW-2*	10	2	5	8	13	18	30	53	81	105	135
	8	1	2	4	7	9	16	28	42	55	70
	6	1	1	3	5	8	13	22	34	44	56
	4	1	1	2	4	6	10	17	26	34	44
	2	1	1	1	3	4	7	13	20	26	33
	1/0	–	1	1	1	2	4	7	11	15	19
	2/0	–	1	1	1	2	4	6	10	13	17
	4/0	–	–	1	1	1	3	5	7	9	12
TW	14	8	15	25	43	58	96	168	254	332	424
	12	6	11	19	33	45	74	129	195	255	326
	10	5	8	14	24	33	55	96	145	190	243
	8	2	5	8	13	18	30	53	81	105	135
	6	1	3	4	8	11	18	32	48	63	81
	4	1	1	3	6	8	13	24	36	47	60
	2	1	1	2	4	6	10	17	26	34	44
	1/0	–	1	1	2	3	6	10	16	20	26
	2/0	–	1	1	1	3	5	9	13	17	22
	4/0	–	–	1	1	1	3	6	9	12	16
THHW	14	6	10	16	28	39	64	112	169	221	282
THW	12	4	8	13	23	31	51	90	136	177	227
	10	3	6	10	18	24	40	70	106	138	177
	8	1	4	6	10	14	24	42	63	83	106
	6	1	3	4	8	11	18	32	48	63	81
	4	1	1	3	6	8	13	24	36	47	60
	2	1	1	2	4	6	10	17	26	34	44
	1/0	–	1	1	2	3	6	10	16	20	26
	2/0	–	1	1	1	3	5	9	13	17	22
	4/0	–	–	1	1	1	3	6	9	12	16
THHN	14	12	22	35	61	84	138	241	364	476	608
THWN	12	9	16	26	45	61	101	176	266	347	443
THWN-2	10	5	10	16	28	38	63	111	167	219	279
	8	3	6	9	16	22	36	64	96	126	161
	6	2	4	7	12	16	26	46	69	91	116
	4	1	2	4	7	10	16	28	43	56	71
	2	1	1	3	5	7	11	20	30	40	51
	1/0	1	1	1	3	4	7	12	19	25	32
	2/0	–	1	1	2	3	6	10	16	20	26
	4/0	–	1	1	1	2	4	7	11	14	18
XHH	14	8	15	25	43	58	96	168	254	332	424
XHHW	12	6	11	19	33	45	74	129	195	255	326
XHHW-2	10	5	8	14	24	33	55	96	145	190	243
	8	2	5	8	13	18	30	53	81	105	135
	6	1	3	6	10	14	22	39	60	78	100
	4	1	2	4	7	10	16	28	43	56	72
	2	1	1	3	5	7	11	20	31	40	51
	1/0	1	1	1	3	4	7	13	19	25	32
	2/0	–	1	1	2	3	6	10	16	21	27
	4/0	–	1	1	1	2	4	7	11	14	18

* Sin cubierta exterior.

Tabla B10 Máximo número de conductores para tubería metálica EMT.

Tipo	AWG	\multicolumn{11}{c}{Tamaño comercial para tubería metálica rígida (RMC)}
		1/2	3/4	1	1 1/4	1 1/2	2	2 1/2	3	3 1/2	4	5	6
RHH*	14	4	7	12	21	28	46	66	102	136	176	276	398
RHW*	12	3	6	10	17	23	38	55	85	113	146	229	330
RHW-2*	10	3	5	8	14	19	31	44	68	91	118	185	267
	8	1	2	4	7	10	16	23	36	48	61	97	139
	6	1	1	3	6	8	13	18	29	38	49	77	112
	4	1	1	2	4	6	10	14	22	30	38	60	87
	2	1	1	1	3	4	7	11	17	23	29	46	66
	1/0	-	1	1	1	2	4	6	10	13	17	26	38
	2/0	-	1	1	1	2	4	5	8	11	14	23	33
	4/0	-	-	1	1	1	3	4	6	8	11	17	24
TW	14	9	15	25	44	59	98	140	216	288	370	581	839
	12	7	12	19	33	45	75	107	165	221	284	446	644
	10	5	9	14	25	34	56	80	123	164	212	332	480
	8	3	5	8	14	19	31	44	68	91	118	185	267
	6	1	3	4	8	11	18	27	41	55	71	111	160
	4	1	1	3	6	8	14	20	31	41	53	83	120
	2	1	1	2	4	6	10	14	22	60	38	60	87
	1/0	-	1	1	2	3	6	8	13	18	23	36	52
	2/0	-	1	1	2	3	5	7	11	15	19	31	44
	4/0	-	-	1	1	1	3	5	8	10	14	21	31
THHW	14	6	10	17	29	39	65	93	143	191	246	387	558
THW	12	5	8	13	23	32	52	75	115	154	198	311	448
	10	3	6	10	18	25	41	58	90	120	154	242	350
	8	1	4	6	11	15	24	35	54	72	92	145	209
	6	1	3	5	8	11	18	27	41	55	71	111	160
	4	1	1	3	6	8	14	20	31	41	53	83	120
	2	1	1	2	4	6	10	14	22	30	38	60	87
	1/0	-	1	1	2	3	6	8	13	18	23	36	52
	2/0	-	1	1	2	3	5	7	11	15	19	31	44
	4/0	-	-	1	1	1	3	5	8	10	14	21	31
THHN	14	13	22	36	63	85	140	200	309	412	531	833	1202
THWN	12	9	16	26	46	62	102	146	225	301	387	608	877
THWN-2	10	6	10	17	29	39	64	92	142	189	244	383	552
	8	3	6	9	16	22	37	53	82	109	140	221	318
	6	2	4	7	12	16	27	38	59	79	101	159	230
	4	1	2	4	7	10	16	23	36	48	62	98	141
	2	1	1	3	5	7	11	17	26	34	44	70	100
	1/0	1	1	1	3	4	7	10	16	21	27	43	63
	2/0	-	1	1	2	3	6	8	13	18	23	36	52
	4/0	-	1	1	1	2	4	6	9	12	16	25	36
XHH	14	9	15	25	44	59	98	140	216	288	370	581	839
XHHW	12	7	12	19	33	45	75	107	165	221	284	446	644
XHHW-2	10	5	9	14	25	34	56	80	123	164	212	332	480
	8	3	5	8	14	19	31	44	68	91	118	185	267
	6	1	3	6	10	14	23	33	51	68	87	137	197
	4	1	2	4	7	10	16	24	37	49	63	99	143
	2	1	1	3	5	7	12	17	26	35	45	70	101
	1/0	1	1	1	3	4	7	10	16	22	28	44	64
	2/0	-	1	1	2	3	6	9	13	18	23	37	53
	4/0	-	1	1	1	2	4	6	9	12	16	25	36

* Sin cubierta exterior.

Tabla B11 Máximo número de conductores para tubos metálicos rígidos (RMC).

Tipo	AWG	\multicolumn{9}{c}{Tamaño comercial para tubería metálica intermedia (IMC)}
		1/2	3/4	1	1 1/4	1 1/2	2	2 1/2	3	3 1/2	4
RHH*	14	4	8	13	22	30	49	70	108	144	186
RHW*	12	4	6	11	18	25	41	58	89	120	154
RHW-2*	10	3	5	8	15	20	23	47	72	97	124
	8	1	3	4	8	10	17	24	38	50	65
	6	1	1	3	6	8	14	19	30	40	52
	4	1	1	3	5	6	11	15	23	31	41
	2	1	1	1	3	5	8	11	18	24	31
	1/0	–	1	1	1	3	4	6	10	14	18
	2/0	–	1	1	1	2	4	6	9	12	15
	4/0	–	–	1	1	1	3	4	6	9	11
TW	14	10	17	27	47	64	104	147	228	304	392
	12	7	13	21	36	49	80	113	175	234	301
	10	5	9	15	27	36	59	84	130	174	224
	8	3	5	8	15	20	33	47	72	97	124
	6	1	3	5	9	12	20	28	43	58	75
	4	1	2	4	6	9	15	21	32	43	56
	2	1	1	3	5	6	11	15	23	31	41
	1/0	1	1	1	3	4	6	9	14	19	24
	2/0	–	1	1	2	3	5	8	12	16	20
	4/0	–	1	1	1	2	4	5	8	11	14
THHW	14	6	11	18	31	42	69	98	151	202	261
THW	12	5	9	14	25	34	56	79	122	163	209
	10	4	7	11	19	26	43	61	95	127	163
	8	2	4	7	12	16	26	37	57	76	98
	6	1	3	5	9	12	20	28	43	58	75
	4	1	2	4	6	9	15	21	32	43	56
	2	1	1	3	5	6	11	15	23	31	41
	1/0	1	1	1	3	4	6	9	14	19	24
	2/0	–	1	1	2	3	5	8	12	16	20
	4/0	–	1	1	1	2	4	5	8	11	14
THHN	14	14	24	39	68	91	149	211	326	436	562
THWN	12	10	17	29	49	67	109	154	238	318	410
THWN-2	10	6	11	18	31	42	68	97	150	200	258
	8	3	6	10	18	24	39	56	86	115	149
	6	2	4	7	13	17	28	40	62	83	107
	4	1	3	4	8	10	17	25	38	51	66
	2	1	1	3	5	7	12	27	17	36	47
	1/0	1	1	1	3	4	8	11	17	23	29
	2/0	1	1	1	3	4	6	9	14	19	24
	4/0	–	1	1	1	2	4	6	9	13	17
XHH	14	10	17	27	47	64	104	147	228	304	392
XHHW	12	7	13	21	36	49	80	113	175	234	301
XHHW-2	10	5	9	15	27	36	59	84	130	174	224
	8	3	5	8	15	20	33	47	72	97	124
	6	1	4	6	11	15	24	35	53	71	92
	4	1	3	4	8	11	18	25	39	52	67
	2	1	1	3	5	7	12	18	27	37	47
	1/0	1	1	1	3	5	8	11	17	23	30
	2/0	1	1	1	3	4	6	9	14	19	25
	4/0	–	1	1	1	2	4	6	10	13	17

* Sin cubierta exterior.

Tabla B12 Máximo número de conductores para tubería metálica intermedia (IMC).

Tipo	Calibre AWG	\multicolumn{9}{c}{Tamaño comercial para tubería metálica flexible (FMC)}
		1/2	3/4	1	1 1/4	1 1/2	2	2 1/2	3	3 1/2	4
RHH* RHW* RHW-2*	14	4	7	11	17	25	44	67	96	131	171
	12	3	6	9	14	21	37	55	80	109	142
	10	3	5	7	11	17	30	45	64	88	115
	8	1	2	4	6	9	15	23	34	46	60
	6	1	1	3	5	7	12	19	27	37	48
	4	1	1	2	4	5	10	14	21	29	37
	2	1	1	1	3	4	7	11	16	22	28
	1/0	-	1	1	1	2	4	6	9	12	16
	2/0	-	1	1	1	1	3	5	8	11	14
	4/0	-	-	1	1	1	2	4	6	8	10
TW	14	9	15	23	36	53	94	141	203	277	361
	12	7	11	18	28	41	72	108	156	212	277
	10	5	8	13	21	30	54	81	116	158	207
	8	3	5	7	11	17	30	45	64	88	115
	6	1	3	4	7	10	18	27	39	53	69
	4	1	1	3	5	7	13	20	29	39	51
	2	1	1	2	4	5	10	14	21	29	37
	1/0	-	1	1	1	3	6	9	12	17	22
	2/0	-	1	1	1	3	5	7	10	14	19
	4/0	-	-	1	1	1	3	5	7	10	13
THHW THW	14	6	10	15	24	35	62	94	135	184	230
	12	5	8	12	19	28	50	75	108	148	193
	10	4	6	10	15	22	39	59	85	115	151
	8	1	4	6	9	13	23	35	51	69	90
	6	1	3	4	7	10	18	27	39	53	69
	4	1	1	3	5	7	13	20	29	39	51
	2	1	1	2	4	5	10	14	21	29	37
	1/0	–	1	1	1	3	6	9	12	17	22
	2/0	–	1	1	1	3	5	7	10	14	19
	4/0	–	–	1	1	1	3	5	7	10	13
THHN THWN THWN-2	14	13	22	33	52	76	134	202	291	396	518
	12	9	16	24	38	56	98	147	212	289	378
	10	6	10	15	24	35	62	93	134	182	238
	8	3	6	9	14	20	35	53	77	105	137
	6	2	4	6	10	14	25	38	55	76	99
	4	1	2	4	7	10	16	28	43	56	71
	2	1	1	3	4	6	11	17	24	33	43
	1/0	1	1	1	2	4	7	10	15	20	27
	2/0	–	1	1	1	3	6	9	12	17	22
	4/0	–	1	1	1	1	4	6	8	12	15
XHH XHHW XHHW-2	14	9	15	23	36	53	94	141	203	277	361
	12	7	11	18	28	41	72	108	156	212	277
	10	5	8	13	21	30	54	81	116	158	207
	8	3	5	7	11	17	30	45	64	88	115
	6	1	3	5	8	12	22	33	48	65	85
	4	1	2	4	6	9	16	24	34	47	61
	2	1	1	3	4	6	11	17	24	33	44
	1/0	1	1	1	2	4	7	10	15	21	27
	2/0	–	1	1	2	3	6	9	13	17	23
	4/0	–	1	1	1	2	4	6	9	12	15

* Sin cubierta exterior.

Tabla B13 Máximo número de conductores para tubos flexibles metálicos (FMC).

| Tipo | AWG | Tamaño comercial para tubos *conduits* PAVCO ||||||
		1/2	3/4	1	1 1/4	1 1/2	2
TW	14	11	18	31	51	67	105
	12	8	14	24	39	51	80
	10	6	10	18	29	38	60
	8	3	6	10	16	21	33
RHH*, RHW* RHW-2*, THHW THW, THW2	14	7	12	20	34	44	70
RHH*, RHW* RHW-2*, THHW THW	12	6	10	16	27	35	56
	10	4	8	13	21	28	44
RHH*, RHW* RHW-2*, THHW THW, THW-2	8	2	4	8	12	16	26
RHH*, RHW* RHW-2*, TW THW, THHW THW-2	6	1	3	6	9	13	20
	4	1	2	4	7	9	15
	3	1	1	4	6	8	13
	2	1	1	3	5	7	11
	1	1	1	1	3	5	7
	1/0	1	1	1	3	4	6
	2/0	0	1	1	2	3	5
	3/0	0	1	1	1	3	4
	4/0	0	1	1	1	2	4

* Sin cubierta exterior.

Tabla B14 Máximo número de conductores para tubos PAVCO.

| Tamaño comercial || Diámetro nominal exterior || Grosor nominal de las paredes || Diámetro interior ||
U. S.	Métrico	Pulgadas	mm	Pulgadas	mm	Pulgadas	mm
1/2	16	0.706	17.9	0.042	1.07	0.622	15.76
3/4	21	0.922	23.4	0.049	1.25	0.824	20.90
1	27	1.163	29.5	0.057	1.45	1.049	26.60
1-1/4	35	1.51	38.4	0.065	1.65	1.380	35.10
1-1/2	41	1.74	44.2	0.065	1.65	1.610	40.90
2	53	2.197	55.8	2.065	1.65	2.067	52.50
2-1/2	63	2.875	73.0	0.072	1.83	2.731	69.34
3	78	3.500	88.9	0.072	1.83	3.356	85.24
3-1/2	91	4.000	101.6	0.083	2.11	3.834	97.38
4	103	4.500	114.3	0.083	2.11	4.334	110.08

Tabla B15 Dimensiones de tubería eléctrica metálica tipo EMT.

Tamaño comercial	Tubería EMT (área y porcentajes de la sección transversal interna en mm^2)				
	Área (mm^2)	60%	Un cond. 53%	Dos cond. 31%	Más de dos cond. 40%
1/2	196	118	104	61	78
3/4	343	206	182	106	137
1	556	333	295	172	222
1 1/4	967	581	513	300	387
1 1/2	1314	788	696	407	526
2	2165	1299	1147	671	866
2 1/2	3783	2270	2005	1173	1513
3	5701	3421	3022	1767	2280
3 1/2	7451	4471	3949	2310	2980
4	9521	5712	5046	2951	3808

Tabla B16 Área y porcentaje de relleno para tubería EMT.

Tamaño comercial	Tubería IMC (área y porcentajes de la sección transversal interna en mm^2)				
	Área (mm^2)	60%	Un cond. 53%	Dos cond. 31%	Más de dos cond. 40%
1/2	222	133	117	69	89
3/4	377	226	200	117	151
1	620	372	329	192	248
1 1/4	1064	638	564	330	425
1 1/2	1432	859	759	444	573
2	2341	1405	1241	726	937
2 1/2	3308	1985	1753	1026	1323
3	5115	3069	2711	1586	2046
3 1/2	6822	4093	3616	2115	2729
4	8725	5235	4624	2705	3490

Tabla B18 Área y porcentaje de relleno para tubería IMC.

APÉNDICES TOMO I INSTALACIONES ELÉCTRICAS RESIDENCIALES | **293**

Tamaño comercial	Tubería RMC (área y porcentajes de la sección transversal interna en mm^2)				
	Área	60%	Un cond. 53%	Dos cond. 31%	Más de dos cond. 40%
1/2	204	122	108	63	81
3/4	353	212	187	109	141
1	573	344	303	177	229
1 1/4	984	591	522	305	394
1 1/2	1333	800	707	413	533
2	2198	1319	1165	681	879
2 1/2	3137	1822	1663	972	1255
3	4840	2904	2565	1500	1936
3 1/2	6461	3877	3424	2003	2584
4	8316	4990	4408	2578	3326
5	13050	7830	6916	4045	5220
6	18821	11292	9975	5834	7528

Tabla B17 Área y porcentaje de relleno (mm^2) para tubería RMC.

Calibre U.S.	Peso (kg) por cada 100 ft (30.5 m)			Diámetro externo (mm)			Diámetro interno (mm)		
	EMT	IMC	RMC	EMT	IMC	RMC	EMT	IMC	RMC
1/2	13.6	28.1	37.2	17.9	20.7	21.3	1.07	1.80	2.60
3/4	20.9	38.1	49.4	23.4	26.1	26.7	1.25	1.90	2.70
1	30.4	54.0	73.0	29.5	32.8	33.4	1.45	1.20	3.20
1 1/4	45.8	71.7	98.9	38.4	41.6	42.2	1.65	2.20	3.40
1 1/2	52.6	88.0	119.3	44.2	47.8	48.3	1.65	2.30	3.50
2	67.1	116.1	158.7	55.8	59.9	60.3	1.65	2.40	3.70
2 1/2	98.0	200.0	253.5	73.0	72.6	73.0	1.83	3.50	4.90
3	119.3	246.3	329.7	88.9	88.3	88.9	1.83	3.50	5.20
3 1/2	158.3	285.3	399.1	101.6	100.9	101.6	2.11	3.50	5.50
4	178.2	317.54	471.1	113.41	113.41	114.3	2.11	3.50	5.70
5	–	–	634.9	–	–	141.3	–	–	6.20
6	–	–	834.5	–	–	168.3	–	–	6.80

Tabla B19 Comparación entre tuberías EMT, RMC e IMT.

Tubería FMC (área y porcentajes de la sección transversal interna en mm²)

Tamaño comercial	Área (mm²)	60%	Un cond. 53%	Dos cond. 31%	Más de dos cond. 40%
1/2	204	122	108	63	81
3/4	343	206	182	106	137
1	527	316	279	163	211
1 1/4	824	495	437	256	330
1 1/2	1 201	720	636	372	480
2	2 107	1 264	1 117	1 013	843
2 1/2	3 167	1 900	1 678	1 267	982
3	4 560	2 736	2 417	1 414	1 824
3 1/2	6 207	3 724	3 290	1 924	2 483
4	8 107	4 864	6 660	2 513	3 243

Tabla B20 Área y porcentaje de relleno para tubería FMC.

APÉNDICE C

Tamaño comercial y tipo de caja			Volumen mínimo		Número máximo de conductores				
mm	Tamaño	Tipo de Caja	cm³	pulg³	16	14	12	10	8	6
100 x 32	4 x 1 1/4	Redonda/Octogonal	205	12,5	7	6	5	5	5	2
100 x 38	4 x 1 1/2	Redonda/Octogonal	254	15,5	8	7	6	6	5	3
100 x 54	4 x 2 1/8	Redonda/Octogonal	353	21,5	12	10	9	8	7	4
100 x 32	4 x 1 1/4	Cuadrada	295	18,0	10	9	8	7	6	3
100 x 38	4 x 1 1/2	Cuadrada	344	21,0	12	10	9	8	7	4
100 x 54	4 x 2 1/8	Cuadrada	497	30,3	17	15	13	12	10	6
120 x 32	4 11/16 x 1 1/4	Cuadrada	418	25,5	14	12	11	10	8	5
120 x 38	4 11/16 x 1 1/2	Cuadrada	484	29,5	16	14	13	11	9	5
120 x 54	4 11/16 x 2 1/8	Cuadrada	689	42,0	24	21	18	16	14	8
75 x 30 x 38	3 x 2 x 1 1/2	Dispositivo	123	7,5	4	3	3	3	2	1
75 x 50 x 50	3 x 2 x 2	Dispositivo	164	10,0	5	5	4	4	3	2
75 x 50 x 57	3 x 2 x 2 1/2	Dispositivo	172	10,5	6	5	4	4	3	2
75 x 50 x 65	3 x 2 x 2 1/2	Dispositivo	205	12,5	7	6	5	5	4	2
75 x 50 x 70	3 x 2 x 2 3/4	Dispositivo	230	14,0	8	7	6	5	4	2
75 x 50 x 90	3 x 2 x 3 1/2	Dispositivo	295	18,0	10	9	8	7	6	3
10 x 54 x 38	4 x 2 1/8 x 1 1/2	Dispositivo	169	10,3	5	5	4	4	3	2
10 x 54 x 48	4 x 2 1/8 x 1 1/2	Dispositivo	213	13,0	7	6	5	5	4	2
10 x 54 x 54	4 x 2 1/8 x 2 1/8	Dispositivo	283	14,5	8	7	6	5	4	2
95 x 50 x 65	3 3/4 x 2 x 2 1/2	Mampostería Uso Múltiple	230	14,0	8	7	6	5	4	2
95 x 50 x 90	3 3/4 x 2 x 3 1/2	Mampostería Uso Múltiple	344	21	12	10	9	8	7	4

Tabla C1 Número máximo de conductores en una caja metálica.

Calibre del conductor (AWG)	Espacio libre dentro de la caja para cada conductor	
	cm^3	pulg^3
16	28.7	1.75
14	32.8	2.00
12	36.9	2.25
10	41.0	2.50
8	49.2	3.00
6	81.9	5.00

Tabla C2 Volumen requerido por cada conductor en cajas.

Equipo eléctrico	Consumo (W)
A. A. Central (2,5 Ton)	2800
A. A. Central 2 Ton)	1900
A. A. Central 3 Ton)	2922
A. A. Central 5 Ton	4900
A. A. *split* 12.000 BTU/h	1060
A. A. *split* 15.000 BTU/h	1500
A. A. *split* 18.000 BTU/h	1730
A. A. *split* 24.000 BTU/h	2310
A. A. *split* 36.000 BTU/h	2660
A. A. *split* 9.000 BTU/h	820
A. A. ventana 12.000 BTU/h	1260
A. A. ventana 15.000 BTU/h	1410
A. A. ventana 18.000 BTU/h	1840
A. A. ventana 24.000 BTU/h	2300
A. A. ventana 9.000 BTU/h	800
Abridor de latas	120
Aspiradora	650
Batidora	200
Bomba de agua 1.5 HP	1120
Bomba de agua 1/3 HP	250
Cafetera	800
Calentador de agua	3000
Calentador de teteros	350
Cocina (4 hornillas)	8000
Cocina (horno + 4 hornillas)	11000
Computadora	60 - 250
Congelador 14 pies cúbicos	350
Cortador de alimentos	360
Cuchillo	90
Deshumificador portátil	36
Ducha eléctrica	3500
DVD	20
Equipo de sonido	100
Esterilizador de teteros	500
Horno grande	4000 - 8000
Humificador	40

Equipo eléctrico	Consumo (W)
Impresora *deskjet*	20
Impresora láser	400
Lámpara fluorescente	20
Lavadora automática	500
Lavadora manual	300
Lavaplatos	1200-1500
Licuadora	300
Máquina de afeitar	20
Máquina de coser	100
Microondas	600 - 1500
Monitor 17 pulgadas	80
Olla arrocera	1000
Plancha	1000
Procesador de alimentos	360
Pulidora de pisos	300
Radio	20 - 70
Refrigerador	400
Reproductor de *CD*	35
Sandwichera	650
Sartén eléctrica	1300
Secador de pelo	1875
Secadora de ropa (120 V)	1600
Secadora de ropa (220 V)	5000
Taladro 1 pulg.	1000
Taladro 1/2 pulg.	750
Taladro 1/4 pulg.	250
Televisor 19 pulgadas	200
Televisor 25 pulgadas	250
Tostadora de pan	800 - 1500
Tostiarepa	1200
Triturador de desperdicios	1500
VCR	40
Ventilador de techo	10 - 50
Ventilador portátil de mesa	10 - 25

Tabla C3 Equipos y artefactos usados comúnmente en una residencia y su consumo típico en vatios.

ÍNDICE ALFABÉTICO TOMO I

A

Accesibilidad de una instalación eléctrica 5
Acometida
  aérea 2
  cables de 83
  subterránea 3
  tipos de 3
Aislamiento primario 24
Aislamiento secundario 24
Aislante de conductores 22
  acción de condiciones ambientales 22
  acción de la corriente sobre el 23
  efectos de los químicos sobre el 23
  identificación en conductores 26
  máximo voltaje de operación 28
  PFEP (polifluoruro etileno propileno) 25
  polietileno 25
  polietileno de alta densidad (HDPE) 25
  polietileno de baja densidad (LDPE) 25
  poliolefinas 25
  polipropileno 25
  PTFE (politetrafluoruro etilen) 25
  PVC (cloruro de polivinilo) 24
  PVDF (polivinideno fluorado) 25
  relación con la corriente y el 23
  significado de las letras en conductores 27
  usos a bajas y altas frecuencias 23
Aislantes primarios, propiedades 25
Aislante retardante de la llama 28
Aislantes secundarios
  elastómeros termoplásticos (TPE) 26
  EPR (goma de etilenpropileno) 25
  neopreno (polycloropreno) 25
  poliuretano 25
  tabla de propiedades 25
Aislantes termoestables 26
Aislantes termoplásticos 26
Alambre 14
  definición 14
  tipos de 14
Alambre y cable, diferencias 17
Alumbrado
  en closets 246
  en los dormitorios 248
  en salas de baño 239
  restricciones en las salas de baño 239
Alumbrado externo
  mediante lámparas de bajo voltaje 256

Ampacidad
  de cables NM, NMC y NMS 28
  factores de corrección por temperatura ambiente 30
  relación con la temperatura ambiente 30
Ampacidad de un conductor 28
Árboles como soporte de luminarias 257
Área de un cable, cálculo del 21
Artefactos eléctricos típicos
  consumo en vatios 225

C

Cable
  armado AC 78
  blindado MC 78
  BX 78
  cable 14
  con cubierta metálica 78
  de acometida 83
  tipo NMC 76
  tipo NM (Romex) 76
  tipo NMS 77
  tipos de 14
Cableado de tomacorrientes
  con circuitos diferentes 190
  cuando son dos o más 190
  individuales 190
  para 240 V 191
Cableado de un GFCI 191
  con un tomacorriente normal 192
  para proteger varios tomacorrientes 192
Cable, área de un 21
Cable armado MC
  ampacidad 82
  estructura y definición 80
  usos no permitidos 82
  usos permitidos 81
Cable de acometida aérea, características 84
Cable de acometida SE 84
Cable de acometida subterránea USE 84
Cable de acometida subterránea USE, usos y características 84
Cables con cubierats no metálicas 76
Cables con cubierta metálica
  ampacidad 79
  usos no permitidos 82
  usos permitidos 81
Cables flexibles 82

tipo SP y SPT 83
tipo S, SC, SE, SJ, y SV 83
Cables NM, NMC y NMS
  ampacidad 77
  usos no permitidos 77
Cables trenzados 17
Caída de voltaje
  en circuito monofásico de 120/208/240 V
    cuatro conductores 53
  en circuito monofásico de 110 V y dos
    conductores 53
  en sistemas monofásicos con cosϕ = 1 52
  en sistemas trifásicos no balanceados 62
  tomando en cuenta el ángulo de fase de la
    carga 64
  tomando en cuenta la reactancia de línea
    64
Caída de voltaje en conductores 7, 9, 52
  causas de la 53
  fórmula para determinar la 55, 56, 61
  valor máximo recomendado de 52
Caída de voltaje en sistemas monofásicos
  tomando en cuenta la reactancia de línea y
    el ángulo de fase 64, 65
Caída de voltaje en sistemas trifásicos balan-
    ceados tomando en cuenta la resisten-
    cia y reactancia de línea 66
Cajas eléctricas
  a prueba de intemperie 142
  conectores para tubos de PVC 140
  conexión a cables armados AC 139
  conexión a tubos EMT, RMC e IMC 140
  conexión a tubos NM 139
  dimensiones adecuadas de las 134
  dimensiones para calibres mayores a 4
    AWG
  halado en ángulo 141
  halado en tramos rectos 142
  halado en U 142
  distancia mínima entre ductos 142
  función de las 130
  montaje de las 135
  normas de uso, según el CEN 130-131,
    135, 142, 144-145, 155-157
  normas para conductores mayor que 4
    AWG 155
  normas para el montaje de las 135-136
  número máximo de conductores en 146
  reglas para seleccionar el volumen de las
    146-150
  profundidad, según las normas 146

suplementos o extensiones 138
tapas ciegas 137
tapas combinadas 138
tapas para 137
tapas para interruptores 137
tapas para tomacorrientes 137
tipos de 137
resumen de reglas para seleccionar las
  150
volumen de las 137
Cajas de halado
  en ángulo 140
  en tramos rectos 142
Cajas de halado y de empalmes 141
Cajas eléctricas metálicas 133
    ventajas y desventajas 130
Cajas eléctricas no metálicas 131
  cuadradas 131
  en paredes de madera o yeso 132
  octogonales 131
  rectangulares 131
  unidas a tuberías metálicas 131
Calibre
  AWG 18
  sistema británico 22
  sistema métrico 22
Calibre de conductores 18
  en circular mils 19
  en kilo circular mils 22
  en mils 19
  en square mils 20
Calibre del conductor neutro
  en circuito monofásico de 120V 46
  en circuito monofásico 120/208 V 47
  en circuito monofásico de 120/240 V 46
  en circuito trifásico balanceado 49
  en circuito trifásico desbalanceado 71
Calibre de un conductor
  diagrama de flujo para calcular el 72
Calibres típicos residenciales 43
Capacidad de los tomacorrientes 194
  clasificación de circuitos según la 195
Ciruitos ramales multiconductores 186
  riesgos en 188
Closets
  alumbrado en 245-247
Cocina, sala de
  tomacorrientes detrás de lavaplatos y frega-
    deros 232
  tomacorrientes en penínsulas e islas 232-
    233
  tomacorrientes GFCI 231

ÍNDICE ALFABÉTICO - TOMO I

Consumo típico de artefactos eléctricos 225

D

Diferencia entre alambre y cable 17
Dormitorios, alumbrado en 248

E

Economía en una instalación eléctrica 6
Efecto pelicuar
  fórmula para calcular el 63
Efecto pelicular 62
  factor de corrección para corriente alterna 64
  resistencia en corriente alterna 63
Efectos de un shock eléctrico 175, 177, 180
Elementos básicos de una inatalación residencial 4
Escaleras, iluminación en 260

F

Factor de relleno en canalizaciones 104
Falla a tierra, definición de 176
Flexibilidad de una instalación eléctrica 5
Funciones del tablero principal 3

G

Gabinetes de cocina, iluminación 235
Garaje, tomacorrientes en el 252

H

Horno de microondas, tomacorriente para 235

I

Identificación de conductores en una instalación eléctrica 75
Iluminación
  de la sala de cocina 235
  de las áreas de comida 235
  del lavaplatos 235
  de los gabinetes de cocina 235
  de los gabinetes de piso de la cocina 236
  en escaleras 260
  externa a una residencia 255
Iluminación externa
  profundidades mínimas de los tubos 255
Instalación eléctrica
  accesibilidad de una 5

capacidad de una 5
economía en una 6
elementos básicos 2
flexibilidad de una 5
requisitos básicos de una 4
seguridad de una 4
Interruptor
  de cuatro vías 205
  de cuatro vías, funcionamiento 205-206
  de cuchilla 203
  definición 203
  de tres vías 204
    funcionamiento 204
    estructur básica 203
  (SPDT) de un polo y doble tiro 203
  (SPST) de un polo y un tiro 203
  tipos de 203
Interruptor de falla a tierra (GFCI) 176
  cableado 191
  circuito básico 181
  cómo funciona un 178
  dónde no se requieren 182
  dónde se debe usar 181
  generalidades sobre su ubicación 215
  limitaciones en su uso 182
  tipo breaker 184
  tipo portátil 184
  tipo tomacorriente 183
Interruptor de fallas de arco 192
  tipos de 193
  generalidades sobre su ubicación 193

K

kcmil 22
kcmil, calibre 18
Kilo circular mil 22

L

Lámparas
  control con interruptores 3 y 4 vías 211
  control desde 2 puntos distintos 210
  control desde 3 puntos distintos 211
  control desde 4 puntos distintos 212
  control mediante dos interruptores de 3 vías 210
  generalidades sobre su ubicación 227
Lavaplatos, iluminación 235

Lugares húmedos, definición 254
Lugares mojados, definición 254
Luminarias alrededor de piscinas 261

M

Materiales aislantes 24
  aislamiento primario 24
  aislamiento secundario 24
Máxima longitud de un conductor en un circuito ramal 71
Mils 19

N

Neutro
  color en una instalación eléctrica 75
  presencia de corrientes debida a armónicos 51
Normas de uso de cajas eléctricas 144
Número máximo de conductores en cajas 145

P

Penínsulas e islas en la cocina
  tomacorrientes en 232
Pequeños artefactos, número de circuitos para 229
Pequeños artefactos de cocina, definición 230
Peso específico del aluminio 15
Peso específico del cobre 15
Piscinas, luminarias cerca de 261
Portador de corriente, conductor 31
Profundidad de cajas y conduletas 134
Protector contra sobretensiones 194
Proyecto eléctrico
  características de un buen 224
  pasos para optimizar el 226

R

Relación entre circular mils y square mils 20
Requisitos básicos de una instalación eléctrica 4
Resistencia a la tracción del aluminio 15
Resistencia a la tracción del cobre 15
Resistencia eléctrica en corriente alterna 62
Resistencia en corriente alterna por efecto pelicular 62
Resistividad
  del aluminio 15
  del cobre 15

Retardante de la llama, aislante 28
Riesgo eléctrico
  en tomacorriente no polarizado 172
  en tomacorriente polarizado 173

S

Sala de cocina, iluminación 235
Sala de comedor, iluminación 235
Salas de baño
  alumbrado 239
  restricciones en colocación de luminarias 239
Sección de un conductor para cierta caída de voltaje 7
Seguridad de una instalación eléctrica 4
Shock eléctrico, descripción 177
Símbolos usados para representar los tomacorrientes 196
Sistema británico de calibres 22
Sistema eléctrico
  de 120V y tres conductores 7
  monofásico 120V dos conductores 6.
    caída de voltaje 53
  monofásico 120V tres conductores
    caída de voltaje 53
  trifásico120/208 V cuatro conductores 9
Sitio empapado, definición 28

T

Tablero principal, funciones 3
Tapas ciegas 137
Tapas para cajas eléctricas 135
Tipos de acometida 2-3
Tipos de alambres 14
Tipos de cables 14
Tomacorriente no polarizado, riesgo eléctrico 173
Tomacorriente polarizado
  conexión de la fase y de la tierra 174
  riesgo eléctrico 174
Tomacorrientes
  alrededor de piscinas 260
  altura sobre el piso terminado 228
  altura sobre el tope de gabinetes de cocina 234
  altura y posición 184
  cableado 190
  calidad de los 170
  capacidad de los 194
  con terminales aislados de tierra 170

debajo de topes de cocina, isla o península 234
de la sala de cocina, consideraciones 233
detrás de lavaplatos y fregaderos 233, 234
distancia máxima a lavamanos 237
distancia máxima entre 228
dobles 168
en el comedor 229
en el garaje 252
en espacios de pared menor que 20 cm 229
en la sala de cocina 229
en pasillos y corredores 229
especificaciones de voltaje y corriente 170
exteriores a una residencia 253
generalidades 168
generalidades sobre su ubicación 227, 228
GFCI en la cocina 230
interruptor de fallas a tierras 176
no polarizados 172
para equipos de refrigeración 229
para horno de microondas 235
para pequeños artefactos 229
para pequeños artefactos en la cocina 229
polarizado para 208 V 175
polarizado, con terminal de puesta a tierra 173
polarizado, sin terminal de puesta a tierra 173
regulaciones en salas de baño 236-238
según las normas NEMA 170
sencillos 171
símbolos usados para representarlos 196
sobre gabinetes de la cocina 229-230
sobre penínsulas o islas 232, 235
y seguridad eléctrica 171
Trenzado de cables 17
Tubería metálica EMT
  acoples y empalmes 114
  doblado y número de curvas 120
  escariado y roscado 120
  fijación y soportes 120
  máximo número de conductores 115
  puesta a tierra 120
  tamaños máximos y mínimos 115
  usos no permitidos 114
  usos permitidos 114
Tubería metálica flexible 125
  acoples y conectores 125
  escariado 125
  fijación y soportes 125

número de conductores y curvas 125
puesta a tierra 125
tamaños mínimos y máximos 125
usos permitidos y no permitidos 125
Tubería metálica intermedia (IMC) 123
Tubería rígida de PVC
  máximo número de conductores 123
  tamaños máximo y mínimo 103
  tipos de 104
  usos no permitidos 102
  usos permitidos 102
Tubería rígida (RMC) 121
  acoples, empalmes y puesta a tierra 123
  doblado de los tubos 123
  escariado y roscado 123
  fijación y soporte 123
  máximo número de conductores en 122
  número de curvas 123
  tamaños mínimo y máximo 123
  usos permitidos y no permitidos 121

V

Valores normalizados de interruptores y fusibles 41
Voltaje, caída en conductores 52
Voltaje máximo operación de conductores 28
Volumen de una caja eléctrica
  cómo calcular el 145

Made in the USA
Las Vegas, NV
04 April 2025